幕僚的宿命

一間工廠的管理變革與權力遊戲

MATT HUANG

著

幕僚的宿命

MATT HUANG 著

一間工廠的管理變革與權力遊戲

國家圖書館出版品預行編目 (CIP) 資料

幕僚的宿命：一間工廠的管理變革與權力遊戲
Matt Huang 著

初版｜臺北市：大寫出版：大雁文化發行，
2019.11, 616 面，15*21 公分（知道的書 Catch on；HC0095）
ISBN 978-957-9689-44-1(平裝)
1. 職場成功法
494.35　　　108017812

大寫出版　書系 知道的書 Catch On　書號 HC0095
著者 Matt Huang
內頁插畫及全書美術設計 馮羽涵
行銷企畫 郭其彬、王綬晨、邱紹溢、陳雅雯、余一霞、汪佳穎
大寫出版 鄭俊平
發行人 蘇拾平
發行 大雁文化事業股份有限公司
台北市復興北路 333 號 11 樓之 4
電話（02）27182001 傳真（02）27181258
讀者服務信箱 E-mail: andbooks@andbooks.com.tw
大雁出版基地官網 www.andbooks.com.tw
初版一刷 2019 年 12 月
定價 新台幣 499 元
ISBN 978-957-9689-44-1

在這本書，你可能會看到你公司的影子！

李家岩 教授　成功大學製造資訊與系統研究所所長

這本小說，跟上班族有些關係。如果您剛好是生產管理相關工作，那就更有關係了。

「生產與作業管理」（production and operation management）是基於「系統思維」（system perspective）下，透過「流程設計」（process design）與「資源優化」（resource optimization），以提升商品或勞務附加價值（value-added）的生產活動之系統管理。

在 1760 年代的「工業革命」（industrial revolution）之前，生產型態以功能簡單、少量少樣產品的手工製造為主，每個工人各自獨立工作，工序從頭做到尾一個人獨立完成。1769 年瓦特（James von Breda Watt）改良了蒸汽機之後，生產型態逐漸由機器取代人力獸力，開始朝向機械化工廠大規模生產。

1776 年，亞當・史密斯（Adam Smith）的《國富論》問世，受工業革命啟迪，這本書說明了將複雜工作拆解成一系列小工作，設計工序組合以適當地分工，分而治之個別擊破（divide-and-conquer），建議每個工人只做一件簡單的作業，使勞動生產力大幅提升。至 1870 年後，第二次工業革命的來臨，電力、內燃發動機、

化學品、無線電通信等技術發明，並電力開始大規模應用，使各產業如雨後春筍般地蓬勃發展。

1911年，泰勒（Frederick W‧Taylor）為提高工廠生產效率，開始透過「工作研究」（work study）以碼錶分析工人的作業時間，透過實驗與計算來進行流程設計與工作分配，發展「標準工時與標準作業流程」（standard operating procedure, SOP），「科學管理」（scientific management）」的觀念隨之興起。直到亨利‧福特（Henry Ford）將泰勒理論運用於汽車製造業，使製造成本大幅下滑，汽車不再是富人才能擁有的奢侈品，而成為一般大眾的代步工具。

然而，由於泰勒科學管理強調流程與工作設計，造成分工下重複性高的單調作業，以致勞資關係逐漸緊張。約略於同一時期，1920年代梅奧（George Elton Mayo）開始倡導「人際關係學說」（Human Relations Theory），在紡織廠實驗與西方電器公司的霍桑工廠進行相關的實驗與研究，他發現給予員工積極關注、自我管理權、與關心員工情感情緒都可能創造積極的團體氛圍而提高產量。說簡單一點，跟員工聊聊天，工人生產力就提升了！該結論也成為著名的「霍桑效應」（Hawthorne effect）。

在大規模量產的時代，當規模經濟使得產品單價或平均成本持續降低，此時另一面向——「品質」，成為大家關注的焦點。由於大量生產全數品檢不可行又不經濟，1924年，美國貝爾電話實驗室（Bell Telephone Labs）的研究員舒華特（Walter A. Shewhart）首先將統計應用於品質管理上，發展出管製圖（control chart）技術及實驗設計（design of experiments），

為統計品質控制（statistical quality control, SQC）奠定了理論基礎。在同一時期，同在貝爾服務的兩位研究員道奇（H. F. Dodge）與洛敏（H. G. Romig）則利用統計原理，發展抽樣理論（sampling theory）與抽樣檢驗表，成為「抽樣檢測」（sampling inspection）的雛型。然而，品管方法在早期並未受到關注，直到第二次世界大戰爆發後，美國國防部對於軍事物資的急迫性，轉向民間採購。由於需求量大且品質要求嚴格，開始訓練政府官員與輔導民間廠商學習統計品管，於是逐漸在美國普遍使用、遍地開花。

到了二次大戰後，美國品管專家戴明（W. E. Deming）於1947年應邀開始前往日本講述統計品管，除了應用於製造工廠更延伸於企業管理，提倡 PDCA （plan–do–check–act）、數據分析與流程控制。1951 年美國品管專家費根堡（Armond Vallin Feigenbaum）提出「全面品質管理」（total quality control, TQC），以品質保證（quality assurance）為核心，將產品品質延伸到整個生產系統內外部均應有品質觀念與作為，亦即整個公司，從產品設計到最終產品交貨後的使用方式，均可能影響產品品質。爾後，日本品管專家石川馨（Kaoru Ishikawa）更進一步地推廣全面品管並提倡品管圈（quality control cycle），使主管、工程師與工作現場員工自發性地組成一改善小組，透過組圈、活動主題選定、現況調查與目標設定、數據收集、根本原因分析、對策實施及檢討、成果比較、成果發表等形成改善流程，以提升品質解決現場問題。事實上，日本企業深入瞭解品管原理與技法，在汽車製造業中將這套手法發揮到極致。1978 年大野耐一（Taiichi Ohno）出版了《豐田生產方式》，該書的副題為「脫離規模限制的企業管理方式」，以看板管理、just-in-time（JIT）、平準化、

七大浪費、自働化、改善（Kaizen）、防呆、可視化等方法，以「零庫存」與「以人為本」為核心來提倡生產改善活動，更巧妙地整合了泰勒學說與梅奧學說。

1984年以色列學者高德拉特（Eliyahu M. Goldratt）提出「限制理論」（Theory of Constraints, TOC）並於名著《目標》（The Goal）中，以系統觀來闡述一個複雜的系統：基本上是由成千上萬的單元與模組，由流程（process）串接相關的資源（resource）建構成複雜的生產網路。系統生產上的限制，通常是由少數的變數或設備，阻礙系統的產出量，這被稱為限制（constraint）或瓶頸（bottleneck）。若能改善或排除瓶頸限制，就能有效地提升系統整體產出。這瓶頸可以是內部瓶頸，例如特定機台產能限制、薪資水準、現場團隊能力、管理階層對現場的不正確假設與認知等；也可能是外部瓶頸，例如衛星工廠、供應商、品牌知名度或配銷通路等。

近代的供應鏈管理（supply chain management）更將系統觀拉到公司外部或整個產業，以整合公司外部資源。為了滿足市場需求，優化原料、產品、服務及資訊（information）的整體管理流程，整合供應商、製造商、倉庫和零售商等，使商品以正確的數量生產、用正確的方式配送、在正確的時間、到達正確的地點、送交到正確的客戶手上，使顧客滿意與系統經營成本最佳化。

整個生產與作業管理歷史演進，從早期的科學管理到近代的流程與系統觀，以及自動化與大數據的技術發展，生產哲學期望達到，「透過消除浪費、降低產線不平衡、達到生產標準化且具有彈性的一種改善過程」。更重要的是，設計「以人為本」的組織制度，建

立自律與自發性的改善活動，並非被動地期待招募到 SMART 的員工，而是主動地創造新勢態（context）與良好的溝通環境，讓招募進來的員工在這系統裡面變 SMART。

這就是這本小說的初衷。

說了這麼多歷史背景與學說理論，從這一刻起，讓我們先全部忘掉。

終究，我是在為一部小說寫一篇推薦序；但說實話，小說不是拿來推薦用的，是拿來「幻想」用的。它的任務是讓讀者投身於想像中的場景，從人事物裡交織出撲朔的劇情、形形色色的暗喻，從而使讀者亦或緊張、亦或享受、亦或被啟發。

而在生產與作業管理的領域裡，研究者常強調的以下幾點，在這本小說中大概都可窺知一二：

1. 現地現物 （小說的場景描述的如此真實，連公司行號都……）

2. 消除浪費 （小說裡的「Cost Down」不知道有多少次了……）

3. 流程設計 （從人機料法環最佳化到組織人力精簡……等）

4. 人際關係 （除了上班族人情世故與長官同僚相處之道外，更需要有……愛情）

5. 以及更多…

在這本小說，你可能會看到部分跟生產管理實務有關的場景。

在這本小說，你可能會看到錯綜複雜愛恨情仇的上班族百態。

在這本小說，你可能更會看到即將進入職場的你！或一路走來的你！

但各位也別想太多，就放輕鬆，瀟灑地享受這本好小說。

最後，請容我微笑澄清：小說裡的那位「李老師」絕對不是我！

生管生管，全部都管！

周新豐　傳產上市櫃公司 / 世豐螺絲 專案經理

　　在一間沒有「生管」的製造業公司，可能會有一位生管的誕生、成長、輝煌、到沒落離職，然後最終還是沒有生管──但，這間公司依舊會存在，並不會因為沒有生管，貨就出不去，錢會進不來。

　　生管這個職務很重要嗎？好像也沒那麼重要！其實不然，只是沒有生管這個職位，生管功能依舊存在。反正老闆問到誰，誰就是生管；或許這個角色是製造、研發兼任，有些更狂的公司，則也有可能是人資或倉庫或「老闆心中的想法」：只要有心，人人都可以是生管。

　　曾有一位學經歷豐富的資深生管，踏入社會後就帶著學校所學的知識從小生管做起，從樂觀學習、謹慎對應、鬱鬱寡歡、憤世嫉俗，到最終離開；然後到了新公司，新產業，不斷陷入輪迴，累積了許多產業經驗，薪資職等不斷上升，卻一直無法在一間公司待太久。因為在他心中有個目標：行行出狀元，一定要當生管的霸主，但，他後來依舊是個生管！

　　也曾有一位高職畢業生，學經歷都拿不上檯面，退伍後失業一年，好不容易找到一份維修助理技術員。進公司第一天，課長只講一句：別人不做的才是你的機會。於是他從掃地拖地、準備工具、

傳遞工具、保養設備，終於有天晉升為工程師了，有自己負責的區域和設備；有天他巡檢發現設備有異狀，想立即處理、降低風險，卻被工廠裡的一位小生管「幹譙」：「你是不知道出貨優先嗎？」於是，他只能悻悻然的下班回家睡覺。等到半夜 2 點電話響起：「馬的，你的設備當機，造成產品報廢，無法交貨，還不回來寫報告！」當下的他反問：「不事先處理機況嗎？」電話那頭則傳來：「還頂嘴！以你的智商，我很難跟你解釋……。」

當處於不同的角色，每個人的想法與做法就會不同，對與錯端看您身處的角色為何？這本書一開場就簡單利用三個角色讓讀者直接切入重點：老闆有不同的想法、製程有不同的做法、技術員有不同的方法。而生管要將這些三大不同整合出大家滿意的生產計畫，緊接著一連串的厄夢開始（人生就此大不同！），然後學會降龍十八掌，到各山頭去征服眾神，風光完成出貨目標，直到某天老闆問眾神：為何製造成本居高不下？眾神皆回：因為生管要出貨。

寫這本書的 Matt 在實際生活裡是位樂觀學習、謹慎對應的生管人員（至少在我與他共事期間是這樣啦）。他研究製程、研究BOM、研究請採購流程、研究設備特性、甚至研究人心，一直努力想要把生管這個角色做好。Matt 在書中鉅細靡遺地描述職場百態、公司文化、部門衝突、人心猜忌，當然還有辦公室戀情（通常這都沒好下場），他透過平直的文字描述來傳遞對於生管的定義，讓讀者瞭解生管這個職務的酸甜苦辣。

不過，只有生管人員適合看這本書嗎？錯！只要你的工作會與人接觸，就應該看看，相信我，你讀後一定會引起內心的共鳴。

生存，是一種能力，也是一種運氣

林育祈　知名德商動力傳輸系統 / 台灣分公司總經理

　　多數人扣除睡眠時間後，至少有一半的時間是在工作。早上離開家裡後，進入一個叫做「公司」的群體，在這個群體內，除非身分特殊，剛好跟老闆有相同的血緣，否則很難隨心所欲做事。在公司內做的每件事都會受限於公司文化、老闆想法、主管風格跟同事競爭，同時還必須考慮到會不會影響他人的利益，這利益不見得是金錢方面，常常也會是權力、職務、工作量甚至便利性。有了利益的驅使，自然就形成派系，有了派系免不了互相鬥爭廝殺一番，輕則爭功諉過，重則惡意陷害，處心積慮抓對手的把柄，彷彿要把對手鬥垮才能生存，然而這就是勝利嗎？殊不知真正勝利者永遠是老闆，因為老闆就是裁判，誰輸誰贏是他在決定，沒有標準可言，誠如書中所寫的，職場上沒有永遠的紅，也沒有永遠的黑，這次鬥贏的紅人早晚會失寵而淪為下次鬥輸翻黑的人。

　　職場中充滿形形色色的人，環顧身邊的人當中有些人很吃得開，一路平步青雲；有些人不求表現，只求安穩，好壞都與他無關；也有些人汲汲營營，用盡心思卻事與願違。每個人的背景跟際遇都不相同，唯一相同的是都要每天面對職場江湖裡的恩怨、是非、利益、好惡。

這部小說裡的主角 Matt 外型高大，一開始就給人不戰而屈人之兵的壓迫感，但相處後卻能讓同事有種可以依靠的安全感。Matt 的個性非常鮮明，粗中帶細、幽默風趣、認真積極還有少見的正義感，他對人性有基本的掌握，也知道不要捲入別人的恩怨情仇，認真做好每件事，分析思考問題的本質後才去解決問題。Matt 在公司要面對自私善變的老闆、機關算盡的主管還有等著看好戲的同儕，即使有老闆娘重視跟少數志同道合同事的支援（這點說明人緣好確實有很大的優勢），還是免不了一身傷，雖然白天的工作煩雜，但下班後的熱炒、鹽酥雞跟啤酒就是最好的紓壓良藥，這樣簡單的快樂就輕易抹平了白天工作的疲累，當然，小說裡描述的辦公室戀情，也一如所料的，沒有令人期待的結果，美，卻不切實際。

但，作者為什麼讓這麼優秀的人去從事生管這個在一般公司不被重視的職務呢？

生產管理需要高度邏輯思考能力以及靈活的協調能力，除了基本的整合製程規劃、機台狀況、各站產能及人力出勤，甚至要深入到原物料庫存、供應鏈管理、及客戶屬性。當生管必須什麼都要管，但什麼都無法管，各部門有各部門直接負責的工作，唯獨生管必須跨部門協調後依照現狀排出最佳排程，此外還要應付無法預測的客戶取消訂單或插單，以及物料跟機台的突發狀況導致排程得重新再排。

作者巧妙用車輛組裝業來詮釋生管的重要性，因為車輛組裝屬於少量多樣的生產模式，零配件規格眾多，種類繁雜又必須互相搭配，加上有交期的嚴格要求，生管必須確實掌控供應商料況跟公

司內部製造的進度。所幸主角 Matt 的優勢在於本職學能夠強大，雖是車輛組裝業的菜鳥，遇到問題即使當下沒有答案，他也知道該如何去尋求協助進而解決問題。這本書裡的文字很容易讓人產生畫面，彷彿你就是公司其中的一份子，而你也陪著 Matt 一起感受到公司內部的各種波瀾，當困難來臨時，如何面對它、接受它、處理它、放下它。

你可以把職場當成一個武林，各大幫派每天都在為了各自的利益打打殺殺、爭個你死我活，別人捅你一刀，你一定要回敬兩刀，心情才能平復，只是你必須無時無刻算計如何捅別人，同時也要防著被別人捅；但你也可以把職場當成一個道場，對於任何逆境都當成是在讓你修行的機會，於是乎別人捅你一刀時，你會思考這中間的因果關係，你會學著不去當一回事，並練習如何「不著於我相、人相、眾生相、壽者相」，最後你可以選擇放下恩怨，達到「凡所有相皆是虛妄，若見諸相非相，則見如來」的境界。

你如何看待職場，職場就怎麼對你，這是很公平的事。

作者序

　　我一退伍就做生管，在這個圈子將近 13 年了，混過國營企業，也待過上市上櫃的百大，千大企業，更待過公司只有 50 人的小公司，從零開始建立制度。從生管工程師，生管組長，然後生管課長，我沒有學歷，更沒有背景，一路坎坷的往上爬到現在的經／副理，或許我實力越來越好，或許哪天我想開了，開始拚命拍馬屁，哪天說不定就是製造協理，營業副總，公司總經理……（好吧，我是在作夢）。

　　很奇怪，人到某一個時間點，都會特別想做某一件事，我也忘記何時了？手賤的我，開始動手寫這本小說，明明上班生活忙得要死，我甚至有一大堆理由可以證明自己沒時間，我更有一堆藉口來解釋自己有多忙，但，我卻開始了在忙碌的生活中偷時間敲鍵盤的寫作生活。

　　於是問題就來了：那要寫什麼題材呢？

　　別鬧了，我每天根本是活在自己的小說裡。現實職場連續劇一直在我眼前上演，導演根本沒有機會喊「卡」，不用想，直接寫出來，太容易了，我甚至來不及寫下劇情，又有新的劇碼上演。就像以靠腰漫畫聞名的馬克，他把職場的明爭暗鬥用漫畫表現，差別在我用文字創作，他用詼諧的暗諷，我用寫實的嘲諷，所以，我記錄，我試著用我的雙手把台灣職場這肥皂劇一字一字的寫下來，當然，

我寫下的每個字,不見得有人看,但你知道的,越寫,手就會越癢,越癢你就會一直抓,然後更癢,然後一回頭,一部小說就這樣呈現在你面前。

我不是科班出生的背景,所以,這本小說沒有華麗的修辭。

我不能說這可以代表全部的上班族,但,至少可以打中一半的人。

我不會說這本書是本偉人自傳,但,足夠讓你做為借鏡。

同時,我怕你看了會太平淡無味,所以體貼加入一點點愛情元素。

這部小說的主角 Matt 可能是台灣傳統製造業中產階級的代表,他沒有背景,沒有學歷,勉強只能算是後段的大學畢業生,職場一路走來吃過許多虧後,成就了現在的 Matt。

在ＴＤ公司,Matt 靠著個人過去的經驗教訓,他把一切都賭在ＴＤ這一次機會上,但無奈的是職場這個現實的社會縮影,並不是努力就可以出人頭地,並不是苦幹實幹就可以得到上級的賞識,更不是曾經一起牽手的情侶,理所當然就可以是一輩子的回憶,要如何在職場上生存?如何博得上級主管的注意?要如何在職場上兼顧愛情?這些在這本小說裡都有說到,有些可能是負面的教訓,更有可能是正面的表率,你可以用消遣的方式來看看這本純屬虛構的小說,也可以把它當經驗分享的職場實用手冊來警惕。

對於大部分人而言,Matt 的故事比郭台銘或馬雲的來得更有參考價值,或許你會莞爾一笑,更或許你會嗤之以鼻,但不可否認,主角 Matt 的行為,對身在台灣職場的你我有更大的可比性。

這本書並特別獻給一同在「生管圈」的朋友們，台灣目前沒有人寫生管，我幫你們平反了，一個爹不疼娘不愛的小人物，我真的懂你們的苦衷，相信我，你看完後，一定會有一種感覺：這寫的，不就是我嗎？這個…不就在說我們公司嗎？當然，不用對號入座，因為，生管就是如此的神通廣大，卻又如此的卑微渺小，我不是反諷，更沒有要貶低生管的職位，單純只是為這個悶到即將罵髒話的我們，找到一個抒發心情的出口而已。

　　也送給所有在台灣職場的小蘿蔔頭們，即使在這麼混亂的年代，我們都沒有認輸的讓自己自甘墮落，我們都知道：在這個不怕沒有機會跟舞台的時代，總有一天，這巨輪會再次落到我們手上，這本書，希望可以讓你參考，讓你捫心自問或引以為戒，雖然，它真的就只是一本小說而已。

　　最後，超級感謝出版社鄭總編這一路來的幫忙，以及後續施先生的建議，我才可以把這一部小說寫的那麼淋漓盡致，我也才知道，原來我也是個可以寫 26 萬字的寫手，更謝謝鄭總編的慧眼，要不然這部小說根本不會問世。還有後續幫忙推薦的李教授，林總經理以及周經理，感謝你們的義不容辭，銘記你們的拔刀相助，若有第 2 本著作，到時候還是得請你們江湖救急。

　　這是我的第一部小說，請各位多多指教。（關於劇情中的人事物，請千萬不要對號入座，這只是一部小說而已，謝謝。）

幕僚的宿命

人物介紹

Matt/ 主角

有 10 多年的本土製造業生管主管經驗，個頭約 180 公分高，身材壯碩，帶著一副方形黑框眼鏡，給人一種大無畏的感覺。

因某些原因，於年初加入 TD 集團，憑著過去的經歷，2 個月內，一路從剛入職的資深工程師晉升至中階主管（製造課長）。

陳總

TD 老闆，也是集團的最高主管，董事兼總經理，公職機構的高階主管退休，拿著退休金及積蓄創立了 TD 集團。

幾乎不管廠內的細微小事，整天沉浸在自己的規劃藍圖裡。

米蘭達

陳總的太太，公司董事，平時跟著陳總南征北討，個頭約 160 公分高，及肩的卷髮，帶著一副細框眼鏡，開會時，眼神特別銳利，對數字敏感度高，尤其碰到會計帳時，思考邏輯反應特別快。

公司內部的主要發言者，肚子裡有滿腹的管理理論，常常喜歡在會議高談闊論。

Doris

公司的行政主管，加入 TD 約 3 年，從管理師一路爬至人資課長。

個頭約 155 公分高，短髮，喜歡穿著牛仔褲，獨來獨往，可以說是米蘭達在南部工廠的特別助理，大大小小的事情米蘭達都會交由 Doris 發出。

做事簡短俐落，但也懂得保護自己，很標準的大眾職場職人。

七年級的前半段，但職場上卻有一股老狐狸的作風。

人物介紹

周副理

TD 製造副理，在此之前為科技業的處長，微胖的身材，身高約略 160 公分。

有很好的交際手腕，更有長遠的洞察眼光，遇到可栽培的部屬，毫不藏私。

Joyce

製造助理，七年級後半，主管製造部門大大小小的雜事。

高挑纖細的身材，過肩的長髮，號稱是工廠裡的廠花。

Rita

行政管理師，晚上在大學進修研究所，165 公分的身高，標準的時尚上班族體型，內心充滿著剛正不阿的氣息。

標準的 6 年級生，憤世，卻無可奈何。

Rocky

TD 南部工廠的主任，組車專業背景。

七年級生，卻有個桀驁不遜的衝動性格，做事都是看感覺。

人物介紹

Terry

IT 背景，ERP 專業。

和 Matt 是同一陣線的戰友，Matt 很多小道消息也都由 Terry 告知。

黃經理

多年電池廠的專業背景，TD 從同業挖角過來的資深經理，曾經創業過 2 次，有著豐富的職場經歷。

高挑的標準體型，外表看似書生，但卻給人一種不可親近的高傲氣息。

DS

與黃經理是多年的戰友，彼此間的信任度外人無法想像。

約略 175 公分的中等身材。

PAUL

TD 特別委託獵頭公司挖角過來的經理人，有著財經及法學的專業背景。

約略 170 公分的瘦小身材，但表現出來的氣息給人一種不怒而威的風範。

目 錄

Contents

第一部　如履薄冰

米蘭達劈哩啪啦地說了一堆對 Matt 的疑問，
DORIS 知道米蘭達認為 Matt 不夠格坐在這裡，
米蘭達打從心底認為：你憑什麼？

01

新人

「等一下，你是誰？」

「為什麼你會坐在這裡？」

「他是新來的生管，以後的產銷會議就會換由他來主持。」

「他主持？」

「他懂嗎？他接觸這行業多久？」

　　會議室裡是 Matt 第一次主持產銷會議的情景，講話很不客氣的是公司的老闆娘，也是 TD 的董事——米蘭達，此人一開口就直接轟了前幾日剛報到的 Matt。

　　Doris 一直搞不懂：為何有人的脾氣可以那麼衝？即使是大老闆，脾氣也不應該是那麼輕易的就往下屬身上飆，尤其 Matt 又是剛來報到的工程師，米蘭達這樣的口氣，到底要逼死誰啊？若等一下會議完就直接走人，到時候就別怪我補人的速度太慢。

　　還好，正當 Doris 要跳出來幫 Matt 解釋時，製造部的周副理

早她一步先開口幫 Matt 解危。

　　米蘭達戴著銀框眼鏡，雙手抱胸，一直在會議桌的最前方來回的踱步，從她犀利的眼神，還有那一副好像大家欠她幾百萬的臭臉可以感覺出來，她的心情超－級－不－美－麗。從一早進公司的財報及一堆待簽核的應付帳款單據，Doris 是最先被轟的體無完膚，要不是預定的產銷會議時間到了，她自己也不知道會被米蘭達罵到何時？

　　坐在視訊會議室的會議桌旁，Matt 把昨日準備好的資料投射到布幕上，遠端是北區的業務跟公司的財會。正當 Matt 要開始報告時，老闆娘用很「直」的口氣問了 Matt「你是誰？」；說實話，當下聽到這樣的問法，Matt 心裡還蠻不舒服的，因為他感覺自己像是一個闖空門的小偷被逮個正著。還好，自己的主管有出來緩頰並解釋原由，因為，從今以後這會議的主角就變成 Matt，大老闆跟業務的攻擊對象，採購和品證的箭靶，今天是他初試啼聲的演出，進來公司的第 4 天。

　　這是 TD 會議開始前的固定儀式，每間公司都有每間公司的傳統，TD 的傳統就是老闆說了算，TD 看似是一間很有規模的公司，實際卻是毫無章法的組織。TD 人不多，間接人員與直接人員的比例接近 1:1，公司在全台約 130 人，其中在工廠端就佔了約 90 人，而只要每次開會，大會議室中幾乎課級以上的主管都會到，這是米蘭達的風格，全部的人都到了，才能立即把問題答案找出來，相對的，很耗時，超級浪費時間，所以，只要米蘭達一出現在工廠，就代表你今天一整天都不用好好做事了。

　　米蘭達一直雙手抱胸的在螢幕前來回走動，深粉紅色的圓型鏡

　　　　　　　　　　　　　　　　　　　　　　　　幕僚的宿命

框跟她完全搭不起來，她的眼睛視線犀利的掃射在場所有的人，每一個都安安靜靜的坐著不發一語，有些人盯著 NOTEBOOK 的螢幕，沒 NOTEBOOK 的人，眼睛則直視著放在桌上的筆記本，而 Matt，右手握著滑鼠，左手放在鍵盤外側，眼睛看著他眼前俯角 45°角的會議桌面，他的視線重點是會議桌上的線材收納盒，他也跟大家一樣靜靜的等待，等老闆娘的下一個指令。

一陣子後，會議還沒正式開始，米蘭達再一次非常不客氣地丟出一句話來轟 Matt：「你叫什麼名字？介紹一下自己給大家知道，我們都不認識你。」

米蘭達的口氣很衝，語氣中帶著睥睨和不屑，似乎 Matt 對他來說是多餘的，她巴不得 Matt 立即消失在自己的視線中。

Matt 不是第一次出社會的社會新鮮人了，這樣的場面不會是第一次，也不會是最後一次，應該說，這幾年的職場歷練已經磨平他身上原本那一股傲氣，那不算圓滑，也稱不上老奸巨滑，那感覺就像一把傘或是一堵海綿牆，現在的 Matt 已可以抵擋吸收一切外來的攻擊，尤其這種不痛不癢的職場言語霸凌，Matt 絲毫不放在眼裡，比起之前他在會議上，在客戶面前被老闆直接轟的場面，這充其量只算是小 case 而已。現在，Matt 自己有多少實力，見過怎樣的場面，他自己最清楚，更不會一下子全部 show 出來，分寸的拿捏，是他現在最該學習的地方。

「大家好，我是新來的生管，大家可以直接叫我 Matt 就好了，我現在主要負責現場的進度排程。」Matt 眼睛看著老闆娘，用簡

單的一句話介紹自己的職務跟英文名字，完全不拖泥帶水。

Matt 知道現在這場合沒有人對他的經歷背景有興趣，他不是什麼了不起的人物，他也不知道接下來老闆娘對他這個人會再丟出怎樣的爆點，所以，他決定還是少說一些好。

果不其然，Matt 話剛說完，米蘭達又馬上砲轟：

「我們的排程你懂嗎？」

「你有到現場去看過、走過嗎？」

「你來多久？我不相信你可以馬上懂我們的排程！」

Matt 也不是省油的燈，他早已有心理準備再被罵，面對突如其來的質疑，他不加思索的回答米蘭達：「排程的規則以及各工站的標準工時，副理有跟我介紹過了，這都有現成的 Database 可以參考。我這幾天也有到現場，產線大概的狀況，各領班也有帶我走過幾次，我大概了解，我不敢說全懂，但，這只是時間問題而已。」

「那你可以主持產銷會議？」

「你知道整個報表的來龍去脈？」

「你知道我們何時交貨？」

「你知道產線的進度到哪裡？」

聽完 Matt 的回答，米蘭達劈哩啪啦地說了一堆對 Matt 的疑問，Doris 知道米蘭達認為 Matt 不夠格坐在這裡，米蘭達打從心底認為：你憑什麼？

Doris 心裡一直很擔心 Matt 就此陣亡，而且很有可能下午就

會提離職，她趕緊傳 LINE 給 Rita，要她等一下會議結束後，趕緊找 Matt 對他做一下心理輔導。**【Rita，你準備一下講稿，等會會議一結束，趕緊找 Matt 聊一下，要不然我怕他今天就提離職了。】**

一收到 LINE 的 Rita 心想：拜託，又來了，米蘭達她到底要搞死幾個新人才甘心。

不到幾分鐘的時間，Rita 立即回 LINE。**【真的假的？米蘭達又開始發飆了？她是真的以為我們公司很好找人嗎？】**

Rita 是 Doris 底下的人資管理師，主要負責現場直接人員的招聘、教育訓練，以及一些總務的行政庶務，她給自己的定位就是：打雜人員。Rita 也沒打算在這做長久的計畫，她抱持著一種混口飯吃的心態，在 TD，能學就多學，她不期望自己在這能有再更好的表現，她的重心在研究所學歷，等學歷一拿到，她就會立馬拍拍屁股走人了。因為她打從心底覺得：這間公司有病，尤其是米蘭達，還真的以為自己是小說《穿著 Prada 的惡魔》一書裡的米蘭達嗎？太扯了。

「這幾天我已經把年度的 Forecast 仔細的研究了一遍，哪幾個月要交那些客戶？交多少數量？這我都有做功課。為此，這幾天我都有抽空實地到現場看了一下，前段做了幾台份？組立幾台？塗裝幾台？終檢幾台？這些我每天也有紀錄，所以，產線的進度我知道到哪裡，目前的生產節驟我也知道。但，現在我無法回答我還要多久才能完成，我還需要一些時間學習。除了現場的實務外，副理有提到公司要導入 ERP，這一塊我會在下個月慢慢切入，看藉由我過去導系統的經驗，是否可以幫公司的 ERP 導入有一些幫助，但，因我之前的經驗都是機械加工，對於組車流程，還是有一些差異，

我想，這邏輯應該差沒多少，我有把握在 ERP 這一塊我沒有多大的問題。」

Matt 把他已經知道的事、做了哪些事，還有他不懂需要再學習的地方，全部說出來，完全不給老闆娘再有提問的機會，他不讓老闆娘有機會一直搓他的短處，Matt 甚至給旁人一種全部豁出去的感覺。

或許吧！置之死地而後生的 Matt 已無任何畏懼了，伸頭是一刀，縮頭也是一刀，倒不如來個轟轟烈烈的 ENDING 還比較灑脫。

Matt 這樣的一段話也讓 Doris 嚇了一跳，不是說他有多厲害，而是 Doris 第一次看到有人在被米蘭達砲轟過後，還能在一瞬間那麼有條理的回答出這麼一段話來。從 Matt 的回答，Doris 知道 Matt 不只如此已，而且，他——Matt，正是米蘭達要找的人，Doris 很慶幸這一次自己終於找對人了，BINGO！

米蘭達聽完 Matt 的論述後，突然一陣沉默，眼睛直瞪著 Matt 無語，所有的人都覺得 Matt 死定了，斗膽敢頂撞米蘭達，這是大忌啊！當大家正為了接下來米蘭達再更進一步發飆時…

「我們這邊若沒花時間扎根，是不夠成熟的。」

米蘭達的口氣突然變了，連原本帶有殺氣的眼神全部在一瞬間消失。「而且你才來幾天而已，要多花時間到現場實習，親自去做，親自去摸，趴下去看，看他們在做什麼？這樣你在排排程時才知道哪裡會花比較多時間？哪個工站要多抓一點？哪個工站是可以互調先後順序？知道嗎？」這樣的大轉彎，不只 Matt 嚇了一跳，在場的每位幹部心裡都滿懷疑問：剛剛到底發生了什麼事？

「有，這部分副理已經有排現場實習計畫，我會按照那計畫執行。」Matt 依著米蘭達的話，做球給副理。

「很好，基本工要扎實，我喜歡的年輕人是肯花時間去做基本工，這是最基本的態度。」聽到這，Matt 就知道這關他暫時通過了，還好，目前只有米蘭達衝著他來，其他部門同事並沒有落井下石的一起圍剿 Matt。

「這裡有品證，有資材，還有北部同仁：財會，業務。慢慢的，你會很頻繁的跟他們接觸，不懂就問，他們都是有一定經驗的老手，甚至有幾個都有受過外商的訓練，邏輯概念都非常清楚。」

米蘭達把與會的所有部門及同仁點名一遍，這樣的用意除了是介紹給 Matt 認識外，背後所隱藏的意義其實是跟全部的幹部表明：Matt 是目前我認可的人，近期內，Matt 會陸續跟你們接洽，若你們有任何不配合的地方，或是我聽到 Matt 有向我反映你們有人不配合的話，到時候你們大家等著看。而相對的，也是要提醒 Matt：我已經跟所有人打招呼了，接下來就看你的主動積極性到哪？若你再不動作，當心今天只是曇花一現而已。

「接下來交給你主持，你有什麼議題要在這會議提出來討論？讓我看看你準備了什麼？」

到這，Doris 知道 Matt 已全然身退，立即在桌下傳 LINE 給 Rita：【剛剛的事先暫緩，等我消息。】她要看接下來 Matt 到底要報告什麼？到底昨天周副理都教了他哪些東西？

不只米蘭達跟 Doris 好奇而已，其他的幹部主管也要看看這新來的生管到底藏了哪些東西還沒抖出來，連原本坐在角落的大老

闆──陳總，也從他自己的筆記本中抬起頭來看看接下來的局勢發展。

陳總知道自己老婆米蘭達的個性，若這個人沒有得到米蘭達的滿意，她絕不會在一瞬間改變自己的說話態度，他也要看看 Matt 到底是怎樣的一個人。Matt 是陳總自己面試的人，在當下他對 Matt 這個人是持 Reject 的態度，他的理想人選則是另一個 TSMC 的工程師，無論經歷、學歷、能力都比 Matt 高上許多，要不是周副理的態度堅持，Matt 是不可能進來 TD，他現在就要看看 Matt 這個人，到底是有怎樣的能力可以讓周副理堅持用他，讓自己的老婆瞬間改變態度。

另一方面，收到 LINE 的 Rita 滿頭疑問：剛剛會議室裡發生了什麼事？原本應該是前線的陣地，突然戰爭中止、和平的落幕。

【發生了什麼事？所以我不用找 Matt 了？】

Rita 立即回 LINE 想知道原由，但 Doris 當下壓根不想理 Rita，她沒時間解釋，她現在只想好好觀察 Matt 這傢伙，看看葫蘆裡到底賣些什麼藥？雖說 Matt 也是她自己面試進來的，背景她一清二楚，但，像這樣的臨場反應，才是她最好奇的地方。

Matt 手操控著滑鼠，先把年度訂單資料抓出，他知道產銷會議的關鍵點就是訂單：遲交的訂單，現有的訂單，以及未來的訂單，甚至是業務抓的 Forecast。

Matt 把製造業那一套邏輯抓來運用在組車業：以訂單數為基礎，再由訂單的概況來解釋分析公司現有的實際的進度，在依現有的產能來推算未來待補的人力，若沒數據依據，通常只會被老闆盯

得滿頭包。

「最近的一筆訂單是 2 月底，20 台份，依現有的產能，農曆年的年假至少要有 3 天需出來加班，要不然 2 月底訂單勢必無法達成。」Matt 依昨日周副理教他的工時計算基礎，以及現有的產能提出年假需要加班的規劃。

「為什麼？」

「問題出在哪？是料的問題？還是人的問題？或是製程哪裡出了問題？」

「是產能問題，瓶頸[1]在焊接部門，這段的標準工時需要 380 小時，而且焊接現有只有 14 個人，換算下來，即使我要求他們每天加班 3 小時，加上假日加班，這樣不休息，到過年前還是不到一半的產能，這樣是沒辦法滿足我們目前的訂單狀況，可以說這段製程是我們公司目前最大的瓶頸。」

「那要怎麼解決？」米蘭達不輕易的放過 Matt，他要看看這年輕人的底線在哪？腦子到底有沒有料？或許剛剛只是做做樣子而已。

「如果我再多請幾個人，就為了這筆訂單多請幾個派遣人員或臨時工來因應可以 Cover 的過去嗎？」

「沒辦法！」

「除了人員數量限制外，工廠的焊接設備也不夠，再來，工廠的場地面積也無法再塞更多人進來，料也沒有多餘的地方擺放，現在唯一的解決方法就是靠加班，拉長工作時間來應付，這是我唯一

能想到的方法。」

Matt 簡單的一句話，裡面卻包含了品管圈[2]常用到的 5M1E 的分析法，人、機、料、法、環、測其中的五大要素分析。

老闆娘睜大眼睛，左手抱胸、右手托腮的思考了幾秒，她在盤算 Matt 的話是否合理，是紙上的理論？還是真的有實際依據？

「很好！」

「那就報加班，記得，要提醒現場幹部注意他們的生理情況，該給的加班費該給外，另外再請管理部準備一下加班的點心，不要讓他們太累。這都只是暫時對策，那以後呢？若是這個工站，就你剛剛說的瓶頸一直沒解決的話，這樣的情況，接下來的訂單一定會重複再發生，那我要怎麼辦？」

「假如這製程是公司的 Know-How，為公司長期著想，就是擴大廠房面積，增加焊接設備，再來增加直接人力，這是生管端可以提出的最簡單的方法。但，這會有另一個隱藏的風險，就是訂單空窗期閒置人力的安排。這是最難的部分！」

「你提的這方法不行，我們在科學園區裡，廠房面積都是有限制的，不是說增加就可以增加，有別的辦法嗎？」老闆娘一下子就打臉 Matt 的提議。

「若焊接製程不是公司的 Know-How，那我建議這段製程外包出去，連工帶料委外生產，這必須請採購議價來看看是否符合成本？但此舉的後果，將會造成產線員工失業。」

「這之前採購跟產線幹部有提過，但一直都沒去計算，請採

購去找廠商議價，是否成本會比較低？Matt 這議題你提出來的，會議結束後結算公司內部成本給我，我要看我們自有人力成本多少？」

「你多久可以算出來？」米蘭達劈哩啪啦的說了一長串，到最後直接問 Matt 何時可以給答案，Matt 完全沒有說不的機會

「我沒辦法現在給答案，我還不熟悉公司內部成本的計算基礎包含哪些？我需要再請教副理跟財會部門。」

「很好，那你下去討論後跟我說，答案不一定要立即出來，但，一定要給我期限，不要都沒說，知道嗎？」

「好，我知道！」

「除外包以外，還有別的方法嗎？你的第 1 個方案曾經有人提過，而且不只一次，我想聽聽第 2 個方案是什麼？一直沒有人跟我提過第 2 個方案。」

「計畫性產 [3]。」

「計畫性生產？我們現在不是？」米蘭達理所當然認為目前的生產方式就是計畫性生產，怎 Matt 會認為不是？

「公司目前的生產類別屬訂單式生產 [4]，也就是接到單後才開始生產。」

「是嗎？我都以為我們公司是計畫性生產，我們的前段物料早在去年就下給供應商我們今年一整年的數量了，那時都還沒有訂單，只有 Forecast 的數量而已，我們先買進來做，我以為這就是計畫性生產了。」

「這算是計畫性生產，但，嚴格講起來，只能說是計畫性採購，計畫性生產只有做一半。我舉個例子來說好了，我現在看的訂單只到 5 月，5 月之後就沒有了，到那時產線還要繼續動嗎？」Matt 把球丟回給米蘭達。

　　「周副理，你說說看，我們產線 5 月之後還會動嗎？我不知道，你來回答。」

　　「ㄟ，不會動。」

　　「為什麼不動？那我那些人呢？做什麼事？全部放假嗎？」

　　「報告米蘭達，依我們過去的紀錄是做教育訓練跟現場 5S[5]。」

　　「那現在你的小朋友說要計畫性生產，不能停，你覺得可行嗎？」

　　「其實是可以的，我們可以做到焊接組立完，做半成品入庫，到時業務訂單下來後再領半成品 For 業務訂單做後續製程，這是可行的！」

　　「那為何以前不做？現在才請小朋友來講！？」米蘭達用責怪的語氣問周副理，要副理為自己的不盡責解釋。但，周副理沒有講話，只是一直無語地看著老闆娘。

　　Matt 這樣的舉動，反而引來產線主任 Rocky 一陣的反感，心想：「靠！也太愛表現了吧？剛來的新人，提那什麼爛意見，才來幾天而已，就講出那麼一堆自以為是的屁話，也不考慮一下自己部門的主管會不會被釘！很好，到時候就看我怎麼玩你！用嘴巴做事都很簡單，我倒要看看之後你怎麼為你自己講的話負責。」

其實這計畫性生產的疑問，Matt 在昨日討論時就有跟副理提出了，副理不會不懂，通常待過業界的人都知道，產線唯一的困擾就是瓶頸，瓶頸製程是大家想破頭要去對付的功課，不可能放著不管。副理昨日也明白告知：「我們不是不做，是老闆直接下指示Hold 住，因為資金調度的關係，我們不可能囤積一堆半成品庫存在廠內，這對公司資金運作是一個很大的風險。」

在業界有一句名言：「一個公司不會因為交貨不及而接不到單，也不會因交貨不及破產，但卻有一堆公司因為存貨過多、庫存金額過大而倒閉。」

Matt 不知道為何周副理不反駁米蘭達說的話？不過周副理這樣的動作跟反應，讓眼尖的 Matt 警覺到一個訊息、一個很大的警訊：「這裡，不管什麼理由，不可犯上，即使老闆是錯的！」

但，相對的，Matt 卻沒想到周副理這樣悶不做聲的動作，也同樣給他帶來一些敵人。

「我請了一堆白癡，這些道理要一個剛來公司的小朋友說出來，那我請你們這些人做什麼？」

「這是製造的事而已嗎？其他部門呢？」

「資材不知道？」

「採購不知道？」

「品証不知道？」

「尤其是技術，你們是公司的源頭，你們一句話也沒說！」

老闆娘氣沖沖地把所有在場的人罵了一輪，雖然沒有指名道

姓，但在座的所有的人感覺像被著實被打了一個耳光。

Matt 心想：「我慘了！這場會議我樹立了不少的敵人，這下可好，要表現，卻得罪了別的部門，若沉默，則又會被老闆評不及格。」

可是，Matt 知道這次會議是他最好的一次機會，一次在老闆心中的地位把水平線訂出來的機會，算了，都淌水了，哪還管他褲頭濕到哪裡！

「那個…不好意思，我忘記你叫什麼名字？」

「Matt」

「Matt？怎麼拼？」

「M－A－T－T，Matt」

「M－A－T－T，OK，我記起來了。」米蘭達眼睛閉起來，自言自語的重複一次。

「你剛剛說 5 月之後沒訂單要實施計畫生產，對嗎？」

「是的，可是老闆娘，依現在的產能配置，前段產線到 4 月中旬就沒事做了，所以時間會提早到 4 月中旬。」

「沒關係！這會議我們每星期都會開，到 3 月底，你把這議題提出來，看是要依你的做法？還是有更好的方式？我到時候再討論，好嗎？」

「沒問題。」

「你還有其他的議題嗎？」

「老闆娘，其實降低工時還有一個根本的方法，剛剛提的都非最根本的方法，要降低工時就必須從最源頭做起。」Matt豁出去了，反正要玩就玩大一點，伸頭是一刀，現在縮頭也是一刀，不如就來賭一下。

　　「Matt，不要再叫我老闆娘，我不喜歡那種稱號，以後叫我米蘭達就好了，知道嗎？來，你說說看是什麼方法？」

　　「好，米蘭達。」

　　「另一種降低的方法牽涉到製程改善，這在我們公司隸屬技術設計部門，必須請技術提出更好的施工手法來，這才是最根本的源頭。看是圖要改？或是施工順序要改？或是哪裡可以並行的地方？這些我們都可以試試看，現在的標準工時都已經固定了，若沒用製程改善來降低工時，這樣的情況只會一直重複發生而已。」

　　老闆娘停頓幾秒後，用直式的眼神問我。「你之前做過我們的產業？」

　　「沒有，我是第一次接觸。」

　　「那你為何那麼了解這些我們公司這些，怎麼說呢？就是你們台語說的『眉角』？」

　　「這些大部分是副理昨日教我的，昨日副理有針對今天的會議大概跟我惡補，要提出哪些議題？那些內容。」

　　Matt把功勞丟回給副理，即使裡面的內容有一半是他自己臨場應變，但，職場的倫理他懂，他沒有因為副理要離職，就把所有的功勞全攬在自己身上，這不只是做給副理看而已，另一方面也是

給米蘭達看，甚至給其他在場的部門主管看。至於，這樣的用意有誰懂？他不知道！但，Matt相信一定會有人知道他所要表達的內涵意義。

老闆把眼神的殺氣轉到技術課課長身上。「我已經不想講了，技術，連一個剛來的新人都看出你們部門的問題點，我實在想不懂技術部門請一堆人在做什麼？你們技術部門趕緊想辦法怎麼降低工時。」罵完技術部後，米蘭達轉頭對向所有的人。「今天的會議讓我知道我們工廠的人有多混？浪費公司多少成本？！每個人下去好好思考自己的工作價值，不是每天在那邊渾渾噩噩過日子，我們公司不是公部門，若再讓我知道你們再混下去，你們都不用來了，我是開公司，不是做慈善事業！」

米蘭達飆完這一長串的生氣字眼後，會議就結束了，正當Matt收拾好筆記本正打算要離開時，米蘭達叫住他。「Matt，你先留下來一會，我有事要跟你聊聊。」Matt不知道老闆娘要做什麼？他看一下副理，副理在桌面下揮一下手暗示他不用擔心。

先回到辦公室的Doris，手上的資料都還沒放下，就立即對Rita說：「Matt是個不簡單的人物，看你要不要跟他聊聊，說不定你也會有不同的收穫。」

原本Rita看到Doris走進來，才想問剛剛會議室發生什麼事而已，現在反而被Doris的話搞得一頭霧水。「我才想問你還要不要去找Matt而已，怎麼了？有人可以搞定那個老太婆？」

「何止搞定！Matt根本就是米蘭達心目中的理想人選。」

Doris 用一種很不可思議的口氣告訴她。「陳總他們夫婦倆也很奇怪，當初面試時，還嫌棄他的學經歷不夠，身材太胖，沒有相關產業經驗…一堆千奇百怪的理由，就是不想讓他進來，要不是周副理堅持，我想，今天坐會議室裡被飆的人，就不是 Matt 了。」

「米蘭達有覺得 Matt 太胖喔？」Rita 不小心笑了出來，因為她自己在幫 Matt 辦理報到手續時，也是這樣的感受，但，那充其量應該算是壯，還不至於到胖的地步吧。

「當然啊，米蘭達那時就說一個人若連自己的體重都沒辦法控制，那她不相信這樣的人可以 Hold 住整條產線！真的有事，我們是開工廠，又不是模特兒的經紀公司，做事能力是以外表取勝的嗎？那叫言承旭進來管理工廠就好了，真的有事。」

Doris 太了解老闆的個性了，自以為 TD 是一間大家搶破頭想擠進來的公司，要不是 Doris 已經對老闆的行為舉止麻痺，要不然，她也沒把握自己可以在 TD 撐多久？3 年前，她剛進 TD 時，只是行政部門的一個小小的管理師，那時公司編制不完整，她什麼雜事都做，她的上司一直被老闆罵，後來連帶的，她也跟被叫進會議室裡一起挨轟，最後她的上司受不了這樣的文化走人，自己也默默的撐了好一陣子，自然而行行政部門換她接手，一直撐到今天。她不是懶，也不是屈就於現實，這年頭，太頻繁換工作會被視為草莓族，不換，又會被老闆吃得死死的，最好的行動方式就是走一步算一步，她也不知道未來的結果會如何？

「對了，最開始 104 的資料海選是你找的，我想，你應該也忘記他的經歷背景吧？有時間可以去找他聊聊，順便問一下 Matt 今天會議的感想，說不定你會有不同的想法，試試可不可以套出一

些我們想要聽到的訊息出來。」Doris 感覺 Matt 的抗壓性蠻強，加上他的邏輯組織能力和臨場反應，她直覺認為 Matt 會撐下來，而且在不久的未來一定會接上周副理的位置。

Rita 聽完後，她自己也對 Matt 這個人產生好奇，除了新人報到的第一天在填寫資料時有稍稍的講過話外，這幾天根本沒跟他接觸過，基本上，Rita 自己也認為他差不多幾天就離職了，TD 的文化讓一般人不敢恭維，能在這待下來的人，不是無路可去，就是異於常人，或是另有所圖。

「好，我立即約他聊聊，看看到底是怎樣三頭六臂的人物？」

「再等一下，他被米蘭達留住了，不知道在聊什麼，不會那麼快出來，妳下午再找他就可以了。」Rita 打定主意今天下班前一定要約個時間跟 Matt 好好的 Talk Talk。

當大家離開會議室時，老闆娘口氣超和善的要 Matt 坐到她的旁邊去。「Matt，你坐過來一點。」Matt 拿著自己的筆記本，從米蘭達對面的座位，移駕至她的身旁。

「不要緊張，我不認識你，想稍微聊一下，這樣說好了，你可以說一下你以前的工作背景？或是讀哪所大學？到過什麼地方？嗯，你可以好好介紹一下你自己。」

「嗯，好。」

Matt 腦筋一直在轉，他在思考如何要用這接觸大老闆最好的機會來表現自己。

「怎麼講呢？我在生管這領域已經將近１０年了，只有短暫的帶線差不多一年的時間，其餘的時間都在生管。」

「沒想過要換嗎？」

「有！」Matt 口氣很堅決！米蘭達也有點嚇一跳，更帶點疑問。

「為什麼？」

「因為生管這角色很吃力不討好！」Matt 看老闆娘沒動作，只好繼續「唬爛」下去。

「生管這工作在一般工廠的人來看，他只會出一張嘴，要求現場要在單位時間趕出貨來，要求機台馬上換模換線，要求假日加班，要求外包配合，要求，一大堆外看起來感覺是我們計畫排程沒安排好而導致加班、要換模、要拆線的額外工作，所以我們常被現場罵，因為他們覺得是生管能力不足害的。」

「我們也常因業務臨時插單而互相對罵，在業務端，他們只負責把單接進來，一堆前置期、加班、訂料…全部不干他們的事，但，老闆是支持他們。這只是小部分，還包含轉量產的技轉，品檢單位因品質問題擋貨，甚至有時必須 HAND-CARRY[6] 至客戶端等，一堆模糊地帶的工作都是生管接下來，所有的人都覺得這些是我們應該的！」

其實生管的雜事一堆，Matt 看老闆娘安安靜靜的一直聽他說，沒做任何的表示，他緊踩煞車，不敢再挖更多生管的爛事出來，他也不知道自己這樣說會不會讓老闆娘對自己的專業動搖？「其實有

幾次機會可以轉換跑道，但，一想到之前所有的努力跟基礎全部要歸零重來，光是這一點，我就覺得很可惜，所以，從出社會以來就一直堅持現在了。」Matt 立即換了口語，希望可以把之前那一段他嘴賤所形容的不好蓋過去。

「生管應該也有好的一面，你不彷說說這幾年的生管經驗讓你得到了什麼？」哈，這正好是 Matt 接下來要講的，還好米蘭達提出來，要不然她一定會認為 Matt 老王賣瓜。

「其實每階段得到的都不一樣。」

「沒關係你說。」米蘭達似乎打算跟 Matt 長期抗戰的意思，根本不管時間已接近中午吃飯的休息時間。

「剛出社會時，我什麼都不懂，我只有滿腹的書本理論，我都以為所謂的生管就是管機台，讓所有的機台的稼動率提升，那時我沒接觸到料，我只管所有線上的料而已，往前推有專責的物管人員負責。所以，我把那時期的生管經驗定義為垂直式的線性管理，也就是有機台先後順序的上機順序，像數列一樣 1、2、3、4…那時的我，職稱是生管工程師。後來，我換到一間上市櫃的公司，那時工廠是兩岸三地，研發、業務在台灣，也就是典型的台灣接單，中國生產。台灣有樣品線，廣東的虎門是量產線，有 90％的訂單由虎門出貨給客戶，北京有前段的鑄造線，上海有碳纖維的量產線，而越南，則有部分後段的組立線。那時的我，整個視野打開了起來，第一次接觸中國人，第一次跟業務對搏會議桌，第一次接觸進出口業務，接觸採購、接觸財會，第一次到廣東，到上海，到北京，有好多好多的事都在那時期發生。我把那時的生管定義為水平式的管理，跨部門，甚至跨國界的連接，這對我來說都是一些不可多得的

經驗。第一份工作我所講的垂直式管理是把每一個點依先後順序連接串聯起來，那第 2 份的水平式管理就可以說是一個面了，一個完整涵蓋所有部門、所有事務的水平面。」Matt 說了一堆，故意停下來看看老闆娘的反應，要不然，會讓人感覺有點吹噓，會太Over。

「繼續說啊，我蠻喜歡你的故事的，你說你前公司有中國廠，那你有常出差中國嗎？」

「有，後來我也被抓到中國去，派駐將近一年。」

「在哪？廣東？上海？還是北京？」

「北京。」

「喔，說說看北京那裡怎麼樣？」老闆娘似乎欲罷不能，聽的津津有味的，還好此時不知哪個部門的助理把米蘭達的午餐端進來。「米蘭達，你的午飯要放在哪？」

「喔，12 點了。Matt，對不起，我沒發現到中午休息時間了，真的很不好意思。好，沒關係，我們有空再聊，你的故事很精彩。」

「那米蘭達，我先回座位了。」

這是 Matt 第一次與米蘭達見面的場景，他成功的讓公司的老闆初步認同他的實力，由一見面的不信任，到最後整個扭轉一個人心中的觀感，這是他運氣好，剛剛好他的表現讓米蘭達賞識，或許在其他公司來看，沒有任何年資，卻提出一堆理想化的建言是不及格，不負責任。

走出會議室的 Matt，心裡的滋味五味雜陳，他一直在擔心接

下來的日子怎麼辦？4天前，Matt 初報到，完全陌生的產業跟環境，他一直很努力的吸收所有相關知識跟技能。組裝的順序，生產的流程，認識各部門、各單位主管，甚至把每個外包負責的工項內容與相關聯絡人連結起來，Matt 想在最短的時間接軌，除此之外，Matt 還利用下班時間趕緊熟悉 ERP 操作方法、請購的流程規則、倉庫物料的查詢、採購已訂未交的明細以及現場在製的進度等，雖然這些每間公司的 Know-How 都大同小異，但實際操作面卻有許許多多的差異，不可否認，隔行如隔山，Matt 明白箇中的道裡，有超多他要學習的事。

Matt 像塊海綿一樣的吸收，能懂多少就裝多少，因為，他沒多少時間了，應徵他進來的副理，即將在下星期五打包走人，就在他進來公司的 2 兩星期後。Matt 知道這消息後也嚇一跳，畢竟副理也進公司不久，怎會突然在短時間內走人呢？產銷會議的當天下午，副理把 Matt 拉到現場烤漆爐的位置，這裡是工廠裡最少人會過來的地方。「Matt，先跟你說聲不好意思。沒意外的話，我做到下星期五就走人了。」

副理跟 Matt 講了一下他接下來的規劃：休息，帶著家人四處走走，然後等 3 月一到，到某間公司任職，算算，他總共休息將近一個半月。Matt 沒聽過副理即將去任職那間公司，原本副理是在南科面板業的高級主管，工作 10 來年了，Matt 相信這幾年來，副理他每一天一定都非常努力的在生活，現在他也累了，想好好休息一下。

「這間公司蠻飄渺、動盪，簡單來說，就是基礎不夠深！當初面試你進來時，我有暗示你公司的現況，會很亂、很雜、很沒規章

　　　　　　　　　　　　　　　　　　　　　幕僚的宿命

制度。公司在表面上似乎都有一定的條例規矩可循，但，事實上幾乎都是老闆說了算，最不遵守公司制度就是老闆他們夫妻兩個自己本身了，你自己要懂得這中間分寸的拿捏，要不然，在 TD 你會過得很痛苦。」

副理好意的跟 Matt 說了公司最真實的一面，至於真假如何？只有自己去判斷了。當然，Matt 不會照單全收，有些事必須親自查證，有些事，說不定會因人的背景不同，解讀方式也不一樣，SO，Matt 選擇留下來，畢竟當初他進來是因為這間公司，而且 Matt 自己有心裡面的一條底線，假如公司超過那條線、那個點，Matt 相信他不會勉強自己，這是 Matt 工作多年來的原則。

「還有，今天的會議你表現的很好，根本像我在報的一樣，這樣一來，他們夫妻倆（老闆）就不會太刁難你了！而且我蠻看好你，你的表現讓我嚇一跳，厲害！」

「沒啦，是副理您前一天幫我惡補，要不然我有沒辦法講那麼一大串道理出來。」

「少來，別不好意思了！那沒一定實力，根本無法臨場應變，在場的大家都知道。聰明人都可以從這場會議看出你的實力在哪？你不用怕了！」其實別人這樣誇他，Matt 心裡蠻爽的！

「假如，你真的撐不下去，來我公司吧。雖然薪水沒這邊好，但，保證準時下班，考慮看看。還是你現在跟我過我也不介意！」副理突然這樣說，Matt 嚇了一跳，可以這樣挖角喔？

「開玩笑啦！你聽聽就好！但，我是真的不介意喔！」Matt 已經搞不清楚副理的話是真是假了。

過了 6 點，大部分的產線人員都下班了，在 P.D.I 的車間，副理跟 Rocky 站在四輪定位的中巴旁，小聲地聊著。「以後這個生管，你要好好帶他，尤其會議上，你要適時地幫他出一下聲音。」副理語重心長地跟 Rocky 說。

　　「靠，我才要修理他，幫你報產銷會議的仇而已。」Rocky 說。

　　「報個小鳥仇，你不要那麼幼稚好不好。那些話是我教他講的，不要在那有的沒的。」

　　「我就說，他怎可能那麼厲害，才沒來幾天，講得頭頭是道，去。」

　　「ㄟ，你不要看他這樣，他之前待過的公司，產品的複雜度比我們這邊難喔，相信我，他一定可以幫助你，你要跟他合作，讓他去面對老闆，你專心組你的車就好了，排程、物料、產銷…全部交給他去做，就像我們兩個現在這樣，會議上，你一定要找機會幫他說話，要不然，車他都不懂，再幾天一定會被釘。他起來後，相信我，你會很好辦事的！」

　　「是、是、是，都待退人員了，就不要那麼操心了，好好享受退休生活吧！」Rocky 笑笑地說。

　　「享受你的雞巴毛啦，我是跳入另外一個火坑，好嗎？」

　　「最好，明明就要鴻圖大展了，還會跳入火坑，講這種雞巴話誰信？這裡也可以算是你一手打下的江山，幹嘛不留下來。」

　　副理看看四周的人事物，回想半年前的自己，他當然知道眼前

的這一切是多麼的不容易，但，權衡相比，他是不得不離開，他比誰都清楚這中間的拿捏。

「我有我的人生規劃，小孩子不懂。」

「誰不知道那邊是高薪聘請你過去，對不對？」

「哪，說實話，過去那邊，我薪水還降，哪有高薪？我 CARE 的是老闆的風格，跟這間公司的前景，老實說，老闆夫婦倆的作風，我不欣賞。」

「靠，那我是不是也要另謀出路啊？」

「謀個屁啊。你就好好待著，你在這邊有你的優勢，我看老闆還蠻相信你的，你不用擔心那麼多。如果以後有任何問題，你也可以打電話給我，我不會不接，放心。」

副理在離職前把該有的佈局先佈好，他從來沒有想過假以時日會再回到 TD，他只是不希望他一走，整個工廠就垮了，畢竟這裡也曾是有他付出的心血。但對於 TD，再看看老闆夫婦的作風，他看不到 TD 的未來，會離職，要不是剛好天時地利人和的機緣，這也是不得已的決定。

在 TD 還有幾天，他打算把所有的人跟 Matt 好好地講一遍，任何事情，把人搞好了，後面的一切就簡單許多，尤其在 TD，人和格外的重要，Matt 這小伙子一定不懂，雖然無法做到八面玲瓏，但，基本的明爭暗鬥還是要預防。

太單純了，Matt。

02

交接

早上的 8 點半，產線的早會結束後，整個產線也跟著動起來。經過昨天與副理 Talk，Matt 的心裡很急，副理的離職迫在眉梢，他心裡很清楚自己已經沒有多少時間慢慢摸索，再來，Matt 比誰都明白這中間的重要性，現在的製造、採購、開發這幾個部門都是由副理在居中牽線把各關聯串連起來，若到時候副理一離職，勢必整個工廠群龍無首，各部門各為其政的後果就是衝突越來越多、互相制衡，導致進度停滯不前，傷害最大的，一定是 Matt 自己。

Matt 自己一個人走到產線，在他前面的是中段的焊接線，後方是前段的組立線，每一個人都在自己的工作崗位忙進忙出，而 Matt，卻不知道從何著手？他站在工廠的中央走道，手裡拿著筆記本，眼睛瞄著四周，心裡一直盤算：等一下我要怎麼去了解現場？怎樣才能把「現場到底在做什麼」這些最基本的專業知識熟悉起來？這些製程耗費多少工時？以及前後製程的關聯性。

Matt 是公司的生管，他必須很熟悉現場的製程，雖然這些都

有紙本的 Database[7]，但他過往的經驗告訴他：必須實際到產線把這些文字流程與實際對照，若他只是單純的看這些紙本，那腦海裡的熟悉度一定無法像實際用眼睛看到那樣的扎實。

　　Matt 的立場很尷尬，就常理而言，應該要有一個資深員工帶他到產線熟悉整個流程，或是要有個教育訓練來讓他早點上手，可是 TD 沒有，沒有人可以帶他去了解現場，應該說沒有人有那種閒工夫帶著他一站一站的介紹說明。現在，他只能靠自己這幾年來對流程的熟悉度，靠自己過去的經驗，如何用目視及口語問答的方法來得到他自己要的答案。

　　走到大樑結合的工站，工廠的最末端，也是整個流程的起始點。站在梁柱的下方，這裡是不會影響產線的作業進度，卻又可以看清楚整個組裝流程的位置。拿著筆記本，他打算把這工站所看到一切記錄下來，可能用文字記錄，或者用圖畫的方式來表述也說不定，反正就是要有某一程度的收穫才行。

　　工廠的天車在上頭移動，那是荷重 5 噸的天車，吊掛的是底盤的前、後樑，Matt 靜靜地站在一旁看著他們的托掛作業。天車由工廠的中央走道跨越半條組立線移動到底端，一個人拿著天車遙控器操作著前進移動的方向跟高度，另一個人則拉著繩子，繩子另一端綁著大樑的一角，這條繩子的用意在於吊掛的大樑因拖吊移動而旋轉時，此時就必須靠繩子的拉力來使其靜止。天車吊掛業進行時，操作人員戴工安帽，底下的人員是禁止組立作業，還好，這樣基本的工安規則還是有遵守。

　　正當 Matt 還在研究接下來的步驟時，突然，一句話從他後方傳過來。「生管，你在看大樑組裝？」說話的是現場的主任，

Rocky。Rocky 不算是 TD 的開國元老，但卻是工廠端有著舉足輕重的地位，年輕人，至少比 Matt 小個 3 歲，雖然說著一口流利的國語，但其口音帶著蠻重的「下港腔」。

「是啊，副理叫我自己來產線看，順便學習。」Matt 把他的緣由告訴 Rocky，避免讓 Rocky 覺得他在偷懶。

「這樣看沒有用啦！」

「來，我整個帶你走一遍。」Rocky 很阿莎力地說完轉頭就走。「你不用懂很多，知道流程，還有每一站的標準工時 [8] 是多少就可以了。」

Rocky 邊走邊介紹底盤各個工站的位置，Matt 跟在他身後，像一位到企業參訪的學生，一直手寫他的筆記本，他根本不知道重點在哪？也可以說，Rocky 所講的都是重點，Matt 抓自己要的重點記錄，部分 Matt 覺得是基本常識，聽過即可，並不會額外再特別註記。

突然 Rocky 發現 Matt 一直拿著筆記本在抄抄寫寫。「你在寫什麼？」

「你剛剛介紹的那些流程。」

「那不用寫啦，回去我叫 Joyce 印給你，她那邊有電子檔，你現在只要注意聽就好了。」

「喔。好吧。」Matt 聽了 Rocky 這樣說後，就把筆記本闔起來，接下來他打算真的只做到耳聽跟眼觀。

Rocky 說的沒錯，仔細聽他講解會比自己在那盲目的猛抄來的

好，因為手寫速度因素，Matt 所紀錄的東西，幾乎都是製式的流程，這樣的內容，公司原本的文件就有，反而 Rocky 所要提醒的小細節，Matt 全部都漏掉了。例如，部分預組的零件都會拉出來額外組立，有時會跟主站工項相互 Cover 到，這時人力的調度或是工項先後安排就格外的重要。而這樣的資訊，在 Matt 的筆記本只會記錄有哪些是預組的項目？反而忽略掉這些異常發生時的小細項。

魔鬼通常藏在細節中。

仔細聆聽，工廠很多小細節是 Matt 沒有發現的地方，原來，每根柱子上面都有貼工站的名稱跟順序，若 Rocky 沒特別介紹，Matt 自己倒是沒注意到這一點。

「主任。」Joyce 突然出現打斷他們的談話，Joyce 用手指指著 Matt 吞吞吐吐地說：

「那個⋯米蘭達請你過去一下，在大會議室。」

「我？」Matt 指著自己的臉，一臉疑惑。

「對，米蘭達請你馬上過去。」

「主任和副理不用嗎？」

「副理已經在會議室裡了，就只剩你。」

「那我要準備怎樣的資料嗎？」

「進度？」

「還是我的工作日報？」

他們兩個互看一眼，眼神感覺像是 Matt 問了一個很白癡的問

題。

「你趕緊進去就是了，不用想太多。」

「主任，你不進去？！」

「不要，你進去就好了，那地方少去比較好。」Rocky 笑笑地說。

Matt 怎感覺主任的口氣跟眼神有點像在看好戲的感覺？

「記得帶筆記本跟筆。」突然 Rocky 突然好心的提醒。

Joyce 是製造部的助理，負責打單發料、物料、工具、耗材的採買，可以稱她是製造部的大內總管也不為過。Matt 已經進來約一星期了，Joyce 的位置就在 Matt 的隔壁，兩人中間完全沒有任何阻隔，但，兩人到現在還沒說過一句話。

「主任，你覺得他可以撐多久？」Joyce 看著 Matt 的背影，開口問了 Rocky。

「很久。」Rocky 雙手抱胸，看著 Matt 的背影，笑笑的回了 Joyce。

「很久？」Joyce 語調升高，用一種不敢相信的口氣回應，她還以為自己聽錯了。

「相信我，很久。你等著看吧！」Rocky 沒有多做解釋，笑笑轉頭就往中段組立的地方走去，留下一臉疑惑的 Joyce。

Matt 帶著筆記本走進大會議室，陳總坐在會議室的尾端，看

起來應該是在和財會或是行政人員談事情，Matt 剛進公司不久，還沒辦法完全把人跟部門 match 起來。米蘭達坐在門口進來的地方，旁邊坐著副理，前面的桌面擺著一疊卷宗，Matt 完全不知道他們在談論什麼？只看米蘭達手裡拿著一隻黃色鉛筆，側身跟副理在講話。

老闆娘看到 Matt 後。「Matt，來，拉張椅子坐下。」，還好，老闆娘的口氣沒有不悅，自從昨天的會議後，Matt 也開始會觀察米蘭達的眼色了。坐下後，Matt 立即把筆記本翻開等待接下來的指示。

「Matt，找你進來，是要和你談論一下接下來要做的事，嗯，應該就是你主要工作職責。OK 嗎？」老闆娘睜大眼睛看著 Matt，似乎在等他說出 OK 這兩個字。

「OK。」

「很好，以前我們公司沒有生管這個職位，所有的排程都是業務跟製造部在對應，我們也不懂生管到底是在做什麼？是你副理堅持要一個生管來 control 整個流程進度。現在你進來了，我們來定義一下屬於我們公司的生管要做的事，OK？」

「好。」Matt 點點頭表示我可以理解。

「第一個，進度。」

「你要知道現場所有的車子進度，還要整個掌控。你要有能力去要求現場，今天計畫是幾台？就是要幾台底盤下線？今天外包要做到哪裡？每個進出的數量都要有實際及計畫的對照。」這些 Matt 都知道，這是基本的生管知識而已，並不難，若這是老闆娘的標準，

真的太簡單了，Matt 在心裡鬆了一口氣。

「所以，你要有生產計畫表，每日實際的差異都要記錄下來，這懂嗎？」

「米蘭達，這 OK，至於怎麼表示呈現，我會再和副理討論。」

「所以，這和你之前的工作，應該差不多吧？你應該懂吧？」

「這我會，差別在於細項，我要…」

「沒關係，細節你們下去討論，我不懂這些瑣碎的，就是你們南部人說的『眉眉角角』。」

「這你懂吧？」

「嗯，可以。」Matt 再次點點頭，口氣很平靜。

「好。接下來，第 2 點，料。」

「你要組車一定要料，不管是哪一工站的料，是底盤的料，還是車身的料，或是外包的料，你都要一清二楚。要不然，因為料而停線，這成本太大了。」

「懂嗎？你知道吧？」

「嗯。」

「那你知道怎麼去對料？追料嗎？」

「這我還沒學到，目前我還在現場實習，所以，怎麼去追料，我必須下去後再請教副理。」

「好，沒關係，慢慢學，不能快！」米蘭達停頓了一下。「但，也不能太久，你要有自己的 Schedule，何時學什麼？做什麼？一

定要一項一項表列出來，然後隔一段時間後再來檢討，不能一頭盲目的栽進去，那叫瞎子摸象，沒有效益，知道嗎？重點是你要知道你在做什麼！」

「好。」

「追料的話，可以去問採購——Vicky，她那裡一定有份清單，或是你部門的 Joyce，Joyce 負責訂料，她一定也會有一張總表。」

「OK。」

「再來，我看看喔。」米蘭達推著眼鏡，在她桌面上的白紙用鉛筆逐項找她寫的事項，應該是剛剛與副理討論的那些。「進度有了，料也有了，還缺什麼？有了，這裡，缺工。每天有多少家外包進來？進來幾個人？產線幾個人請假？這你要掌握的很清楚，要不然你的進度怎麼去 Handle？你懂這中間的關聯性吧？」

Matt 滿臉的疑問，直覺認為這邏輯怪怪的。他心想：人是我要控制的？我直接對產線主管就好了，不是嗎？為何我要 Detail 到產線的人數？那產線的主管在做什麼？再來，外包人數？這更怪了，他們可以做得出來，可以 on time 的話，我管他們今天來幾個人？

可能 Matt 的眉頭深鎖表現得太明顯，米蘭達一眼就看出他的心中的疑惑。「不要覺得很奇怪，我們發包給外包商，都有計算他的工費率，一天來幾個人，來的人中要有包頭，幾個師傅，幾個學徒，這都涵蓋在報價裡。假如，它們全部都報師傅的成本，結果來的是學徒，這樣品質怎麼控管？」

米蘭達這樣說也有道理，但，每日去管這一塊，Matt 還要再

思考一下，不是不要，而是要怎麼去管？他必須看一下現行的做法是如何做？再來，師傅跟學徒的差別在哪？真的有很明顯的差別嗎？只要我們的標準訂出來，我依標準檢驗，管他來的是師傅還是學徒？應該是產業別的不同吧，這 Matt 也是要實際去確認，要不然，有很多老闆的主觀意識往往跟現實差距蠻大的。

「這樣懂嗎？」

「好，我知道。」

「這是早上我跟周副理談論出來的重點，詳細的細節還是得你們詳細去討論，我不管那麼多。周副理應該還有其他的安排，但，我剛剛講的那 3 大項，會是你的主軸，也是每次開會都會提到的點，知道嗎？」

Matt 點點頭輕聲的說：「知道了」

結束和老闆娘的談話後，Matt 和副理一起回到了辦公室。「Matt，你過來我這邊一會，我跟你討論一下你未來的方向，要不然，老闆娘講得太籠統了，我怕你會誤會她的意思。」

製造這間辦公室共 10 個位子，由前到後總共 5 排，每排有兩個座位，老闆和老闆娘在最後方，每個星期二都會由台北特地下來，進來工廠後會先到製造部辦公室放他們的手提行李，之後再移到大會議室，陸續召見各單位、還有他們想見的人。

而副理的位置在 Matt 左後方間隔 3 個位子的距離。這間辦公室沒有遮屏來區隔每個人的座位區，大家在做什麼？有沒有在座位

上？全部一目了然。他不懂為何單獨製造部的辦公室沒遮屏？

結果得到的答案是：這樣同事之間要討論比較方便。

當下他心裡只有「放屁」兩個字可以形容。採購部門都不用討論？財會部門也都不用？資材也不用？一堆可以立即提出來打臉的說法、證據跟事由，他搞不懂老闆的想法，這完全沒有一間公司該有的一致性。

Matt 走到副理的位置，順手拿張椅子坐到他的旁邊。

「我先給你看我們公司排程的 Model[9]。」他一邊說，一邊在他的電腦找排程的檔案。「我會放在製造部的共用槽，這樣開會隨時打開就是更新檔，比較方便。當然這是我的作法，看你自己方便，以後你要跟我一樣？還是放自己的電腦都可以。」副理在 Z 槽自己的資料夾裡，選了一個生產排程資料檔。

「Project ？」Matt 的腦裡充滿疑惑，排程用 Project ？

「是啊，我過來時，前人交接給我的就是 Project，Project 可以自動把星期六日或是自己設定的日期跳過，還不錯。」

「我沒試過 Project，一直以來我都是用 EXCEL 來排排程。」Matt 面有難色地告訴副理，也讓他知道自己不會的地方。

「沒關係，以前我也不會，來這邊才學的，你應該不排斥學新事務吧？」

「我 OK，只是你可能要有心理準備，我不知道我要學多久？」Matt 預防針要先打，他不想讓人對自己期待太高，這樣假如他真的資質駑鈍，落差失望會很大。另一方面，他也在試探副理的底

線在哪？這樣 Matt 就可以知道後面的工作要如何表現？是一次突顯？或是逐步的顯露？這兩個都有它隱藏的風險，但，重點是時間點的拿捏，這是技巧，也是 Matt 這幾年工作教訓的累積。

在職場，大家都戴著不同的面具在演戲、或在槍林彈雨中匍匐前進，想要在這叢林活下來，除了遮掩野蠻的企圖心外，最好再弄幾套面具及防彈衣來保護自己才安全。

「沒關係，假如你用不慣 Project，你也可以改用 EXCEL，排程並沒有限制要用什麼軟體？可以表現出整個排程進度就好。我是工程背景出生的，沒碰過生管這領域，你懂得一定比我還多。所以，我會先教你我知道的排程規則，你明白這前後的邏輯，之後你可以依照你的專業去 Run 看看，我不會限制你一定要怎樣做，這樣 OK 嗎？」

「當然 OK 啊！」

上面那段話講得太切入人心了吧！ Matt 還沒遇過主管明白表示自身的不足，並進而認同部屬的專業，這樣的主管絕無僅有。接下來，副理大約用了約 30 分鐘的時間來解釋排程的來龍去脈，那些是主工站，主工站的工項是有先後順序；哪些是預組站，可以先組起來預備，也是一般生產線所說的線外作業，還有各站的標準工時。

聽起來不難，Matt 感覺，反而是產線的經驗會佔較大的比重，對組裝熟悉度越高，越懂得可以臨時調度工項的差異性，這需要時間經驗的累積，他不知道自己需要多久的時間。

「你排個幾次排程，或開會被盯個幾次，交個幾次車你就會了，

這沒什麼大不了的。相信我，很簡單，你一定可以。有問題或不熟悉的地方，以後你可以找我或 Rocky，他現場已經待了 2 到 3 年了，產線他最清楚。我也跟他打過招呼，以後就去找他，你們兩個要互相搭配，這樣做起事來才不會綁手綁腳。」

「那料的部分？」提到物料，副理從他的左前側的文件架上抽出一疊 A4 紙。「這一份你拿去看一下。這是之前我請產線整理出來的缺料，先照這份表列清單去追，等一下你拿這份去 COPY。」Matt 翻一下內容，裡面一堆藍筆、紅筆的註記，老實說，亂七八糟，這可能自己需要好好研究一下這份文件的規則跟註記內容。

突然，隔壁技術課辦公室傳來主任 Rocky 的咆嘯聲，Matt 透過隔窗玻璃，只見著 Rocky 對著某位工程師大喊，甚至把手中的筆記本整個摔到面前的辦公桌上，那一種咄咄逼人的神態讓旁人不禁為那位工程師捏把冷汗。

周副理好像見怪不怪了，轉頭看了一會，又繼續回到剛剛的話題。「後續應該還有一些料件的 ECN[10] 會開出來，到時候收到 ECN 後，記得要馬上請 Joyce 下單請購。」

「嗯，為什麼現在不依 BOM[11] 得需求先開請購單？」Matt 直覺地認為這樣的邏輯有問題，常理來說，BOM 有多少東西，扣掉庫存後，就是需要的料，怎還在等技術單位？除非 BOM 未建置完備。

「我們公司一直以來都是中國進口，現在國產自製化，很多零件都還陸續在建 BOM，也不知道國產化後哪些是需要新增？哪些是不必要的？缺東缺西，誰也說不準到底欠什麼？」

「我們沒辦法先拿之前採購進口的 BOM 來複製修改就好了嗎？」這是他最直接的想法。

「大家都這樣想，我也搞不懂為何我們的技術沒辦法 COPY 過來，再逐一修改？這間公司的老人（老人泛指那些舊有的老員工）還沒有系統的概念，以前都是紙本人工作業，ERP[12] 系統對他們來說，是一個全新的環境，接受度上是一個很大的問題。不管怎樣，錢都花了，上個月也請了一個系統人員過來，ERP 就是要推，只是初期那些老人的觀念會很難改，導入一定會碰到一堆困難。找時間，你也去上一下課，熟悉一下系統介面的操作方法。你不用知道的很熟，但系統基本的邏輯思維你要懂。」

「還有，接下來你會遇到最大的阻礙會是——技術課。」

「？」Matt 一臉疑惑，技術課？

「技術課全部都是新人，除了他們的經理—— Frank，但，他長期在桃園，應該說他原本的駐點就是桃園了。」

「技術部經理在桃園？但，技術課在高雄？產線也在高雄？」Matt 是第一次聽到，心想，這樣的人事佈局是有事嗎？

副理笑笑的回答。「他也兼售後經理，北部人，售後的辦公室在桃園，固定每星期來高雄出差一兩天。我們老闆也是台北人啊，你只有星期二到星期四會看到他們。」

Matt 心想：還好，他們沒有每天進工廠，要不然，Matt 的腦神經一定立馬衰弱。

「技術課這一群人沒什麼不好，但，就是沒有組裝大車的經驗，

從課長到以下的工程師，全部都只有零組件加工的背景，要整合成一台大車，可以說瞎子摸象，摸到哪，就做到哪，也就想到哪，他們那個 team 無法用全觀的方法去做事，常常漏東漏西，而且大多時候根本用錯誤的圖面，常常被我們現場的技師盯。」

「那怎麼辦？那我有問題可以找誰？」

「我只能跟你說找 Rocky，他經驗夠，但，平行溝通有很大的問題，常常得理不饒人，三不五時就到技術課辦公室拍桌子大小聲，這點你要幫他，要不然做不了事。」周副理笑笑的搖頭。「尤其我們現在最近的這一批車完全是自製，BOM 還是亂七八糟，還不知道交不交的出去？」

經由周副理的表情，Matt 大概可以猜出一二，他也決定，開始跟技術課的人接觸，要不然，最後收拾殘局的還是自己，沒有比較輕鬆。

一整個早上，副理一直教 Matt 關於公司大大小小的事情，排程、系統、各個單位、各個主管、週 / 月的例行會議，以及老闆的脾氣，還有一些該注意的人。小小幾人的公司，政治生態系卻發展得相當完整，一不注意就會落入食物鏈的汰換。

「小心老闆那對夫妻，他們的城府很深，他們的話你自己擇善聽之。知道嗎？但要記住，你不是他們的誰！千萬不要迷失方向了，大餅每個人都會畫，但實際吃不吃的到？就很難說了。」

副理特別留下的一句話，很平，卻很有爆點。

Matt 拿著自己的茶杯到茶水間裝水，一直思考這間公司到底是怎麼回事？也一直思考副理所隱喻的那一句話，尤其那 4 個字：「擇善聽之」，是否副理在這裡有發生什麼不愉快的事嗎？被陷害？揹黑鍋？還是老闆曾經出爾反爾？踏入職場久了，Matt 已經漸漸懂得在別人話語中找「Keyword」，找找字裡行間所隱含的意義，有些人會在不經意間透露出一些細微的訊息，有些人則喜歡釋放一些八卦，讓聽到的人惶惶不可終日，沒辦法好好工作，功力淺的初學者，或是控制不住自己脾氣的鄉愿，一不小心就會跳入有心人士所挖的洞裡，Matt 之前為此曾吃了好多虧。

　　Matt 不是庸人自擾，更不是未雨綢繆，職場並非學校課本公民道德裡的謙、卑、恭、儉、讓，這五育完全不適合套用在職場倫理上，Matt 知道：想在現實活下來，要如何把偷雞摸狗、嘩眾取寵做到不動聲色，這才能真的有辦法出頭，這沒有人教，沒有人會把這厚黑學一步一步的傳承，每一個人都是跌倒後，拍拍衣袖再爬起來，端看你會不會記取教訓，不要再讓同一個坑洞或石頭再次把你絆倒而已。

　　「Hi，Matt，你還好吧？」說話的是 Rita，原本站在洗手檯思考的 Matt 突然嚇了一挑，他都沒發現何時 Rita 走到他身後了。「嗯，還好。」

　　「我看你魂不守舍的，有心事哦？」Rita 很關心 Matt，他希望 Matt 不要那麼快陣亡，難得來一個可以讓米蘭達信服的同事。

　　「沒，還在熟悉中，很多事要學，隔行如隔山。」

　　「放心，你一定可以的！你在產銷會議表現的不錯，大家都說

你超強的，這工廠已經很久沒有這樣的人出現了。」

「沒啦，那都是副理教我的，如果沒有他事先幫我惡補，我也沒辦法回答的那麼順。」

「你太謙虛了。」Rita 笑笑著說。「對了，你何時有空？我要找個時間跟你聊聊。你進來公司一個星期了吧？」

「嗯，昨天就滿一星期了。」

「行政這裡有一個例行性的面談，新人進來一星期後，人資必須訪談新進來的員工有沒有問題？有空嗎？」

「喔，現在嗎？那我可以直接在這跟你說沒有問題，不用再麻煩約時間了。」

「喂，Matt 先生，那麼不喜歡和我談話喔！」Rita 斜眼、眼睛往上吊開玩笑的說。

「沒－沒－，我只是不想讓你再耗費時間在我身上，我知道你也很忙，我只是想讓你可以快快的交差。」Matt 趕緊解釋，以免讓 Rita 誤會了。

突然，Joyce 走過來。「那個，米蘭達你要去會議室一下。」

Joyce 還是不習慣跟 Matt 說話，到目前為止，都還沒開口稱呼過 Matt 的名字。當然神經大條的 Matt 根本沒發覺這小小的冷漠，他只知道每次看到 Joyce，就是要見米蘭達了。

「我？」Joyce 點點頭。

「副理要一起去嗎？」

這次 Joyce 學會了，直接要求 Matt 趕緊進去。「你去就好了，快點，米蘭達不喜歡等人。」Joyce 看 Matt 走了後，輕輕嘆一口氣，當然，這小動作也讓一旁的 Rita 看見。

　　「幹嘛嘆氣？你不喜歡 Matt 喔？」Rita 問。

　　「也不是不喜歡啦，副理要走了，他打算把所有的工作交給 Matt，我在想，他會不會承受不住？」

　　「喔。那你一定還沒聽說他產銷會議的傳聞，聽說米蘭達對他評價還蠻高的。」

　　「我聽說了啊，連 Rocky 也說他不錯，我真不懂，他到底哪裡好？」Joyce 一副你們是有事的樣子。

　　「我們就安靜地看看就好了，說不定還真的出人意料之外，你就不用瞎操心了。」Rita 笑著對 Joyce 說。

　　Joyce 不是擔心，她經歷過副理與產線的衝突，現在副理好不容易把整條產線帶起來，人員建置也步入正軌，Rocky 也開始會聽副理的安排，應該說屬於 TD 的模式大概就是現在這個樣子。現在副理要走了，怎麼會是 Matt 來接手呢？要，應該也是 Rocky 才是！Joyce 為副理感到可惜，也為 Rocky 抱不平。

　　Matt 帶著筆記本和疑問，自己一個人走到大會議室，這時會議室只剩米蘭達自己一個人而已，桌面還是一堆卷宗待她簽核。

　　米蘭達看到 Matt 開門進來，立即招呼他坐到她的旁邊去。「Hi，Matt，來，你坐這邊。」

還好，米蘭達的口氣是愉悅的，Matt 聽太多關於米蘭達的所有了，他一直在提防米蘭達爆炸的時候，不知道何時會傷到自己？

　　「今天還好吧？」

　　「還 OK，副理有把整個工廠的全貌跟我介紹一遍，只是我對車真的不熟，我需要多一點時間到現場熟悉。」

　　「沒關係，這時間的問題而已，不急。」Matt 心裡想：什麼不急？我可是急的很。

　　突然，米蘭達話題一轉。「你知道我們公司在做什麼的吧？」

　　「知道，大客車。」

　　「大客車有很多種，你知道是哪一種嗎？」

　　Matt 心想：靠，尷尬了，剛剛副理有說，我沒記得很清楚。「就大型，中型，柴油引擎。」Matt 把他知道的說出來。

　　「你說的沒有錯，但，分類有一些問題。我們公司的產品，有柴油車、電動車兩種，其中，電動車又分為大巴跟中巴，而柴油只有大巴，這也是我們公司的主力產品。在車型的開發部分，柴中巴我們公司沒有投入生產。」Matt 立即翻開筆記，把剛剛米蘭達說的用表格化記錄下來。

　　「你知道為什麼我要特地跟你說這些嗎？」

　　Matt 搖搖頭。「因為，若一直在柴車上下工夫，那我們全部的人就只能吃粥而已。你知道吃粥是什麼意思嗎？」

　　Matt 大概知道米蘭達所指的意思，但還是搖頭說不懂。「就是維持工廠這些技師家庭最基本的開銷而已。當然，陳總也可以再

增蓋廠房，接更多單，然後再養更多的技師，然後結果呢？就更多人吃粥，一直循環，這個圈子只會越來越大，卻沒辦法改善目前的窘境。」米蘭達抿著嘴，輕輕地搖搖頭。

「這樣，你還會覺得柴油車有前途嗎？」

「沒有。」Matt 疑惑的是，怎會有人拿石頭打自己的腳？

「所以，若我們公司要吃香喝辣，要怎麼辦？當然，我指的是我們這些間接人員，現場的技師還是繼續吃粥，沒辦法，他們自己不長進，活該。」

老闆娘說的很平靜，沒有半點氣慨，似乎技師吃粥是理所當然的事。

「我真的不知道。」

「是電動車。」

老闆娘在白紙上畫一條約４５度角的斜線，斜線頂端用鉛筆寫著電動車３個字。

「電動車是未來的趨勢。現在做電動車全台灣就只有兩家，其中一家就是 TD。現在小英政府上任之後，綠能是她的政策，這政策不用看了，至少會延續八年，這是台灣的政治生態。尤其電動巴士這一塊，一般公司是很難介入，除資金外，政府的政策及整個趨勢也是重點，特別是現在台北市沒半輛電動大巴，柯 P 也已經喊出要拿下 2000 輛，雖然目前還沒有任何表訂的計畫，你說，這些單會下給誰？」

　　「我們公司。」

　　「對！所以我們公司的未來就靠電動車這一塊，這一塊大餅大到沒有第 3 間跟我們搶，也是大到一間公司是沒辦法全部吃完。尤其我們公司是政府全力扶持的產業，你知道我為什麼敢這樣說嗎？」

　　Matt 還是搖搖頭表示自己不知道。

　　「因為國發基金有投資在我們公司身上。」老闆娘眼神很堅定的說出這句話。

　　這時 Matt 心裡想說，這樣的用意，是要我說「好棒棒？」，或是回答她「真的嗎？」好像都不恰當，所以，Matt 瞪大眼睛，沒有表達任何意見，用一種默認的形式來表達他對老闆娘這一番話的認同。演戲是一門藝術，超級耗神，尤其在老闆面前，而且一演，就必須一路演到戲曲落幕的時候。

　　接續老闆娘拿筆畫出第 2 條線，兩條線的底端交疊，成一個 v 字型，第 2 條線的頂端一樣用鉛筆寫著「售後」兩個字。

　　「這是第 2 個吃香喝辣的方法。當一堆電動車在街上跑，那代

售後　　　　　　　　電動車

表著需要一堆售後維保人員，現在的台灣所有打車廠售後技師只會修柴油車，沒人懂電動車。那誰會懂電動車？」

「我們公司的售後。」

「對。」

「所以，我們會一直培養售後人員。一個技師進來底盤接受訓練，OK 後會往 P.D.I[13] 去實習，成熟了，直接丟往售後，到時候我們就有一個很強 Service team。屆時，除了我們公司的電動車，還有全台灣的電動車都可以修了。這是一個很大塊的利潤，不用材料成本，更不用廠房的成本，只需要一間 OFFICE 跟一個團隊。」

　　Matt 知道老闆在對自己洗腦，也可以說是在畫大餅，讓他對公司有信心，不要輕易的就說放棄離職，沒辦法，TD 的流動率真的太大了，Matt 也不清楚老闆為何不 CARE 這一塊？或許吧，Matt 現在是需要一些大餅來讓他走接下來的路，一種望梅止渴的吸引力來支撐下去。老闆那一塊餅，他是否吃的到？好像已沒那麼重要了，他突然想起網路流傳的一句話：「別人和你說的話，不管出於什麼初衷，能信，但不能全信。」這不只用於同事間的耳語，Matt 心想，老闆的話，應該也可以適用。

下午在茶水間遇到現場的主任——Rocky，順道跟他聊一下，Matt 一直聽到米蘭達跟副理提起他的名字，他想在這間公司 Rocky 一定有某種不被取代的地位，而且年紀輕輕的，80 年後年輕人，可以 Handle 全廠的技師，還有 3 個比他年長的領班，他的 Background 讓 Matt 很好奇。

Rocky 看 Matt 表情似乎有點力不從心，很雞婆的關心他一下。

「你還好吧？生管。」Rocky 用台語，很阿莎力的關心 Matt。

「好啊，怎麼說呢。其實我覺得有點抓不到方向。」

Rocky 還是一臉笑嘻嘻，好像 Matt 是想太多了的表情。「放心啦！我很看好你，尤其你又給米蘭達昭見過了，沒問題！不要想那麼多，有問題來問我。好好做！撐下去，生管。」

可能他們還不熟，進來一個多星期了，只見過 Rocky 幾次，Matt 大部分的時間都待在辦公室跟會議室，而 Rocky 整廠跑，說他是廠長也不為過。沒關係，接下來的時間 Matt 會頻繁的跟他接觸，他一定會被 Matt 煩死。

「生管，管工管料管進度。記住ㄟ！」Rocky 突然爆出這一句話。

什麼東西啦，這是這間公司的口頭禪嗎？管工在 Matt 的認知，那是廠長的職責。

「對了，給你一個建議，你可以先去找 Joyce，把料趕進來給我，沒有料，我沒辦法做事啊！」

03

初識

　　下午 5 點半，大部分的人都下班回家，剩下少許的辦公室人員還留下來做些文書作業，沒辦法，間接人員早上的時間是拿來開會及應付老闆，下班過後才會是自己的作業時間。

　　Matt 坐在副理的位置旁，在這之前，他們倆個一直在忙副理離職交接的事，大部分都是文件交接佔大多數。好不容易辦公室的人走得差不多，這時正是辦公室八卦最佳的時節點，副理突然爆出這句話來，讓 Matt 有點嚇一跳。

　　「公司有 1 個人你要特別注意一下，然後，跟這個人所有相關的人系，在他們面前不講太多，這是一個很大的黑洞。」

　　「？，有人心機特別重，對我們部門不爽嗎？」

　　「是有人要對公司不利。」

　　「啊？」

　　「有一個人試想要把老闆拉下來。」

　　「怎可能？」

可以對公司有威脅的人，通常都是重量級人物，不是股東，就是董事，這兩種人，一般 Matt 不會接觸到那麼高層級，而且，說實話，公司的未來走向如何？他不想知道，他只想好好領他的月薪，做他的事。對他來說，公司老闆換人，他的薪水不會減少或變多，那 Matt 何必庸人自擾？其實，管它有人要對老闆不利，或是對公司不利，Matt 壓根不 CARE，但副理突然這樣對他說，這故事就有意思了，Matt 看好戲的心情油然而生。

「我們公司雖不算是小公司，但，至少可以說是規模不小的家族企業，他哪來的方法幹掉老闆？況且，我們現在不是在準備 IPO ？我們的股東結構還算完整，我想，那些股東應該是不可能同意的，不是嗎？」

「大家都覺得不可能，但，就是有個傢伙有這樣的想法。」

「喔，誰？」

「技術部經理，Frank。你還沒跟他交手過。」

「那他要怎樣把老闆拉下來（篡位）？」

Matt 也蠻好奇的，打從出娘胎出來，這樣的劇碼他都只在連續看過，現在卻活生生的發生在他周遭。

「我也搞不清楚，說實話，很難。」副理聳聳肩的表示。「不過，他的小動作不少，你不要看他遠在桃園，連我們製造這裡有不少他埋下的暗樁。最近是聽說他偷賣公司的料給各業者，已經被戳破了，我想老闆也應該知道這件事。」

「賣料？」

「沒錯，我們的料都是中國進口，取得困難，加上單價不低，這中間利潤蠻大的。」

「轉賣公司的料，我還是不懂，這中間程序，應該很繁雜吧？庫存的扣帳，一直到財務開立發票，這中間有辦法做到讓公司沒發覺？」

Matt 第一個想法是：這不只他一個人，這至少牽涉到兩個部門以上，公司內部應該有一個不小的團體再做這種事。

「這是一個很大的黑洞，如果老闆真的再持續挖下去，我想，這公司可以關起來了。」

「所以，老闆知道了？」副理輕輕點點頭的說：「嗯，聽說也開始動作了。」

「那除了 Frank 之外，我還要特別注意誰嗎？」

「這名單不要去亂問，雖然說是後台內幕的黑名單，但，我想應該全公司的人都知道了。我怕你問到該死的人，那你也自身難保。」

「有包含主任嗎？」

「沒，他算是受害者，也算是我們的人。但，品證，資訊，還有管理部都有人，你自己注意一下，現場的人我明天再指給你看。」

Matt 心裡默數了一下，從技術、製造、資訊、品證、人資都淪陷，只差資材跟會計部門，那麼誇張的動作，最末端管錢作帳的部門沒有人發現？是 Frank 的手法太高超？還是我們的會計能力問題？更亦或是連會計也有內鬼？這一連串的五鬼搬運讓人匪夷所

思。想不到這間公司看似風平浪靜，水平面下卻有不少的暗流波動。

Matt 突然話題一轉。「副理，你打算做到何時？有沒有個 Deadline[14] 嗎？我好做心理準備。」

「不一定，我是跟老闆說到月底，實際上，我的目標也是到月底交接結束給你。」

「交接的完嗎？」

「當然交接不完。」

「那怎麼辦？」

「你會怕喔！」副理的口氣是肯定句，不是疑問句。

「當然會啊！」Matt 的口氣也是肯定句，不是疑問句。

「世界上沒有交接完這回事，哪交接的完？這裡有很多都是我來才建立的規矩，你可以慢慢建立屬於你自己的制度，你自己熟悉的格式，相信我，你一定可以。再來，你不懂可以打電話問我，我一定會跟你講如何做，但，其實你不懂的話，最直接最快的方法就是去問現場主任，他一定會幫你。但，你要記得，他講的話你要消化一下，畢竟他們在產線待久，性子很直，只會考慮到眼前的事而已，不會想的很廣泛，更不會再多想幾步。」

副理把關鍵的工作逐項交接給 Matt，也清楚的提出其中的機關要害，他不想讓 Matt 出洋相，把後續的現場搞的一蹋糊塗。

「對了，你要開始注意交車進度了，要不然，會來不及。」

「你是指 2 月底那一批車嗎？」

「對，我們產業跟一般公司不同，交期都是合約日期，甚至牽涉到公部門的路線營運，到時候要是開天窗交不出去，不單單只是請業務去延交期而已，可是會有違約金額，這會是一筆天價，你自己要注意！」

Matt 心想：「靠，自己都還沒摸熟，根本不知道怎麼去掌控全局，更不要說進度了。」

「那副理，你覺得交的出去嗎？」

「應該沒辦法。」副理搖搖頭說。

「那怎麼辦？」

「怎麼辦？跟他拚了啊！怎麼辦？」

「喔，好吧。」

「放心啦，相信 Rocky。去年我親眼看他們一個月組 30 台車出來，說實話，我不擔心。」

「真的假的？」

「哈，你自己去問吧！」

聽副理這樣一說，Matt 心裡著實放鬆不少。但，其實周副理心裡卻清楚地知道，這一批車，交不出去，不是 Rocky 的能力問題，Rocky 確實有相當的實力把這 20 台車組起來，實際上問題在技術課，只要技術課的標準一天不確定，沒有料，沒有依據，不管是誰，即使再有多大的通天神力，也無法生出一台車出來。

時間接近晚上的 6 點，Matt 打算再去產線了解一下進度狀況，一打開辦公室的門就碰到 Joyce。

　　「ㄟ，那個。」

　　「你找我嗎？」Matt 已經很習慣 Joyce 只要說「那個」時，就知道 Joyce 在找他。

　　「對。我有聽副理說以後你是要負責管產線的進度，對吧？」

　　「是這樣沒錯，怎？」

　　「現在有個問題，我可以請你幫忙嗎？」

　　「喔，你可以大概說一下嗎？」

　　「主要是現在內裝要組欄杆，但，主任一直說料不對，數量不對，尺寸也不對，已經快跟技術課，還有包商吵起來了，可以請你過去了解一下狀況嗎？」Joyce 已經很明瞭 Rocky 的個性，她完全不敢去招惹氣頭上的 Rocky，她覺得這就像是在非洲草原拿著一根棍子去打獅子一樣，根本是找死。

　　當然，Matt 也不是笨蛋，跟 Joyce 根本沒多大交集，突然的請求，一定有鬼，要不是同一部門，而且位置又坐隔壁而已，他根本不會去理會這個小屁孩。

　　「料是你訂的？」

　　「對。」

　　「你料有依 BOM 訂購嗎？」

　　問完後，Matt 突然想起這根本白問了，因為 BOM 根本亂七八

糟，實際一定會有問題的，但至少是依 BOM 請購，有個依據還站得住腳，才不會到時候落人口實。

「有。完全是依 BOM 的規格數量下請購的。」

「他們在那一台車？」

「總裝那，你過去就可以看到了。」

原本問完後，正打算轉身離開的 Matt，又突然轉頭。「妳要跟我一起去嗎？」Matt 會拉 Joyce 一起去的原因，主要是因為這環境她比較熟，而且比較知道狀況，Matt 自己也知道產線的人不懂生管的概念，到時候要解釋，有 Joyce 在會比較簡單點，Joyce 可以說是目前他跟 Rocky 的溝通橋樑。

「我不要。」

「走啦，怕什麼！」

「不要，主任一定會罵我。」

「不會啦，我會幫妳解圍的，放心。要不然，我現在什麼都不知道，我自己一個人去的話，我可是不知道那些是你的部分，這樣我就沒辦法幫妳說話了。」

Joyce 眼睛睜大大的，腦子裡不知道在思考什麼。

「要不要去？不去的話，我要過去了。」

「好啦，我跟你過去。」Joyce 用食指指著 Matt。「到時候你要是沒有保護我，我會恨你一輩子的，以後你也不要想要我跟你說話。」

Matt 聽了 Joyce 的話後，嘴角微微揚起微笑。「走吧。」

「中央走道的第 2 台車，你有沒有看到。」Joyce 跟在 Matt 後面，用聲音遙控 Matt 行進的方向，深怕前面有老虎一樣。

Matt 依 Joyce 指示的方向看去，第 2 台的半成車裡擠了 4 個人，有 Rocky，技術課工程師，還有兩位包商。Rocky 右手拿著一隻銀色的鐵棍，看起來應該是某一支扶手欄杆，兩位包商站在一旁沒有說話，技術課的工程師則拿著捲尺及筆記本。

Rocky 剛好瞥見 Matt，順勢說：「來，生管，你自己過來看，你們訂那什麼料，長度跟數量跟本湊不起來，要怎麼組？」Rocky 的口氣不太好，對 Rocky 來說，Matt 根本沒幫到什麼忙，當然，他也知道 Matt 是新人，必須再過一段時間。

Matt 接過欄杆後，直接轉身問 Joyce。「當初你訂的時候 BOM 有規格跟單位數量嗎？」

「有。」

Matt 花一些時間問清楚究竟發生什麼事。

Joyce 訂的料沒有問題，追根究柢是技術課建 BOM 的問題，BOM 還是依進口的 BOM，現在要國產化自製，若 BOM 沒依現有的實際狀況去改，勢必會出錯，搞清楚來龍去脈後，全部的人都等著看 Matt 怎麼解決。

「好，大家聽聽看我的意見。」不等大家的回答，Matt 又繼續說下去。「現在距離交車的時間已經不夠了，而且東西也已經進來，不可能重買，除非你們有誰要去跟老闆說我們買的料錯誤，必

須重買，否則我就依實際狀況來處理，OK？」

Matt 見大家不說話，尤其是 Rocky 沒任何反應。「我們分 3 頭進行。主任，你可以幫忙去量實際需要的欄杆尺寸跟數量嗎？」Matt 見 Rocky 不回答，還是一臉臭臉。

「外包這邊，我必須麻煩你們依現有的欄杆去裁切長度，然後有不足的部分，把訊息回歸給技術課，麻煩技術課趕緊更改提出 ECN，然後 Joyce 再用 ECN 來請購這不足的部分，這樣 OK 嗎？」

Rocky 用食指指著技術工程師的臉。「幹！林杯（台語）沒有看過一間車廠的技術單位是什麼都不會！不會也不來問，也不來現場，媽的！」Rocky 咆嘯完後，立馬轉身離開。

「喂，主任，到底要不要幫忙啦！」Matt 看 Rocky 的態度也急了。

「會啦，我叫人過來量，幹！沒看過那麼爛的技術課。」

Matt 再轉頭對外包說。「好，那修改的部分在麻煩你們了，真的不好意思。」外包師傅也跟 Rocky 一樣，搖搖頭，向上擺手，沒有說任何一句話就離開了。

現在剩下技術課。「你，應該沒問題吧？」

「可是，這樣決定好嗎？我們應該要依標準做才對，不是像這樣私自變更。」

Matt 終於了解 Rocky 會發飆了，這樣的技術課，公司不倒才有鬼！

「好，你的標準在哪？」Matt 口氣有點不悅。

「BOM。」

「那我們依 BOM 買，結果是錯的，然後？你還是要堅持依 BOM ？我告訴你，公司現在要自製，原本的進口 BOM 就是錯了，要依實際情況修改，懂嗎？」

「我還是要問一下我家經理才行。」

「隨便你，帶種你就不要改，我現在立刻去跟主任說不用量了，就用現有的欄杆來組，我就看你們技術課怎麼處理！」Matt 火也上來了，這次換他轉頭離開。

「喂，等我一下啦。」Joyce 跟著 Matt 離開那台半成車，她覺得 Matt 超屌的，一下子就把整個場面控制住，換成是她，她也只能雙手一擺，不知道怎麼辦才好。

「我們公司的技術課是白癡嗎？」

「你覺得是就是。」Joyce 邊笑邊回答 Matt。

「你在幸災樂禍！」

「哪有。」Joyce 還是一臉賊笑的看著 Matt。「還有，你真的不動了喔？」

「當然要動啊，說那些話是嚇嚇他而已，怎可能不動！相信我，他一定要改，不改，等著死吧！」

「對了，除了這欄杆外，還有沒有別的也是類似情況？」

「有啊。」

「啊？還有哪些？」

「下車鈴，座椅，玻璃，拉環，捲簾，地毯，擊破槌…。」

「等等，這也太多了吧！？都還沒請購？」

「早就請了，等進來而已。」

「那就好。」Matt 聽到這，心裡突然鬆了一大口氣。

「不好。」

「啊？為什麼？不是都請了嗎？」

「對啊，都跟欄杆一樣，我都是請購總成，但展開的細項都是錯的！」

「錯的你還請購？」

「副理叫我請的，他說先請購，再來就去要求技術課把規格還有單位數量生出來，要不然，到最後真的來不及的話，老闆一定把帳算在我們頭上。」

Matt 聽 Joyce 這樣解釋也對，先把責任釐清。

「好了，你可以先給我一份欠料清單嗎？我要知道哪些東西還沒進來，要不然我也辦法幫忙追料。」

「沒問題。我用總表的方式給你。」

「好。我先去忙了。」

「Bye-bye，Matt。」

「Bye-bye？你不進辦公室喔？」

「不了，我要下班囉！嘻~~。」

「對吼，早已經過了下班的時間點了，那 Bye-bye。」

第一次 Joyce 對 Matt 的態度 180 度大翻轉，現在連她自己也開始要來見識 Matt 會帶來怎麼樣的改變？

Matt 這一忙，又到晚上的 8 點，整天除了跟副理交接外，就是到產線熟悉環境，認識人，認識製程，還有一些大大小小的外包商，若沒有有系統的學習記憶，到最後一定自己先陣亡。Matt 發出最後一封 Mail 後，今天的工作可以算是暫時告一段落後，突然，Rocky 打開辦公室的門走到 Matt 的面前。

「生管，還沒下班啊！」

「嗯，準備了。你不也還沒下班。」Matt 知道 Rocky 應該有事要跟他說，要不然不會在這時間點還來找他。

「下午不是針對你，你應該知道我不是那個意思，我沒有要推卸責任，我是針對技術課那一群垃圾。」Rocky 說完後，隨手拉了一張椅子在 Matt 的座位旁坐下來。

「當然，我知道。」

「你應該也看的出來我是對事不對人，所以我沒有責怪任何人，放心。只是，這交期，我真的很擔心，我也剛慢慢介入而已，所以，還是需要你幫忙提醒。」

「生管，我這樣說好了。交期這裡，我來處理，但，前提你要有料進來，所以這一批車，你只要料可以生出來（趕進來）給我，裡面的排程就我來安排就好。」

「料到底發生什麼事情？是技術課那邊嗎？」

此時，Rocky 的語調突然激動起來。「Matt，不是我推卸責任，這技術課真的超爛！標準不建立，一直要我們產線回饋，幹，那技術課給我們領班來當就好了。現在所有的車子全都停擺，料請購了，採購沒辦法發圖面給廠商，廠商就不知道怎下料製作，現在所有的料根本不知道何時會進來？你覺得我們要怎麼辦？你也知道，這根本不是我們的問題啊！」

Rocky 的抱怨重重的敲醒了 Matt，難道自己的方向一開始就錯了。Matt 不應該認為料是生管的問題，甚至是 IT ERP 的問題，技術課現在的功用到底是什麼？若源頭沒控制好，後面的成本會浪費更大，到時候自己接手後會更麻煩，標準的長尾理論活生生的在他面前發生。

「好，主任，技術課這邊讓我去了解一下，料的問題我會開始介入，我現在沒辦法給你任何答案，我有結果時，一定會告訴你的。」

聽到這，Rocky 也只是笑笑的搖頭不語，Rocky 心想：「果然，還是個官啊。」

當然，這樣的動作 Matt 也看到了，Rocky 對自己的信心已逐漸在減分。「我還是先請教副理跟 IT，先大概了解一下情況，最壞的情況，有很大的可能須麻煩到製造的人一起來幫忙，應該說是 100% 確定是要你們幫忙了，讓我統整一下，OK？」

「好──，生管。」Rocky 說完，直接站起身走人。「對了，你要我去量的欄杆，我已經處理好，剩下的，就是技術課的事了。」

走出辦公室的 Rocky 剛好碰到 Vicky。「你幹嘛一副死人臉，是有人欠你幾百萬嗎？」

　　「這個生管，我們要自求多福啊！」

　　「怎麼說？」Vicky 一臉疑惑樣，

　　「沒事，快點回家，很晚了，你沒家庭嗎？還是公司給你月薪 10 來萬？」

　　「你嘴巴可以再臭一點。」Vicky 用斜眼瞪了他一下。

　　「啊！我的料啊！」Rocky 還是很瀟灑地擺擺手就走人，留下一臉不屑的 Vicky。

　　Vicky 是公司的採購，她根本對 Matt 不抱任何期望，這樣的人自己看很多了，來來去去，誰知道 Matt 可以撐多久。

　　Matt 收拾好自己的東西後準備回家，步出辦公室，外面的產線黑嘛嘛的一片，只剩下每間辦公室的門縫透露些許的燈光，剛來新公司也快半個月了，一切都還在學習階段，Matt 不知道自己要多久的時間才能上手，每天已經既有的工作仍在摸索適應，加上每天都有新的事務要學，這樣新舊交疊，說實話，他蠻累。

　　「Hi，Matt 先生。」突然要打卡的 Matt 聽到 Rita 從自己背後傳來的聲音。

　　「哇，你還沒下班啊？很晚了ㄟ。」Matt 一邊說，一邊把自己的識別證拿至刷卡機前感應。

　　Rita 笑著說。「你不也一樣？」

「是啊。唉……」Matt 苦笑的搖搖頭。

對 Rita 來說，這樣下班的時間點她早就習以為常，沒課的時候，她會比較晚下班，把一些例行性的文書作業提早做完，但，有排課時，她可是 5 點準時下班走人，這是她的堅持跟原則。

自從上次會議 Matt 的傳言傳開後，Rita 開始留心觀察 Matt，她不得不佩服 Matt 真的不簡單，一個人除了要學習新的事務，還要交接周副理要離職部分任務，重點是老闆那夫妻倆，他竟然可讓他們兩個信服的服服貼貼。Rita 一直想找個時間跟 Matt 好好聊聊，她好好奇這個人，他的來歷背景到底是誰？ Rita 在瞬間打定主意，不如就趁現在兩個人的時候約他一下。

「Matt 先生，吃飯了嗎？」

「吃飯？」

Matt 抿著嘴苦笑著回答。「我哪敢奢求那麼多，可以讓我下班我就阿彌陀佛了，根本沒想過吃飯這回事。」

「那，我有榮幸跟 Matt 先生一起吃頓簡便的晚餐嗎？」

「現在嗎？」

「怎？不方便嗎？」

「是可以，可是我這附近不熟，你有熟悉的店？」

「悉聽尊便，看你要吃啥都可，只是，我怕你不喜歡我們女生常吃的店，還是去市區，到時候再決定吃哪，OK 嗎？

「沒問題。」

「那我們約哪裡等？」

「你開車嗎？」

「沒，我騎機車。」

「那你車停麥當勞好了，那邊靠近鬧區，選擇比較多，麥當勞前面有機車停車場，你把機車停那，我也開車過去，停好後，我再走過去找你。」

「OK，沒問題。」

騎車的 Matt 比 Rita 早一步到麥當勞，停好車後他環繞四周，有熱炒，羊肉，牛排館，拉麵店，便當店，還有他身後的麥當勞，就是沒看到女生喜歡的那種可以坐下來聊天的地方。如果等一下要 Matt 自己選，Matt 一定會直覺的選熱炒店，他直覺是同事聚餐最好的地方，可以暢飲，可以大快朵頤，更可以大聲喧嘩。

正當 Matt 看著他心中屬意的熱炒店時，Rita 突然出現。「Matt，你在想什麼？」

Matt 嚇了一跳，他原本以為 Rita 會從自己面前走過來，突然的聲音讓他有點措手不及。「沒，我在看等一下要吃什麼？」

「那有看到想吃的嗎？」

「有。」

「哪？」

「那。」Matt 指著右前方的方向。「熱炒店。」

「啊？」Rita 睜大眼睛看著 Matt，心裡還想說你有沒有講錯？

「你確定？」這個問句是讓 Matt 有第 2 次改變主意的機會。

Matt 心想，是你要我選的，不能怪我，所以自己也不打算改了。「嗯，熱炒店。」

現在，換 Rita 不知道該說什麼了，這個臭 Matt，他還真的不改！

「老闆，就這幾樣菜就可以了。對了，再一盤炒麵。」Matt 隨意的在熱炒店點了幾樣菜，似乎這樣的場所他已經很習慣了，根本不用老闆再多加介紹。

吃熱炒，是 Matt 選的，但，Rita 卻因為熱炒在心裡把 Matt 扣了 100000 分，怎麼會帶女生來熱炒店呢？至少吃個義大利麵吧？真是不解風情！而且自己還穿套裝，坐在這裡，格外不搭。

一開始氣氛很尷尬，根本不知道要聊什麼？Matt 只能一直吃炒麵、喝啤酒來避免自己跟 Rita 的視線交會。

Rita 也心想，這 Matt 也真奇怪，怎顧著喝酒，完全不搭理自己。

好不容易，Rita 受不了這木頭，自己先起了頭。「聽說米蘭達對你評價不錯喔。」

「那只是暫時而已。」一邊夾菜，一邊回答 Rita，口氣異常的平靜，異常的理所當然。

「幹嘛對自己沒信心。」

「相信我，職場沒有永遠的紅人。」好不容易，Matt 放下手

中的筷子，又倒起一旁的啤酒。

「你喝嗎？」Matt 拿起台啤，問了一下 Rita。

「當然，來這當然要喝啤酒。」Rita 心想，終於要幫我倒酒了吼。

「TD 一直以來都是算運輸工具組裝業，這是個很封閉的市場，這行業特別的地方在於需要高度的經驗，否則很難在裡面生存，也很難打進去。我算運氣好，周副理提出要有個生管來統整整個生產流程，這行業哪來的生管？充其量物管就可以，要不是周副理之前的經驗讓他決心要有生管進來，要不然，我也不會坐在這。」

「可是你也過關斬將進來了，不是嗎？」

Matt 老實的對 Rita 說。「所以我才說這只是暫時的。我沒有車廠的背景，很快的，米蘭達就會覺得我不適任了。」

「不要灰心啦，我覺得你一定可以，光是你可以在第一次會議就說服老闆夫妻倆，我就覺得你很強了。」

「其實不是我厲害。只要有待過工廠的人，那種冠冕堂皇的理論都可以講出一大堆來，我相信若叫周副理來講，他講的一定比我好。那是老闆他們夫婦倆沒見識過外面的世界，他們活在自己的世界裡太久了。而且，周副理不是不說，我覺得他是對這間公司失去信心了，也或許他覺得沒必要說這些，他應該有一套自己的道理，我也不清楚，反正他確定要走人，說這些也沒有意義了。」

Matt 讓 Rita 有一種無所謂的感覺，說不上是謙虛，也不是沒信心，就只是感覺 TD 對他而言是一個隨時可以撤離不管的地方，

Rita 的心裡突然種莫名的失落感，一種為何你現在才出現的落寞。

這一晚，兩人聊了好多事，知道彼此大概過去的背景，順便分享一下公司的八卦，還有公司未來的發展。可是 Matt 卻完全沒有提到 Frank 的事，Rita 也沒說出關於 Frank 半點的蛛絲馬跡，看來，若 Rita 不是不知情，就是這話題在公司是個禁忌。

Rita 突然話題一轉，把整個重心帶到 Matt 身上。「周副理的交接，你那邊 OK 嗎？」

「當然不 OK 啊，我又不懂公司的產品的週期，怎可能接得起來？」

「那怎麼辦？」Rita 莫名緊張起來。

「就這樣吧，順其自然囉！大不了拍拍屁股走人，跟你說句老實話，我 104 履歷還沒關，今天還有公司聯絡我過去面試呢！」

「不行，你一定要接起來！」Rita 可能也喝多了，直覺脫口而出的話根本來不及修飾。

「誰說的，我又不是非這裡不可，哪有人這樣要求的？」

「我不管，我就是希望你接起來！你可以接起來的話，本姑娘就請你吃大餐。」Rita 果真喝多了，連第二句也毫不遮掩的脫口而出，任性且無理。不知為何？Rita 打從心底深處希望 Matt 可以在 TD 好好待下去，而且是扶搖直上的升職，為此，她決定了，他要想盡可能的辦法去幫助 Matt。

不知道是 Matt 太粗枝大葉？還是他根本沒聽清楚 Rita 的語

意，他只是笑笑回答。「好一好一，我會盡力。那到時候我可要吃…」Matt 還真的煞有其事地思考起來要吃鐵板燒。「到時候，妳可不要賴皮。」

「沒問題！打勾勾！」Rita 伸出右手舉到 Matt 面前。

「喂，還打勾勾哩，又不是小孩子。」Matt 直接拿起啤酒喝了一口，壓根不想理 Rita 這小孩子的舉動。

「Matt 先生，我很認真喔，快點！」

已經好久沒女生對 Matt 這樣任性的要求了，他突然臉紅。還好，酒精的催發影響，Rita 沒發現 Matt 的不好意思。「好一好一，我答應妳。」說完，Matt 也伸出右手跟 Rita 打勾勾。

「一言為定。」Rita 輕輕的笑了。

Matt 看看手錶已經快 10 點了。「時間不早了，該走囉。」

Rita 開玩笑的說。「哇，好晚了。我的美容覺！」

哪來的美容覺，她故意說些女生的習慣，讓 Matt 感覺自己為了他犧牲了寶貴的保養時間。當然，Matt 這大老粗不是沒發覺，他只是心裡覺得女生保養好麻煩，回到家後還要卸妝、洗臉、敷臉之類的動作，他一回到家，衣服脫了，冷水澡沖一沖就可以在床上躺平休息。果然，女人是水做的這句話不是沒有道理。

結完帳後，Matt 和 Rita 並肩走到 Rita 停車的地方。

「妳可以開車吧？」Matt 問。

「當然，幾罐啤酒而已，根本沒什麼。放心。」

「那再見囉，開車小心點。」

「嗯，再見。」

回家的路上，Matt 一直在思考：副理離職勢在必行，而且就在這幾天而已，自己勢必要全部接下來，這雖不是他自己進來的初衷，但，不難看出，這是這公司的陋習。他根本看不到老闆對於副理要離職一事而緊張，反而他們態度給人感覺：就是有人會接起來，早、晚的時間點。

排程對 Matt 不是問題，這公司的緩衝比一般製造業來的大，依這幾年的經驗來看，在 TD，相對於排程，物料的跟催會是 Matt 的重點，他看一堆工項因缺料而停擺，接下來，他必須密切的跟現場合作，趕緊把專業知識上手，要不然，每次的提問都感覺自己像個白癡，根本不夠格當個生管。

騎車回家的路上，Matt 突然警覺到：其實，職場沒有永遠的紅人，自己並沒有像對 Rita 講的那麼灑脫，現實的因素還是要考量，不要說沒有永遠的紅人，自己還是新人而已，何時會落馬摔死誰也說不定。

一直在思考如何讓產線的作業跟辦公室的文書事務並進，並且如何讓老闆知道自己在做什麼？進度到哪？要不然，自己一直悶著頭做，自己的努力一定不會被看見，甚至會被老闆懷疑自己本身沒進度可言。

「不行！這一次自己一定要主動點，但又不能讓老闆或其他人有一種愛表現出風頭的感覺。」

最後，Matt 打算做一份自主的實習表，讓老闆知道他今天做

了什麼？計畫與實際差多少？也讓產線的主任可以依他的計畫排訓練及準備相關教材。Matt 大概花了幾天的時間，認真的研究了屬於這公司的節奏，哪時老闆會下來？何時又會是會議的重點？產線每天的流程⋯等，找出規律後，Matt 就明白這訓練表要如何排排訂了。

Matt 知道了老闆下來那幾天盡量不要排在產線訓練，這幾天的時間完全來應付老闆的一切差遣跟會議，其餘的時間又把它一天化成 4 等分，早上 2 分法，下午也是 2 分法，如此一來，可以用早上跟下午各 1/2 的時間去產線實習觀摩，再各用 1/2 的時間把自己所知道的紀錄整理成書面電子化。每一階段的工作和安排整理成簡要的表格，每週五下班前再 Mail 給老闆及相關部門的主管，並在 Mail 上面註明：如果有其他意見，請提早在 Deadline 前 Mail 或電話讓他知道，不然他就會照此計畫表實行。這樣做的用意是要讓老闆對 Matt 的工作量有個大概的概念，再來也可以讓老闆知道 Matt 的學習成效，順便讓產線主管知道他寫的報告是否正確。

其中會特別設定 Deadline，主要的用意還是要逼老闆去 REVIEW Matt 的工作表。通常老闆很忙，有時忙到 Mail 常常會視而不見，甚至 Mail 可能多到根本不看。做成簡要的表格，是為了讓老闆一看就懂，讓老闆不用花很多時間，甚至不用再花心思就可以清楚快速的把 Matt 的報告看完。這樣幾星期下來，老闆跟產線主管大概都知道 Matt 這號人物，也知道他不是來玩玩的而已。

產線主任 Rocky 是跟著老闆從創廠至今的元老，這幾年幫公司做了不少事，立下許多汗馬功勞。但，不知為何？老闆凡事會問他意見，但也同時對他表現出一種防衛的心態。這是非常矛盾的局

面。

「有人造謠他收了外包商的紅包，不只他，連他下面 3 個領班都被老闆盯上了。老闆想抓出證據來把他們全部換掉，當時，我就是要來換掉他們的那個主管。」副理說。

「啊！？」

「不會又是 Frank 造謠吧？」

「我們的老闆有個不好的習慣，耳根子軟喜歡亂聽話，他相信誰，就會全部相信他說的一切，別人怎說都沒用。」

「那你怎麼沒換掉他們？」Matt 心想：如果是自己，絕對是聽老闆的命令行事。

「拜託，都是混過社會的人了，當然我要先了解狀況再說，怎可以隨隨便便就把人殺掉。再說，你今天聽老闆的話隨意的砍人，哪天，他也一定會同樣的方法來對付你，相信我，屢見不鮮。」

「所以，又是一場烏龍的戲碼？」

「當然。Frank 那一直無法拉攏製造部的主要幹部，所以才造謠他們收賄，讓老闆逼他們離職，之後再換他們的人馬接任，可以說是大搬風。所以我剛進來時，也是被 Rocky 他們玩了一陣子，他們把我歸類於老闆那一派的。」

「那你怎麼感化他們的？」

「這就是經驗的累積了，我沒辦法教你，說不定你也可以，只是方法不同。」

「但，給你個忠告，應該算是建議，這也是過來人的經驗，你

聽聽，至於是否認同，因人而異。千萬要記得，你要成就自己，沒有非得要踩著別人的屍體往上爬，其實還可以有另一種方式，把別人拉起來，幫助他一把，自然有人會幫你爬到你想要的地位。」

Matt 又學到一課。在以前的職場，他看到的都是勾心鬥角的場景，在競爭激烈的環境，能稱為自己對手的人，能力其實都跟自己差不多，當大家能力水平相當時，要怎麼以能力取勝？說實話，其實很難，時間也會很久。最簡單的方式，就是讓他死，非得要把跟自己差不多高的人壓下去，這樣才能顯示自己的突出跟厲害。讓別人自動自發地來拱我上去，Matt 還沒想過這樣的方法，值得思考。

「對了，找時間你去找一下 IT 的 Terry，之前不是有跟你提到公司正在導 ERP，剛剛好製造的部份給你接手，由你去架構一套屬於製造的流程。目前 Joyce 有參與一些了，現有的部分，應該有 BOM 跟作業流程，其他的，就得你自己跟他們討論了。」

「這事急嗎？」

「你認為呢？」周副理還蠻好奇 Matt 怎麼會這樣問？大部分的下屬聽到主管交辦的事項，通常不會有第 2 句話。

「沒，主要是現在蠻多不熟的東西，再加上交期，說實話，有點喘不過氣。」

還好，周副理聽到的答案還算 OK，能夠承認自己的不足，這點就可以說明 Matt 是個負責任的人了。

「沒關係，你有空再過去了解就好了，這ERP也經推了半年了，說實話，還是一團亂！目前我知道只有請、探、驗這3塊上線，但，在請購這一塊，我常常聽到Joyce在抱怨這系統的爛，一直買不到料，你也可以先去找Joyce了解一下。」

「請購有問題？是BOM架階沒架好嗎？」

自從上一次欄杆事件後，Matt就一直懷疑BOM的架階，只是他一直沒時間好好研究目前這BOM的架構。

「喔，為何你會直接說請購是BOM那邊的問題？」

周副理突然興趣來了，主要現在的ERP製造部都是由Joyce主導，至於是成效是好是壞？他自己也看不出一些所以然，只是一直聽到Joyce一直跟他抱怨BOM、請購、技術課，他不懂，為何一個最基礎的BOM怎會搞的那麼複雜？他要試探Matt，若Matt的流程概念不錯的話，可以轉由他來架構製造部的系統流程。

「請購就兩個因素，一個是要買什麼？另一個就是要買多少？這兩個因素都跟BOM有關，所以你前面BOM沒架好，後面的請購會有很大的問題。」Matt很平淡的向周副理解釋，就像說日出東方的定理一樣，理所當然。

「那你說BOM的架階是怎樣一回事？」

「喔，這樣說好了，副理你知道BOM的規則嗎？」

「你說說看，我不確定我懂的就是你說的那樣。」

「簡單說，BOM講白一點就是生產一個物品時，所該用到的所有零配件。」

「這我知道，你繼續沒關係。」

「所以，只要 BOM 的層次結構、產品編號、產品名稱、規格、計量單位…沒架好，後端的使用單位就會買到錯誤的料，甚至是多買或少買，造成庫存增加、產線斷料停工。」

「那 Joyce 一直說沒辦法完整的買到料，是怎麼回事？是 Joyce 的問題？還是採購的問題？」

「我不知道，我現在還沒實際去切入這一塊，但，昨天 Joyce 有找我去處理欄杆的問題，若依欄杆的狀況來看，是技術課的問題。」

「怎麼說？」

「產品的規格是錯的，所需的數量也是錯的，這些都是建 BOM 的人未建好，後續審核的人也未注意，這很明顯是技術課的疏忽。我在想，是不是成車這一塊的 BOM 因為自製？或是因為各客戶的需求不同，一直沒辦法建好？」

「是這問題沒錯。那我這樣問好了，這其中有沒有我們製造的問題？或是 Joyce 的問題？我是不是要求 Joyce 把 BOM 架階設定好，那所有的採買應該都沒問題了，是吧？」

「設定不是 Joyce 應該負責的，都是技術課的事，Joyce 唯一能做的，就是幫忙 CHECK 資料是否正確？這也需要經驗的累積才行。BOM 的組成技術課最清楚，而且建立也是技術課的人員，生管這邊只能維護，以及後續量產後提出修改建議，主導者還是在技術課人員。」

「又是技術課，只要一講到技術課，所有的人都沒輒了，尤其老闆又特別偏袒他們。我看不只是 BOM 的架階，連組成有什麼東西他們都不清楚，這才是重點，這也是製造最累的地方。」

周副理搖搖頭嘆口氣說。

「沒關係，我已經跟 IT 打過招呼，你找時間過去了解一下，等一下我會再跟 Joyce 知會一下，以後所有 ERP 的會議，你都參與，至於是否急？站在我的立場，交車最急，交完車後，你要怎樣搞隨便你。但，站在老闆的立場，兩者都急，都重要，所以你要自己去拿捏，我相信你懂得這中間的分寸！」

「好了，你先下去消化一下吧！也可以到現場走走，把一些具體的東西記進腦子哩，這樣比較不會那麼抽象。」

等 Matt 離開辦公室後，周副理再次拿起電話打給 Terry。

「Terry，我周副。」

「哇，周副理你又有啥貴事啊，都剩沒幾天，你還在操勞什麼？」

「別挖苦我了，昨天不是有跟你提到讓 Matt 參與 ERP 一事嗎？」

「對啊，怎麼了？你又改變主意啊？」

「不是，我是要提醒你要加快速度讓他加入，製造不要再只有 Joyce，你讓 Matt 開始加入你們的討論，應該會有很大的加分效果。」

「喔，你從哪裡看出來的？對他那麼看重啊！？」

Terry 很好奇怎周副理會對 Matt 那麼的肯定，雖說自己也見識過 Matt 在產銷會議上的表現，但系統這一區塊，若不是曾經有導入經驗的人，很難懂得整個 ERP 架構，這會是一個全面性思維的整合，不是單一象限的思考模式而已。

　　「你不會自己跟他過招看看就知道了，相信我，他絕對對你有很大的幫助。」

　　「他有導過 ERP 的經驗嗎？」

　　「我不知道，不過我感覺，應該有。」

　　「他懂整個 ERP 架構跟原理嗎？」

　　「我也不知道，但，生管跟製造這一塊我相信他絕對懂！」

　　「何以見得？」

　　「靠夭喔，推薦一個人幫助你，你在那邊跟我推東推西，你以後就不要跟我說 Joyce 怎樣。」

　　「沒啦，周副，我只是想了解 Matt 的程度到哪？要不然，一個什麼都不會的人進來淌混水，我只是更累而已。」

　　「那你到底要不要？一句話！」

　　「你強力推薦的人，當然要啊！」

　　「你來亂的啊！」

　　「何時可以找他？或是叫他來我這裡一下。」

　　「你自己找時間吧，他現在應該在現場，看你要不要直接過去跟他聊比較快。」

而離開辦公室的 Matt 主動到產線找了 Rocky，想從他身上套出一些相關訊息，不管於公於私，如果他們要合作的話，至少一致性的基礎要建立起來。

　　Matt 想知道 Rocky 關注的點，Matt 要知道 Rocky 對老闆的態度及方法，Matt 更要知道產線哪幾個幹部是自己可以找、可以拜託、可以講話，還有，副理口中 Frank 佈局的那些人是哪幾個？

　　「副理跟你說了喔？」他笑笑地看著 Matt。「你就照副理說的那樣做就好了，我們行的直、坐的正，沒時麼好怕的。現場的技師那些人你不用去管他，你對我，對那幾個領班就可以了，你不用搞的那麼複雜。你只要負責把料追過來給我，把上面的老闆應付好，其他你就不用擔心，我一定把你排的進度趕出來。」

　　口風還真緊，算了，Matt 打算自己慢慢觀察。

　　「又是料？我看你一直跟我喊料、料、料的，Joyce 沒去追嗎？」Matt 突然的疑問，讓 Rocky 警覺了起來。

　　「Joyce 她沒跟你說？」Rocky 一臉狐疑的看著 Matt。

　　「我還沒去找她，最近一直忙著跟副理交接，我現在沒時間去找她了解這一塊，你可以跟我說實際情況嗎？」

　　「啊赫，我都以為你有去追了，沒關係，我先跟你講那些料，我先追，後面再陸續交給你，你要記住，沒有料，我什麼都沒辦法做啊！」

　　「好。」

　　就這樣，Rocky 把 Matt 拉到第一台外裝已包覆好的半成車

上，把所有的欠料一五一十的全數告訴 Matt，底盤都打好了，現在只剩下內裝的部分，有窗戶玻璃，有地毯，有壓條、下車鈴、警報器…，一些平常人在搭公車或遊覽車都會看到的東西。

Matt 覺得很疑惑，這些東西很難買嗎？

「為何沒辦法進來？是有限定規格或廠商嗎？」

「不是，是技術課的圖還沒出來，Joyce 只能先下請購，但採購沒規格就沒辦法買。」

「他們是不會畫？還是不知道規格？」

「我覺得他們是什麼都不知道。」

「你不會教他們喔！」Matt 很好奇，若是真的很急，為何你不出手主動幫忙？

「他們是技術課，要由它們來主導，不是我去告訴他們。」

「但他們不懂啊！」

「那要來問啊！不是坐在辦公室，坐在電腦前面東西就可以出來！這樣說好了，欄杆，為何你不拿著捲尺來量長度，來量距離，這很難嗎？要不要做而已！」Matt 差點忘記幾天前才為欄杆這事吵翻天了。

「好，技術課那裡我來搞定，我先了解問題在哪？料我會追給你，OK？」

「好，但，不能再慢了啊！」說完這句後，Rocky 又很瀟灑的轉頭就走了。

Matt 腦海裡一直不停轉，交車進度，料，ERP，採購，不停地串接這 4 項關聯。Rocky 只要有料，他就可以把車組好，但卻沒料進來，或是進來的料是錯的，而買料的是 Joyce，依 ERP 的邏輯，依照 BOM 買料是不會錯，所以是 BOM 的問題，但 BOM 的架構是技術課人員，而技術課建立的 BOM 卻讓採購無法買料或買錯料，所以癥結點是技術課人員身上，但，技術課人員架階錯誤，是技術課的能力？還是 IT 的教育訓練不足？最壞的情況更甚至要製造出來幫忙？Matt 一直在思考這邏輯，在筆記本上畫出一個循迴流程，這 4 個面向到底要從哪切入會比較恰當？

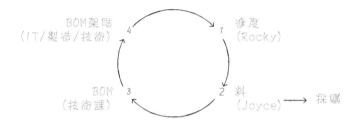

再者，上次 Joyce 有說她都是買總成的料，所以，是 BOM 的細項沒設定清楚，導致採購無法買料嗎？Matt 一直在抓這中間的連結，還有，到底是哪個關節點出了問題？要不然怎麼會這樣一團亂？依照常理來說，有了 ERP 系統後，應該是要更準確才是，怎麼會變成四處漏東漏西的？

正當 Matt 在為這邏輯思考時，資訊的 Terry 突然出現在他的後方。

「Hi，Matt，我是資訊的 Terry，你現在有空嗎？」

「當然有啊，我正要找時間過去找你請教一些問題而已！」

Matt 感覺自己在窮途末路時遇到 Terry，不知道這是幸運還是註定？他剛好趁這機會把所有的來龍去脈弄清楚。

當然對 Terry 來說，這絕對不是偶遇，掛完周副的電話後，他立即到現場找 Matt，他也是要趁周副還在時，把製造部的核心人員抓住才行。

「那我們到小會議室談吧，有白板，我們也比較好說話。」

「OK，我剛好要向你請教一下目前的請購到底遇到什麼問題？」

進會議室後，Terry 直接坐在 Matt 對面，Matt 也直拿出筆記本，在空白處畫上請、採、驗 3 個區塊。

「我想問一下，目前導入 ERP 後，這流程有哪裡發生問題嗎？」

「喔，為何你會這樣問？要說問題的話，應該就屬請、採這邊對接有落差。」原本 Matt 以為是 BOM 的階層問題而已，沒想到

實際上不只如此。

「幾天前，我在現場碰到生管請購進來的料不是產線要的，不管是規格還是數量都不對，我在想說，是不是架階的問題？還是驗收的標準有誤？甚至是採購買錯料了？所以，我想問一下，這套系統在使用上，有人反應問題出來嗎？」

聽完 Matt 這樣一講，Terry 心想：這傢伙還真不不簡單，生管的流程還蠻清楚的，有一手。

「問題當然有，剛導入而已，都還在磨合階段，都還在 TRY，至於你剛剛說的那個問題點，因為在當下我沒有在那，也不太清楚實際的狀況是怎樣？這樣好了，我用幾個大類來說明，看有沒有解答你的疑惑。」

這是 Matt 第一次跟 Terry 接觸，Matt 單憑他說話的口氣跟調理，沒有直接回答，前面鋪陳一大段環境假設，給 Matt 一種「防衛」的感覺，應該說是一種自我保護意識很強的人。

「沒關係，你說。」

「第一，我來解釋一下請、採對接的落差，也就是生管是請購總成，但，這資料到採購那端會變成展開細項，至於實際是不是產線所要的東西？這就是技術建 BOM 那邊的問題了。」

「我都以為請、採都是同一階。因為我們沒有必要要買到那麼細項，不是嗎？」

「你說的沒錯，是不用那麼細。那我畫一張簡圖，你看一下就知道了。」Terry 想了一下，他決定用公司實際的案例來解釋。

「我看我就直接用公司的 BOM 組成來解釋好了，這樣比較清楚。」

「你看一下這張玻璃的簡圖，如果生管下料需下到那麼細，這樣一台車出來的請購項目會有多少項？再來，那麼細，那麼繁雜的資料對生管來說有何意義？難道要生管一項一項去勾選，去核對？我想，這樣生管會瘋掉。」

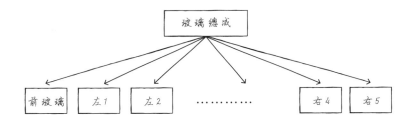

「嗯，沒錯。我之前還沒遇到那麼多品項的 BOM 表，最多也到 10 來項、3 階而已，像我們公司這樣動輒 1000 樣以上的零組件，還真的是第一次碰到。」

Matt 很清楚，這 BOM 的架構必須把它弄好，讓 Joyce 可以很清楚的請購，採購端也可以有依據可以採買。

「所以生管只下總成件，再由採購去展開細項，所以，每一階段的 BOM 都一樣？」說到這，Matt 突然反應過來。「不對，玻璃這個 BOM 不是最低階，對不對？這在成車的階段了，也就是最高階，若再加上半成車，底盤車，那整個展下來，不就是好幾十階？所以我們的 BOM 到底有幾階？如果沒有劃分好，會很亂。」Matt

光想到這 BOM 的階層，頭皮就整個發麻了。

「Joyce 沒跟你說明過公司 BOM 的組成嗎？」

「沒有，應該說，我還沒時間去找她了解這一塊，現在我的重心還擺在跟副理交接上，Joyce 那邊，我根本還沒有多餘的時間過去了解。」

「沒關係，那我這邊跟你大概說明一下好了，你以後要切入也比較容易上手。」

「嗯，好。」

「就你剛剛說的，公司的製程分為 3 個階段，底盤→骨架車→成車，我們的 BOM 表就分為這 3 大類。底盤從倉庫領料，骨架車向底盤車（＆倉庫）領料，成車向骨架車（＆倉庫）領料，然後入庫，交車，這就是我們公司的主要流程。」

到目前為止 Terry 的解說，Matt 都 OK，這樣的流程還算基本。「接下來，重點來了，底盤車向倉庫領料，這是最基本的，產線要製作，生管產生工令，再由系統依工令的需求數量計算相對應的領料數，產出領料單，倉庫文管人員接收到領料單後，在依領料單的需求，產生發料單，倉庫撿料人員才會以發料單來撿貨，之後再送至現場。」

「這樣的邏輯你 OK 嗎？」

「嗯，OK。」Matt 還一直在消化這邏輯，不難懂。

Terry 見 Matt 點頭。「好，那我繼續囉。」

「那我問你，底盤車完成後，直接拉到半成車，對不對？」

「嗯，沒錯！」

「那是實際上，那料的移轉怎麼做帳？在系統面如何操作？」

「半成車直接向底盤車領就可以了，領底盤車，也就是底盤車的完成品來當作半成車的物料，對嗎？」

「對一半。」

「對一半？」

「我再問你，ERP 系統可以在部門間領料？」

「我忘了可不可以。」經 Terry 這樣一提，好像沒有在部門對部門領料，只能用調撥的方式。「我知道答案了，不行！只用調撥的方式。」

「沒錯！部門間只能調撥跟借料，不能領料！那我們公司的例子要如何讓半成車去領底盤車？」

「工單領料就好了，半成車那張工單的 BOM 加入底盤車就可以領到了，不是嗎？」

Terry 發現 Matt 思緒偏了，完全沒跟上自己的套路，Matt 他完全不知道自己問這問題的用意在哪？「那半成車的工單領料跟誰領？」

「底盤啊！要不然跟誰領？」Matt 覺得奇怪？為何 Terry 一

直執著在跟誰領這一塊上面？到底自己那裡說錯了？或是哪裡有問題？

「半成車跟底盤領，你剛剛不是說不能部門間領料嗎？為何現在半成車又可以跟底盤領？」

「對後，我忘記了。」Matt 尷尬笑著說。「那我半成車怎麼領料？」

「你底盤的料件跟誰領？」

「倉庫。」

「所以？」TERY 眼睛睜大大的點點頭，示意要讓 Matt 回答答案。

「半成車也是跟倉庫領？」Matt 對自己的答案沒有把握，只敢輕聲地回答，他心裡想著：怎底盤車完成後，又要向倉庫領，超麻煩。

「那倉庫怎麼會有底盤車的帳？我是說帳喔，並非整台底盤車，底盤車直接天車拉過去就好了，我是說帳的轉移。」

「為什麼？」

「你這傢伙。」Terry 笑笑地指著 Matt。「虧你還是周副理特別欽點的人，我還以為 ERP 你駕輕就熟，倉庫為何有底盤車的帳？當然是底盤車做完後，成品入庫，底盤車的成品入庫，倉庫就會有底盤車的帳了，不是嗎？」

「喔，原來如此，我是沒想到那麼細節的方面去。」

「所以我們公司組一台車共需要 3 個 BOM，到最後成車去領

半成車時，所有的成本就由最後一張成車的工單算出來就好了，所以並沒有你想像的那麼多階，OK嗎？」

「喔，原來如此。」

「那倉庫的料哪裡來？」

「採購買的。」

「採購怎麼知道要買？」

「業務有訂單。」

「沒錯，業務有下訂單，但這是一般製造廠的流程。我們公司不是訂單生產，底盤的部分應該算是計畫性生產，上次產銷會議，我看你不是有向米蘭達解釋這兩種之間的差異了？那我就不再說明了。」

「所以，當採購有了Forecast後，就會向中國採購，然後再分批依我們的需求日期進口過來，到時候倉庫就會拆櫃清點，然後入庫。產線要組車時，就是剛剛所說的那些流程了。」

「這樣OK嗎？」

「嗯，目前還可以。」

「那我問你，剛剛我講的那些重點在哪？」

「啊？重點？」

「對。」

「ㄟ，我可以再repeat一次整個流程，至於重點，是不是底盤料的訂購依據？」Matt回答的很心虛。

「沒錯！」

「那我再問你，骨架車的依據呢？它何時要領料？要領那些料？」

「生管開出來的工令，而工令的依據就是業務訂單或計畫性生產，對嗎？」

「沒錯！」

Terry 越說越起勁，他感覺這傢伙對 ERP 真的有些底子，有人可以懂他的邏輯概念，這個圈子很小，若不是這圈子的顧問，或公司的主要推行者，很難有人懂得這整個邏輯概念。

「那領料依據呢？」

「骨架車的 BOM。」

「骨架車的 BOM 包含哪些？」

「就骨架車需要的原物料，要不然，還有什麼嗎？」

「剛剛不是有提醒你呢？」

「喔，我知道了。」

「所以囉。」

Terry 輕輕地微笑，他在等 Matt 的答案，而且他確信 Matt 一定可以回答出來。

「一台完整的底盤車，對不對。」Terry 滿意的笑了。

Matt 像猜中樂透號碼似的興奮，他覺得 Terry 好神，一步一步的引導出答案，而不是一開始就給我解答。這間公司真的太神奇

了，不管是副理，還是米蘭達，甚至現在的 Terry 都讓他驚訝萬分，那麼多年來，職場都沒這樣的貴人在幫自己。

「Matt，說真的，你以前有導過 ERP 嗎？」

「嗯，有過兩次經驗，所以，整個流程我還算 OK，行業別的差異而已。」

「難怪你整個架構那麼清楚，也難怪你家副理強力推薦你來接手。」

「還好啦。」

「對了，我們今天都還沒說到重點，為何產線一直買不到正確的料？」

「你怎麼突然跳到這話題，我還沒講完ㄟ。」

「你下次再跟我說 ERP 的架構，先幫我解決這當務之急啊！要不然我一直被產線追著打，到時候我若提早陣亡，我看你去哪裡找像我一樣經驗的人。」

「喔，威脅我了！」

「快啦，現在料的問題點到底在哪？」

「技術課。」

「BOM 嗎？」

「對。BOM 的細項沒有人去確認維護，現在的 BOM 還是以前進口的 BOM，改為自製後，沒有人實際去維護。還有採購端要

展開到哪一階？也沒有人去作變更，所以現在 Joyce 買的料才會亂七八糟。」

「那怎麼辦？」

「這我就沒辦法幫你了，我的專業在 IT，非工廠管理，你要靠你自己的能力了。」

「那我這樣問好了，你在這一塊上看了有一段時間了，你覺得技術課的問題外，還有誰可以幫忙？」

Terry 抿著嘴，輕輕搖頭。

他心裡清楚，這一塊追根究柢就是技術課的問題，而技術課目前是一群半路出家集合的各路人馬，都是半調子，除非它們的經理願意親自跳下來坐鎮指揮，要不然，BOM，真的無解。

「我的意思要那些部門？或那些人一起合作才能把這 BOM 搞好？」

Matt 見 Terry 默不作聲，繼續加強他拜託的語調。「你一定知道方法，看需要那些人？你給我名單，我自己想辦法把他們集合起來，拜託。」

「好，我提供我的想法，你要不要試，你自己決定，但，我沒把握你可以叫的動他們。」

「嗯，你說說看。」

「技術課目前負責 BOM 的工程師沒有 ERP 的概念，能協助他建好這個 BOM 的，只有一個人。」

「Joyce 對不對？」

「沒錯。但，Joyce 對技術課很感冒，要她再去協助技術課，很難。」

「這是我的問題，我來想辦法。」

「所以，只要 Joyce 願意就行了？」

「不，這只是其中之一，還有兩位。建 BOM 是一回事，但裡面的細項則需要對車熟悉的人，要不然，規格、數量不對也沒有用，而這個人，我相信你知道我在說誰，他，也不好搞啊！」

Matt 當然知道是 Rocky，他的脾氣自己可是見識過了，但事到如今，硬著頭皮也是要硬幹啊！

「那另外一位呢？」

「採購的 Vicky，轉採購單的是她，要買什麼東西？需要什麼樣的資訊？還有客需的品項是那些？就屬她最清楚，所以，主要就這 4 個人，若你可以把這 4 個人整合，那 BOM 的完整性可以說沒有 100%，至少 90% 也跑不掉。」

Matt 沒有答話，他心裡一直在盤算怎樣把這 4 個人整合起來完成 BOM 的架構，他相信副理應該也知道找這 4 個人的必要性，若連副理都沒辦法了，那自己又有怎樣的把握做得到？

「加油啊，Matt，米蘭達很看好你，你家副理也是，現在，連我也覺得你可以了。我不是說風涼話喔，你一定有一套屬於你自己的方法，有需要我的幫忙的地方，你再找我吧！OK？」

「嗯，OK。謝謝你今天幫我上課，我收穫不少。」

「去，這種客套話就免了。」

正當 Terry 準備回辦公室時，有感而發地又向 Matt 曉以大義一番。

「不是要給你壓力，但，這一塊千萬不要給自己太高的標準，想想你家副理，沒有人可以一次做到，也別想說可以很輕鬆就可以完成。這間公司，產線的人不好搞，辦公室的人也不遑多讓，但，至少你在向上管理這一塊可以說做的不錯，有你的。」

Matt 知道 Terry 這番話是對自己的一種認同，他也知道目前來說，在這間公司 Terry 和自己算是同屬一陣線了。

「但，你也不要太相信米蘭達。」

「喔。怎連你也這樣說？」Matt 的好奇心來了。

「哈，你家副理也跟你說了吧？」

「嗯。」

「公司會有這樣的風氣，100%是老闆慣出來的，沒辦法怪任何人。更說不定，說句難聽的，這或許說不定才是老闆他們想要的風氣，內鬥。」

「啊！？」

「所以，要怎麼辦？你自己心裡應該也有一把尺才是，不要自己亂了寸頭啊！」

說完後，Terry 自行先離開會議室，而 Matt 還是坐在位置，他還沒找到真正的解決之道，只得自己動腦筋想辦法，最後他還是決定去找周副理幫忙，問一下他的意見怎樣？

Matt 直接走回辦公室去找周副理。「副理，你現在有空嗎？」

「有啊，你拿張椅子過來吧。」

「我有 BOM 的問題要請教你。」

「BOM ？」周副理一臉疑惑樣。「Terry 沒去找你嗎？」

「有，我才剛跟他聊完而已。」

「這問題沒解決？」

「嗯，總結原因還是在人。」

「嗯，老實說，這一區是一塊地雷區，連我都搞不太定。」

「那 Terry 有何建議？」

「他說我可以從 4 個人下手，若可以把他們整合起來，BOM的完整度會大增。」

周副理沉思了一下。「我提供我的意見，你參考一下。」

「你大概知道為何 BOM 會那麼亂的原因了吧？也應該知道是哪些單位，那些人造成的，對吧？」

「嗯。」

「我這樣說好了，以前的我沒去整合，有很大的原因真的是因為人，我們公司不大，可以做決策的，就那幾個，也特別難搞，本位主義超強。若說真的要動，我也可以把大家搞得彼此對立，整個公司瀰漫在一股明爭暗鬥的氣氛當中，但，這不是我要的，可是這卻是老闆要的。」

「但，你跟我不同，你可以做到，不是要大家對立，而是利用

你的身分。你剛進來，而且你還不是主管，你的上頭有個公司最大可以幫你忙的人，你要好好利用。」

「米蘭達嗎？」

「不只米蘭達，陳總也可以。」

「但，不是要你拿老闆去壓他們，而是善用老闆的力量去做事，這是你現在階段最該學習的。」

Matt 不發一語，他在想副理要透露給他的訊息，很短的建議，這絕對不是「善用老闆」這 4 個字那麼簡單，但要一下子就想出方法來，很難。Matt 大概知道方向在哪，接下來就是要怎麼下這一步棋。

不久，在 Matt 進來公司的第 3 個星期，副理還真的離職，代表著 Matt 再也無法事事都有人可以問，代表著接下來他自己必須建立自己的生存模式，代表著 Matt 必須依自己的表現來讓老闆決定他的死活，唉……。

某日，米蘭達找 Matt 約談，給了他半小時的時間，單獨和他聊聊進公司這段時間來的情況，還有跟副理交接的情形。他很明白的跟老闆娘說：副理教給我蠻多東西，雖然時間緊湊，但，加班消化，也是忙得過來，我覺得還過得去。

米蘭達頻頻點頭。

「你副理的專業經驗非常豐富，可惜他另有生涯規劃，我很高興你進來在這位子上能有如此的成就感。接下來你要常和 Rocky

搭配，他產線專業度夠、也有到大陸歷練，你們搭配起來，一定沒問題。你文，他武，相輔相成，我相信你們可以做出一番成績來。」

　　Matt 坐在一旁，心裡蠻高興，這是上層對他初步表現的一種肯定，但，他還是不敢表現出來，只是微笑地不出聲，可是心裡卻打定主意：再也不去揣測上層對 Rocky 的看法。Matt 無法找出自己想要的答案（內幕），他也打定主意現在只能和 Rocky 保持密切的合作。每天依計畫表撥出一些時間到產線認真研究了每個工作站的主要工項，慢慢的，他和 Rocky 的默契越來越密合；哪些事，Rocky 會提醒，或是直接幫 Matt 完成；而 Matt，直接把 Rocky 每日所做的事數據化，再轉成正式報表格式上呈。幾個回合下來，老闆基本就不再無時無刻的詢問產線一些雞毛蒜皮的瑣事了，Matt 跟 Rocky 也不會常接到一些令人惴惴不安的電話。

　　基本上，Matt 在公司的雛型也就差不多定位，甚至還有時間一到，產線的主管主動來找他說今天預計要教你什麼。雖然汽車機械原理 Matt 還是懂得不多，但，Matt 把所學到的東西，用 word 畫個簡易的標準流程，加上平白易懂的文字說明，沒想到在幾個月後，竟然也補足了產線缺少的 SOP[15]，這對公司又是另一種無形的幫助。

　　一段時間後，米蘭達在會議室直接對著陳總說。「看來，這次我們請對人了。當初你還不錄用他，現在證明你的眼光也不是100％的正確！」陳總笑而不答，他不想對米蘭達反駁什麼，他知道這只是一個新人剛有的熱情，他還要觀察一段時間看看。

　　「後續製造部主管一職，你的打算如何？」米蘭達繼續追問。

「先暫緩，不急！」

　　「不急？我可是很急！」米蘭達對陳總這樣不積極關心感到生氣。

　　「整個工廠群龍無首，這對士氣的引響很大，尤其這些南部人，若不找個可以讓他們信服的主管，根本就沒辦法帶這間工廠！我看，不是 Rocky 來主導，就是 Matt 了。」

　　「我就說不急，你在急什麼？我自己有打算。主管一職很重要，不是輕率隨便的就可以決定的事，工廠的事你不要插手去管。」

　　陳總一直埋首在他的 Paper 裡，連抬頭看一下米蘭達都沒有，對陳總來說，米蘭達主掌財會這一部分，她只要負責把帳管好即可，工廠的事他自有打算。

　　陳總這幾句話整個惹火了米蘭達。「我不用管！我不管這間工廠早就倒了！你有關心過現場員工嗎？你有注意到產線現在剩幾個技師嗎？你一直沉溺在你的計畫裡，工廠不管就會自己好？放屁！你要給員工方向，沒方向你要他們怎麼做？人心是會浮動的，一個人離職是很容易帶動一連串的連鎖反應，你自己看，若這主管一職不處理，馬上又有領班跟著走！我們這產業要培養一個技師都不容易了，何況是主管！」

　　陳總是一個標準的妻管嚴代表，通常米蘭達只要一大聲，陳總都會立即閉嘴，他知道硬碰硬對他沒有好處，而且他自己知道，米蘭達是一個沒辦法控制自己脾氣，更是一個沒辦法管住自己嘴的人，最好的辦法，就是閉嘴。「我看要嘛就 Rocky，不然就 Matt，兩個擇一。」

「Rocky 不行。他技術專業可以，但管理面是完全不行，更不用說文書的資料統整。」

「那就 Matt。你不也看到這段時間的產出成績了？」

「再看看，再看看，我要再觀察，我心裡已有打算了。」

陳總絲毫沒有退讓，他有自己的打算，連米蘭達也不清楚他心裡在打什麼主意？其實在陳總的心裡，目前最好的人選是 Matt，但，Matt 離他自己的標準還有一大段落差，除了組車專業外，他希望這個人是一個廠長的職位，Matt 充其量就只是個課長，管理一個課可以，還不足以撐起整個廠，他需要有實績來證明他的能力，最好的時機就是目前這一批車，甚至不排除再有第 2 人進來工廠管理。

Matt 跟 Rocky 共事還算 OK，可能 Matt 是副理拉進來的，還算是他所信任的人馬，但，現在的問題是，當 Matt 無法做出正確的判斷時，有哪些問題他還是得問 Rocky，有哪些是要問到老闆那裡去？而又有哪些是他必須當下自己做決定？有時候 Matt 問題多了，Rocky 就會說，「這你做決定就好了，你是生管，要有自己的擔當跟魄力，你要有自己的決定啊。」

好，當他自己做決定了，結果 Schedule 一出來，Rocky 的指責又到了。「生管，你排這 Schedule 有沒有跟我們討論過？這是跟現實落差很大的排程，需要加班才能完成的。」

Matt 決定了，他能做的只有一條：在沒有搞清楚遊戲規則前，所有的紙本作業都要有 Rocky 過目畫押，要不然，一直落人口舌，是很不專業的表現。於是，Rocky 每天都被 Matt 一堆問題，還有

紙本計畫追著跑，不管是排程、物料需求、甚至加班工時分析，都被 Matt 強拉先看過畫押後，再來以正式 Mail 發出。

幾週後，Rocky 被他煩的受不了，Rocky 反倒和氣的說：「Matt，我知道你以前待過大企業，其實這些資料你都懂，甚至比我厲害，我們現在算是小公司，不用到那麼複雜，你也不用全部資料都要我來看，你決定就可以了，不必那麼小心翼翼啦。」

Matt 心想，我就知道以前你根本就故意找碴，想試探我的底線、我的能力到哪？現在整個 performance 出來，反而說我決定就好了。

Matt 也不是故意找 Rocky 麻煩，更不是要給他下馬威，他只是企圖找一個職場的平衡點，讓別人知道他的實力，讓自己的專業得到應有的尊重及重視，並非是要給 Rocky 難堪，職場的小動做對 Matt 來說，這可是一個麻煩的念頭，毫無意義可言。

TD 是 Matt 目前為止經歷過最有「機會」的公司，所謂的機會，一是收入，二是成長空間，三是未來。這中間無形的收穫，不是短期薪資利潤就能涵蓋過去，例如，對於全新的陌生產業，公司願意花薪水給你學習，這就是一種最大的無形收穫，再者，公司即將 IPO[16]，若能順勢踏上公司成長的腳步，成功了，以後將會是公司的開國元老。對 Matt 來說，即將 IPO 的公司就這幾家，若能謀得公司一個舉無輕重的職位，這是一個難得的機會，要是不好好的謹言慎行，而意氣用事失去這在 TD 的工作機會的話，以後就難保能再進入類似 TD 這即將 IPO 的公司了。

04

交集

　　Rocky 就像一隻忙碌的猴子，在車身組立工站跑前跑後，巴不得自己有 10 個分身來幫助自己。Matt 走向 Rocky，看著他一下子吆喝焊接工位的外勞，一下又走到骨架車的中央和另一個外包的包頭談話，接著又轉頭去開堆高機把物料搬運至定點。

　　Matt 對著 Rocky 揮揮手，這超過千坪的廠房不是假的，Rocky 根本沒看見，後來，Matt 試著大聲吆喝來吸引 Rocky 的注意，但機具運作的吵雜聲，可以說是高分貝的噪音，遠遠蓋過 Matt 的聲音，沒辦法，Matt 只好穿越一大堆線材的焊接機，追著 Rocky 跑，直到 Rocky 把堆高機停好下來後，才終於追上。

　　「主任，進度 OK 嗎？」

　　「我不知道ㄟ，還在試。你要的人進來了，但場地似乎有問題，不夠大，若移到別的地方，就連焊接機也要移，這是個大工程。」Rocky 只跟 Matt 講個大概，他沒有時間再多說廢話。

　　「所以，現在的人力應該可以完成一天一台份吧！？」

　　「我盡量，也許可以完成。」

Matt 看著這條組立線，佔了全車 1/3 的工時，一堆裸露的鐵材，一堆外勞爬坐在半完工的骨架車車頂，一個點，一個點的焊接，車身裡還有幾個外勞在下面焊著結構補強樑，超級危險，假如剛好勞檢所現在進來稽核，穩死，不管是上班時數，還是防護措施都沒有一項是合乎標準，Matt 已經豁出去了，對違約金 2000 多萬來說，這些加班費，甚至是勞檢所開的罰單都是小事而已，今天一定要試出一個成效出來，要不然，Matt 自己跟米蘭達爭取外勞加班及外包協助的事就沒有意義了。

　　千萬不要出差錯啊！

　　現在每一個組件完成後，就往下一個工位前進，然後領班再把預組好的鋼構吊掛至骨架上。若有人說這樣不符合 TPS 的精神，Matt 一定會第一個跳出來說話：除非你有更好的方法，要不然你自己來做！若沒有，請閉嘴。

　　看著一群人像工蟻一樣在定點忙自己的事，Matt 倒是比較好奇 Rocky 怎麼分配這些跟外勞跟外包的工作？

　　Matt 呆站一會，慢慢環顧這工站的每一個工位，沒有一個人是空等著沒事做，每一個工位都堆滿了一堆待焊的半成品，Matt 心想：這樣的安排是對的嗎？一堆半成品，這樣是不合乎常理的工廠管理，這是不對的！而且，若這部門是瓶頸，若真的解決完「瓶頸」，那後面就真的會比較順利了嗎？而且這部門的瓶頸點到底是在哪？

　　Matt 心裡充滿不確定性，骨架線的產能一直衝不出來，考慮到場地、品質以及委外的成本考量，眼前他能想到的唯一解決之道

就是把外包人力抓進來廠內，提高單位時間的產能，也就是縮短焊接時間。現在外包的人進來了，第一台的工時也如期的由 3 天的時間，縮短在一天內就完成，但 Matt 心理一直很不安。

最後，一天一台份的計畫終於完成，Matt 看著手機裡的時間顯示，剛過晚上 10 點半。Matt 站在吸菸區的位置，看著外包商及外勞一個接一個下班離開，Rocky 走在廠房裡，把每一個區域的水銀燈陸續的關閉，這間工廠也慢慢變暗，這樣忙碌的一天才算是真正的結束。

Matt 終於等到了 Rocky。

「幹的好，主任！」

「這沒什麼，把事情做好最重要，但，現在先不要問我怎麼做到的，很亂，相信我，明天會比較好一點。」Rocky 苦笑的回答。

「有趕著回家嗎？我們去吃熱炒，喝些啤酒，我請你。」

「好啊，有人請客怎可以說不呢！走！」一整天，終於看到 Rocky 露出了笑容。

Matt 坐上 Rocky 的車子，這區域不大，沒想到 Rocky 竟然開到上次 Matt 跟 Rita 吃飯的那間熱炒店。Matt 先行下車點菜，Rocky 則去附近找停車位，回來後見滿桌的料理，開口問 Matt。「你來過？」

「來過啊，跟公司的人來的，就那麼一次而已。」Matt 突然驚覺不妙，自己太多嘴了。「先別說這些啦，先喝一杯。」Matt 自行用開瓶器開了一瓶生啤，倒滿兩杯啤酒。

「今天辛苦了，喝。」Matt 說，和 Rocky 碰了杯子。

「謝啦，乾啦！」

酒過三巡，Matt 跟 Rocky 放鬆許多，但是兩人還是一直掛心今天第一台的經歷。「你知道嗎？這一批車，很多人在看我們的笑話啊。我沒有經驗，又得罪技術部，除了我們製造部之外，根本沒有人在擔心這一批車的進度。現在我又在預算之外多了外包人力成本，到時候我們若是沒有準期交車，一定會成為整個公司的把柄！。」

Matt 故意把自己心裡的不安說出來，他要看看 Rocky 的反應。

「你會怕喔？生管！」Rocky 輕蔑笑著說。

「不用怕！在車廠 10 幾年，我從來沒有看過像你這樣的人，連周副理也沒有像你這樣頻繁接觸我們這些基層的技師，說實話，我不怕！你只要按著你的步驟去做，其他的你不用管，有錯的地方你不用擔心，我會提醒你，你放手去做就對了。」

「真的嗎？我沒有車廠的經驗，我很怕我過去的經驗對你們來說都只是紙上談兵而已，幫不了什麼作用。」

「一開始我是真的這樣覺得，但，後來你慢慢的有在看整個流程，會先提出預警，然後再去說服老闆，單這一點，就夠了。放心，實際的流程我也會注意，一有問題我會跟你說的，不用擔心那麼多！」Rocky 再舉起酒杯跟 Matt 乾杯。

「但你真的超神的，能一下子控制那麼多人，讓他們聽你的指示動作，厲害！」Matt 不想再提那麼嚴肅話題，來喝酒就是要放

鬆的，又把風向轉回今天的成果。

「喔，不了。有了今天的經驗，明天再那麼亂就糟了，明天應該不用到那麼晚。」

「至少我們第一天就成功了，不是嗎？聽我說，今天你真的很棒，這是我的真心話，第一批車是來學經驗的，第 2 批若還是一樣，就是我們的問題了，相信我，第一批的成本在以後全部都會不見，如果我們不把這些經驗成本有效的用在工廠管理上，米蘭達一定會把我們兩個砍了！」

Rocky 慢慢的點點頭。「當然！我有信心，可以和你合作得很愉快的，放心！」

於是，兩個人算是渡過了第一天的危機，算是成功的第一步，但，兩個人都不敢明顯表示出成功的喜悅，沒把車交出去之前，每一步都是險棋啊！

回到家洗完澡後的 Matt，酒精的效應慢慢的消退，Matt 看不出有那裡好高興的，Matt 是生管背景，他清楚的知道不可能那麼順利，一定還有未爆彈，只是不知道何時會爆炸而已。真正的問題在於時間，現在只剩下不到一個月了，Matt 完全沒有把握可以把車交出去。

隔天一早，Matt 在早會報告了昨天的進度，圍坐在會議桌旁的每一個人都在等米蘭達的反應狀況來決定自己「出手的深度」。

米蘭達問了幾個問題，再看一下 Matt 畫的甘特圖計畫與實際

差異的進度，然後點點頭。「進度沒問題，但計畫工時與實際工時差多少？以後這一部分也要補充上來，管理的重點就是在這一塊：差異，如何降低這些差異就是管理者的能力手腕。」

「原計畫到 20 點，但昨天到 22 點左右才全部結束，所以，比預期多了兩小時，總工時約多了 32 小時（2 小時乘 16 人），外包工時不算在內，外包當初以個案性質計算，所以這一塊不列入。」

「32 小時是多少錢？」

「報告米蘭達，我要下去算才知道，我還不清楚公司的人力成本是多少，這一部分下一次會議我會補上。」

米蘭達沉默了一會。「沒關係，我之後再教你好了，你現在先把重心 Focus 在這一批車上。等一下會議結束後，你把這工時給財會，請他把金額換算後跟你講，你那邊這一塊也要統計，我們才知道這一批多了多少異常工時，這樣你知道嗎？」

「好的，米蘭達。」

「那還有其他的問題嗎？」米蘭達見沒有人回答。「那會議就到這，有其他的事要跟我討論或報備的人留下來就好，其他人可以下去忙了。」

走出會議室的 Matt，立即被 Rocky 拉到一旁。「Matt，你來一下。」

Matt 一臉狐疑的問。「發生什麼事了嗎？」原以為是不是骨架的外包沒有來？還是斷料缺料？ Matt 心裡直拜託，不要，才隔一天而已，不會那麼不順吧？

「我們昨晚打好的骨架車，接下來的烤漆說沒辦法做。」

「為何？哪裡有問題嗎？」

「因為只有一台而已，他們不派人過來。一台對他們來說半天就可以完成了，甚至不用到半天，外包他們出來，師傅就是一天的錢，對他們來說，划不來。」

「他們要的經濟批量是幾台？」

「他們要求最少要兩台，最好是 4 台，這樣他們在人力調度上是最符合成本。」

「兩台跟 4 台差一倍ㄟ，他們怎麼算的？有沒有算錯？」

「烤漆有前置作業，要先貼合，把不烤漆的地方包覆起來，所以若是一台一台烤漆，一台就要半天，但，一次給他們 4 台，就可以連續性的做下去，一天可以衝到 4 台不是難事。」

這樣的解釋 Matt 懂，就跟產線的生產概念一樣，前置作業就像機台的架設時間，不難。

Matt 思考一下，立即回答 Rocky。「你那邊還是繼續不要停，烤漆的包商今天沒來吧？」

「對，沒來。我打電話過去問，『碰氣』回答我的。」

「碰氣？」Matt 超疑惑的，碰氣到底是誰？而且怎會有人的名字叫碰氣？是英文還是法文？

「對啊，烤漆的包商我們都叫他『碰氣』，就是松鼠的台語發音。」

Matt 聽到這，笑也不是，不笑也不是。「他長得像松鼠？還是名字有松鼠兩個字？」

「都不是，是他公司的 Logo 有一隻松鼠拿著油漆刷在油漆。」

Matt 真的哭笑不得。「好，先不討論這。」

「你先把骨架那邊顧好，後面的先不用管，我再來想想。剛剛米蘭達有問加班時數，我有大概解釋一下，她沒有說什麼，但，今天可不能到 10 點，太晚了，你要幫忙盯一下，若差不多，可以階段性的請沒事的外勞先下班，這樣才可以控制加班時數。」

「放心，今天應該不用那麼晚，包商我會讓他們最慢走，再留幾個外勞下來幫忙收東西，應該差不了多少。」

「嗯，那我知道了，你去忙吧。有問題再跟我說，等一下我也會過去看看情況。」

「好，我先去調料。」

Rocky 突然有種不可言語的快感，這才是 team work，有人可以幫忙自己分擔一些工作，知道自己在做什麼，做起事來又不用防東防西，超爽！

到底是怎麼了？

Matt 一直思考這個問題，照道理來講，組車業是標準化最高的產業，再說 TD 也不是新創公司，怎麼問題一直浮現出來？自從自己加入 TD 後，每隔一段時間，產線就會有新的問題出現，然後自己像救火隊似的，提著水桶到處滅火，有時滅火可以改變一些成

效，但似乎這樣的情況並沒有徹底改變，整條產線日復一日蹣跚的前進，說實話，並沒有明顯的好轉，明眼的人都看的出來，根本是一團混亂。

一定有地方是個大盲點，Matt 不知道問題出在哪？但一定有地方沒有依照正常的工廠流程來跑，Matt 覺得他自己一定有哪裡疏忽掉了。

Matt 總以為自己的經歷足以 control 整條產線，能隨時應變所有的突發狀況，事實卻不然。他不斷地想，究竟該怎麼做才能有效提高產能，才能讓整個生產線平順動起來，而不是這樣一段一段，有時加班忙得要死，有時卻沒事可做。

「Hi，Matt 先生，在忙嗎？」Rita 送公文過來，看著 Matt 直盯著螢幕發呆，不知道在想什麼。

「沒啊。怎，你找我有事嗎？」

「喂，沒事就不能找你喔？ Matt 先生。」

「當然可以啊！你又想吃熱炒了嗎？我隨時奉陪。」

「不、不、不、不。」Rita 連忙揮手說不，她壓根不想再去熱炒店。「但，可以換個地方嗎？像西堤、La-bone 或是 Bojio 或許我可以接受。」

「ㄟ，那是哪家餐館啊？可以去吃吃看喔，還是你帶路？」

「還真的ㄟ，我開玩笑的，最近學校的論文有點忙不過來，下次吧。」

聽 Rita 這樣一說，他自己突然想起：「對吼，還有學校。」

Matt 自己竟然忘記學校這個地方了，他可以再回學校找答案啊！

　　「謝謝你，Rita，我有方向了。」終於，Matt 開心的笑了，眉頭放鬆了許多。

　　「不客氣，別忘了，你欠我一頓飯。」

　　Rita 雖然不知道自己做了什麼事讓 Matt 那麼開心，但，自己能幫上 Matt 一點忙，Rita 自己也蠻高興的。

　　「你還 OK 嗎？」Rita 試探性的問。

　　「你覺得呢？」

　　「我就是不知道才問你啊？」Rita 輕輕地瞪了一下 Matt。

　　「當然不 OK 啊！唉…」Matt 本來想解釋，但，想想，還是算了。他不想把這種負面情緒帶給 Rita，而且一解釋，說不定會讓人誤以為自己在抱怨。

　　「那，有那裡我可以幫忙的地方嗎？」

　　「你？」

　　「對，我。」Rita 驕傲自信的回答。

　　「妳會焊接嗎？」

　　「不會。」

　　「那妳會拆輪胎嗎？」

　　「不會。」

「ㄟ，那妳會操作天車嗎？」

「不會。」

「那，可以說妳會什麼？」

「EXCEL、WORD 都不是問題！還有幫忙大家訂便當。」

Matt 差點暈倒。「那妳幫忙買雞排好了。」

「買雞排？」Rita 以為自己聽錯了。

「對！要不然妳要幫忙買檳榔嗎？」

「現在公司可以這樣名正言順地訂雞排了喔？」

「當然不行啊！妳來亂喔？」

「是你才來亂的吧！」Rita 表現出不高興，明明自己很想幫忙，結果 Matt 回答的那麼膚淺！

「我沒有亂啊，我又沒有說現在買，我說的是晚上。」

「晚上？」

「對啊，我跟主任都留到 8 至 10 點，那時肚子餓的我們都超想吃雞排。」

「也太晚了吧！每天嗎？」

「最近應該都會這樣。怎？等等，你不要當真ㄟ，太晚了，你不要出來！」Matt 怕 Rita 真的跑來，除了安全的顧慮外，自己一個人吃雞排也蠻不好意思的。

「你想得美，我要上課，你忘了嗎？」Rita 小吐舌頭。

「沒事了，我回位置了，你忙吧！」

「慢走，有空隨時歡迎妳過來走走。」

Rita 一走，Matt 馬上找出學校老師的 LINE，想試著再回去學校找答案的可能性。

【李大師，何時有空？我撞牆了，需要你的解救啊！】

Matt 口中的李大師是幾年前在職進修的論文指導老師，專長在製造數據科學，資料探勘，作業研究，每當 Matt 有任何生產線的問題，一定會再次回流到學校去找答案。當然，李老師的作法都不會直接給魚，反而會找一群漁夫跟釣客，共同討論這些釣魚的問題跟技巧，一步一步地找出屬於這些問題的最佳解，而且這些最佳解通常還不是唯一解，這樣的方法適用於實際的案例，在現實的產線，有太多的例外跟突發狀況了，很難用一招打天下。

畢業後，工作的忙碌，還有距離的因素，學校的生活早已慢慢與他的現實脫節，現在突然的聯絡，還不知道李大師會不會有回應？現在餌（LINE）丟出去了，接下來就是等回覆了，Matt 巴不得老師立即回覆說：「你下班就直接過來我的研究室吧。」

Matt 前陣子還覺得自己像是忙的跟熱鍋上的螞蟻，事情多到有點不可置信，但，現在他卻覺得不應該用螞蟻來形容自己，他反而覺得像無頭蒼蠅，毫無方向可言。一步一步來，不可能所有的事情都能一次到位，這是 Matt 自己告訴自己的話，過關斬將，見招拆招，忙可以，但千萬不能慌，一慌就會自亂陣腳啊！

才剛自己演完內心戲，Matt 又然想起上次欄杆的事，BOM 的問題根本還沒解決啊！骨架車打完後，接下來就是總裝階段，到時候的劇本一定會再重新跑一次，想到這，Matt 的頭皮整個發麻。Matt 告訴自己：這樣不行，已經沒有時間了，上次副理跟 Terry 都給了一些提示，一定有個辦法可以把這個 BOM 解決，至少要把成車 BOM 處理掉，要不然這批車別想交了。

「關鍵的 4 個人」，「善用老闆的力量」，Matt 在筆記本上畫上兩個圓，這兩個圓一定有一個交集，只要找出這個交集，問題一定可以解決。

「Matt，明天的產銷會議，你的進度表要更新放上去，要不然，我沒辦法幫你做 PPT 喔。」Joyce 好心的提醒明天的會議資料。

當然現在的 Matt 根本沒時間再去鳥這種文書作業。「我現在沒時間用，沒關係，到時候我直接用 EXCEL 表示，你幫我把訂單跟工時 Update 好就好了，其他的我處理。」

「OK，反正現在米蘭達又不會罵你，你高興就好。」

「喂，講話不要那麼酸，好嗎？」

「最好是她不會罵我，是我表現太好讓她無可挑剔。」

「是，是，是，你說的都對！」Joyce 打馬虎的帶過，她根本不想聽 Matt 在那邊鬼扯。

何時跟 Joyce 那麼熟？Matt 覺得很奇怪，那道牆何時不見的？每天公事頻繁接觸，竟然也讓隔閡消失了，還蠻妙。

「ㄟ，Joyce。」

「幹嘛？」從這種不耐煩的回答，Matt 更加肯定自己跟她有某一程度的熟悉。

「我問妳喔，妳真的覺得米蘭達不會罵我？」

「你看不出來嗎？你現在是當紅炸子雞，誰敢罵你啊！」Joyce 雖然這樣回答，但心裡卻 OS：但，也只是隻雞。

「那你覺得，我提的建議米蘭達會反駁嗎？」

Joyce 原本一直邊翻著工單邊跟 Matt 說話，轉過頭翻白眼回答。「你在說廢話嗎？她有向你說『不』過嗎？除非你翻黑。」

「喔，那我知道了，謝啦！」

Matt 終於找到交集的地方了，真的是踏破鐵鞋無覓處，得來全不費功夫，產銷會議，那個最初的地方。

每週的產銷會議，是 Matt 在公開場合跟米蘭達交流的最好時機，可以清楚地讓大家看到米蘭達對自己表現所呈現的滿意。Matt 更要趁此會議提出 BOM 的議題，他想不出還有比這更好的機會了，而且，通常在會議上老闆不會問得太細，而相關人員也不會有多大的反駁，這是 Matt 心裡打的如意算盤。

「Matt，你還有什麼議題要補充的嗎？」產銷會議的最後，米蘭達問了 Matt。

「我還有一個議題需要各部門幫忙。」

「喔，你說說看。」米蘭達突然神情嚴肅起來，轉頭看了 Matt 一眼，她知道 Matt 一定有事要請自己幫忙，要不然，早就在正常的會議程序上就會提出了，不會特別在結尾時又拿出來討論，這是米蘭達的敏感度，應該說這是每一個身為老闆最基本的技能吧。

「是關於 BOM。」Matt 故意停頓一下。

「現在的 BOM 生管還是買不到料，大大影響了這一批車的進度。」

「資訊呢？資訊怎麼解釋，為何你 ERP 的 BOM 買不到料。」

這一次米蘭達把眼神殺向 Terry 那，這突然的殺氣讓 Terry 整個嚇了一跳，他根本不知道 Matt 會來這一招。當然 Matt 不會陷 Terry 於不義，沒事先告訴他當然自己有準備一套劇本，他也要試著來導一齣戲，一齣編劇自己也跳進去的好戲。

「這跟資訊沒關係，是技術的問題。」

「喔，技術。王課長，你說說看，為何你們建的 BOM 讓生管沒辦法買料？」

每一個人都知道問題點在技術課，但沒有人敢講，沒有人敢點破，現在 Matt 直接在會議桌上直接擺明的把錯歸咎於技術課，讓大家有種不吐不快的清爽，Matt 這一箭射出去後，接下來就是看

他怎麼去為自己辯護，把風向帶到自己有利的地方，這樣後面其他支援的箭才會跟著射出。

「沒有錯啊，我們的 BOM 都是依客戶進口的 BOM 去改的，怎麼會買不到料呢？而且根本沒有人跟我反映 BOM 有問題，是不是哪裡有弄錯？ Matt，你要不要再 check 一次？」

「王課長，你那 BOM 單純只是底盤的 BOM 有改而已，就我所知，其他半成車，成車就沒有了。」

「怎可能！我們不可能只 COPY 底盤，要就全部一起做了。」

BINGO ！上鉤了！

Matt 的沙盤推演就是要你們自己從嘴巴說出來你們技術的 BOM 是進口原廠全數 COPY 過來。

「喔，王課長，就我所知，這一批車是我們自製的第一批車，除底盤外，其餘的都必須在國內重新下料，再加上一些客需選配的要求，這半成車及成車的 BOM 都必須重作才行，若你們全數 COPY 過來，那我們產線一定買不到料，甚至是錯的料。」

Matt 這一番話讓王課長無話可說。「好，我再下去了解看看，若有問題的話，我請他們馬上改，會馬上再 SENT 給你們。」

當然，Matt 不可能這樣就妥協，這個議題若不再這會議上解決，再拖下去，會沒完沒了，再說，Matt 清楚的知道他們的工程師根本沒有能力去做這一件事情。

「不行，我沒有時間了，我剩下不到一個月的時間，這一批車就要交貨，現在料根本還沒進來，整個進度是嚴重的大 DELAY，

所以，我沒辦法等你們技術 REVIEW 後再來確認。」到此，Matt 可以說是得罪了整個技術部門。

「而且，實際上這個 BOM 若全要求你們技術課來架，有一定的困難度，我必須麻煩其他單位一起來完成。除了技術外，我還要麻煩業務，製造，採購，生管一起加入，若不這樣做，這一批車交不出去。」

Matt 心情像回到第一次主持產銷會議時那樣緊張，這時候的他根本不敢看任何人，他的視線還是直盯著前面的電腦螢幕，完全憑由聽力來決定自己下一步要怎麼走。

「Matt，你說說看，各單位要怎麼幫你？你在這直接分配工作，由你當 Leader，你就直接說。」

「我需要業務幫忙提供客戶的選配需求，包含數量，要求的廠牌或規格，這些資訊麻煩先提供給技術跟採購，先由技術把這些選配加入 BOM，同時採購先拿這清單去找供應商和廠商詢價議價。」

「而製造的部分，就麻煩主任幫忙把實際的尺寸（長、寬、高），安裝位置，以及所需的數量提供給技術，也是由技術加入 BOM 裡，但，這些必須由技術簽名，如果你們技術不同意這樣的作法，那就請你們自己派人的產線去量。」

「再來就是生管，Joyce 必須協助技術的工程師一起完成 BOM，技術負責的工程師不太懂，架階的規則，展開的細項，技術那位負責的工程師都沒 Joyce 熟，這我必須請 Joyce 介入，當然我自己也會加入幫忙。」

就這樣，Matt 完全不管會議是否有其他的意見，一口氣把他

的計畫想法全部說出來，現在就等其他人來砲轟他了。

「我這邊會先把內裝的部分先整理好，大約 1 天的時間吧，我再把資料給 Joyce，到時候看還有哪些不足的地方，我們再補。」出乎 Matt 意料之外，第一個開炮的是 Rocky，原本以為最大的阻力會是製造課，沒想到主任反而主動的跳出來幫自己。

有了 Rocky 的支持，採購 Vicky 也跳出來說話了。「客戶的選配，業務不用再提供了，我這邊已經有明細規格，我整理好再統一發給 Joyce，然後再 CC 給所有人員，當然，若事後有再增加修改的部分，麻煩業務第一時間通知技術課外，也麻煩告知我們採購，這樣才可以縮短尋商、詢價、議價的時間。」

Joyce 在一旁看了覺得莫名其妙，怎麼大家那麼好配合？是 Matt 有灌他們迷湯嗎？而且，自己壓根不想跟技術課合作，這是技術課的工作，為何搞到最後，卻是要大家下來一起陪他們。

「OK，採購製造都可以幫忙，生管那邊我會去協助 Joyce，順便一起熟悉 BOM 的架構。」

「等一下，我插一下話。」所有人轉頭看 Terry。

「其實這個 BOM 呢，應該要由 IT 來主導，這是 ERP 系統的架構，再怎麼說，都是 IT 的職責，現卻由 Matt 來主導，這是小職的失職，我先說聲抱歉。Matt 這個提議很好，跨部門所有人動起來做一件事，這才是一個團隊，不如就把這件事訂為一個專案來處理，專案的統籌者就交由 Matt 來主責，所有的進度，連結，統一回歸到 Matt，當然，IT 一定會全力配合協助，我也希望往後的 ERP 能藉此為範本，一路推導到上線。不知，我這個提議如何？大

家有任何意見嗎？」

米蘭達從 Matt 的議題開始就默不作聲，她要看看 Matt 的統馭能力如何？沒想到各部門的人還蠻配合，代表著 Matt 基本上有管理者的特質，也代表著自己沒有看走眼。

「不用說了，就是由 Matt 來當專案的 Leader，這件事一定要解決，還有，技術課，你們自己思考一下存在的必要性，我還真的不知道技術課請那麼一批人在做什麼？」

會議結束後，Vicky 拉著 Rocky 偷偷的問。「你在想什麼？怎麼會突然想幫 Matt？有鬼！」

「有你的頭。你這批車要不要交？現在有人主動跳出來幫我們，當然要適時的伸出援手！再說，我今天把 Matt 搞走，對我沒有比較好，到最後，爛攤子一定又會丟到我身上。而且，這間工廠敢主動挑明技術課的，有幾個？」

「嗯，有道理。」Vicky 點點頭贊同 Rocky 的分析。

「趕緊動吧！不要在那邊想些有的沒的，後面 Matt 還有很多事需要我們幫忙。」

Matt 在會議上的舉動果然成功的拉攏了 Rocky 的支持，由於 Matt 主動跳出來幫忙解決問題，使得整個進度可以往前，讓責任心很強的 Rocky 感受到團隊的氣氛，有一種盡力而為的使命感。對 Matt 來說，主任是那種對事不對人的草莽性情中人，因此 Matt 就賭這一點來讓 Rocky 接受自己，而一直懸在製造部的問題又可

以解決，這是最典型的雙贏模式。

唯一不滿的就是 Joyce 跟技術課。

技術課是一定會得罪的一方，怎樣做都吃力不好，所以技術課 Matt 壓根就不管他們的感受。

但，Joyce 不同，她是同部門的人，原以為她會懂，但她則不這樣認為。Joyce 覺得 Matt 把別人的工作加在自己頭上，自己原本的工作就要耗費自己不少時間了，再加上技術課的事，需耗費更多時間，密密麻麻的表格資料，再一筆一筆 key 至系統，然後再用肉眼核對，讓她有一段時間整個頭暈腦脹。

Joyce 心想：為何你要主動去幫技術課工作呢？還不全是為了表現。不由得在心裡鄙視 Matt 拍馬屁。

Matt 明顯感受到 Joyce 在鄙視自己，他把 Joyce 拉到自己的座位旁。

「Joyce，有空嗎？」

「幹嘛！」

「有事要跟你聊聊。」

「沒空，你不是要我幫技術課嗎？怎麼可能有空！你看現在幾點了，我還在公司。」

「快啦，有事要跟你討論。」

Joyce 還是白眼瞪了 Matt，才心不甘情不願的拉椅子過去。

「快說。」

「你自己想想，BOM 這事是不是拖很久了？」

「對，請說重點，不要說廢話。」

「你不想解決嗎？」

Joyce 沒有考慮的說。「當然想啊！」

「既然要解決，你覺得要等技術課把它用好，然後不知道何時可以完成都不知道？還是大家團結起來一次性的建立起來比較好？」

「當然是大家一起用比較快，也比較正確，我可不想後面還在那改來改去，多麻煩。」

「那不就對了啊！」

Joyce 無話可說，但心裡又不服氣的說：「可是，為何技術課可以擺爛，憑什麼我們要幫他？」

Matt 一副想從她的頭敲下去。「你是小屁孩嗎？你覺得老闆看不見他們的擺爛？也看不見你們幫忙的付出？」

Joyce 本來還要回話，Matt 趕緊出手阻止。「別說了，至少我幫你把 BOM 解決了，到時候中午請你吃飯，OK ？」

「我才不要，便當有啥好吃的？」

「當然是牛排，什麼便當！」

「我不要！你都可以請別人吃熱炒，為何我只是夜市牛排？」

「你怎知道我請別人吃熱炒？」Matt 臉頰感到一陣熱潮，跟 Rita 吃飯的事被看見了？雖然沒什麼大不了，但，是怕一些耳語會很煩。

「別以為我不知道你跟主任晚上跑去喝酒，我都有看到了。」

靠，原來是跟主任那次。「你想吃嗎？我也可以請你啊！」

「你說的！？」

「對，我說的！」

「你等著啊！」

就這樣，幾天後，雖然歷經幾番波折，但最終成車 BOM 的事在大家的合作下，還是順利完成，但，還不到 100%，只能暫且先讓這一批自製的車先出去再說，第二批車或電動車一定會再為了 BOM 的事來吵，而且，Matt 還是沒有解決後續批量製作的問題。

「Hi，Matt。」

晚上的 9 點多，Matt 還在為報表資料趕工的時候，突然接到李老師的電話。「終於等到你了，李大師。」

「你這傢伙，斗膽留個 LINE 訊息就沒消息了，你有夠大膽。」

「你是大忙人啊，我怎敢打電話打擾你呢？」

「那你至少發個 Mail，大概說一下事情的始末，一句你撞牆了，我哪知道你發生什麼事啊？」

李老師很妙，根本就像一個多年的朋友，可以聊，也可以開玩笑，更可以拉出來喝酒，可以說亦師亦友，所以，久了，學生講話的口氣像是在對平輩說話一樣，當然，基本的尊師重道還是有的。

「所以，小弟我才想再找時間跟你當面說清楚啊，老師，你何

時有空？」

「沒空，我不接這種沒有任何 Data 的邀約。你是第一次當我的學生嗎？沒有任何 Data 給我，到時候沒辦法解決你的問題，不是浪費你跟我的時間而已？所以，先把 Data 準備好再過來。」

「吼，我這類的事情用口述的會比較清楚，相信我，我畫白板會比 PPT 解說詳細。」

「一句話，要不要隨便你，資料準備好了，我自然會給你時間，若你想這樣空手過來，那你就等吧！」

Matt 看李老師那麼堅決，自己只好投降了。「那這樣好了，我先做幾張投影片，細節的部分，我口述會比較清楚，這樣 OK 嗎？」

「當然 OK 啊！這是你的 CASE，不是我的，若你資料越詳細，我給你的建議當然也越完備，不是嗎？所以，你自己決定就可以了。」

突然，Rocky 開門進來。「老師，你等我一下。」

「主任，怎麼了嗎？」Matt 以為產線又斷料，或是又有其他的突發事件。

「沒。我是來告訴你一聲，人都走了，我外面也都關燈了，你還不走嗎？」

「哇，今天還真的沒有加班，厲害！」Matt 對 Rocky 比了個大姆指。

「哪裡沒有加班？都九點多了，你還不走嗎？」

經 Rocky 這樣提醒，自己都沒注意時間原來已經那麼晚了。「我再忙一下，你先走沒關係，保全我設定就好了。」

「真的？不用等你？」

「不用啦，我再一下下，你先走吧。」

「那我走了，掰。」

「嗯，明天見。」Matt 等 Rocky 門關上後，再回到剛剛跟李老師的話題。

「老師，不好意思。剛剛說到哪？對了，資料我明天給你，OK 嗎？」

「你還在公司喔？」

「是啊，賣肝的命啊！」

「賣肝，那你可能要過 12 點才夠格稱為賣肝吧？現在時間還早。」

「老師，請不要拿台灣某半導體大廠來比。」

「那就是你效率不好了啊！」

「好，我們不聊這個話題了，那明天 OK 吧？」

「都可以，是你的 CASE，你決定就好了。你先大概跟我說一下整個概況，我了解一下問題在哪？」

Matt 用 10 分鐘的時間解釋一下整個事情的經過，遇到的問題點，以及想要得到的答案。

「好，那我大概知道了。你的 PPT 要有以下幾項資料：1・流

程 2‧標準工時，再來把 3‧價值流圖 [17] 畫出來，我要這 3 個資料，知道嗎？」

「啊，價值流可以不要畫嗎？我用整個流程代替就好了。」

辦公室的門又開了，Matt 以為是 Rocky 回來拿東西，結果進門的是 Rita，Matt 嚇了一大跳，怎 Rita 會出現呢？Matt 跟 Rita 招一下手後，繼續不動聲色地跟李老師繼續講電話，而 Rita 進而走到 Matt 座位前，拉了一張椅子，和 Matt 面對面而坐。

「沒關係，你不要也 OK，到時候我會請整個參加 GM 的人一起幫忙解答。」

「不用搞到那麼隆重盛大吧？」

「怎？你會怕嗎？我只剩那時候有空喔，而且到時候很多南科公司的人，匯集各行各業的意見，對你應該比較有幫助。」

「是沒錯啦！但是…」

「到時候你可是代表你們公司ㄟ，不要丟貴公司臉啊！哈哈——還是，你會怕？」

李老師竟然一副看好戲的心態，可惡。

「有啥好怕的？就算是 TSMC 的產線副理來坐在我面前，我也不怕！隔行如隔山啊！做半導體的，不一定會組車，好嗎？」逞強的 Matt 當然不能漏氣，逞口舌之勇也不能服輸。

「好有霸氣啊，當天還真的有一位 TSMC 的產線副理，我會把你的意思跟他說的，你等著啊。」

「我感覺你在故意挑起行業別的紛爭。」

「這是良性競爭，大家認識一下，此時的你很需要，相信我。以後會在某個時候拉你一把的，一定不會是你最好的朋友或親人，有很高的機率會是那種在某個場合，或某場會議有一面之緣的人，這很重要，相信我，未來你一定會感謝我，你信不信？」

「當然信啊！要不然我怎麼會找你，謝啦，李大師。」

「那就這星期六下午兩點，你直接到 59206，就是你們每次 Meeting 的那間會議室，你不會忘記吧？」

「那可能忘記！那裡可是記錄我年輕揮灑生命的殿堂啊！」

「夠了。星期六，你最好不要遲到！」

「謝啦，李大師。」

「Bye-bye」

終於。

「Matt 先生，你的話還真多ㄟ。」

「Rita 大小姐，你怎麼會來，你不是在上課嗎？」

「雞排太不營養了，吃這個比較好。」

Rita 不想回答這種尷尬問題，我就是翹課來的，怎樣。隨手把自己特地買的 Subway 放至 Matt 的面前，好轉移話題。

「你應該還沒吃吧？」

「你不是有課嗎？」

當然 Rita 沒有成功，Matt 還是繼續追問下去，沒為什麼，Matt 單純不喜歡吃一堆菜的東西，尤其 Subway 又是以生菜居多，

根本沒辦法吸引他。

「Matt，你到底吃不吃？」Rita 端正身子，兩眼盯著 Matt，義正嚴詞的再問了一次。

「吃，你特別買的，我當然吃。」Matt 一邊拿潛艇堡，一邊追問。「你不怕嗎？剛剛主任不是把所有燈都關了？應該很暗吧？」

「當然，我可是用手機的手電筒摸黑進來的，沒想到晚上黑嘛嘛的辦公室還真的有點恐怖。」

「ㄟ，對了，你沒看見主任嗎？他剛離開而已。」

「有啊，我看他離開我才進來的，我原本以為你也下班了，我看辦公室燈還亮著，再到停車場看你的機車，哈，確定你還在我才進來的。」

「喔。」Matt 一口就吃了 1/3 的潛艇堡，整個嘴巴鼓鼓的，超像一隻很胖的松鼠，還硬要說話，一整個混沌不清。「你將（今）天伯（不）是有課，怎還來？」

「你是沒有其他問題問了？還是不想看到我？我可以馬上離開！」Rita 生氣了，他覺得 Matt 為何一直很在意自己突然的出現，讓自己很沒台階下。

「沒啦，你誤會我了，不要生氣啦，我是真的怕你危險，一個女生。」

「有什麼好危險，現在才 10 點多，我下課回到宿舍都快 12 點，我都不怕了，這樣有啥好怕？再說，有危險你不會保護我嗎？」

「對不起，我真的不是故意。」Matt 放下身段道歉。

Rita 看著 Matt 無辜的臉，整個氣都消了。「那你晚餐到底吃了沒？」

　　Matt 搖搖頭。「還沒。」

　　Rita 大大的嘆了一口氣，又小小的瞪了 Matt 一眼。「這樣會飽嗎？」

　　「會，超飽。」Matt 又不是笨蛋，就算不飽也會說飽，但心底還是想吃雞排。

　　「很晚了，你還有哪裡沒做完的，我幫忙一起做。」

　　「沒了，我關一下電腦就可以走了。妳等我一下。」其實 Matt 還有工時及請購單要整理，這些他打算全部明天再做吧，他不放心 Rita 一個女生那麼晚還在工廠裡。

　　「你在這等我一下，我去設定保全。」全廠一片漆黑，只有遠處保全設定的地方發出微弱的綠光。

　　「不要，我跟你一起去，這裡好恐怖。」

　　「妳確定？」

　　Rita 點點頭。

　　Rita 都懷疑自己怎那麼勇敢，敢自己一個人靠著手機手電筒的微弱燈光，穿越整座工廠，那時的自己是怎麼做到的，現在連自己都不敢相信。

　　「喂，Matt 你不要走太快啦，我感覺會有老鼠跑過去。」

　　「一定會有老鼠的啊，妳沒看過嗎？」

「後，不要再說了，我真的會怕！」

「那…」Matt 停頓一下。「手給我，我牽著妳走吧！」

Rita 沒有把自己的手交給 Matt，他直接靠近 Matt，拉著他左邊的衣袖。「快點，我想離開這裡。」

「膽小鬼，老鼠又不會咬妳。」

「你不怕嗎？」

「當然，我只怕…鬼。」

「STOP，快點。」

設定好保全，兩人直接到停車場。「我騎車陪你回宿舍吧，要不然，太危險了。」

「不用啦，開車還很安全，放心。」

「真的不用？」

「真的。要不然，你認為我自己開車回去比較危險？還是有一個身材壯的像一頭熊的男人尾隨我回去比較危險？」

「好吧！那妳自己小心點。」Matt 覺得自己自討沒趣，就沒再堅持。

「嗯，晚上的工廠好恐怖，你怎麼敢自己一個人在這裡？」

「平常都有主任陪我，今天比較特別，我第一次自己一個人留那麼晚。但，也沒有第一次拉，後來妳過來了，不是嗎？」

「是吼，不好意思，沒有讓你體會第一次的感覺。」Rita 很酸的說。

「沒，我不是這個意思。」

「開玩笑的啦。」Rita 很喜歡逗 Matt。「你這樣的日子還要持續多久？」

「沒意外，應該到月底，要把這批車交出去。」

「那有意外呢？會提早嗎？」

「提早？若真的可以提早的話，就可以證明一件事了。」

「什麼事？你控制得很好嗎？」

「不是，沒那麼簡單。」

「要不然呢？」

「就可以證明…」Rita 睜大眼睛，靜靜的聆聽。「地球上，真的…有鬼。」

「哈哈──！！」

「Matt，我真的不理你了！我很正經聽你回答ㄟ，你還嚇我！」

「開玩笑，不要生氣！」Rita 一直瞪著 Matt 不說話。

「好嘛，要不然，我請妳吃飯？」

「你還欠我一頓飯，請不要忘記！」

「要不然呢？」

「簡單。」

「請說，除非要我飛天遁地外，基本上我一定可以做到。」

「到這批車交車前，每天下午 6 點，請到公司大門口來找我。」

「為什麼？」

「還為什麼？買晚餐給你啊，到時候我買什麼，你就給我吃什麼，知道嗎？」

「那我可以點菜嗎？」

「不行！」

「為什麼？」

「因為我的菜單沒有雞排這一項！」

「你怎麼知道我要說雞排？超厲害的！」

Rita 深深的呼一口氣，微笑地說。「吃營養點吧，要不然，每天那麼晚，身體會壞的。」

「好，那就麻煩你了。我先給妳錢，要不然多不好意思啊！」Matt 拿出皮包要掏錢給 Rita。

「不用啦，到時把車交出去後，你請我吃一頓大餐吧！ OK ？」

「好喔，沒問題。」

「那我先回去了喔，晚安，Matt。」

「開車小心，晚安，掰囉。」

「掰。」

很特別的一晚，在兩個人的心中。

05

瓶頸

「所以，你說貴公司的瓶頸在半成車？是吧？」

「對，沒錯！」

59206 會議室裡，Matt 把 TD 的流程大概說明一下，李老師滿臉疑問的問了 Matt 這個最基本的問題。

「好，其他同學有沒有不同的看法，Matt 說瓶頸在半成車，你們覺得這個說法，這樣對不對？」

全場鴉雀無聲，會議剛開始而已，風向在哪都不知道，沒有一個人敢表態，這是對會議主的尊重，也是在測試風向往哪飄，更要看看李老師後面下手的力道。

別看李老師表面談笑風生，只要學生不受教，當面教訓的力道毫不手軟啊！當然，就事論事，走下檯面，還是無話不說的益師啊！

李老師見大家安靜無聲，心裡又有無限的感慨，若場景換到西方國家，這時主動舉手發言的盛況真應該讓這些學生看看，台灣的學生真的太被動了。當然，李老師也知道不能怪這些學生，是台灣的教育從一開始就害了他們，所以自己才來當老師，這是自己的初

衷，希望自己可以為台灣的教育改變一點點什麼。

李老師又提出第 2 個問句。「那這樣好了，Matt 單就依工時最高的部門來當作瓶頸工站（機台），我們看一下，骨架線，共 248HRS，這樣對不對？我現在不說我的答案。我來問問你們這些學工管的，瓶頸工時的定義是什麼？再沒有人回答，全部回去給我交一篇關於瓶頸的 Paper 出來，20 頁。」

「經常加班，工作滿載，線上一堆在製品等待加工。」

「專用設備或技術，非它不可。」

「技術要求高，短期內無法有替代人選或增加人員（產能）。」

「利用率高且週期時間長。」

………

洋洋灑灑的列了十多項，其中有些重複，只是敘述不同而已，李老師沒有打斷他們，一直到再也沒有人發聲。

「我總結一下，先不說你們的答案對不對，我總結以上所有答案：（1）絕大多數的製程一定要經過的點，具有（2）專業技術，導致廠內（3）塞車。應該是這樣，對不對？」

「很好，Matt 剛剛好也是以這觀點在定義瓶頸，有沒有？我們再來看一下流程圖。」李老師把雷射光筆的小紅點直接點到骨架線。「這個流程圖分為 4 大區塊，其中這個骨架線就 248HRS，所以是製程中的瓶頸，這是對的嗎？」

時間最久的當然是瓶頸，全部的人都不懂李老師的重點到底是什麼？但，一定哪裡有錯，要不然李老師不會一直著墨在這時間最

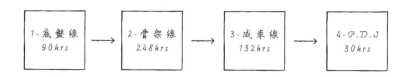

久的部門上。

「我先這樣問好了，可以說單一線別的標準工時最長，就把它定義為瓶頸？是以線別來區分的？」李老師的口氣漸漸嚴肅起來，但不是生氣，但，還是沒有人敢提出任何意見，每個人心中都有答案，模稜兩可的答案，沒有把握說出來一定對，所以，每一個人還是按兵不動，包含 Matt。

「那我舉個例子，如果一個班級的國文成績平均數只有 60 分，那我們可以說那個班級的每一個人國文程度都只是普通而已，這樣對嗎？」

「不對，那是平均數，有人高於 60，而且一定有人 80，90，甚至 100 也說不一定，但，也有人低於 60，甚至更低。」Matt 開口回答，畢竟是自己的議題，他不好意思從頭裝死到底。

「所以？」李老師雙眼瞪大，右手手心向上，擺了一個請的姿勢。

經李老師這麼一問，Matt 懂了。「老師，我懂了，如果我是單一站別來看，那結果也會不一樣，你看一下這個部分。」Matt 把 PPT 轉換至骨架線那一頁。「所以，真正的瓶頸是 2 — 2 及 2 — 3 這 2 站，如果我把這 2 站的產能提高，就可以消除瓶頸，對吧！」

　　　　　　　　　　　　　　　　　　　　　幕僚的宿命

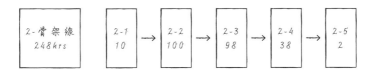

「你說的沒錯，所以貴司要 Focus 在 2 － 2 跟 2 － 3 上面，想辦法再把工時降低，但，這不是一時半刻可以做到的，怎把工時降低，就不是現在要討論的議題，那是製程改善的議題，甚至牽涉到人因工程或是透過 TPS[18] 手法，這是一個大的工程。」

「還是你現在也要討論這些？」Matt 搖搖頭，因為自己根本沒準備這方面的投影片。

「所以現在我們要討論的是，如何提高產能？用什麼樣的方法？」

「對。我時間已經不多了。」

「好，你先說一下，如何增加產能？各位也想想自己公司如果出貨來不及，自己的公司會怎麼做？」

「加班。」一位同學說。

「很好，這是一般公司最常見的作法，也是短期就可以看出成效的方法，我相信每一位的公司每天都可以看到生產線在加班吧？你們可以思考一下，到底是今天出貨來不及才加班？還是加班已經變為公司的常態？也就是生管排入生產計畫表的固定產能，大家可以觀察看看。」李老師笑著說。

「也可以再想想，每日常態加班，到底好不好？這是長期性的加班，這樣的公司到底是好？還是不好？」李大師停頓約 3 秒。

「大家可以想想，還蠻有趣的，這沒有正確答案。」

「當然不好啊，根本是累死產線的作業員，雖然薪水增加了，但每個月實際領到的根本沒多少，不如不要加班。」一位同學如是說。

「ㄟ，不一定喔。」TSMC 的副理——Tom 跳出來持反面的意見。「我倒是還沒碰過說產線沒有一天不加班的，每天跟打戰一樣，如火如荼。要說沒有加班，有啦，2008 年那一次的金融風暴倒是有一段時間比較少，但，大部分還是每天加班。」

聽到這，李老師微笑不語，他自己也是 TSMC 這一派系出來的，當有一天 TSMC 的產能不再滿載，那代表的意思，連李老師自己想到都頭皮發麻。

「Tom 你說說為何你喜歡加班？不，應該說你為何覺得每天加班對你而言是正向的？」

「很簡單啊，訂單，若一間公司產能沒有滿載，代表訂單不足，到時候的情況就是先裁員，再來就賣機台，賣設備，最後，就換公司收起來，很簡單的食物鏈循環，所以加班對我目前來說，我是贊成的。」

「Tom 說的沒錯，這是台灣很病態的現象，短期內沒辦法改變，歐美國家是工時越少，國家越強盛，我相信你們大家應該都有耳聞丹麥、瑞典啊、都是 5 點就下班回家，甚至街道的商店都到 6 點左右就不營業了，大家都想下班，他們覺得家庭生活比上班重要。

但，台灣不是，我們可以改嗎？短期內改不了，至於怎麼改？我也不知道，應該說這不是我一個小小的大學教授在這十幾二十年可以改變的事，所以，我才來當老師啊，洗腦你們這些無知的學生，看10 年後，或是久一點，20 年後台灣可不可以真的改變！那一天總統候選人就是我教過的這幾個也說不定，靠你們了啊，各位！」李老師笑笑地說。

「而且加班你獎金才拿的多吧！Tom，你這傢伙還把加班說的那麼冠冕堂皇，你少來！快，說說你第一季的績效領多少？先說有沒有 30 就好了。」

「這是公司機密，我不能亂說啊！」

「你看吧！各位，這就是有啊！我在幫你們凹他請客，領那麼多，至少，咳，自己看著辦！」老師一說完，全班一陣躁動。

「謝謝學長。」

「學長，謝謝你。」

「生日快樂啊，同學。」

「學長，你好帥啊！飲料好好喝啊！」

「學長，我有星巴克的卡，需要先拿去嗎？」還真的掏出皮夾，直接把星巴克的卡放至桌面。

這就是在職班凹別人請客的狀況，竟然連生日快樂都出來了，超扯！

「好了，請客是下一次的事，還有誰有例子？」李老師出來控

制場面。

「增加機台設備。」

「嗯，增加機台設備不是立即可以見效的，這算是中期的辦法，還有一個跟這很類似的方法，想想看。」

「我知道，招民工。」語畢，全班哄堂大笑。

「還招民工ㄉㄟ，妳是中國待太久了嗎？」

「習慣了嘛，對口都是中國同胞，一時轉換不過來。」說話的女同學不好意思的說。

「沒錯，增加人力，這是比增加機台設備還快的辦法，但，這辦法有個缺點，教育訓練，如果是技術性的工作，這還是會有一段的磨合期。還有呢？說說看。」

「外包。」這次 Matt 自己說了，因為這也是 TD 目前的做法。

「所以，你們也外包出去。」

「應該說是請外包的人力進來。」

「嗯。」李老師思考一下。「對，你們的『產品』比較大，是要把外包叫進來沒錯。那，問題有解決了？」

「暫時是解決了，但，後面的問題又出來了。」

「後面那個問題很簡單，那只是定義錯誤而已，我比較好奇的是骨架車這一部分，問題實際上有沒有解決？」

Matt 還是很疑惑，自己的問題是後面的批量問題，而不是骨架車的瓶頸問題，骨架車的部分，自己已經透過外包及人員加班的

方式克服，怎李老師還一直著墨在骨架車上？

「外包進來後，已經可以一天產出一台，所以，實際狀況來看是沒有問題的，但後面銜接的成車線是要求一天至少要兩台，所以，問題在這，後面這條線怎麼去克服？」

「對嘛！」李老師起身，直接走到投影目前，直接用手在投影幕上畫圈圈。「你後面的批量是兩台沒錯，我單單只看成車的單車標準工時，兩台來看是不為過，所以我才說是定義的問題，這我等一下會解釋，你不用急。現在我們最該解決的，就是前端的瓶頸，貴公司解決了沒有？」

「應該算是解決了。」

「解決了？你確定嗎？」

「我確定，要不然每天一台是怎麼辦到的？」

「好，那我如果說，一天產出兩台呢？」

「不可能，產能差太多了，不可能做得到。」Matt 很有自信的回答，他明白的知道這道製程有多麻煩，光是標準工時就多達 248 小時，幾乎都是要分成 3 階段才能完成，而且天數長達 3 天，現在外包進來，加上員工超時加班才有一天一台的產出，要一天兩台，不可能。

「我這樣說好了，原本 248 小時的工時，是要分成 3 天完成，現在只需一天，因為要求員工加班，還有增加外包人力來完成，這樣描述對吧？」

「沒錯。」

「所以，員工一天上班 24 小時？還是多請了兩倍的人力？」

「沒有，平常都有在加班，只是最近延長到晚上 8 點，基本上可以說是 12 小時，而且外包人力才多加 4 個人，並沒有多一倍出來。」

「所以？」李老師贏了，他知道 Matt 的時數一定有問題，但，不是 Matt 的錯，是生產線調度的問題。

「你產線沒有 24 小時，外包人力有沒多到兩倍，那怎麼從 3 天的製程變成 1 天？Matt 你好好思考，這是怎麼辦到的？到時候你可以仔細的算一下，這樣的加班跟增加人力到底合不合理？我不用去現場看，就知道這樣的時數是有問題，而且我可以跟你說，不用外包，你就可以趕出一天一台，你相不相信？」

Matt 沒說話，經李老師這麼一說，他也覺得很有道理，那，加班都在做些什麼？外包人力又怎麼回事？Matt 突然覺得頭超痛，怎會那麼多事？

「沒關係，我可以就你 PPT 的資料來檢討，原本 3 天的製程縮短程 1 天是怎麼辦到的？我們從流程面來檢討，我可以先做一個猜測：實際上製程並沒有縮短，還是必須經過 3 天的製程，只是差別在於，加班跟外包的人力讓產線可以維持每天一台的產出。」

全部的人一片寂靜，大家都搞不懂李老師哪裡來的自信？

「我再回到我剛剛舉的例子，一個班級平均數只有 60 分，那我們要怎麼要才能把平均數拉高？是要把 70 分，80 分，90 分的人請他們繼續加油，這樣才能拉高平均嗎？當然不是，一定是那些比平均數更低的同學，像那些 50 分，40 分，30 分，甚至 20 分，10

分的同學，要著重的點，就是這些低到離譜的同學。」

Matt 點點頭，好像知道些什麼了。

「Matt，你再把各站的細項展開，PPT 最後那一頁，只看骨架車那一部分就好。剛剛我們說瓶頸是 2－2 跟 2－3，那是因為有包含了前置作業的時間，剛剛 Matt 說那是叫？」

「預組站。」

「對，預組。現在我們再往下展開，把預組的工時扣掉，所謂的瓶頸時間剩下 2－2 有 40 小時，2－3 有 56 小時，你們再看一下，這樣的數字有那裡奇怪？還有，這樣的流程是對的嗎？」

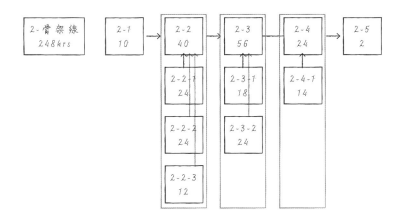

這樣根本看不出來流程哪裡有問題，也不知這數字哪裡奇怪。

「我來把流程重新畫一下，這個流程表會誤導人錯誤的資訊，Matt 你看好我怎麼畫，還有，其他的人，你們也可以回去看看自己公司的流程是不是犯一樣的錯誤。」

李老師起身站到白板前，拿起藍筆。「我把縱向的流程把他畫成同一方向，這樣會比較好辨識。假如有 3 個箭頭同時指向 2－2，那為何不同一方向呢？2－3 也是，縱向的箭頭容易讓人誤解。」李老師就這樣一邊對照 Matt 的 PPT，一邊把流程修改複製到白板上。「好了，你們看，這樣有沒有比較清楚？」

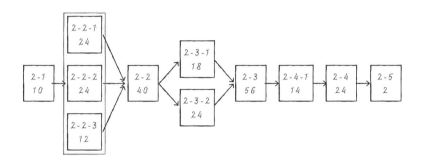

「是有啦，但，我不知道差別在哪裡？」

「你還看不出來？好，我再來補一下。」李老師說完，馬上在白板上把各區塊的工時計算加總，然後再用虛線一格一格的劃開。「這樣應該看的出來問題點在哪了吧？」

看到這，Matt 一切的疑惑全都解開了，哪來的 248 小時，只有 60 跟 56 小時的瓶頸，若仔細算，還真的可以不用外包就可以一天產出一台分也說不一定。

「老師我懂了，你超強的！但怎可以單從我的 PPT 就可以看出問題點在哪？」

李老師又露出微笑。「其實不難，我看過那麼多工廠，我看你

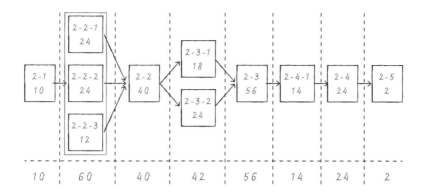

的標準工時若差那麼大，很少有生產線沒有做到生產平衡這一塊，所以你的數字一定有問題，要不然就是你的數據有錯誤。」

「老師！」突然有同學舉手。「我還是不懂，所以現在瓶頸解決了？」

「解決了沒有，我現在沒辦法回答，但，若瓶頸從 248 小時降為 60 小時，我不認為這有什麼困難的，人力調度的問題而已，我還是必須到產線試 Run 看看。」Matt 沒有等李老師回答，自己就先給同學答覆。

「等一下，還是有人搞不清楚，再仔細看，瓶頸是多少？不要被我的表格誤解了。」

Matt 再仔細看了一會。「哈，是 56 小時。」

「沒錯，是 56 小時。那我再問個問題，全車工時是多少？人力工時又是多少？就以這個骨架車為例，大家算算看，我來看看有多少人真的弄懂？」

這一次，Matt 真的任督二脈都被打通了。「我知道，人力工時是 248 小時，但，全車工時是 194 小時。」

「Matt，你自己跟大家解釋吧。」李老師見大家一臉疑惑樣，直接請 Matt 幫忙了。

「好。在 2－2－1，2－2－2，2－2－3 是平行製程，也就是可以同時施工，對工廠來說，人力工時是 24 ＋ 24 ＋ 12 ＝ 60 小時，但對組車而言，3 項同時施工，只要取最大值就可以，所以組車工時在這只需 24 小時而已，這樣的解說，OK 嗎？」

「很好，大家邏輯懂了就好，其實這不是最佳化的生產線平衡，再推下去，其實就可以達到最佳化，時間的關係，我只要大家懂這邏輯就好了。」

「我再問個最基本的，若這是製造業的產線，多久會產出 1pcs ？」

「56。」

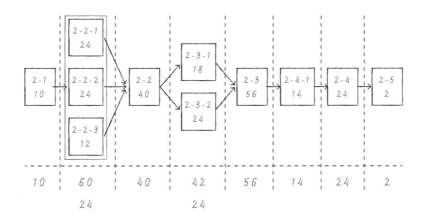

　　　　　　　　　　　　　　　　　　　　幕僚的宿命

「那一站的貨會堆最多？」

「2 － 3」

「很好。那我再提一個點 2 － 3 － 1 及 2 － 3 － 2 可以不用平行製程，一站接一站就好，這樣一來 WIP 才不會堆積如山，又可以減少人力成本及等待時間。」

「大家還有問題嗎？」沒有一個人舉手。「那 Matt，後面你應該知道怎麼辦了吧？」

「我 OK 了，接下來我只要把這跟產線結合，應該就沒多大問題了。」

「你確定？下一次就是整班的星巴克了喔。」李老師奸詐的說。

「謝謝學長。」

「生日快樂，學長。」

「星巴克的卡，我想，你直接拿去吧。」

全班又陷入一陣凹別人的氣氛中，反正別人的錢不是錢，有喊有糖吃。

對一般製造現場而言，最大的目標就是增加有效的產出，而瓶頸，通常都是產能限制最大的一環。瓶頸通常是利用率高且週期時間長的站別，也有可能是系統中累積在製品最多的站別或機台。

在一般計畫性生產的製造公司中，由於不平衡的產能，常常造成過多的在製品，回到上述 Matt 的案例，我們可以以各站別的加

工時間來找尋系統的瓶頸。

把整個來龍去脈搞清楚的 Matt，回到產線後的第一件事，就是找 Rocky 來搞清楚實際的加班跟外包人力到底安置到哪裡去了？若 3 天的時間沒變，為何還是要加那麼多班？為何還要外包力的加入？

「主任，我有一些疑問，你有空嗎？我需要你幫我解答。」

「等我一下。」Rocky 知道 Matt 一定有很重要的事，要不然，不會平白無故在上班最忙碌的時候來找自己。

「走，我們到會議室說。」把產線的事情交代好後，兩個人直接走到沒有人的會議室。

一進門，Matt 就直接走到白板，把在學校討論出來的那版流程圖直接用白板筆 COPY 至白板上。「我們的流程，實際上應該是這樣子，你覺得『對』嗎？」

Rocky 看了一會，確認整個先後順序無誤後，問了 Matt。「這是誰跟你說的？」

「我昨天在家一直在看這流程表，覺得怪怪的，重新劃了一下，平行製程的起始位置不對，整個工時人力安排就會有問題了。」

Matt 沒有把學校那段說出來，他怕實際說不定不是課堂上討論的那樣，他還是先套一下虛實再來決定後續的發展。

「你畫的這一版，其實才是正確的。」

「幹，真的假的？」

「真的啦，差沒多少了。」

「可是這是 Joyce 給我的定稿，整個 ERP 流程都這樣跑，那會不會有問題？」

「沒問題啊，工時都一樣，差別在於示意圖的表示方式而已。會有現在這版，完全是因為財會跟老闆娘看不懂，要把預組擺在主工站下面，這樣他們一看才會一目了然。」

「幹！」Matt 知道原因後，不自覺的飆出驚嘆號來。

「就是幹，沒錯。」Rocky 笑笑地說。

「那你的人力安排呢？」

「這我來解釋一下，原本是拆成兩批人馬，而整個骨架線區分成三段，兩批人馬去做三段的工站怎麼做？只好前後支援，或是分段進行，人才會調來調去的，現在老闆願意加班了，也給我外包的人力，剛剛好，每一段都有人，也剛好每天可以產出一台。」

後來 Matt 跟 Rocky 在會議室待了將近一多小時，Matt 以限制理論[19]的觀點來向 Rocky 建議規劃整個人力調度，他要讓 Rocky 明白：增加非瓶頸的強度，是無益於整條生產線的強度。若以限制理論環環相扣的鐵鍊來看，最脆弱的地方會決定整條鍊可承受最大的拉力，若不是加強此處，則對整個鍊條的承受強度無任何幫助。

就這樣，好不容易，BOM 解決了，這一批車，也在計畫中順利交出，雖說中間加班及外包的成本拉升不少，但對 Matt 而言，這算是一張漂亮的成績單。不只在米蘭達面前有漂亮的成績，在整條生產線，也跟所有的技師拉近不少的距離。

第
二
部

如
日
中
天

某日下午 3 點，產線的人員跟包商都會到外圍草
埔抽菸聊天，聊八卦、聊進度、聊製程，這裡是
公司情報的集散中心，所有大大小小的消息都會
在這裡聚集，然後再從這裡散發出去，不管是真
的還是虛構的。

Matt 從沒來過這裡，他不會抽菸，而林副理反
而是這邊的常客，沒辦法，癮君子時間到不來哈
個一口，嘴巴可是會癢到發抖。

林副理他要利用這個點來讓 Rocky 跳進他所設的
圈套裡。

06

預算

「Matt，如果有人做出不利公司的事，你是老闆的話，你會怎麼做？」一早進辦公室，米蘭達就把 Matt 叫到自己旁邊，很嚴肅的問了 Matt。

「不用說了，開除。」Matt 知道米蘭達在說誰，他也就事論事直接回了她。

「如果他是跟老闆打天下的功臣呢？」

「這就要看高層怎麼決定了，通常這樣的人戰功彪炳，高層都有某種程度的感情，就我所知，大部分看在過往的情懷，都會原諒他。」

「那你覺得這是對的嗎？」

「就事論事，不對。就一般常理而言，幾乎都會原諒，但，調離現職。」

「我覺得這就是華人的通病，荒誕的人情義理，若在外商，立即開除，並走法律途徑對薄公堂。」米蘭達很憤慨的說。

「你有聽說我們公司最近的事了嗎？」

「有，稍微聽說，但，我不知道是誰。」

「沒關係，你也不用認識他，這種人少接觸比較好。」

「這個人在陳總創立這間公司開始就有他了，不能說他沒有汗馬功勞，但公司一樣也沒有虧待他，前年說要讀 EMBA，公司就出錢讓他去讀，有課的日子還讓他請公假去上課，沒想到，他竟然盜賣公司的零件，真敢！」

「但你們陳總竟然說開除就好了，以前的事就算了，不用在特別上法院，年輕人不懂事，原諒他。這叫什麼？這就是標準的濫好人，人家小偷到你家偷東西，結果人抓到了，還放他走，不送警察局，你說這有沒有病？」米蘭達已經氣到不想再繼續說話了。Matt 也不敢表示任何意見，畢竟自己什麼都不是，他只是一個出氣筒而已。

「Matt，你要記住，人品很重要，知道嗎？不管在哪裡，人品不行，就什麼都不行了，你要記住這句話。」Matt 無言的點點頭，表示他知道了。

後來 Frank 請了幾天的長假，就再也沒有他的消息出現了，到最後，Matt 還是不知道到底有哪些人是他那一掛的。有傳言他去了競爭對手的公司，也有傳言他轉去中華汽車，開始換組小車，不管怎樣，Frank 對 Matt 來說都是一個謎，大家口風都很緊，若不是副理離職前告知，他壓根不知道有這號人物。

米蘭達是個會觀察下面部屬一舉一動的董事，平常就會藉由每次南下高雄時，一一詢問其他部門的人，某某表現得如何？再經實

際的作業觀察來決定一個員工在她心中的水平位子。她發現 Matt 與以往招聘進來的主管不太一樣，再經由幾次會議上的表現，還有他定期的書面報告後，Matt 在生管這塊領域上的專業引起了米蘭達的注意，她把人資主管 Doris 叫了過來。「Doris，你把 Matt 的人事資料、打卡紀錄，還有請假卡整理給我，我要看一下 Matt 的人事資料。」

「好，米蘭達，我整理一下才能拿給你，因打卡紀錄還有休假需要由系統 Download，需要一些時間，大約要半小時才能拿過來」

「沒關係。你方便就好，不急，但，今天一定要拿給我。」

「好。」

正當 Doris 準備離開時，米蘭達又叫住她。「對了，當初與 Matt 一起通過複試的那一位資料也一併給我。」米蘭達要看看為何當初周副理堅持要 Matt 的用意在哪？米蘭達她要拿 Matt 跟另一位比較，到底有怎樣的差別？

下午，當米蘭達把兩人的資料條件比較之後，她嚇了一大跳，與 Matt 相比，另一位的條件背景好太多了，國立研究所，又有半導體廠 4 年的帶線經驗，而 Matt，私立大學，只有傳產的生管主管經驗。再怎麼選，一般人都會以另一個做為第一首選，若換成米蘭達本人，她也是二話不說直接選半導體廠那一位，直接刷掉 Matt。

她想了好久，一直無法搞懂周副理心中所想的點，沒辦法，只好找 Doris 來問清楚，說不定他們之間有聊過這件事。Doris 知道米蘭達的用意後，不疾不徐的說明周副理的堅持。「當初周副理用

人時，我有跟他聊過，他除了考慮應試者與應徵職務的匹配度外，第一，他一定會依應試者的背景是否符合公司文化為首選，TD 算是傳產的汽車組裝業，若請一個高科技電子業背景來，一定沒幾天就陣亡了。再來，藉由面試時的談吐對應，來推測他與這位應試者是否能匹配？畢竟人是他要帶，將來也是直接 report 給他，當然他選一個與自己感覺可以相符的人。要不然請了一個不對盤的下屬，只是拿石頭砸自己的腳，這沒加分效果，不如不要請。」

米蘭達聽了 Doris 的解釋後，直覺周副理是個不簡單的人物，他有個隱性特質：很會看人。可惜公司留不住他。「其實一開始周副理不是這樣說的，也是我一直問，他後來又給我一個比較非官方的答案。」Doris 看了默不出聲的米蘭達，趕緊補了這樣一句。

「喔，那周副理一開始是怎樣跟你講？」

「他就回我：感覺，我第一眼看到就直覺，就是他了。」

米蘭達笑了笑，反正是誰都無所謂，重點是請 Matt 進來，對公司有幫助、有加分那就好了，後面原因是如何？好像也沒那麼重要。米蘭達打算再多加些主管的工作給 Matt，來試試看他的學習力是否如她所預期的那樣，也順便測試他承受壓力的程度。

「Matt，你有做過預算嗎？」

米蘭達隔天一進辦公室就把 Matt 抓到自己的位子旁，囫圇的問了那麼一句話。

「預算？還沒經手過這一塊。」Matt 聽到後有點反應不過來，

怎會突然問他關於預算的事。他也覺得納悶，通常一般公司抓預算都是會在下半年，並在年終之前定案，把明年一整年的所有花費及成本攤提到每一個月去。他不懂的是，為何米蘭達會突然問道這一塊？是要教我？還是要我動手做製造部的部分？若是製造部的部分，3月現在這個時間點也太怪了。所以，Matt 即使有抓過預算的經驗，他也打算裝傻，一來他目前的工作 Loading 真的太重了，再來，現在做預算也太怪了吧。

「沒關係，我來教你，你的邏輯概念不錯，我點一下，你一定懂。」米蘭達並沒有因為 Matt 說不會而覺得他的能力不足，反而倒過來說要親自指導。這對 Matt 來說是一種無形的認同，此時的 Matt 也不管自身的工作有多重，他反倒覺得要好好做出一版讓老闆娘刮目相看的預算總表，讓米蘭達知道她的慧眼沒看錯人，這樣才不會辜負米蘭達對 Matt 的苦心。

「你要知道，在企業理，要會做預算的人才有價值，你知道嗎？」Matt 無語的點點頭，表示對米蘭達這番話的一種認同。「要做預算，必須先知道公司最基本的成本，例如工費率？人？每天花費多少工時？每個月加班幾天？幾小時？還有業務訂單，有了一整年的收支，我們單純以工廠這幾項參數，你就可以看出明年這間公司賺不賺錢了，你說，做預算重不重要？」Matt 又猛點頭。

「又有哪些人可以做預算？當然是公司的核心人物啊。所以，Matt，你好好學，學到的都是你的，即使哪天你不在 TD 工作，你有一身的技能還怕找不到更好公司嗎？」米蘭達直接說更好的公司，而不是指更好的工作，這對 Matt 來說又是一種無形的肯定。

「要做 TD 的預算之前呢，尤其是製造部的預算，第一，你

必須知道廠內現在總共有多少人？各線別有幾個直接員工？幾個間接？重要的是，又有幾個外勞？幾個管理幹部？你知道為何要知道這些嗎？」米蘭達用間接引導的教學方式來教 Matt，而非一般的 Step by step 的直接給答案。藉由一問一答的邏輯，米蘭達一來可以知道 Matt 的程度到哪？再來，可以順勢把 Matt 的思考方式引導到他自身想要的方向。

「因為人力成本不同。」

「沒錯！就是成本不同！我們要計算出每個部門的人力工時成本，算出來後，我們就可以知道，光是在人力這一塊，總共佔了多少百分比的成本，還有，也可以知道現有人力夠不夠？是要再多請人？還是靠現有人數加班就可以補平？更或者，外包。若算出來外包划算，成本比較低，那公司為何要養那麼一大群人？我還要付他健保、勞報、退休金，然後三不五時的就給你請個假，這不是白癡嗎？」米蘭達雙手插著腰，越說越氣憤，好像工廠有人得罪她一樣。

「所以，Matt，我給你個方向，你把製造部的產能算出來，用人力 X 每日工時，你就可以得到人工小時，記得，必須把休息時間扣掉，也就是說，一天你只有 7.5 小時的時間真正在工作，之後再 X 上工作天數，你就可以算出一個月的基本產能，或是依交期往前拉，你不是知道標準工時了嗎？這樣也可以算出現有的產能是不是來得及客戶的訂單日期？這樣你懂嗎？你用 EXCEL 的表格來呈現，把到年底之前的人力工時成本算出來，我要看看你做得怎樣？是不是了解我說的內容，這樣 OK 嗎？」

「OK。」

「那，你何時可以完成？明天中午前可以嗎？」

「可以。」

「沒問題，我明天下午 4 點才走，我們還有時間討論。」

就這樣，Matt 莫名其妙的接下預算這個工作。回到他自己的座位後，他心裡一直有個疑問：在 TD 這裡的預算只計算人力工時？其他費用呢？不用預抓？那怎樣算出全部的成本？

由這裡，Matt 大概在心中也猜一些端倪出來。TD 這間公司還沒有作過預算，不管是內容還是時節點，都不是一間抓過預算的公司。他知道他的機會來了，若只是單純計算工時，根本是輕而易舉。Matt 根據過去的經驗，把所有的變數列出，再把每個月用平均數約 20 個工作天、一天 7.5 小時，直接用 EXCEL 公式代入，一整年每個月的平均就代出來了，再把訂單工時 key 入加減，大概就可以算出哪幾個月是紅字、人力工時不足的地方。

這幾個月的紅字，Matt 打算藉此提出幾個建議方案，EX：1. 先向上級預警，加班費會大增，2. 提早投入因應，3. 協尋外包幫忙。這幾個管道都是可以輕而易舉解決人力不足的部分。把檔案存檔後 Mail 寄出，Matt 打算明天一早就找老闆娘討論這樣的格式計算是否 OK。Matt 很滿意自己作出的預算格式跟結果，他已經在幻想明天得到老闆娘口頭稱讚的滋味了。殊不知，老闆娘一看到 Matt 的報表後，面有難色的問：「我要怎麼看每個月的差異？」

「米蘭達，我是抓平均數，所以只可以看出年平均值，無法比較出差異來。」

「那，每個月的加班工時是多少？」

「這也看不出來。」

「每個月標準產能與實際差多少工時？平均下來，每人每日需加多少工時才夠？」

Matt 整個沉默不語，他把米蘭達所交代的任務想得太簡單了，應該說過於籠統，Matt 他已經被米蘭達盯得滿臉通紅，整個說不出話來，還好，米蘭達沒有責怪他什麼。

「Matt，你要考慮再周詳一點，思考的方向通盤一點，這樣你才能馬上應付我臨時提出的大大小小的問題，這樣懂嗎？」

「好的，米蘭達，我下去再重做一版給你看，我知道我的關鍵點在哪了。」

「沒關係，做錯並不會怎樣，錯了再改就好了，我最痛恨的是那種什麼都不做的人，知道嗎？公司的責任就是要讓員工有失敗的成本，這樣你們才會越來越進步，不用怕，你怕了反而什麼都做不好，這樣的公司是不會進步的，尤其你剛進來，你有很多的機會去證明你的實力在哪？也讓我看看你的潛力在哪？知道嗎？」

Matt 點點頭，他決定今天一定要把預算完整的做出來，不管花多少時間，並自己再模擬任何一種米蘭達隨時會提問的狀況。Matt 回到座位後，開始重新思考所有的節點，把他之前覺得不重要的，全部列出。EX：月平均上班日改成每月實際上班日，加班工時也區分出平日加班 2 小時、4 小時的差異，還有假日加班的成本，再來，每個線別的直接人員有多少？外勞本勞各佔多少？用薪資區分出產能成本差異，還有休假常數及工資率的計算也列入計算考慮範圍。

就這樣，Matt 一整個上午專心栽進去人力預算格式裡，中間幾次又被叫進會議室開會，幾次現場來打擾外，連中午午餐時間到了都沒注意，好不容易，到下班前，終於把密密麻麻的 EXCEL 工作表整理好，裡面錯綜複雜的公式已經讓他眼花撩亂。

　　Matt 把每一個關於變數的格子用色彩填滿，這樣待米蘭達臨時提問時，才不會亂了分寸。離開辦公室前，他還不死心地把所有的連結檢查了一遍，深怕有那裡的公式有帶錯的地方，畢竟公式不是一筆一筆 key，都是用下拉複製，說不定有自己疏漏掉的區域，終於，晚上七點前，確定無誤後才準備離開辦公室。

　　他打算明天就這樣交給米蘭達，並實際推算一次過程給她看，讓她明白自己的邏輯在哪？過程中，假如有問題的話，也順便可以知道米蘭達的點在哪？

　　隔天一早，Matt 抓住米蘭達空閒的時間。「米蘭達，我這裡的預算用好了，妳方便看一下嗎？」

　　「喔，好啊，你投到螢幕上來，我問幾個問題就可以知道你做得如何了。」

　　「還有，不要緊張，這不是考試，我們是在把一件事做好，把一件事做對，若有錯我們再改就好了，知道嗎？」

　　「嗯，我知道。」

　　Matt 一邊動作，一邊心裡琢磨米蘭達剛剛一字一句裡所要表達的意義，他的心裡也因為米蘭達這樣的話語而沉靜下來，他覺得，似乎也沒那麼緊張，似乎，米蘭達不像自己想像那樣蠻橫專制。

「好了，這是我改過後的工時預算，紅字的部分是短缺的地方，那需要靠加班或外包來補足，或者是提早生產來彌補這現有工時不足的地方。」米蘭達安靜地看 Matt 所做的預算，一邊耳朵靜靜的聽他細節解釋。

「那一堆顏色填滿的區塊是做什麼的？」突然米蘭達提出她的疑問。

「那單純只是部門的區別而已，用顏色區分比較好辨識。」Matt 認為這是最簡單、最一目了然的作法，他甚至為這樣的顏色管理是一個很 smart 的方法。

「把顏色拿掉，用單一顏色就好。若要區分，可以用格線粗細或字體大小表示即可，一般外商在做報表時不會用那麼多顏色，最多只有紅色，就你剛剛表示短缺的地方，用紅色 highlight 出來，知道嗎？用的七顏六色，看了眼花撩亂。」

「好，我知道了。」

「來，我們來看，人力的空窗期在哪？」

「8 月底盤人力就會釋出，9 月換骨架，一直到 10 月整條產線會沒訂單可做，到時產能會整個空出來。」

「那怎麼辦？你說說看你的想法。」

「其實依訂單來看，我看到的訂單只到 10 月，常理來說，第 4 季應該還有訂單，我不知道是沒有了？還是業務還沒接第 4 季的單？若第 4 季還有單，那我現在擔心就太早，人力安排不是問題。」

「第 4 季有沒有單？我也不知道，要問業務。你有問過業務

嗎？」

「沒有，我還沒跟業務接觸過。」Matt 很誠實地告訴米蘭達，完全沒有逞強的意思。

「沒關係，下去後你去問看看業務，你把你的資訊告訴他們：我們製造的人力到何時就會空出來了，你們要趕緊去接單，要不然大家都沒飯吃。用這種方式去逼他們，要不然他們都事不關己，每次接單都很急，告訴他們，讓他們有事做，知道嗎？」

「好，我知道。」

「那假如真的沒單呢，你又要怎麼辦？」

「人力跨部門支援，甚至支援售後。」

「很好，若到時仍有人力的空檔，怎麼辦？」

「教育訓練，或整個物料整理清點，甚至廠房 5S。」依 Matt 的能力只能回答到這裡了。

「很好，我也不知道怎麼辦？廠房你們在管，你們就要有憂患意識，沒單的時要如何安排，知道嗎？這是每年都會碰到的問題，記得，現在距離 10 月還很長的一段時間，你可以慢慢想，慢慢地規劃，好嗎？」

「還有，人力適度的汰舊換新也很重要，我指的不是裁員，我說的是把那些表現不好的、態度不積極的、一直常請假的，綜合考慮各方面汰換，我不需要吃大鍋飯的員工，這裡不是養老院，這是資本主義的社會，你有努力，對公司有貢獻，那該給的獎勵一定要給，若是每天在那偷雞摸狗，為何我要發薪水給你，我發薪水給那

種阿貓阿狗，豈不是對不起那些每天努力工作的人嗎？」

「我知道了。」

「好，我再回去好好看一下你做的預算，應該是沒什麼大問題，做得很好。那你還有什麼問題嗎？」

「沒有了，米蘭達。」

「你表現得很好，若有問題記得提出來，不要都不問，知道嗎？」

「知道了。」

Matt 總算是渡過預算這一關，他發現，這裡的資深同事有一種共通的特質：可以在開會時，猛拍老闆馬屁，一直承諾不可能的事，之後再轉頭施壓四周同事和外包商的特殊能力。資深的員工，可以咬牙一肩擔起好幾人的重責大任，讓上層大為激賞，難怪，這裡的流動率那麼的高，新人都留不住。

自從副理離職之後，Matt 幾乎蠟燭兩頭燒。產線欠料追料、應付領班的繁雜瑣事、外包商進度延遲的咆嘯、還有老闆不時南下的冗長會議。剛開始，他還以為這只是暫時的，等上手之後，說不定一切會步上正軌。然而，時間久了，他卻發現大家（包括老闆）漸漸地把他的付出成果視成理所當然。Matt 幾乎成天都會收到各部門吹毛求疵的疑難雜症，好像他是超人一樣。若做不出來，其他人就在背後說三道四的說閒話。他覺得自己快變成行屍走肉的殭屍。想要提起勁做點甚麼事，又沒什麼力氣，想要睡覺，又緊張或

公事繁雜到睡不著。每天就處於一個上班緊繃、下班萎靡的狀態。

其實，公司這樣的情形，往往都是老闆帶頭的風氣使然。老闆要求太高、甚至高到不切實際，每次會議都會訂些遠在天邊的目標，要求下面的人做得比其實際面還要更好。這種老闆很要命，當真的執行時，自己達成不了承諾的時間表，會把大家每天上班搞得焦頭爛額、民不聊生，重點是，他還不會發現自己的不是，反而覺得為何自己下面都是一群白癡。

再來，老闆的吹毛求疵、三心二意是另一種無形的壓力。有時老闆要求甚高，卻無法一次表達完畢，也或許我們下面的人無法明白理解老闆所要傳達的主意。每次改一點，一個想法從頭改到尾，再從尾改到頭，把整個負責部門搞得雞犬不寧。其次，老闆不懂平民百姓的辛苦。做下屬的，就是看老闆臉色，如果碰到不體恤員工家庭的老闆，員工蠟燭兩頭燒，很容易一下就把自己的精神體力給燒光了。

有些老闆比屬下年輕個十來歲，或者有些甚至自己沒孩子，或把孩子丟給保母帶等，要叫這些老闆體諒我們些該死的平民上班族，若沒同理心，又未身歷其境，說實話，真的很難。當然，這些情況都是一個巴掌打不響，一個願打一個願挨。願挨的人、拍馬屁的人、無法接受自己考績不是Ａ＋的人，這些通常都是老闆下面的紅棋，而那些不擅與老闆溝通的人、甚至無法轉個彎換個方向思考的人，都有可能在職場上被槍林彈雨打的體無完膚。

其實工作是一部電影，甚至是一齣連續劇，不再是定位為正派的主角就好，管他是主角或反派，能真正存活下來、還可以讓觀眾一而再討論，才是日後金馬獎頒獎典禮上的角色。

一開始，Matt 是本著不給老闆找麻煩的原則，這是他的工作態度，有問題都自己想辦法解決，他會盡量不把難題 Pass 給老闆知道，讓產線竟可能的維持正常。但是這樣的結果，就是有很大的可能會讓老闆覺得他很閒、無所事事，老闆根本不知道實際產線的進度及發生的狀況。

　　後來 Matt 思考了好久，用了一點小心機，改變了策略。遇到問題，他還是會自己想辦法，但是，會改用 Mail 或親自找老闆，並帶上他自己建議的解決方案，通常會有 2 － 3 個選擇，然後技巧性的讓老闆認同 Matt 選擇的那個方案。這樣一來，老闆對 Matt 工作的困難度和出現的頻率，以及主動解決問題的態度和方法，老闆他自己就有了和其他同事比較的基礎了。

　　再來，若是一般的例行事務，Matt 會主動在重要階段或時間點給老闆一些訊息，就算工廠都很平順的運作，Matt 也會讓老闆知道過程如何，把這期間的大事摘要給他。或某件重要事解決時，及時通知老闆，用電話或 Mail，甚至用 LINE，免得老闆不放心，Matt 很主動，他從來不需要老闆來問他結果。

　　每次的會議，Matt 都會盡量挑一些老闆比較清醒且不煩躁的時間點，單獨的只討論一個問題或某一方面的方向，並且特別注意清晰簡潔的內容，而非冗長的討論，這樣老闆會覺得把事情交給 Matt，可以很放心，不會給他自己找問題和麻煩。這樣 1~ 2 個月下來，老闆對 Matt 越來越信任，甚至每次下高雄還主動來找 Matt 了解最近廠區的狀況，還有 Matt 遇到那些難題需要他幫忙。

　　Matt 也很清楚，現況的繁景是暫時，沒有人是永遠的紅人，由紅翻黑是一瞬間而已，伴君如伴虎這句話他還是懂。Matt 或許

可以大概抓到老闆要的方向，知道他們要什麼？想要知道什麼？但，到現在，Matt 還是無法 100％抓到老闆心裡最 CARE 的點，那個致命的癥結點，是 Matt 一直在探索的地方。

在這沒有上級帶，自己沒經驗，部門人手不夠，以及老闆很瘋狂的狀態下，Matt 上班的時數越來越長了。偶爾開會，他聽著自己不熟悉的專有名詞，搞不清楚是自己的能力問題，還是 BOM 本身架階就錯了，再加上國產化，技術課無法及時提供圖面，讓他一直無法適時地把所需的物料請購進來。沒辦法，他只得私底下的一直問現場的同仁，問產線主管、問主管，若牽涉到國際料件，又要去問採購、問財會，一個講完聽不懂，再問下一個，有時會被投以異樣的眼光：感覺你怎麼這個都不懂？怎還沒開始上手？而 Matt 卻在心底不諒解他們：怎不給他多一點時間？

最後 Matt 自己默默的養成了一種技巧：在一堆聽不懂的名詞中，要能裝懂一些不怎麼重要的事，還可以抓到某些 Key-Point，同時等機會一來，適時地提出自己的意見，讓大家知道我不是幹假的！畢竟 Matt 對這產業接觸不深，知道的知識理論有限，若不抓住這些縹緲的機會，一錯過就只有靜默的份，說難聽點了，就像隻小綿羊狐假虎威的過程。

常常在開完會後，坐在自己的位子吸收剛剛所有的會議內容，好不容易整理完畢，又被米蘭達叫進會議室「談心」，結果這樣一來，又到了晚上 7、8 點，回到家，根本沒多餘的體力了。打開門，窩在住處的沙發上，Matt 力不從心的看著天花板，想到今天未完的工作，還有產線的進度排程、未進料的料件，他忍不住深呼吸，一個人要往上爬，似乎都要先有過人的意志力才行！明天還有那些

未完的事？那些未爆彈？根本無從得知。

　　他突然想到自己以前的主管，從來不花時間在我們這些工程師身上，不看我們的信，甚至不教我們東西，也不幫我們跟其他部門協調，那時的 Matt 覺得這樣的主管很自私自利，怎麼都不花一點點時間領導下面的部屬。現在的他，突然懂了，現在的 Matt 也算是在管理階層的位置上，被更上頭的老闆及產線的瑣事煩的暈頭轉向。當年 Matt 沒辦法體會的事，等到他真正的坐上那個位置，才真正諒解管理階層的處境，就像一句古語所云：汝非魚，焉知魚之樂的道理一樣。

　　有幾個同事在公司裡總是一副輕鬆的模樣，看起來好像沒在做什麼，卻可以輕鬆地應付米蘭達跟陳總突然的問題。要不是這幾次晚下班，在茶水間遇到閒聊，他也不會知道背後的事實真相。

　　「Hi，Ella，還沒下班啊？」

　　Ella 對著 Matt 微笑地說：「超多鳥事的，根本處理不完！」

　　「可是我看妳在米蘭達面前如魚得水的樣子，超酷的！」

　　「哪？我也是跟大家一樣撐過來的，之前根本是水深火熱的地獄。倒是你，我看你蠻 OK 的，你才厲害好嗎？一堆人早在未滿一個月就離職走人了，我看米蘭達要你做什麼，你都可以如期做出來，我才想問你怎麼辦到的！」

　　原來在這種環境待久了，大家看起來都超厲害、超抗壓，連大家彼此之間是不是緊張到無法休息都看不出來了。Matt 心想，或許他自己手足失措時，說不定身旁的人也跟著自己一樣，只是一頭披著狼皮外表的小綿羊默默地在心底發抖？其實自己並不孤單！他

突然想到網路流傳的話：一個人要非常非常努力，才能看起來毫不費力！那些所謂的成功人士，其實就是比別人更努力罷了！

「我沒有厲害，是現實生活逼得我不得不這樣子，就像中國同胞說的，大家都是出來打工的，混口飯吃而已。」

「別謙虛了，Matt。製造部我已經很久沒看到讓米蘭達滿意的人了，我相信你可以的，撐下去啊！」Ella 笑著說完後，拿著自己的馬克杯就轉身回辦公室了，繼續著接下來的文書奮鬥。

此時已經晚上的 7 點，常理來說，這是一個要坐在飯桌前吃晚餐的時間點。Matt 在茶水間泡著自己帶的即溶咖啡，看著窗外的黑夜，他也不知道自己在撐什麼？他也不敢喊累，因為他自己也知道自己不像別人有個有錢的父母，沒有人在背後慣著。

當然，他也不是讓自己在別人眼中看起來很辛苦、很忙的假象，他不想用這樣的表象來證明自己很努力。相反的，Matt 一直讓自己表現的從容不迫，周遭的人反而就會好奇，你到底是怎麼辦到的？這是一種技巧，但卻要有深厚的底子以及長時間的抗爭，這也是 Matt 這幾年不知道吃過多少次虧才累積下來的經驗。

看著窗外的車潮，Matt 在心裡下定決心：「這一次，他要在這間公司闖出一番成績出來，不管忍受怎樣的恥辱！」

07

晉升

好不容易，今年的第一批車在上星期交出去，雖說加班超標及一些沒必要的耗料使成本提升不少，但，能及時交車，跟違約金相比，根本不算什麼。

這一次高雄廠的會議結束後，米蘭達特地問了一下在場的幹部，「你們覺得 Matt 怎樣？」短短的一句話，沒有人猜得透米蘭達的想法。這一天 Matt 剛剛好至 ERP 公司外訓，不在廠內；但，Rita 大概明白米蘭達的意思，她想問一下每個部門的人對 Matt 這段日子來的表現，這是 Rita 自己的猜測，她也知道若沒人先開口，其他的主管也不會開口，再者，若第一個開口的人是對 Matt 不好的評語，那接下來的人也會搭順風球跟著批評。

好巧不巧，今天 Doris 也剛好外出至南科管理局開會，行政部就由 Rita 代由出席，這是個機會，若現在不幫 Matt 一把，將來自己後悔就來不及了。

「我覺得很 OK，幫行政蠻多忙的。」Rita 搶先把風向導正，讓大家順著風向走，接下來就是賭米蘭達的反應了，如果米蘭認同，

那後續各主管的評語就不用擔心，若猜錯了，自己的下場也好不到哪去。

「喔，怎麼說？」米蘭達要的不是這種模糊不清的答案，她要有實際案例的加分效果。

「像烤漆間的驗收，就是由 Matt 幫忙，後續的保養及維護也是由 Matt 指定承包下來，這本來是總務的工作，但現在行政只有我跟 Doris，對這類設備完全不在行，Matt 在這一方面幫我們不少忙。」米蘭達很滿意的點點頭，這資訊 Matt 完全沒跟他提過，這也表示 Matt 是一個不會輕易邀功的人。

「其他人呢？」

「我也覺得不錯。」這次主動跳出來幫腔的是資訊的 Terry。

「他 ERP 的邏輯概念很清楚。現在產線在導 Bar-code，若不是製造由他出來主導，我們這邊會麻煩許多。他之前的生管架構跟帶線經驗幫我們資訊不少忙，尤其在系統導入這一塊，少走許多冤枉路。」已經有兩個人認為 OK，米蘭達很好奇是否有負面聲音的人。

「Rocky 你覺得呢？他跟你是最直接接觸，你應該最清楚才對，說說看你的看法。」

「我也覺得不錯。」Rocky 在米蘭達面前是個不會表達的人，他算是個實際型的人物，怎麼去表現是他的弱點。

「你說說看如何的不錯法？」

「現在產線很多數據、很多資料都是 Matt 幫忙整理出來呈現，

以前陳總、米蘭達要資料時，我們知道內容，但不知道如何表示？現在多了 Matt 來幫忙，我們製造很少被米蘭達罵了。」米蘭達聽到很少被罵 4 個字，突然笑了出來，若 Rocky 沒這樣提醒，她倒是沒發現這點。

「就這樣？」

「還有，Matt 教我蠻多流程的事，像哪些是主站，哪些是線外作業，哪些是共通平行作業，也是 Matt 教我們的。」

「這不是你的專業嗎？怎會讓 Matt 來教你？」

「米蘭達，我的意思是我先教會 Matt 這個流程，他懂了之後，再來告訴我怎麼表示呈現，怎麼去架這個架構。」

「嗯，所以 Matt 是對你有幫助的囉？」

「有，有幫助。」

Rocky 講完後，財會、售後、品證、採購各部門也陸續出來幫 Matt 畫押，一面倒的支持聲音，讓米蘭達覺得她自己的決定沒有錯，有這幾個幹部的支持，米蘭達就打算接下去後續的人事布局。陳總自始至終都沒表示任何一句話，他不覺得 Matt 特別突出，Matt 的表現都剛剛好符合他最基本的要求而已，但，現階段也就 Matt 比較可以勝任主管的角色，他沒有支持，但也沒有反對，這次的人事異動他 100％支持米蘭達的做法。

隔天，米蘭達找了 Doris 過來。「我已經跟陳總討論過了，決定要升 Matt 為製造部主管，陳總也覺得 Matt 是個合適的人選。」

可能米蘭達沒有明確的表示什麼，Doris 就只是安靜的等著米蘭達下一步的指示，基本上，Doris 對於米蘭達的決定不會有任何意見，米蘭達其實想要由 Doris 這，看對於這樣的決定可不可得到一些回饋而已。

米蘭達見 Doris 沒有任何表示，她又頓了頓說：「另外，我也找了幾個部門的主管打了聲招呼，難得大家一至贊成，這倒有點出乎我意料之外。我原以為每個部門跟生管之間，在工作上一定會有程度上的摩擦，沒想到會獲得大家的同意，看來 Matt 的溝通能力是不錯的。」

Doris 聽了一時愣了一下來不及反應，她心想：何時間的？怎麼沒有人跟她提起這件事？米蘭達也沒跟自己提起過，各部門主管應該有包括她自己才是。「米蘭達，我可以問一下嗎？你何時跟各位主管開過會討論這件事的呢？」

「就昨天早上，連 Rita 也覺得 Matt 很 OK，她還說 Matt 幫你部門不少忙，不是嗎？」

「是的，總務在這部分幫我們不少。」Doris 偷偷在心底罵了一聲 Rita，她竟斗膽趁自己不在公司時幫她作主，這是擺明踰越權責了。Doris 心想：若我再交付更多責任給她，哪天，不就換她把自己幹掉了！從這一次開始，Doris 在工作上開始把 Rita 摒除在外。

米蘭達拿了張職位晉升調薪表給 Doris。「這是昨天請 Rita 幫忙列印的表格，妳依這張表幫 Matt 調整一下職務，OK 後，把職位晉升調薪表給陳總看一下，順便把公告打印出來給陳總簽核，

等陳總約談 Matt 後，這人事異動就可以公布了。」

Doris 整個愣在那，Matt 的人事異動她完全沒有發言的餘地，怎麼說她也是人資主管，再怎樣也要參考一下她提意見才是。「那 Matt 直線向誰 report？ Rocky 嗎？」

「直接向陳總或我，Rocky 尚不成熟，還不行。」

Doris 冷靜想了一下，公司要升 Matt 當製造部主管，其實不關自己的事，自己還是人資課長，並不影響。但，這樣製造部可以說有半壁江山被 Matt 拿去了，那 Rocky 呢？ Rocky 知道 Matt 要跟他平行而坐，甚至要踩到他的頭上去了嗎？

Doris 小心的問米蘭達：「那 Rocky 知道了嗎？」

米蘭達笑笑的說：「昨天就跟他談過了。產線的組車壓力一直很大，製造部沒有對上的主管，對他而言就已經很吃緊了，這段時間，三不五時就拉他進來開會，他根本吃不下來。現在，正好利用 Matt 把『文』的這一塊做掉，對 Rocky 來說這點起碼是好事，他也蠻 OK 的。」

「Doris，你不用想那麼多，我就是要利用他們兩個年紀相近的作法，讓他們互相成長，一個文，一個武，我相信他們兩個一定會有番作為的。」這次換陳總開口，他也看出 Doris 心裡不是滋味。

「這一段時間來，Rocky 沒跟我抱怨過 Matt，而 Matt 也一直提到 Rocky 如何幫助他，這兩個年輕人，在互相成長，起碼這點來看，這是好事，不是嗎？」

Doris 還是無法接受，他不相信 Rocky 沒有任何的芥蒂。製

造部最有價值的部分就是製造部主管，Rocky 在 TD 那麼久了，怎可能接受一個剛來幾個月的 Matt 呢？Doris 還是忍不住的問了。「Matt 對組車完全不熟，把製造部放給他，會不會有風險？」

「這一部分當然不會全部給他，Matt 相對應的訓練要由 Rocky 負責，產線人員的管理還是由 Rocky 主導，Matt 只是在行政的管理，像排程的規劃、報表的產出、ERP 的架構、預算的編列及部分人員招募面試。可以說兩個人的工作職責是平行，但沒有重疊。」

Doris 沒有再繼續問下去，這個職務異動勢在必行，再多說就顯示出她的不滿了。最後，Doris 依著老闆的指示準備 Matt 的職位晉升調薪表。

填寫職務變動申請欄位時，她猶豫了一下，「製造部課長」，依她自身對老闆的理解，她認為，老闆想給的，其實應該是「製造部生管課主任」。當初 Rocky 由領班提升時，就是先給主任的頭銜，到現在還未掛課級的職稱，何況 Matt 還沒任何實質的經驗，就直接掛課長，未免也一次跳太快了吧？

做為人事 / 行政課長，Doris 非常清楚，多了課級這職位，Matt 今後在公司以及外在的市場身價就高了許多，一個課級可是比主任高很多。Doris 心裡覺得：就算是給個「製造部生管課主任」的職稱，Matt 這次也算是大大的賺到。Doris 想了半天，私自決定在直稱那欄填了「製造部生管課主任」。

然後到了工資調整欄位，她查了一下 Matt 目前的薪水，這薪

水數字讓 Doris 嚇了一跳，這 Matt 薪水也太高了吧？一個高級工程師的薪水已經壓過產線主任的月薪了，很明顯，Matt 現有的薪資水準已高於公司規定的水平。

Doris 多少覺得 Matt 此次異動已經太過划算了，她不願意幫 Matt 加太多薪水，但，問題是，現在要幫 Matt 加多少？若依公司規定加薪幅度除了課級領導加給外，本薪也必須調升，陳總特別同意，甚至可以 30% 以上的調薪水準。Doris 知道老闆給的很摳門，想了半天，她在工資調整欄位填了加薪 3,000。

Doris 把 Matt 的職位晉升調薪表送給陳總，陳總一看馬上說：「不對，職稱不是主任，我們要給 Matt 的是課長的職稱。」

Doris 突然臉紅，覺得陳總看穿了自己不願意 Matt 一下子升到課長的小心眼。她趕緊辯解的說：「陳總，Matt 會不會一下子升的太快了？我怕產線或其他間接人員心裡會不平衡，是否先讓他掛主任，也可以激勵他更加進步，之後約一年過後，假如表現再有突破，你可以再晉升課長來激勵他，不急於一時。」

陳總不認同的搖搖頭說：「對員工，獎勵要及時，認同要及時。若獎勵、認同不及時，這在管理上是一大忌。在他覺得最需要被認可的時候錦上添花，這樣才可以得到 1 ＋ 1 ＞ 2 的激勵效果，等到時間一過，他心灰意冷了，你再提出獎勵，此時的激勵效果已大大打了個大折扣。」

Doris 知道自己理虧，只能一直點頭說是，沒有任何辯駁。接著，陳總又看著加薪欄位「＄3,000」，他追問 Doris，「基本上我們的調薪標準是什麼？」Doris 整個詞窮，臉整個紅了起來。

她不知道是自己今天迷糊，還是陳總今天換了一個人，總而言之，陳總就是對 Doris 只加薪 3,000 不太滿意。Doris 把自己思緒整理了一番，她也不再辯解，冷靜的回答；「依公司的規定，副課級的領導加給是 5,000，本薪再依上級主管核示金額加給，我建議 Matt 這裡可以本薪加 2,000，剛好試用期滿，本薪做個調薪的動作，一般新進員工 2,000 差不多，加上領導加給，總調薪幅度與原本薪資達 19％，不知陳總你覺得這樣的調薪是否 OK？」

陳總看著 Matt 職位晉升調薪表，Matt 怎麼說也是未來製造部的課長，製造副理走後，他一肩把所有副理應承擔的事務扛起來，已高於他現有職務的水平，這次最好一次讓他徹底滿意，免得升的不夠到位，日後說不定又為這薪資心裡產生不平衡。陳總心裡一橫，直接把全薪劃至整數，就說：「就直接給個整數，50,000 吧。你再把這份表格給 Matt 簽名。」

Doris 一直以來都和上級保持良好的溝通關係，通常上級的意見她從沒說過一個「不」字，而是馬上說：「好，等一下我回去改成你說的職稱跟加薪水準，改好後，10 分鐘馬上再給你送過來。」

陳總點點頭。

下午，陳總特地把 Matt 叫進去會議室，先概略的把 Matt 進來公司到現在的努力，口頭上做了一番肯定，之後再和他說明職務變動的各項內容。

「Matt，今天找你進來，主要是將你的職務做一些調升變動，這幾個月來你的努力成果我和米蘭達都有看見，所以，公司打算將你晉升為製造部的課長，當然你的職責主要還是生產排程這一塊，

部分人員管理你勢必也須兼負起部分責任來。」

「謝謝陳總跟米蘭達對我的工作上的肯定，謝謝你們。」

Matt 除了一直道謝外，他也不知道該說些什麼？

「不用謝，這是你應得的。」

「接下來一個月，或許要更久也不一定，我要你做兩件事。」米蘭達突然嚴肅起來。「第一，眼睛看、耳朵聽，看一下別人對你的升職，在行為舉止上有怎樣的改變？還有，就是聽有沒有人在講那些有的沒的，我跟你打保證，一定有！一定有那些阿貓阿狗在下面興風作浪，若有發現這些人，你自己心裡就要注意了，要有個底，未來你一定會再接觸到人事異動這一塊，屆時，這些就是你最好的參考指標。」

「第二，很簡單，閉嘴。把嘴巴閉起來，現在你身為公司的管理階層，後續一定會接觸到錢這一塊，以及公司未來的政策。這些機密的東西，都必須保密，除非人事發公告通知，要不然就沒必要自己先洩露風聲，知道嗎？這也是管理職的大忌。」

「還有，Rocky 我在下個月會把他調至售後磨練，這也是給他的一種成長，讓他看看他自己打的車怎麼被客戶 CHALLENGE，要不然我們的技師都以為自己很厲害了。這樣的異動方式，產線一會掀起一陣波濤，那些第一線的直接主管一定會直接針對你。這一點你放心，我把品證林課長調升為副理，由他去面對這第一線的直接人員，他擋著，你就專心把你這些尚未建立的制度接續下去，好嗎？當然，你直接 REPORT 的對象是他，若你覺得可以直接 REPORT 給我，這也是 OK ！這中間的拿捏我相信你懂！」

這些日子以來，Matt 一個人肩負起製造主管所有的工作，雖然少不了老闆和平行同事的指責，但，至少所有的努力到現在，老闆有做出相對應的回饋，加薪幅度，也差不多如預期的水準，這令 Matt 非常感激。Matt 決心做好課長這角色。談到人員安排時，Matt 提到他底下需要再有一個工程師來協助排程這一塊，這樣 Matt 才能把產線進度及追料的 Loading 分散出去，這樣一來，他才能再進一步的去做些標準的建置及跨部門溝通協調的事。

陳總很爽快的答應此要求，因為，接下來公司規模的擴張需要再有些志同道合的管理幹部來幫忙。接著，中、北部的辦公室陸續起來時，這些橫向溝通協調及訊息的傳遞無疑是個很大的問題，他需要一批向心力很強的人，一起把這北、中、南 3 批人馬勾稽在一起，Matt 剛得到公司的提拔，過些日子在不斷的灌輸未來的願景，陳總他相信，若 Matt 可以留得住，未來公司版圖這一塊勢必需要他。

這是陳總在賭一個人的發展，也可以說給 Matt 一個試煉，是否真可如陳總自己所預期那樣？無從得知，但，組織的發展就是這樣，汰弱換強，不適任者即會被淘汰，到時一定會有英雄出頭，這公司就是這樣野蠻生長到如今的規模。

就這樣，進來公司的第 4 個月，Matt 晉升為製造部的中間管理階層，而他的上級，也是他 REPORT 對象表面是由品証轉調過來的林副理，一個政治手腕比能力高出許多的典型人物，實際上跟老闆的對應還是少不了。

人事命令一公告後，Matt 免不了被大家拗一頓請客的飲料，Matt 已被升職的喜悅沖昏了頭，所有防備心理幾乎拋的一乾二淨。

表面上 Matt 風風光光的升職，但在現場卻有另一派人馬在私底下對 Rocky 搧風點火，打算挑撥 Rocky 與 Matt 之間的革命情感。因為能這麼順利的交國產化的第一批車，Rocky 不僅沒升，還被轉調部門，光這點，就被有心人士見縫插針，而幕後主使者，不是誰，剛剛好就是 Matt 新任的頂頭上司——林副理。

　　林副理的升職在他自己本人的意料之外，完全沒有跡象他會晉升，他不像 Matt，是老闆前面的當紅炸子雞，每一次會議，他就像個邊緣人一樣坐在一旁，除非米蘭達或陳總指名道姓要他發言，要不然大部分的時間，他都是無聲居多。一直以來品證單位跟製造都處於對立的角色，為此，Rocky 跟林副理當面起了不少衝突，大部分都由 Matt 去居中協調才得以順利交車，照理說，Matt 應該會在林副理心中留下不少好的印象，而 Rocky 則會被盯得很慘才是。但實際情況卻是相反，林副理知道 Matt 的實力在哪，更明白 Matt 在老闆面前絕對會紅過自己，他怕自己的副理職位只是暫時的而已，假以時日，Matt 一定會跨過自己，踩在自己的頭上。

　　林副理現在的主意則是想辦法滅滅 Matt 的氣焰，他不會自己出手，經過這幾個月的相處，他發覺 Rocky 是最好煽動的人選，Rocky 心很浮動，而且耳根很軟，常常不分青紅皂白就會動了肝火對外發脾氣，以前還有 Matt 在頂著，若以前幫他頂的人變成他現在洩恨的對象，林副理相信他們兩個一定會兩敗俱傷，之後再由他居中協調，這樣自己在老闆面前才有機會。

　　很連續劇的手法，在職場上卻屢見不鮮，這樣的劇情發展也是米蘭達壓根也沒想到的結果。米蘭達太小看林副理這個人了，老闆夫婦倆都以為他是一頭很勤奮的牛，認命工作，而且不怕外來環境

的鞭子抽打，而實際上林副理一隻城府很深的狐狸，你完全看不出他在想什麼？他在打什麼如意算盤？他也很沉的住氣，對於委屈他可以忍受很久，慢慢布局，等機會一來再一次出手。這類型的人把辦公室政治玩的很透徹，來公司上班不是做事，而是做人。

某天下午 3 點，產線的人員跟包商都會到外圍草埔抽菸聊天，聊八卦、聊進度、聊製程，這裡是公司情報的集散中心，所有大大小小的消息都會在這裡聚集，然後再從這裡散發出去，不管是真的還是虛構的。

Matt 從沒來過這裡，他不會抽菸，而林副理反而是這邊的常客，沒辦法，癮君子時間到不來哈個一口，嘴巴可是會癢到發抖。

林副理他要利用這個點來讓 Rocky 跳進他所設的圈套裡。

「我說這個 Matt 也太誇張了，這批車的功勞他全拿，在老闆面前，根本就把功勞全攬在自己身上，產線那些技師，真的一點功勞也沒有，老闆那兩夫婦完全信了是 Matt 的管理能力。」

林副理依著牆壁、嘴叼著菸，他故意趁機跟包商聊天時，把這段假訊息釋放出去，他知道洗手間有人，上方的通風窗開啟，雖然隔著一道牆，但裡面的人一定可以聽到這段對話。

「Matt 不錯啊，我看他跟 Rocky 配合的還蠻不錯，包商的進度也可以抓的十拿九穩，這批車他跟 Rocky 兩個的功勞蠻大，Matt 還 OK 啦！」

包商不懂林副理在打什麼主意，是在套他話嗎？還是在試探自

己跟 Matt 關係？他特意把風轉正。

「那是表面，你就不知道開會時，他在老闆前面說了些什麼？要不然，你看，為何他一個小小工程師直接 3 級跳到課長，而 Rocky 這個主任完全沒動作，還把他轉調到售服，你覺得是誰去煽動老闆的？」

原本他想藉由包商的回話來加強這件事的嚴重性，林副理見他沒反應，再接續釋放假訊息出來，而且他很確信，裡面的人已經上鉤了，還持續在聽著，因為洗手間的門沒有再被開啟的聲音，那隻魚還在。

包商問。「所以，Rocky 被陰了？」林副理點點頭，沒有說話。

幾秒鐘後，他聽到廁所的門被打開的聲音，餌已經撒出去了，接下來就看這詭計的造化了。

「這個 Matt 心機也太重了吧！平常我們這樣幫他，結果這批車的功勞他一個人全拿，那我們算什麼？」說話的是產線的領班，他的對象是 Rocky。

產線的領班把昨日下午下班前，隔著廁所窗戶不小心聽到的林副理與包商間對話說出來。

「不用想那麼多啦，Matt 幫我們蠻多忙的，不是嗎？再說，沒有他，我們組車也不會那麼順，這是不可否認的事實。」Rocky 相信 Matt，他把自己提升到另一個境界，原本都是土法煉鋼的他，因為 Matt 的加入，自己開始有了系統化的思維。

「是嗎？可是我聽說，Matt 在老闆面前亂說話，把所有功勞往自己身上攬。」產線領班挑眉笑笑著說。

「話不能亂說ㄟ。」

「真的啦，我親耳聽到的。」

「你確定？」

「就看你相不相信我了？我原本也很挺 Matt，若由別人口中說出我還不相信，現在是我親耳聽見，你說呢。」產線領班把昨日聽到的耳語再加油添醋的告訴 Rocky。

Rocky 想了一下後說。「好，我知道該怎麼做了。」

Rocky 和那幾個領班是多年的戰友，大大小的車子組了不下百來台，他相信這些領班不會無緣無故去說 Matt 的壞話，事出必有因，怪只能怪自己看錯人了。

回到辦公室的 Rocky 板著一張臭臉，Matt 也沒特別去注意 Rocky 到底發生什麼事，自顧自的走去問他：「Rocky，你的雞排要不要切？要不要辣？對了，飲料我幫你訂八冰綠，OK 吧？」

「我不吃。」

「幹嘛不吃，不用幫我省錢啦，快，要不要切？還是你要吃別的？」

「不吃。」

Rocky 重重的把筆記本摔到桌上，讓全辦公室的人都因為這突然的巨響嚇了一跳，頭也不回的走出辦公室。

在場的人沒有一個知道發生什麼事，除了1個人——林副理。

面對這突來的場面，Matt 也只能一臉尷尬的站在一旁。「Joyce，你知道發生什麼事嗎？」

Joyce 也一臉疑糊的聳聳肩表示不知道，但她也知道一定有事惹火了 Rocky，而且那個人一定是 Matt 自己，可能 Matt 自己都不知到哪裡惹到他了。

「先不用管他，你們不是要訂雞排嗎？先趕緊訂，今天老闆他們沒有在這邊，要不然過了今天就不知道何時可以這樣做了，快點，難得可以凹 Matt 請客，這機會不要放過！」

林副裡跳出來緩和氣氛，把整個風向又帶回原本慶祝的氛圍，以免 Matt 疑東疑西的去追根究柢。

走出辦公室的 Rocky，直接走到產線的角落打電話給周副理。「副理，可以說話嗎？」

「可以，你說，什麼事？」周副裡聽到 Rocky 的聲音，直覺怪怪的，一定有事發生。

「副理，你知道 Matt 升職了嗎？」

「沒意外，差不多也要升了。」

「你知道他升了，誰告訴你的？」

「沒人告訴我，是我直覺的認為，而且現在才升，我還覺得太晚了ㄟ。」

「喔，連你覺得他會升，為何？」Rocky 想聽聽周副理的意見，說不定他知道這之中的緣由。

「你看不出來？你該不會連陳總跟米蘭達對他的態度都感覺不出來吧？」

「是可以看得出來啦，但，就有人傳言他是故意的，故意把我拉下來，讓他自己升上去。」

「那你自己覺得呢？」

「我覺得，我不知道ㄟ。我原本很信任 Matt，而且我根本不眷戀管理職這個職位，對我來說，把事情做好最重要，Matt 若升，對我也是有幫助的，這樣就好。但，有人傳言說是 Matt 在老闆前拍馬屁，把我拉下來，自己才有辦法升上去，若真的這樣的話，我就不爽了，這樣的人我也不會幫他。」

「那你聽說的消息是誰告訴你的？」

「是誰你就不用問了。」

「你不講我大概也可以猜到是誰，還不就是你底下那幾個領班。我只能跟你說，很多事除非你親耳聽見，或親眼看見，從別人那聽到的，要嘛是假消息，是有人刻意放出來的假消息，或者就是經過加油添醋的訊息了。記住，相信自己，不要危言聳聽。」

「所以，你也相信 Matt 了喔？」

「我就不說我相不相信了，你自己去判斷，你不要讓我影響。」

「好吧。副理，米蘭達把我調去售後，你覺得這樣的調度，算是降職嗎？」

「把你調售後？喔。那米蘭達有把你的主任拔掉嗎？」

「沒，去那邊也是當主任。」

「那很好啊，去外面看看，你就知道標準在哪裡了。ㄟ，不對啊，你調離製造，以後組車誰負責管理？Matt？還是有哪個領班也跟著升？」

「是品證那個林課長，他升製造部副理。」

「啊？」

「不要懷疑，就是他。」

「我是不知道米蘭達在玩什麼把戲，相信我，不久之後你一定會再回來的。去外面看看世界也好，不用想那麼多。」

掛完電話後，Rocky 一直在思考那個鬼到底是誰？但，Rocky 還沒找到答案，他就被調往中北部的售服，長期派駐，偶爾回來工廠一次，每次回來都是單據的申報核銷，並不會特別停留。雖然他沒有找到居中搗亂的鬼，但他確信不是 Matt 在搗亂就好，心中反而踏實許多。

當然，Matt 並沒有把 Rocky 那次拍桌的事放在心上，他知道應該有什麼事情讓 Rocky 誤會了，時間一到，自然而然就會解開，時間是最好的解藥。

08

A＋會議

「靠！又是少林足球！龍祥電影台是沒什麼好播了嗎？算了，看美片好了，要不然等一下給我出現『賭俠』我一定吐血！」

Rita 頹坐在地板，背靠床墊的床緣，隨手按著電視遙控器選台鈕，她沒有目的，單純打發時間而已，沒辦法，這裡真的太偏僻了，方圓百里只有一間 7-11，唯一能消耗生命的，只有第四台跟網路。上下來回搜尋好看的節目影集，看一下有沒有剛下檔的院線片，要不然她今天翹課就太不值得了。

Rita 是去年中加入 TD 的 HR，晚上還在大學修研究所的課程，平時負責招募、教育訓練，以及一些總務的雜務。說她是 HR，倒不如說她是行政的打雜小妹。

這間公司超級奇怪，明明行政總務就是少一個人，一直遇缺不補，一個人做兩個人的工作，這樣繁雜的職位若不由一個專責的人負責，那幫忙 Cover 的人會忙死。

Rita 今天打定主意翹課，不是她不去上課，是因為上星期的第一堂課，老師一直說他旅居加拿大的生活，風景多美、步調多悠哉、

生活多麼的愜意。她感覺自己花那麼多學分費是要來聽老師你炫富的嗎？臭屁！你只是比自己早出生幾年，機會那麼多，剛好又有個有錢的老爸，若是現在的環境，Rita 壓根就不相信你現在可以站在講台那臭屁！

LINE 的警示音從手機傳過來。

Rita 心想：「靠！不會是今晚點名吧？最好是老娘我有那麼衰！」

【Rita，麻煩幫忙通知 Matt 明早 7 點半到宿舍載老闆上台中】
原來是 Doris 傳的 LINE。

Rita 的主管是 Doris，在她直覺認知裡，她是個很怪的 7 年級前段班，Rita 真的不知道她當初應徵自己進來做啥？我是 HR，好歹自己在這領域也摸了 8 年以上了，結果，除了招募，找履歷、安排面試外，其它時候像個打雜小妹，要幫現場員工訂便當，要幫老闆準備雜誌、經濟日報，還要記錄公務車的使用歸還，最扯的是，她還要收老闆的信件，若發現有即將逾期的重要信件，要立即轉交老闆，甚至自掏腰包先墊付。

那自己的專業呢？工時、薪酬、教育訓練都是 Rita 的強項，結果，來這邊卻變成見不得人的武器！唉，最近她一直有種不如歸去的衝動，妳防著我，我也沒必要這樣讓妳糟蹋，我也有我最基本的自尊，哼！

這是 Rita 目前的心態。

Rita 更不齒 Doris 的處事方式，老闆對她印象不錯，自己是看不出來 Doris 的能力在哪？應該也是隻只會看門的狗而已吧？這

間公司，聽話遠比能力重要！Rita 非常不齒這樣的文化！

　　Rita 覺得：雖然自己的家庭背景沒辦法讓我不為五斗米折腰，但，至少我對得起自己！Rita 自命清高的在內心說服自己一番，感覺自己是出淤泥而不染的蓮花，已經清高到陶淵明與世無爭的境界了。

　　她也覺得，Matt 超衰，大大小小的會議都有他，連明天台中的會議都有他？Rita 也搞不清楚他上去做什麼？這樣的 A ＋啟動會議，通常不都是高階主管參加的？Matt 是去做啥？還是只是當司機的份而已？算了，她還是打定主意早點睡，將近 100 台的電視台竟然選不到一台自己喜歡的，真是夠了！

【Matt，米蘭達要你明早七點半到宿舍載他們兩個上台中，切記！】【PS 宿舍車道出口等！】

　　Rita 心想：這樣傳，Matt 先生應該可以收到吧？等了 10 來分鐘，都還沒看見 LINE 已讀的狀態。可惡，這隻熊先生，該不會已經睡著了吧？

　　算了，Rita 再傳一次 LINE 來喵醒他，若他沒看見，我也無能為力了。

【晚安，Matt 先生。】

　　昏暗中打完字後傳出去，她還在冀望說不定熊先生可以回傳個 LINE 跟自己稍稍聊一下，好久沒有私底下這樣跟 Matt 聊了。

　　明早她要早點出門，去看看那呆子在不在？是不是真的傻傻的

站在車道出口等？（TD 公司的傳統：載老闆的人都會在車道出口等。）拜託，那裡很熱，好嗎？

都已經遠端資訊的時代了，不會用手機聯絡嗎？一定要像忠犬一樣的等待？又不是金八，一隻超笨的狗！不，是一隻超笨的熊。

迷迷糊糊中，早上 6 點半。這時間點是 Rita 特地設定的鬧鐘，這是 Rita 搬來這裡第一次那麼早清醒，其實她還是很想賴床繼續睡，可是今天她卻逼自己一定要早起。

「可惡的 Matt，若沒讓我看到你站在車道出口的蠢樣，我一定挖洞給你跳。」下床的 Rita 在心中滴咕了 Matt 一番。

打開落地窗的窗簾，陽光竟然可以直曬到床鋪，她超高興！因為這樣一來，Rita 就可以期待冬天早晨被太陽公公吵醒的夢想了，沒辦法，Rita 超怕冷！希望今年可以是暖冬，更希望今年可以找到自己的 Mr. Right，然後互許終身，渡蜜月，當貴婦，逛街，喝下午茶，好吧，自己是在作夢！。

「哇！」

「中央山脈！」Rita 興奮得像發現新中國似的叫了出來。

沒想到這裡 View 那麼好，可以遠眺青山，還有附近的農田阡陌，現在的空氣一定很清晰。Rita 在心裡計畫：看來，我可以計畫晨跑的運動了。盥洗完，稍微上一下淡妝，Rita 就準備上班了，反正今天家裡沒大人，順道買一些早餐到公司悠閒地吃應該沒差才是。通常 Rita 早上像打火一樣，根本沒時間吃早餐，急急忙忙的把自己打理好，在匆忙的開車去上班，今天的 Rita，心情格外輕鬆，可能老闆不在，可能等一下可以看到 Matt，也可能今天可以吃到

早餐，不知道，她覺得今天是她的 Lucky day，今天一定會有好事發生。

Rita 跟著車龍陸續排隊出地下室停車場，剛剛好瞄到陳總正準備把文件放到他座車的後座，估計再 5 分鐘左右就可以離開這地下室。若現在出去 Matt 不在，哈，那就尷尬了！

隨著車龍慢慢地前進，Rita 一直在瞄車道口 Matt 的身影。

到底有沒有呢？

有沒有？ Rita 一直伸長脖子想看清楚 Matt 有沒有在出口那。

「Bing go ！」

讓我抓到了，果然站在那裡，遠遠看還真的像頭熊，背著背包的台灣黑熊，難怪公司的人都叫他熊，名符其實！

Rita 掩著嘴偷偷地笑了出來了。

「早安，Matt。」Rita 心想那呆子果然不知道她來了。

「早，Rita，我還在想你怎麼會從地下室出來？我都忘記你住宿舍了。」Matt 回她這樣白癡的話，讓 Rita 超想從 Matt 的後腦勺巴下去，上次明明就說過了，夠笨了！

「是啊！我『已經』搬來一陣子了，而且離公司近，可以睡到 7 點在起床，很棒吧！？以前我住在市區都要 6 點就起來，然後再匆匆忙忙地開車來公司，每次都超趕！」

「你確定要停在這邊跟我聊天？」

Rita 本來想炫耀一下，結果很不識趣的 Matt 竟打斷她的話，

可惡，臭笨熊！

「對吼！」Rita 稍稍吐了舌頭表達自己的識相。

「陳總快上來了，我有看到他把東西搬上車，你再等一下下就好了，應該快出來了。先走了，Bye。」

「Matt，載老闆不要飆車ㄟ，大家都說你開車很快！」

離開之前，Rita 善意的提醒，Matt 應該沒耳聾吧？

Terry 有跟自己提過 Matt 車開得很快，高雄到台中辦公室只要 1 小時 20 分。超誇張，這根本是飆車的境界了！希望那個笨蛋載老闆時不要得意過頭，反而造成老闆不好的觀感印象。

Rita 自己要去買蛋餅，鮮奶茶，然後再好好的享受屬於她的早餐。早上約了兩個面試，希望他們不要放自己鴿子，要不然，Rita 這個月的業績很難看啊！

TD 打算把上下供應鏈的軸心產品內入自己的事業版圖，除了未來台灣政府法規（自製率）的限制外，這些軸心產品的獲利也是不可小覷的一塊大餅。陳總的計畫是把重心放在台中，軸心的關鍵工廠預計座落在中科園區內，而中部辦公室就是整個集團總部。

對所有員工來說，這會是一個充滿與挑戰的計畫，依據老闆他們的說法，若公司成功了，留下來的員工就可以跟著吃香喝辣，當然，這樣的遠景對現場員工有用，基本上，辦公室工程師級以上人員也都還保留觀望態度。

組織的每一次擴張，意味著許多的機會，相對的，也埋伏著風

險，這樣的風險很難一一道盡，有多少人會因此晉升重用？又有多少人會因此而下台離職？這都是無法預料的事，根本沒有人可以預料後續會發生什麼事。再者，組織擴張茁壯後，接單量或生產率沒有達到預期的預估水準，那麼公司的利潤馬上下降，這些必要的固定成本是無法避免，那唯一可以控制的因素，就是裁員，這是緊接在後的課題，但老闆現在所傳達出來的訊息，都只是好的那一面而已。

看著陳總針對集團的未來在白板畫出來的初步組織架構，Matt他在心裡盤算著這樣的組織，若各階層的中間人力不增加，那代表著有一個很大的工作量要落到自己的身上，除了廠端的事務外，中區總部的成立以及接下來核心廠的設立，這樣的難度光用想的就一整個頭皮發麻。

Matt 的考慮是對的，米蘭達真的打算在初期的 1、2 年就用這樣的人力來打天下，當然，最直接的員工還是會招聘，但，所有的間接人員就必須身兼好幾份工作才行。

Matt 開著車載著陳總及米蘭達由高雄直達台中某所大學的產業發展中心，而中區辦公室的陳經理直接由辦公室過去，現有中區辦公室人員只設置技術陳經理一名、財會主辦一名。

「Matt，你知道為何今天請你來參加這個會議嗎？」米蘭達說。

「我不知道。」

「這是一個秘密會議：A＋。」

「啊。」Matt 感到意外。「那我參加，適合嗎？」

「適合，當然適合。不要見怪不怪，這會議關係到 TD 未來的方向，你來參加，順便讓你見識見識。」陳總接著回應，似乎要 Matt 來參加這會議的人是陳總自己，這也是第一次 Matt 感到陳總對自己散發出來的善意。

「你要多見見世面，多去各種地方，多接觸一些人，這樣碰到事情時才能鎮定自如，進而可以理所當然的處理。」Matt 聽到米蘭達這樣的關懷，心理暖暖的，感覺自己總算碰到肯提攜自己的長官了。

「今天的會議會再看到另一個資深經理——黃經理，他是陳總由某知名企業挖角過來，曾經是一個公司的副總，現在被公司聘請來當未來電池技術的資深經理。Matt，台中這群人你要好好認識，他們都是了不起的人物，你一定可以從他們身上學到很多。尤其今天這位黃經理，他的資歷會嚇死人，前一個職位是副總，電池研發技術是他的專業，也曾到上海當過幾年業務，今天特別請他過來參加會議，在這個會議的布局，在未來他是個很重要的角色。」

Matt 沒聽說過公司有召聘黃經裡這樣一號人物，台中的總部對 Matt 來說是一個謎，Matt 原以為總部是電動車的研發生產中心，沒想到居然是電動車的電池。

會議所邀請的貴賓都是電動車供應鏈的主要供應商，不乏一些台灣的上市櫃公司，也可以說是台灣各產業的龍頭也不為過。陳總心中的如意算盤是和這些產業龍頭合資成立新公司，這樣一來，可以減少新公司創立時，龐大資金的支出，更可以順勢學到對方的核

心技術，對 TD 來說，這是一個一舉兩得的機會。

TD 是這次的會議主辦方，Matt 一群 4 個人在會議前的一小時提早到場布置。會場不大，用了 6 張摺疊長桌組成了一個「U」型的圖案，桌上鋪了一面綠色絨布布巾裝飾，目視算了一下大概座位，約可以坐 20 至 25 人，再多，就略顯擁擠。每個座位前都有一張 A4 紙，上面列印了會議的大概主軸介紹，以及一杯裝了 8 分滿白開水的紙杯，每隔 4 至 5 人的間距就放著一個更大的水杯，放在盤子上，水杯裡裝著用來喝的白開水。

Matt 幫忙布置完以後，拉了一張折椅，坐在「U」字端點處，那裡是靠近講著操作 NOTEBOOK 的講台，也是一個可以把所有與會者一覽無遺的地方，更是一個其他人不會把自己放在視野中心的位置。Matt 知道自己的份量，這次會議單純就是個觀摩學習的契機，這也是米蘭達特意讓 Matt 來「看」，看一下公司在做什麼？公司的未來要如何鋪路？

對米蘭達來說，這場會議不知道可以讓 Matt 學到什麼？或是改變什麼？反正就是要 Matt 來看，至於這樣的投資有多少回饋？沒辦法計算，這是米蘭達她一貫的手法，也是她的風格：賭。

Matt 安靜的坐著，靜看整個會議程序，他要看這些工商大老到底檯面下都在搞什麼把戲。

「Matt 你來一下。」

米蘭達站在門口特意把 Matt 叫過去，不知跟哪個廠商或政府機要在說話。

「Matt，這位是黃經理，也是以後電池廠的資深經理，就我早

些跟你談過的那一位。」

「黃經理你好，我是南部廠端的製造部課長，叫我 Matt 就好。」Matt 伸出手跟黃經理握手表示禮貌。

「Matt 你好，初次見面。你也可以叫我 JC 就好了。」

Matt 對黃經理的印象不錯，一看就是竹科混出來的高層角色，一副溫文儒雅的學士風範，跟自己完全是平行世界的人。

打完招呼後，Matt 這樣的小角色又回到自己的座位坐好，靜待會議的開始。Matt 觀察到，有好多人跟黃經理很熟識，有點像是認識蠻久的工作夥伴。照道理說，今天這場會議是陳總第一次召開，黃經理也是第一次以 TD 身分參加，但，怎這些產業的龍頭的負責人都認識他。

「黃經理，你怎麼也來？」

「黃經理，好久不見，你現在是 TD 的人？」

「哎喲，黃經理，怎在這場合看到你？」

類似這樣的寒暄話語，Matt 可是一點一滴地看在眼裡，他知道黃經理的來頭不小，其背景真的不可小看。

突然 Matt 也在心底畫下一條底線：假若哪天，黃經理因個人因素離開 TD，那 Matt 二話不說，馬上跟著提離職。沒為什麼，只是單純覺得黃經理的眼界比自己深，他見過的場面及經歷是 Matt 完全難以想像的，所以，Matt 寧願相信黃經理的判斷跟決定。

開始，陳總一開口就直接說明 TD 召集各大老來的用意。

「各位先進，很謝謝大家在百忙之中還特別撥空來參與此會議，身為 TD 最高的執行董事，我再次謝謝你們。」陳總深深 90 度一鞠躬。

　　「你們可以看到門口沒設布條，沿路來更沒什麼指示標語，甚至各位的座位桌上也沒放名牌，這不是不重視，今天這場會議我把它定調為秘密會議：A+。TD 要邀集各位一同參與我們的計畫，一件目前台灣企業尚未著手進行的事。」

　　慢慢的，隨著會議進行，Matt 大概了解 TD 整個局勢情況，他也開始明白：TD 目前形勢嚴峻，若這樣的規模發展起來，不可小覷，根本就是鋌而走險的局面，但，換個角度來看，TD 也是在做一件未來的事，一件可以改變台灣整個生態、整個生活習慣的大事。若這計畫真的執行下去，接下來幾年，Matt 的知識觸角必定會 Touch 到另一個全新的領域，到時一定有好多事要忙，生活就不是像現在這樣緊張急迫，反而會提升到另一個層面；若這計畫真的成功了，那整個台灣的環境勢必大大的改變，Matt 完全無法想像自己可以參與改變世界那一刻，他整個眼睛發亮了起來。

　　突然，米蘭達走到 Matt 的旁邊來，輕聲地說：「這些都是一堆大官大頭的人物，你們陳總不簡單，平常這些人都是要在跨國會議，或是電視上才看的到。來這會議，收獲不少吧？」

　　Matt 立即回應：「我不懂 Detail 的內容，但，我了解蠻多的，今天來主要就是來聽、來學習，這是個全新的領域，對我來說，有太多新東西了。」米蘭達立刻接了一句：「還有新的挑戰。」

　　Matt 笑了一下，說：「是啊，謝謝老闆跟老闆娘給我這個機會，

希望我可以趕上公司進步的腳步。」

米蘭達看著 Matt 的回答，不知為何？米蘭達她在這時間點突然想知道 Matt 過去的經歷，以前她只憑感覺認為 Matt 是個可塑之材，現在的她想好好聊聊他的過去，她想知道 Matt 過去是怎樣的人，怎會對這會議有那麼大的啟發？她也不管會議還在進行中，特意把 Matt 拉到一旁。

「你在之前的公司做了多長的時間？」

「再 1 個月就 3 年了」

「你去的時候就是課長了？」

「是的。那時我管 6 個人。」

米蘭達繼續問：「那時你的績效指標是以什麼為依據？」

「OTD 及存貨金額。」

「喔，那你那時的成績如何？」

「OTD 從我就任以來，一直沒有低於 98%，存貨金額也由一開始的 4500 萬降低至 900 萬。」

「你的成績很好，表現不錯。」

「不是我一個人功勞，我有一個很支持我的團隊。是整個 TEAM 努力的結果。」

米蘭達聽了後點了點頭，試探性的問：「你以前聽過 TD 嗎？你對 TD 的印象如何？」

Matt 在心裡笑了，怎會沒聽過 TD，TD 也算是一個知名的大

公司，當大家聽到 TD 時，第一個聯想到的就是 TDV 集團，TDV 在台灣十大建設初期，它可以定位為歷史地位的見證人也不過。

「有，這大家都知道，能進 TD 工作，我深感榮幸。」Matt 說。

米蘭達微笑著問：「說說看，你還沒進入 TD 的時候，你怎麼看 TD 這間公司？進來後，又是怎樣的感覺？」米蘭達想知道外面的人如何看 TD 這間公司，應該說 TD 這個企業。

對 Matt 來說，這是一個陷阱，他不知道該說到什麼程度才是恰到好處，不能只說拍馬屁的話，也不能一直說 TD 的問題，尤其 Matt 自己現在是 TD 的一份子，不能一直說自己公司的不是。但是，Matt 還是決定把話說清楚，把問題點說出來，不然的話只會讓米蘭達對自己失望而已，也有可能失去解決這些問題的機會。

Matt 很小心地說，深怕米蘭達誤會他的一字一句。「我不能說我了解 TD，我想一個人不可能在短短的幾個月就可以了解整個公司的概況。所以，米蘭達，假如我有說錯的地方，請多多包涵，有可能我還涉入不夠深，沒辦法現在給你滿意的答案。」

「沒關係，你就你認知的說出來，不要太拘謹。」米蘭達。

「我還未進 TD 之前，一直很嚮往 TD 的環境，對我而言，TD 可以算是一個高度標準化的組車廠，有生管背景的人，對高度標準化的產線都很嚮往，因為，這才是它們大展身手的好地方。但是我進來後，我發現…，」Matt 語帶保留，不敢繼續說下去，他也在試探米蘭達的底線，經由米蘭達的口氣來判斷接下來要說到什麼樣的程度。

「沒關係，你繼續說。」米蘭達還是笑笑的，她希望 Matt 可

以全盤的把公司的不足說出來。

「TD 並非高度標準化，甚至是一個可以有很大進步空間的公司。好像只有剛進來的新人才知道這樣的缺點，而原本在 TD 的資深人員好像都對這樣的情況覺得理所當然一樣，我只能說，TD 還沒有完全的發揮實力。」

米蘭達馬上接了一句，說：「所以你覺得 TD 的問題在人？工廠的管理太弱了？」

Matt 輕輕地搖頭，他腦海裡一直在思索接下來他要爆發出來話要到哪個層面？說不定此話一出，會得罪不少人。

「我覺得不能這麼看。或許可以思考一下，現今工廠會有這樣的情況，是工廠主管的問題，還是整個 TD 的文化使然？若是公司的傳統迫使工廠的管理階層這樣做，那是要撤換工廠的主管？還是加強要求主管的標準、指導和管理？這些就不是我剛進來幾個月就可以了解的。」

Matt 故意沒把高層主管問題提出來，他知道這是職場大忌。

米蘭達很仔細地聽著，不想漏掉一字一句，她抿著嘴，在腦海裡琢磨 Matt 話裡所要表達的意思，或是在暗指什麼？還是想表達什麼？她也在對照自己實際了解的層面，看可不可以和 Matt 表達的相呼應。

過了一會，米蘭達還是不死心地想讓 Matt 把所有的問題毫不保留的講出來，但她也知道現有的 Matt 是不可能把話全部講清，Matt 也不想得罪任何人，畢竟他的資歷尚淺，米蘭達換另一種方式來問。「那你現在進來 TD 了，又升上管理階層，這些問題你要

怎麼解決？」

這是米蘭達厲害的地方。

她明白的向 Matt 表示你現在所處的位子，應該說你已經同入這染缸，不可能不沾身，甚至不沾一些色彩，好了，同是同一條船上，你自身也有責任，船沉了，你自己也跑不了。Matt 心裡暗自叫苦，看來無法草草的一語帶過了，可是越深入去談工廠管理這塊，就越和他現在一個小小的課長的角色不符了，但 Matt 又覺得米蘭達沒有把自己當作是製造部的小課長，根本可以說是製造部的負責人一樣，其實這樣的問題，米蘭達應該要去問林副理才對，副理才是工廠的最高主管。

Matt 突然有一種衝動，他要利用這機會表現自己，他感覺自己像是一個懷才不遇的千里馬，他要趁遇見伯樂這機會把他滿腔的熱血衝勁一吐為快。

Matt 思考了一會，才慢慢地說。「我並沒有注意到 TD 有個非常優秀的管理人員，但我覺得這並不重要。我覺得文化，或是一個團隊的向心力才是最重要的。我剛剛有提到，我之前的成績是整個 TEAM 努力的結果，並非我一個人就可以達成。但，目前我們工廠裡，我看不到底下員工有如此的向心力，這很危險。假如臨時來個大單或急單，我不相信依目前的團隊做得到，這很虛。所以，一筆單無法及時交出去，可能是一個管理者有問題，但，若長期下來都是這樣的情況，就是整個團隊的問題了，甚至整個公司都有問題。」

Matt 停下來看米蘭達的反應，米蘭達只是專注地聽著，沒有

插話或任何提問的感覺，表情也沒有透露出任何不高興，她只是安靜地等著接下來 Matt 要在繼續講的事。Matt 無法由米蘭達的表情來判斷他若說出一切的嚴重性，算了，他決定再賭一下，全盤托出。

「我覺得，TD 的問題在於⋯TD 並不看重製造，沒有生產第一的文化，製造人員在公司的地位太低，這是一個惡性循環，當製造人員沒有地位，沒有向心力，不被重視，相對產出來的品質及交期一定不怎樣，人員的流動率也會很高，所有該扎根的事都會產生斷層，這樣一來，業務在接單也有很大的阻礙，這是不對的。我在前公司時，全公司都在製造線上，即使後勤的倉庫人員都知道自己對製造產出有直接的責任，倉庫人員在收貨時，會先分類並大概檢查品質，減少製造人員在物料這一塊的心力。這跟 TD 有明顯的劃分部門的感覺，在 TD，製造是孤兒，是二等公民，得不到公司全力的支持。」

Matt 一口氣說了一大堆，腦子裡還一直回想是不是哪裡有遺漏或說錯了。

「這是南部工廠的文化，不是 TD 原本的文化。」

米蘭達突然坐直身子說。米蘭達一直對南部工廠不滿已早有耳聞，沒想到 Matt 的話讓她更有理由印證南部的 Low。

「當初陳總要來南部設廠，我就一直說這裡不好，陳總還說服我說科學園區裡不是問題，而且比起來，成本還比北部低。結果，我來這邊兩年了，我看到的是沒有供應鏈，這裡的外包商根本不知道外面的標準在哪裡，Low 到不行。還有，沒有產學，沒有產學合作就沒有人才，一個區域沒有人才，沒有供應鏈，怎麼去跟別人

比。」

Matt 明顯感受到米蘭達對南部鄙視，這並非一朝一夕造成的。

「Matt，在南部的工廠有幾個部門：製造、採購、技術、品證。這 4 個部門你覺得彼此之間合作關係如何？」

Matt 也豁出去了。「我感覺這是 4 間公司。」

米蘭達眉頭皺了一下，似乎在思考 Matt 話裡的含意。

「我進來後，要什麼資訊協助都沒有。技術，永遠開不出 ECN，BOM 建的亂七八糟，當產線已經為欠料忙得焦頭爛額時，技術的人好像不關他的事一樣；採購，永遠是前製期限制，沒辦法幫公司向供應商協調交期；品證，一直在用最高標準修理製造，一直拿 BENZ 的標準來檢驗。我感覺，怎麼其他部門的人一直在看製造的笑話，交車好像是其他公司的事，不關他們的事一樣。」

米蘭達愣住了，她心裡想怎這種狗屁倒灶的事會發生自家的工廠裡。

「還好你撐過來了，沒有被他們擊倒。」米蘭達根本笑不出來，繼續問 Matt。「這是公司文化問題？還是組織架構問題？你們南部人經常會這樣內鬥嗎？」

Matt 感覺出來自己的臉刷一下的紅了，他沒想到米蘭達是對辦公室政治很敏感的人，而且米蘭達絕對不是對南部的生態一無所知。

Matt 用低沉聲音緩緩地回答。「公司絕對是一個 TEAM 之間相互合作才能撐起來。但，實際上有那麼單純嗎？這道理大家都懂，

可是卻做不到。因為資源不夠用，資源分配不均的關係，每個人都有危機感，假如不為自己想，那自己一定沒有出頭的機會，當大家機會均等，怎麼表現？就是當別人跌倒的時候。自己的部門不一定是合作夥伴，有時反而才是最直接的競爭對手。我們看到陌生人受難了會幫忙，因為人都有憐憫之心，因為陌生人與自己沒有利害關係，威脅不到自己，但我們常常不會去幫助自己的同事，這就是問題的癥結點了。所以，在制定組織架構時，必須想盡可能地消除內部鬥爭的因素，而不是變相的鼓勵內部鬥爭，這樣的內耗才是最耗成本，因為你會很難確保部門之間是正向的競爭成長，而不會惡性循環的鬥爭。」

米蘭達全神貫注聽著，不時點點頭。

「其實，鬥爭是人類的本性，沒去爭，這世界不會進步。我想不單單是南部人喜歡鬥爭而已，其實每間公司都一樣。但是，很顯然的，在 TD 南部的工廠，這個問題很嚴重，主管單位竟然放任這樣的狀況不管。」

Matt 聽得出來，前半段是要表明自己對南部人沒偏見，米蘭達不想讓 Matt 在心中留下芥蒂，而後半段明顯是在指責林副理，米蘭達感覺是林副理讓工廠造成今天這樣的場面，他責無旁貸。

終於，Matt 心裡的石頭才放下來。Matt 在賭，他先睹米蘭達是個理性的人，是個會冷靜邏輯思考的人，而且，米蘭達不會在和林副理言語交談時出賣自己，當然，未來的事會如何沒人說得準，說不定米蘭達會在某個時間點說溜嘴。

米蘭達突然問：「Matt，你覺得南部工廠要怎麼做才能協助整

個 TD 集團？」

Matt 毫不思索地回答：「這不是我應該回答的問題，米蘭達你應該要找林副理。」

米蘭達搖著頭指著 Matt，說：「我不知道是不是問對人，但，我想聽聽你的答案。」

Matt 看著米蘭達，雖然她臉上帶著微笑，但口氣卻非常認真，Matt 心想這次應該沒辦法推辭了，想了想，說：「我們公司應該建立一套完整的溝通機制，讓訊息的傳遞更加流暢，還有，各個負責的事務要訂出規則，例如，誰對誰 REPORT ？誰又負責哪個完整的範疇，而不是什麼都要找陳總或米蘭達妳，陳總跟米蘭達妳也不需要對應到理級以下的人員，逐級溝通，逐級向上負責，這樣才對。初期先依這兩套機制來運行，把現有的阻礙讓它更順暢，要不然，TD 會一直停滯不前的。」

米蘭達立刻說：「很好。我根本不知道工廠發生那麼多事情，不是我不想幫助，而是從來沒有人對我說出這樣的話，我想，應該是林副理不讓我或別人幫助他。這有兩種可能原因，第一，林副理不相信我，他怕我干涉太多工廠的事；第二，他不相信自己，他沒有信心治了工廠那一群人，那幾個部門，他更怕當大家群體反抗他時，他沒辦法對上交代。」

Matt 開始領教到這個天龍人的厲害了，米蘭達對林副理的分析一針見血。米蘭達是一個比較果斷的人，這是優點也是缺點，當她覺得你是個可塑之材時，她會毫不保留的直接讓你明白這一點，而且不會繞彎，但，相對的，若給米蘭達的訊息是錯誤的，她的判

斷也就會因此而誤會某些人、事，這是她身為一個高階主管最大的致命傷。

這幾年工作下來，「人外有人，天外有天」這句話讓 Matt 心裡有了更深一層的體會。Matt 覺得自己是隨時可被取代的路人甲乙丙丁，每每工作開始怠惰時，總有一種神來一股力量告訴自己：你只是一個隨時可替換的小螺絲釘而已。TD 對 Matt 來說，是一個全新的起點，他自己也在心中期許，TD 也會是他職涯的終點，絲毫不敢怠懈。這種畢恭畢敬、戰戰兢兢的態度，是在他經歷了許多不同的挫敗後才慢慢養成的低調。

進來 TD 後，Matt 對自己有一種使命：要謙卑默默地工作生存下去，他不想踩別人屍體晉升，也不想挖洞讓人跳，他只想默、靜的工作下去。Matt 曾以為待過上市櫃公司、派駐中國就讓自己與眾不同。Matt 能隨時更改變動中的排程順序，也非常了解生產線的文化。於是初進 TD，他自以為這樣的能力跟經歷，可以讓老闆更注意到自己？結果老闆根本不 CARE 這樣的 Background，對老闆來說，拿出實績來，比你那些紙上談兵的理論來的重要。

再來，Matt 以為拿個 MBA 的學歷、或念個不錯的學校是個可以吹噓的賣點。然而，在科學園區裡，很多北部的人才、前幾大國立大學的畢業生、甚至竹科的技術人才，開始靜悄悄地流到南部科學園區來。這裡的人才，就像街道的 7-11，到處都是，根本不足為奇。

Matt 年紀還年輕，整個 TD 除了一些比較資深的經理、老闆的親信，大部份公司內部年齡層都偏輕。現在整個部門最年長的，竟然不到四十歲。以前在北京，也沒多少人超過四十歲，年過三十

的 Matt，常忍不住為自己是不是只剩十年的工作壽命而杞人憂天，Matt 常覺得自己已經錯過了黃金年華，一直後悔大學太混，整天打工、交女友、看影集，沒學什麼其他技能，也沒培養出色的第二外語能力。Matt 常常覺得自己好像已經很努力了，但，周遭有些人的工時實在長到自己都不敢置信。TD 這裡的人通勤起來也非常猛，單程三四十公里沒在怕的，資訊部的 Terry，每天上下班開車加起來三小時，一週通勤 5 天。而每次 Matt 只要騎在該死的 1 號省道上，都會忍不住想咒罵眼前的車水馬龍，他實在無法想像那些單程 1 小時車程距離的人是怎麼過的。

TD 要擴展，米蘭達一直在會議上強調台中有多好、那裡的供應鏈有多強、產學合作有多扎根，反正，就是一副篤定南部是沒機會，把南部講得一無是處。Matt 認為這樣不好，就算是公司的老闆，也沒必要這樣貶低工廠所在的區域，更不用一直唾棄南部的價值，這會造成公司內部的分裂，無形中，會把公司區分出兩派，更會區別優、劣之分，這不是一個老闆應有的高度。

Matt 不是自卑，應該可以說是另一種豁達，他的履歷依辦公室人員來說，應該是最鳥的，他知道自己的專長在哪，也知道自己喜歡什麼擅長什麼，所以他在 TD 一直往那個方向幫自己製造機會，他不會去插手現場的人員管理，只會在必要時偶爾的關心一下人員的流動，他不想讓他的上級對他有另一層的戒心，他 Focus 在工時分析、排程掌控以及成本分析計算上面的後勤作業。

所以他也不管其他人是 TSMC 還是海歸派的，還不是一樣跟自己窩在 TD 工作，所以他也沒放太多心力在別人身上，他只想好好提升自己。現在台中總部來了一堆所謂的菁英分子，他沒有像其他

人一樣多了一份戒心，Matt 反而在心底期待要怎麼從這些人身上偷學到一招半式，要怎麼把自己跟這些人拉升到一樣的水平，這是他的目的跟對自己的期望，Matt 相信，就算是凡夫俗子，也可以在人才堆中找到自己的立足點。

　　相對於台中的會議，高雄這邊的工廠反而有了相對的落差。

　　Rita 忙了一個早上，文書作業突然多了起來。沒想到主管不在，一些積而未決的工作在此刻正是最好處理的時候，沒人吵，效率超好，往往一整天做沒什麼事，今天卻破天荒的全部處理完，感覺像有鬼的樣子。

　　「Rita，要不要叫雞排？下午 3 點可以當下午茶。」說話的是採購的 Emily，她常常會吆喝大家訂飲料，今天沒大人在家，她竟然誇張到號召訂雞排了。

　　「好啊！我們兩個訂得起來嗎？」

　　「當然是全廠啊！」Rita 整個眼睛睜大了起來，太屌了，全廠訂雞排！

　　「可惜 Matt 不在，要不然他一定也會起哄說要訂。」

　　「他喔，已經夠肥了。」Emily 感覺很討厭他的樣子，應該業務上有衝突吧？而且用肥來形容一個人胖，超毒！

　　Rita 很喜歡辛勤工作後可以稍稍休息一下的感覺，因為她知道自己其他的好友，也都和自己一樣在應付著忙碌的工作和生活，大家都為了生活在努力，我們不是華而不實，我們是腳踏實地，那麼

認真地在面對著自己的工作和生活。若可以在一天的疲累空檔，稍稍的喘息放鬆，那是一份多麼難得的美好。

「Emily，那我要一份原味的檸檬雞排，謝啦！」

Rita 起身離開座位，該是動一動屁股，順便去裝個水。在飲水機前，Rita 突然想起：Matt 進來公司沒多久，在前台的茶水間是自己主動跟 Matt 打招呼。本來要來裝水的 Rita 突然看到 Matt 呆頭呆腦的站著發呆，應該是想事情？出於好心的提醒而有了後來的聯繫，算算，也已經是幾個月前的事了。老闆每次下高雄都會找他開會，有時是產線狀況，有時是公司未來發展動態，更有時是大發言論，每次幾乎都有他的影子。最近他剛升課長，聽大家講，他升的太快了，心機太重了。

會嗎？

不知道！只是這間公司的八卦不少，人員流動率超高，大家都在比心機，由其是辦公室人員。

算了，庸人自擾，還是吃雞排吧！

五點，終於下班鐘響了。

每天上班只等這一刻的鐘聲而已，加上沒大人的日子，Rita 打定主意自己一定要刷個 5 點 10 分的卡，這是出社會以來的難得啊！不知道那頭笨熊今天會開的怎樣？會不會被盯的滿頭包？傳個 LINE 給他好了。

【Matt，回來開車不要睡著ㄟ！】這樣傳，他會不會嚇一跳？他知道我是誰嗎？

【笑話，車神的封號不是假的！】看這樣的訊息，車神？Rita 笑了出來，是幾零年代的人啊？超 Low 的！

【神？我看是熊吧？一直當司機的熊，哈！哈！】

Rita 故意嗆 Matt，讓他無話可說！但，她也不知道這樣會不會踩到 Matt 的地雷？

隔日一早，Rita 一上班就電話跟 Matt 預約新人產線的導覽介紹。「熊先生，等一下 9 點有沒有空，想要你幫忙帶新人到產線介紹一下，讓他們知道大概的流程。」Rita 開始稱呼起 Matt 叫熊先生，Matt 也沒拒絕，這有一種是 Matt 對自己的秘密。

「我 OK 啊！不過，我有問題，怎麼會突然要我來介紹？之前新人是誰帶的？」Matt 感覺奇怪，那麼多批新人進來了，第一次要我介紹，之前是誰負責的？

「熊先生，你很多問題喔，要你幫個忙也這樣囉哩叭唆，如果不行我找別人就好了。」

「沒有不行，只是好奇而已，你也小氣巴拉的，問個問題也不行！」

「ㄟ，你很故意喔！要不是 Terry 跟我說間接人員的新人由你介紹會比較合適，我還是會找周主任來帶吧！」

「喔，原來是間接人員。那我沒問題，我的講解會比較簡單通俗，畢竟，我是屬於幕後支援的，不用懂到那麼 Detail 是沒錯！不過，這幾個間接人員長的漂亮嗎？」

「喂！」

「問一下而已。」

「一個很漂亮，另外兩個超帥！」

「啊，是男生喔！」

「男生你就不介紹了嗎？」

「男生就發張 A4 紙給他看一看就好了，不用浪費時間了。」

「你說的喔！那我跟老闆講。」

「是你自己說男生很帥，那你自己跟他們導覽介紹就好了，找我幹嘛？」

「怎麼，我不能說男生帥嗎？」

「可以。那我呢？」

「你不是也在問女生漂不漂亮？」

「我是問，你的標準裡，我算帥嗎？」

「在熊界裡算超帥的！」

「喂！」

「好啦，你只比王力宏差一點。」

「真的嗎？差哪一點？」

「體重。你太胖了！哈！哈！哈！哈！──」就這樣，兩個人莫名其妙地在未來的日子開始有了頻繁的交集。

09

Paul

　　自從上次從台中開會回來後，台中總部辦公室的很快地就確定，座落於中港路的長谷世貿大廈，剛剛好位於東海大學的側門，距離中科園區大門也不過 10 分鐘的車程。總部辦公室不大，約略 150 坪，左側角落有兩個小房間，其中一間是陳總辦公室及較小的會議室，中間區域是一間很大的開放式辦公區，共有 14 張辦公桌，分成兩列，一列 7 張，每個座位由藍色屏風區隔開來，右側即是財會辦公室，裡面放置了 8 張桌子，也是由藍色屏風區隔。靠近大廈玻璃的是一間大會議室，說是大會議室，桌子坐滿人也約略 10 人左右，不能說擁擠，但好像也不能再塞進什麼了。

　　初期總部辦公室設置以財會、技術、業務為主。財會設經理 1 名（Paul），底下 4 名會計人員：出納＊1、總帳＊1、成會＊2（Susan & Lily）。技術暫編制兩名經理：黃經理（JC）＆陳經理（DS），負責電池廠初期建廠及供應鏈合約洽詢。業務暫編經理 1 名：Peter，及業務助理 1 名：Teresa。人員不多，但每一個人都是 KEY-MAN，扮演著公司電池廠開國創廠的元老。

【台中新來一個財務經理，聽老闆的定位，他應該是 TD 的第一位財務長 [20]，你注意一點，他一定會找你。】Terry 傳 LINE 給 Matt，提醒他一下這號人物。

自從 ERP 導入上線後，Matt 跟 Terry 越來越熟，幾乎所有大大小小的事情都會跟他商量，甚至沒事時，也會偷溜到 Terry 的辦公室閒聊八卦。

【找我幹嘛？我上面還有人，要找也是找我家副理，不是嗎？】

【你副理是懂什麼東西嗎？所有流程、作帳、物料都是你在 control，不找你，找鬼喔！】

【隨便，到時候我就拉我副理一起進去，他爽太久了。】

【我勸你最好不要，你副理進去只是去亂的而已。反正我話說到這，這幾天就會下來工廠了，你自己好自為之，不要怪我沒提醒你。】

財會的 Paul 是老闆獵人頭找進來，「獵人頭」這 3 個字讓 Matt 一直很好奇這樣的人長什麼樣子？是不是三頭六臂？還是一副辣英文及講了一口會計專業術語的屌樣？這個懷疑沒多久，Paul 就直接從台中飆下高雄廠找 Matt 了。

「Matt，有一個自稱是會計經理的說等一下要找你。」

Joyce 掛下電話後，一臉狐疑的看著 Matt。「我們哪來的會計經理，會計不都是 Tiffany 這個副理嗎？何時又多一個會計經理？」

「你不知道的事還很多，台中總部的財會經理，據某人說是米

蘭達請來的財務長，前身是自己開會計師事務所。」

Matt 把由 Terry 那打聽過來的小道消息告訴 Joyce。

財務長，不是一般阿貓阿狗的會計經理而已。除了黃經理外，又多一個程經理，台中總部的名號果然不是假的，每個都各有來頭。

「那 Tiffany 怎麼辦？被砍掉了喔？」

「砍你的頭，Tiffany 繼續留在台北，每天跟銀行要錢就好了，她的工作就是把錢要進來，其他的，就是給程經理負責吧！？」

「喔。你說那個不是一般阿貓阿狗的財務長程經理剛剛說你有空的話，找時間去他那裡一下，他有些事想請教你。」

「找我？怎不找副理？」

「你不是什麼都知道，還問我。」

Joyce 剛剛被 Matt 調侃一頓後，剛剛好找到機會反擊，而且自己的心情已經很不美麗了，Matt 根本是找死。

果然，女人不要亂惹！

「說吧，到底誰惹你？」Matt 看 Joyce 一臉不悅的表情跟口氣，一定有人欠她祖宗 18 代，Matt 只希望不是自己就好，他常常會不自覺的惹到 Joyce 的點。

「中午副理找我出去跟廠商吃飯。」

「去啊，幹嘛不去！」

Matt 連思考都不用思考，理所當然回了 Joyce 這麼一句，Matt 心裡覺得：就吃飯，有差嗎？花公司的錢吃大餐有何不好？

真的是一個身在福中不知福的小屁孩。

　　Matt 心想：他連自己今天中午的午餐要吃什麼都沒著落了，你不去的話，給我去。

　　「我去幹嘛？我又不喝酒，而且那又不是我的事，我去陪廠商做什麼？重點是，他要我開車，有病喔！」

　　「你就開啊。」

　　「可是我技術超爛的，副理那台車又是那種 10 幾年的 Honda，拜託，我根本不知道會不會在半路熄火，很危險，你知道嗎？再說，如果我不小心ㄎㄟˊ到，他要負責嗎？」

　　「所以，你要跟副理強調：『是你要我開的喔，如果ㄎㄟˊ到，到時候你就不要要我賠償。』把這句話嗆出來，看他還要不要你開。而且你現在不練習，何時練習？都知道自己的技術不好了，還不累積經驗，你有事喔！」

　　「隨便啦，反正我每次跟你說副理的事，你都一直反駁我。」

　　「你是小屁孩嗎？」

　　「哼！」

　　Joyce 瞪了 Matt 一眼之後就拿了手機就要往辦公室外走，壓根不想再跟 Matt 說一句話。

　　Matt 把事情交代一下後，拿著筆記本就往財會辦公室走，他不想讓財會經理留下不好的印象。

「不好意思，我找財會程經理。」

一進門，Matt 就看到會計的宜蓁拿著報表在跟一個新同仁解釋，不用說，那就是會計經理，基於禮貌，還是要隨口問一下。

「你好，我就是。請問有什麼事嗎？」

還好，沒有三頭六臂，身高約莫 170 左右，也沒有一副高高在上的屌樣，口氣聽起來蠻隨和的，第一印象是好人。

「我是製造的 Matt，你剛剛有留電話說要找我。」Matt 趕緊解釋來意。

「對，Matt，米蘭達要我找你。你現在有空嗎？我想知道一下現場的流程，還有你製令開立的規則，也就是現場實際面跟系統是怎樣執行的？」

「我這裡 OK，看你何時可以，我隨時可以帶你到現場看看。」

「等我一下。」

程經理轉頭跟宜蓁交代一下後，隨手拿起桌上的小本子及筆就跟 Matt 到現場。「走吧。」

Matt 直接帶程經理到整個工序的起點，把自己這一段日子學到的部分用自己的語言毫無保留的說出來，或許無法表達到像產線領班那樣詳細完整，Matt 也怕可能有些遺漏，問了程經理：「經理，還是我叫產線領班來跟你解釋會比較完整。」

「Matt，不用，不用。」程經理趕緊用手阻擋 Matt 的動作。

「產線那些人說的太 Detail 了，我不需要到那麼詳細，我要的就像你剛剛說的那些邏輯概念就好，既然老闆娘推薦你，我當然

相信你說的這些就好，叫產線那些人來，他會完全不知道我要的重點在那，相信我，這些 DATA 就夠了。」

「接下來我們到會議室，我們用白板把你說的這些流程寫下來，我要看一下製令如何跟這些實際流程搭配，OK？」

「當然 OK。程經理。」

「不要叫我程經理了，叫我 Paul 就好，叫經理，沒那麼偉大啦！」

「好，Paul。那我們走吧。」

Matt 感覺還是很彆扭，直稱一個公司未來財務長的名字，還是很怪，畢竟 TD 不是外商公司，頭銜稱呼還是有存在的必要性，這是 Matt 自己的認知。

Matt 把剛剛的流程畫在白板上：用 3 個區塊區隔出 3 個大工項，每個區塊再用箭頭連結來表示工項順序。

「這是我剛剛介紹的：底盤→半成車→成車，製令就開這 3 張。每個主工項在最上面那一列，每個主工項下面還有一些預組的平行工項，因為是預組的概念，這是不卡先後順序。」

程經理一直釘著白板，耳朵裡聽著 Matt 的講解，那眼神似乎若有所思的一直在思考，感覺好像 Matt 的解釋有些不符合邏輯。

「Matt，稍等一下。」程經理手指著白板底盤與半成車的箭頭處。

「所以，底盤車作入庫後，半成車才又會領出庫來製作，是

嗎？」

經程經理這樣一點後，Matt 知道這經理絕對不只是會計師的背景而已，他一定大有來頭。

「邏輯上來說是這樣沒錯。底盤入庫，半成車領出，後續的半成車、成車也是依此規則。」

「那底盤這誰作入庫？底盤人員？還是品證？」

「最後一關是品證，所以當品證 Bar-code 刷出庫時，系統會自動入庫。」

「我看半成車最一站不是品證，是噴漆。那這也是噴漆刷完後自動入庫嗎？」

「噴漆是委外的外包商，這進出庫是由生管來做這動作。所以這委外的部分，當生管一刷完成下線，此工令即會自動入庫了，相對的，因外是外包製程，系統會自動產生一張應付憑單給採購作帳。」

Matt 覺得莫名其妙，怎一個會計經理需要懂到製令的開立規則呢？而且他真的是會計師事務所出身的嗎？怎那麼懂工廠的流程細節。

「那最後一站成車入庫產生的入庫單憑單，是不是就是業務開立收據的依據？」

「ㄟ，這我沒特別注意ㄟ，我叫 Joyce 過來一下。」

Matt 作狀要去打分機給 Joyce 時，突然 Paul 一個動作把 Matt 擋下來了。

「Matt，等一下、等一下。我們現在在討論的是工令的開立規則，那些額外產生的問題，你事後再去問，我們一碼歸一碼，不要一個會議到最後一堆人都被牽扯進來，這樣會議室開不完！」

Matt 這樣像「提肉粽」的方式是由米蘭達逼出來的，常常一個會議到最後搞得整個辦公室人員都被拉進去了，這也不是大家願意的。

「好，那我事後再打電話給你答案。」Matt 心想，等以後你跟米蘭達開會你就知道了。

「沒關係，要記住這個規則，要不然會議會非常冗長而且沒效率。」

「我知道了。」

「再來第二個議題，庫存。」

「我想知道現在這些進口料是如何驗收？清點的依據是什麼？」

「據我所知就整批驗收，若有差異的部分，後續採購會再對廠商開立折讓單。若要再仔細點的話，這必須請採購過來解釋了。」

「好，作帳的部分我去問採購。但，實際上架的流程呢？你知道嗎？」

「我大概知道，每次入貨時，倉庫人員依我們所排的交期來做拆櫃動作，卡在月結，通常都要先整批驗收，這是我知道的部分。當確定要拆櫃時，生管會依製令開立領料單領料，然後製造人員陪同倉管人員逐一上架。」

「那領料單的依據是？ BOM ？還是 Packing list ？」

「BOM。」

「那有沒有可能，領料單有，可是實際卻沒有？或是，領料單沒有，但卻有實物進來？」Matt 在腦海裡盤算，這個經理到底是何方神聖？他不可能沒待過工廠，要不然，這些邏輯怎會那麼清楚？

「有，兩種情況都有。」

Matt 直接照實說，他知道自己騙不過這位財務經理。雖說他沒有實際參與過拆櫃的流程，但，這幾個月下來，時常有些虛帳的情況出現，現場常常找不到料，去查明後才發現根本沒進貨；或是多一堆根本沒用的東西，領料單也沒紀錄，卻可以在現場看到一堆零件堆積在角落，根本用不到。

「那怎麼辦？」

「若是單位數量的不足，缺的東西就拿後批補前批，若還是不足，直接透過認識的人調料。」

「你覺得這樣的邏輯是對的嗎？」

「不對！但，這是 TD 一直以來的傳統，我不得不這樣做。」

「Matt，我沒有說你的不是，我也知道這是公司的舊習，我只想知道你的觀念正不正確？現在我知道你的觀念是 OK 的，那我就放心了。公司請我來，就是要導正這些錯誤，然後建立起一套新的制度標準，我想，公司請一個生管來的用意也是如此。我相信你不是不去做，你是有志難伸，或是說人在屋簷下不得不低頭，你是勢

單力薄，現在公司請一個更高階的人插手這些事，我希望未來我們可以合作更密切，要不然，我今天走這一圈和你討論到現在，應該沒有兩小時吧？」

「對，差不多 1 個半小時而已。」

「是嘛！我進來那麼短的時間，就發現有那麼多荒謬的問題在發生，我可以說，這間工廠百廢待興。接下來，你以前覺得錯的，不合理的，甚至莫名其妙的東西，相信我，我會慢慢的把它改過來，希望到時候你也應該知道我在做什麼才是。」

「你的邏輯概念是 OK 的，系統流程我想應該也是有一定水準以上的認知，這樣我就放心了。公司要 IPO，這些流程要非常熟悉才行，公司需要你這樣的人才，但，相對的，我們一定會碰到很多保守勢力的阻撓，所以才要一個理級的來推動這一切的事務，單憑你一個課級角色就想推動，未免也太小看這 ERP 了吧！」

「不要擔心。」Paul 拍拍 Matt 的肩膀。「沒什麼，一個 80 幾人的公司，很簡單的，就看要不要而已，老闆那邊我會去搞定，產線這邊就需要你的 SUPPORT 了，OK？」

「當然 OK。」Paul 這番話根本說到 Matt 的心坎裡了。

「好，今天就到這裡，我會再找你了解一些系統面，慢慢來，我也需要消化一下。以後我應該會每星期都下來高雄 1、2 天，到時候我再找你好好聊，好嗎？」

「好，沒問題，經理。」

「對了，找個時間把產線的帳盤點一次，我相信現在架上有多

少東西你應該也沒辦法說出來吧？」

「有 ERP 的帳可以抓。」

「喔，那你敢保證數目是對的？」

「不敢。」

「對嘛！當然這不是你的錯。而且你進來 TD 也有幾個月的時間了，如果讓老闆娘知道你對產線的物料不熟悉，甚至沒辦法掌控時，你覺得他會對你有信心嗎？這不是在潑你冷水，只是帳跟物你可以清楚的握在手裡，即使帳面數量是錯的，你也可以大聲說出實際是多少？又是因為什麼樣的原因產生的結果。你不覺得，這樣上面的人心裡對你的觀感印象會比較好嗎？」

「趁這次年中盤點，把所有細目搞清楚。你甚至可以假傳聖旨說新來的財會經理要清自下來抽盤，我願意當壞人都沒問題，只要事情可以做好，這壞人有什麼不能當的？」

Paul 說的雲淡風輕。

「沒那麼難，只要想把事情做好，有千百種方法可以運作，好嗎？」

「好，經理。針對年中盤點，製造這裡我會排個初盤計畫，到時候架上你可以看到物料卡，盤點卡，這樣一來，所有物料的進出明細就很清楚了。」

「不用一次到位，若你覺得很複雜，或困難度很高，你可以一步一步來，我沒有要你一蹴可幾，沒那麼屬害，盡力而為就好，OK。」

「謝啦，經理。」

「沒什麼好謝的，這也是我的工作。」

媽啊！

這 Paul 到底是何方神聖？ Matt 感覺自己在關公前耍大刀，像小丑似的。Paul 一走，Matt 馬上打電話給 IT 部門的 Terry，邀他到茶水間告訴剛剛發生的事情。

「Terry，那個財會經理超強的，整個 ERP 流程把我『釘』的體無完膚。」

「廢話，法學、財經雙背景的經歷，當然很強啊，你不要小看他，他的背景我打聽過了，曾經待過會計師事務所，他會的會計原理及法則遠遠超過我們的想像。」

「我剛剛已經體驗過了，在他面前我只有啞口無言的份。」

「哈哈，你也會被盯喔，想不到你也有今天？」

Terry 一直覺得 Matt 自視甚高，應該要有個人來挫挫他的銳氣一下，以免以後闖出大禍都來不及了，這個 Paul 出現，剛剛好。

「我懷疑他待過工廠，他對 ERP 開立製令的規則超熟悉的，問到我根本招架不住。」

「你白癡喔，他是會計師，當然輔導過好幾間公司 IPO 的過程，他會不懂？再來，每年兩次的會計師盤點，你是傻了嗎？」

「對後，我都忘記會計師還有做這些事情了，我還真的頭腦不

清楚了。」

「你這小子喔，以後小心一點，你一直待在高雄，接觸的都是這些人，現在米蘭達他們從竹科挖了幾個大咖過來，他們可是跟你現在交手的人程度不一樣，落差可是一大段。」

Terry 看 Matt 沒說話，又繼續講下去。「黃經理跟程經理，聽說兩個之前都是自己當老闆，在那之前，黃經理又是上市櫃公司的副總，程經理也是某間公司的財務長，我們拿什麼跟人家玩？」

Matt 從沒想過他們這些人的背景如何，說實話，也不干他的事，但，聽 Terry 這樣一講，自己的實力和它們比起來就差一大截了。

「我們沒有要跟他們玩啊，我做自己的事。」

「喔，我剛剛沒說到，那些北部人都有一個特色。」

「什麼特色？玩人嗎？又不是在當兵？」

「玩你的大頭。他們喜歡分派系。他們會在無形中讓你歸到某一派，自然而然的，另一派就開始不分青紅皂白地開始攻擊你，相信我，我見過太多了，屢試不爽。先提醒你，不要到時候說我沒跟你講。對了，今天若讓你選邊站，你站哪一隊？」

「我哪一隊都不站！」

「坐山觀虎鬥？」Terry 冷冷地笑一下。

「你以為你是老闆喔。我跟你講，不管那一隊贏了，我們都能從中分到一杯羹，但，選對了隊伍，可是能吃上豪華的饗宴，你站那一隊？公司局勢發展至今，不再是老闆說算，集團有副總，有財

務長出來了，可以說 TD 集團體制會更加健全，但，相對的，每一步都要走的膽戰驚心，而且會越來越加艱險。」

Matt 思考了一會，他知道自己在 Terry 面前逞強沒有益處，他可是自己的軍師，沒必要偽裝自己，Matt 老實地說。

「我不知道。」

Terry 端著自己的茶杯，原本要回辦公室了，看著 Matt 的臉，打算好好開導他一下。

「你了解程經理嗎？」

「我只聽說他曾經是會計師，至於他開過公司自己當老闆一事你剛剛講的我才知道。」

「那黃經理呢？」

「一樣。上次 A＋會議我看他人面蠻廣的，感覺來頭不小，他前一個公司應該是前百大。」

Terry 笑笑地說。「Paul 剛來，他的實力如何，目前還看不準。但，黃經理至目前為止，老闆對他的風評不錯，以至於一面倒的，大家都歸到那一隊去，可是，一個經歷是財務長的人，你怎麼看？」

「不管怎樣，我都不想對他們兩個有分隊的想法，我是真的還不懂，為何要急於去區分派系出來呢？」

「我就是欣賞你目前的單純，沒關係，我想，米蘭達看到的，也是你這一點。但，可不可以活下來？就看個人的造化了。」

「再來，我可以跟你說，台中目前是一派和諧，這只是假象，一山不容二虎這句話不是沒有道理。在不久的將來，台中一定會區

「分出兩個派系來，到時候我就來看看，哪一個會出頭，你自己小心點，不要陷入無所謂的紛爭裡，怎麼死的都不知道！」

「對了，不只 Paul 而已，我這裡在教一個 Susan，也是財會的人，那個作帳思考邏輯超強的，你以後就會對到她了，依我看，到時後每個月你就會被她追著跑了。」

「拜託，我是誰啊，來看誰會被誰追著跑。」

「ㄟ，話不要說得太滿喔，以前是只有 Tiffany 一人，沒有一個月的帳是及時的，也沒有一個月的帳是正確的，現在有專人負責，來看看你的工時，你的請款，還有你的人力跟物料，我保證你會亂到天翻地覆。」

「說到 Tiffany，公司請了那個大的一個大將進來，那 Tiffany 要做什麼？」

「做什麼？打入冷宮啊。根本就是亂搞，米蘭達還一直稱讚她說她很厲害，以前公司沒有導 ERP 系統時，每年的帳都是正負零，天大的笑話，這有什麼好吹噓的，這只說明這間公司的程度到哪裡而已，一個字：Low。現在導入系統了，我們就來看，現在每筆帳都入系統，每個月都有明細報表可對，看這樣還會不會正負零！告訴你，差異可多的ㄌㄟ！」

「對ㄟ，經你這樣一說也有道理，我那時聽到還被唬住了，想說怎麼會有那麼厲害的會計經理，不入系統可以沒有差異，那是多繁雜的事啊，那也要有過人的會計能力才行，我都沒想到那時沒有紙本可以依循，什麼差異都是她自己說了算，再加上有個不懂會計的老闆，她根本是如魚得水啊！」

「你功力還太淺了，你啊，你碰到的生管只是鳳毛麟角，ERP 的範圍可以說是博大精深！」

「不過，我覺得米蘭達請 Paul 來，應該也是別有用意才是。」

「怎麼說，不就是為 IPO 準備嗎？還有集團擴大後的統整，不是嗎？」

「我相信米蘭達或陳總應該有嗅出一些不尋常的氛圍了，要不然怎會特別請一個經理來？若 Tiffany 是個人才，就我看來，應該增加的是第二線的管理幹部，例如課長之類，而非高階經理人。所以，他們兩個應該有發現一些不對的地方。」

「哇靠，你是有被害妄想症還是私底下有在寫連續劇劇本，這種劇情都可以編的出來，我還真服了你。」

「我們就看看，看我說的對不對？」

「還有，再次提醒你，Susan 是個很厲害的財會人員，自己注意啊！不要怪我沒事先知會你！」

「好，我知道。」

下午兩點，Joyce 才從外面吃飯回來，一臉氣沖沖的樣子。「你知道嗎？那王八蛋還真的叫我開車ㄟ！」Joyce 把她的手機像用摔的丟到自己桌面上，氣爆了，她竟然直接在 Matt 面前說副理是王八蛋。

「不是本來就妳開嗎？」

「我開就我開，幹嘛在車上跟那些廠商調侃我的開車技術？

知道我開車技術爛就不要讓我開啊，你知道那裡有多難停車嗎？路超小條，那台爛車又沒倒車雷達，他們幾個一到目的地後，開門下車就往餐廳裡面走，根本沒想過我會不會停車，你以為我很願意去喔！這就算了，吃飯的時候還要我幫廠商倒酒，到底把我當什麼？酒促小姐？泊車小弟？服務生？還是陪酒的酒店傳播妹？」

Matt 可以想像她的臉有多臭，他也可以體會副理吃飯當下的心情。

「要不然，妳以為副理找妳一起去做什麼？」

「如果早知道是這樣的話，我死都不會去！」

「妳真的是小屁孩ㄟ。」

正在氣頭上的 Joyce 看 Matt 沒站在她自己那邊，反而還說自己是小屁孩，她直覺回他：「對，我就是小屁孩，怎樣？我就是玻璃心，怎樣？我的玻璃心碎一地了，這樣你高興了吧！？」

「妳沒想過副理為何要找妳？不找其他人？」

「隨便，好嗎？」

「其實副理對妳很好，妳沒感覺嗎？」

「你當我白癡嗎？」Joyce 用白眼回了 Matt 這麼一句。

「妳要好好學習這餐桌上 Social 的文化。真的，到現在我還是學不會，我永遠無法在餐桌上跟其他人侃侃而談，每次不是吃自己的，就是一直喝飲料，因為我真的不知道要跟長官、跟客人聊什麼，只能看別人笑時，自己也跟著傻笑，像一個白癡一樣。」Matt 見 Joyce 沒任何反應，繼續講下去。

「這就是我們輸中國的地方。之前我在中國時，這種餐桌禮儀特別多，很多事都在餐桌上談成，也很多機會是在餐桌上建立起來，更有很多長官對你的看法，都是在餐桌上的談話建立起你在他心中的印象。」

「我無法像那些大陸人說一些無聊的笑話，我也無法很虛偽的笑，更無法主動找長官敬酒，這都是需要練習，要練習到不臉紅耳赤，要表現到理所當然，更要熟悉到隨時可以跟其他的人突然的聊上一句而不尷尬。」

「妳行嗎？我現在還是不行，所以我還是現在的我，很吃虧的。懂嗎？」

「我不用這樣，我也不用很會喝酒，沒必要。」

「小屁孩，這只是一個機會，看妳要不要把握而已，我 10 年前的想法也是跟妳一樣，提醒妳，只是不要妳重蹈覆轍而已，沒有要妳喝酒，是要妳練習餐桌文化，倒酒，真的還好而已，沒什麼大不了的。」

「再說，妳只是看不起副理，不是嗎？妳只是覺得他不夠格當妳的副理，所以妳覺得他什麼都不對，什麼都討厭，不是嗎？」

「我沒有！」

「最好是沒有，那麼明顯，妳以為我看不出來喔！」

「我跟妳說，副理是剛升起來當副理沒錯，他也在學著怎麼去當一個理級的角色，每個人都有這個磨合期，難免的，妳也剛剛好趁機學習怎麼跟上級的長官相處，這不是很好？」Matt 見 Joyce

不說話。「今天如果換成周副理，妳就不會這樣的反應了，對不對？」

「如果是周副理，他就不會讓我開車，他也不會要求我幫廠商倒酒，不是嗎？」

「是啊，周副理不會讓妳開車，也不會讓妳幫廠商倒酒，但，周副理會用另一個方法讓妳心甘情願的幫大家倒酒，相不相信？」

「他一定會一開始就在餐桌上一直幫大家倒酒，一直到廠商說話：怎麼不讓妳的助理幫忙倒就好了？這時的他也一定會出來幫妳說話：年輕人還在學習，慢慢來，帶她出來看看世面，你們這幾個老大哥不要嚇到她了。」

「這樣一來，我就不相信妳還不會主動去幫忙？我就不相信妳去幫忙倒酒會覺得委屈？不是嗎？」

「是啊，可是我們副理就是不會這樣，所以我才生氣。」

「我有說了，我們的副理也在學習怎麼當副理，幾年之後，說不定他就會像周副理那樣，懂得怎樣去教他的下屬，懂嗎？所以妳要好好把握他現在什麼都不懂的日子，他還願意帶妳，不錯了啦，代表妳是可塑之才。」

「我寧願在一個高度夠高的長官下面做事，也不要跟一個阿斗，我不相信跟一個阿斗能學到什麼？」

「如果不是阿斗才不會帶妳出去，妳自己想想看，到現在有誰帶妳出去過？說句現實的話，根本看不上妳，好嗎？」

「我再舉個例子：柯文哲跟某個富二代兩個市長，妳是政務官，

你會想在誰底下做事？」

「當然是柯文哲。」

「北七喔，當然是富二代啊。在柯文哲下面做事超累，而且時時刻刻要膽戰心驚，有這樣的長官，腦細胞要夠強，心臟要夠大顆才行。若是富二代，應該什麼事都不用做，什麼都用錢解決就好了，反正他自己什麼想法都沒有，一定超爽。領一樣錢，一天 24 小時，我一定選富二代，北七才選柯文哲。」

「妳吼，真的還沒看過職場的黑暗面，再幾年妳就知道了，職場不是把自己的事情做好就好了，職場這張網太複雜了。」

「算了，以後不跟你說副理的事了，說我小屁孩，還罵我北七，還幫副理說話，算了。」

「好啊，就不要說啊，我圖個清靜，小屁孩，去把玻璃掃一掃。」

「你──」

另一方面，台中辦公室還有另一個高階主管 ── 業務經理 Peter，也於同樣時間就任，一個在中國北京工作好幾年的台幹，最近剛回國。上任的第一天就立即到處打聽每個人的職銜及負責項目，這是他的作法，把整個台中辦公室的人員分為兩類，也是他在中國這幾年一貫的作風：把人歸類，那些人是有引響力的人？可以左右老闆決定的人？而那些人又是小角色，根本不需要特別關注。

Peter 的方法簡單，只要觀察哪些一直進出老闆辦公室，或是

老闆一直找的人就是他 Focus 的對象，一整天下來，黃經理及陳經理是他心裡的第一人選，尤其又以黃經理為首。

「米蘭達，我想問一下，若以後我有任何問題，關於技術這一塊，我是請教黃經理還是陳經理呢？或是高雄廠有另外的技術主管可以支援我？」Peter 故意詢問米蘭達，由她的嘴巴說出的人選，一定是米蘭達自己心中的首選，抓住這個人對了。

「電池方面黃經理或是陳經理都行，他們兩個都是電池界的高手，我們公司電池廠就必須靠他們兩來建置起來，但，你是負責車輛的業務，車輛的話，工廠端我覺得你可以去找林副理，不管是人力支援，或是一些比較細項的問題，我相信林副理都可以回答你，但，整個進度，整個流程架構，工廠的 Matt 會比較清楚，他還可以算出工時、成本，Matt 的專長屬於在採購會計這一方面，高雄廠你找這兩個人就可以了。」

「對了，還有一個人你一定要認識，你是業務，一定會碰觸到錢這一塊，有關於錢方面的問題，那財會你一定會頻繁接觸。公司最近有一位財務經理報到，今天他在高雄，以後你有關於錢的問題就可以直接找他，你可以直接稱呼他 Paul。」

「好，米蘭達，謝謝妳，我知道了。」

Peter 由米蘭達的口中來抓住關鍵人物，台中黃經理、陳經理這是確定了，但，Paul，一個新來的經理，還不一定會生存下來，對 Peter 來說，財務經理又怎樣？沒有我們業務在外面接單，你們會計哪有錢可以算！沒有錢什麼都不是。

Peter 第一直覺的把 Paul 排除在自己的人選以外，台中他只

要拉攏黃經理、陳經理就行了，再來高雄，他直接打電話給林副理先跟他打招呼。

「嗨，林副理你好，我是新來的業務經理——Peter。」

「經理你好，你好。我有聽米蘭達說有個業務經理會進來，原來就是你啊，不好意思，我沒收到人資通知你到職了，要不然我就馬上打電話跟你打聲招呼了。」林副理也依著 Peter 的口氣回應他一番。

「別、別、別，我也是聽米蘭達說高雄工廠你負責，特地來跟你打聲招呼的。以後有任何問題，還冀望你多多幫忙。」

「沒問題，這小事。你一句話，工廠端馬上支援。也希望有任何關於訂單的資訊，可以第一時間通知工廠這裡，我們才好做人力安排。」

「當然，這沒問題。」

「對了，林副理，我還聽米蘭達說有一個叫 Matt 的人，他是什麼職位？米蘭達說我可以請教他流程、人力。」

「喔，Matt 是我們製造部的課長，主要負責生產排程的部分，他在，要不要幫你把分機轉給他？」

「不、不、不，先暫時不用，我還是找你好了，以後還有問題再找他。那就先這樣囉，打聲招呼而已，沒其他特別的事。」

一掛電話，林副理馬上飆髒話：「靠！是競選立法委員還是高雄市長，還特地來打招呼，是有事喔？」

Matt 馬上回話：「我也以為是政治人物打電話給你拜票ㄟ，

是誰啊？」

「新來的業務經理啊，搞不清楚狀況，當作我們公司是賣保險的嗎？莫名其妙。對了，Matt，他也有提到你，本來我要轉給你，可是感覺他聽到你是課長後，好像就不太想搭理你了，我也不知道，應該是我的錯覺吧？」

「不要找我最好，我也不想理他，從以前，我就跟業務是楚河漢界的區分，常常為了訂單拍桌子。」林副理的直覺是對的，Peter 一聽到 Matt 只是個課長，他連理都懶得去理了，對他根本毫無任何幫助，Matt 對他來說，充其量只是一個可以差使的小角色而已，份量還不如自己的業務助理。

就這樣，Peter 把黃經理歸到他自己這一派，高雄端就林副理，至於 Paul，Peter 不打算思考怎麼跟他共事，會計只是後勤的角色，根本不足以跟自己相提並論，他會讓老闆知道，業務才是公司的命脈。

Peter 犯了職場大忌，還沒搞清楚狀況之前就把同事區分出高低之流出來，再來，自似甚高的態度，若沒真有一把刷子，到時候出事情時是不會有人跳出來幫他說話的。至此，在 TD 的內部分兩派，業務、技術一派，會計、廠端又是另一支人馬，小小不到百人的公司，明爭暗鬥的戲碼比那些上市櫃都來的洶湧。

10

夜遊

站在新光三越的星巴克櫥窗前，Matt 看著手機時間顯示的是 22：25，他也不知道她何時會到？也不知道她會用怎樣的方式聯絡自己？

「她該不會迷路了吧？」

這是 Matt 心裡的疑惑，從公司到這裡不用半小時，還是她笨到跑去三多路的新光三越了？

這裡的她，是 Rita。

Matt 一直看著手機有無 LINE 的留言訊息，說不定早到了，只是沒看到她而已。後來，Matt 又打定主意走到大花鐘那端，說不定她在前頭那笨笨的在等自己？那裡是省道方向過來第一眼就可以看到自己的地方。

一邊走，一邊注意 LINE 的訊息，也一邊注意銀色 TIDDA 奔馳的蹤跡，Matt 不希望她等太久，一個女生在這時間點停在路邊等人太危險了。

「Hi，Matt。」Rita 聲音突然從後面傳出來。

「妳怎麼在我後面？」

「我停在對面等你，一直看你在那邊走來走去，但我又不確定是你，所以，就走過來看看囉。」

「妳早就到了？」

「是啊，應該有 10 分鐘了。」

「那妳怎不打給我？我可以馬上過來。」

Matt 口氣沒有不悅，只是單純地表示她可以隨時聯絡他，不用顧慮他太多。

「我想說等一下沒關係，讓你慢慢來就好了。」

「吼，下次若是這樣，打給我沒關係，要不然太危險了。」

「好──，下次我會打給你，不要再責怪我了。」

慘了，Matt 感覺自己的口氣讓她覺得太雞婆，會不會嚇到她？

「Matt 先生，不對，熊先生，今天你要帶我去哪裡看夜景？是你跟我說超漂亮的點。」

「壽山忠烈祠，妳聽過嗎？」他們邊走邊聊，這是高雄蠻熱的一個點，之前去過一次，還蠻多人。

「忠烈祠？」

「是啊，忠烈祠。網路超紅的，要看高雄夜景，這裡是第一首選。」

「那是什麼地方你知道嗎？」

「知道啊！」

「那你還去？」Rita 瞪大眼睛看 Matt，似乎覺得他是瘋子的感覺。

「怕什麼？難道妳有特殊體質？」

「嗯，我有。」

「我從小就對那種地方會『過敏』，每次回去後都會身體不舒服。」

挫賽，該不會第一次約 Rita 就踩到地雷陣亡吧？

「要不然這樣好了，現在我也臨時想不到要去哪？我們還是過去，只到停車場那，假如妳真的不舒服，我們就離開，好不好？」Rita 咬著嘴唇思考，大約兩秒的時間距才回答：「嗯，好。」

靠！

兩秒的時間感覺有一光年那麼久，Matt 在心裡吸了一大口氣。

她把車鑰匙直接拿給 Matt，由他來當司機開車。「Matt，交給你了。」Matt 蠻詫異的，因為男生通常不會隨便把自己的車交給別人開，車子，感覺就像自己的另一半，甚至是自己的小孩。

「妳確定？妳自己的ㄅㄨㄅㄨ要給我開？」

「當然，我又不是高雄人，不認識路，而且晚上了，你技術比較好，你開。」Rita 的理由很簡單，是 Matt 自己想太多了。

「再說，你也不是別人啊。」這句話 Matt 有聽到，而且很清

楚很詳細，在他腦海裡也記錄起來了，Rita 說話的表情跟聲音口氣，還有她舉手投足的動作已經完全的記憶在 Matt 大腦的左側葉，默默爽在心裡。

「這是妳自己買的嗎？感覺好像才剛交車而已。」Matt 一邊調整椅子的前後距離跟椅背的斜躺角度。

「我自己買的，不過，我已經買了 5 年了喔。」

「怎可能？感覺超新的。」

「因為都是我爸爸在幫我保養，哈。」

他環視了一下車子內部，沒有任何灰塵，也沒有任何多餘的香氛氣息，駕駛座的椅子在頸間處多了彈簧靠枕，每一個座位都有特別準備的椅墊，對了，還有兩件外套放在駕駛座跟副駕的椅背上，Matt 常常看她在公司穿，她的標準配備。

「好了喔，我會開平面道路過去，妳高雄熟嗎？」Matt 只知道 Rita 是台南人，來高雄工作，至於之前在哪裡服務？有怎樣的經歷？什麼樣學校畢業？或曾經到過高雄哪裡？他完全不知道，對於她，Matt 全然陌生，他想趁這一次夜遊的機會認識 Rita，要不然，在公司好像兩個全然無關的個體，陌不相干，根本可以說是兩條平行線。

「我不熟，悉聽司機尊便，你帶我去哪？我就去哪。」

「妳不怕？」

「怕什麼？」

「怕我啊！」

「你有啥好怕的？再說，我怕的話就不會答應你出來了。」

「那高雄壽山有去過？」

「沒，我知道壽山有動物園，猴子很多，但，沒去過。」

往壽山的路上，Matt一邊開車，一邊介紹他自己知道的高雄。

「這是愛河的源頭，愛河之心。」

「那是中都窯場。」

「這裡是崛江，不是新崛江，新崛江在五福路跟中山路交叉口那。」

Matt把沿路繞過的景點一一地說明給她認識。眼睛盯著前方開車，左手握著方向盤，右手指著他口中介紹的地標，Rita是個很好的聽眾，當Matt手指到那時，她頭就會轉向那，並適時回饋她心裡的一些問題以及感受。可能因為已經接近深夜了，到壽山不用半小時的時間。

「到了。」

「到了？哪裡？」Rita很誇張，Matt已經停好車了，竟然不知道已抵達目的地，剛剛是神遊了嗎？

「這裡就是了，下車吧。」Matt把車子熄火，打開車門下車，順便把神遊的Rita抓回來，順手把鑰匙跟錢包遞給她，「可以放你那邊嗎？我手裡拿著不方便。」Rita沒說什麼，接過去後，隨手就把Matt的皮包放進自己的包包裡，很自然，很理所當然。

「這裡就是忠烈祠，走，我們上去吧。」看前面長長的階梯，Matt不讓她有說不的機會，都來了，怎可以徒勞而返呢！

「真的要上去嗎？」她盯著階梯盡頭的牌樓，心裡猶豫了起來。

「放心，假如真的不行，妳馬上跟我說，我不會強迫妳，我一定馬上調頭，相信我。」

「喔，好吧。」

Matt 一直走在她前面 5 階的距離，逼迫她不得不跟他上去，其實這時的 Matt 想牽她的手，可是 Matt 不敢，他若伸手去牽，應該會被當變態吧，Matt 自知自己的顏值沒那麼高。

到階梯末端時。「妳看，轉過去看看。」

「哇。」

「真的好漂亮ㄟ。」Rita 眼睛整個張大了，似乎是第一次看到那麼美的夜景。

「我就說吧，妳一定會喜歡的。」

「Matt，謝謝你。」

「不客氣。」

「走，我們到那邊的觀景台，那邊比較高，比較不會被樹擋到。」

沿途會先經過地標：白色 LOVE 景觀建築。「那是這裡著名的地標：白色的『LOVE』。大家都會在那拍照留影。妳要拍嗎？」

「不了。」Rita 笑笑的搖頭。

站在觀景台上，上面還有其他幾對情侶，Matt 特意選了邊角的位置，不打擾別人，他們也可以輕聲聊天。Matt 以 85 大樓為基

準點，一路由南向北介紹，其實 Matt 自己懂的也不多，他想 Rita 也不知道自己在介紹什麼吧。Matt 指著前方高高的那棟大樓。「那是 85 大樓，上面的夜景更漂亮，可以 360 度環視高雄市，下次有機會我一定帶妳上去看看。」

「說真的？」

「真的啊。」

「好，我期待你說的下一次。」

「漂亮。就這樣說定了。」

「沒問題。」

「Matt，旁邊那些黃黃的燈光是哪裡？好大一片。」

「高雄港。」

「妳看那邊不是很多吊車、天車，那都是在卸貨。」

「卸貨？」

「嗯。妳看那些船上面不是很多貨櫃？那是貨輪。」

「比較低矮，沒有貨櫃的，是油輪，你看那一艘。」Matt 指著右前方那艘韓籍的油輪。

「船艙都是油，靠岸後，再由輸油管輸送到油槽，旁邊加工區那邊不是一堆油槽嗎？就是在儲油用的。」

「你怎知道？」

「拜託，我是誰？」

「你是 Matt。當司機的 Matt。」

「妳認識的 Matt 除了當司機外，他也懂得很多，真的！」

「這是你看書知道的？還是 google 查的？」

「是我以前的工作經驗，我曾做過國際油採購的工作。」

「真假？」Rita 的口氣充滿懷疑。

「怎今天我說的話妳都不相信？」

「哈，我跟你還沒那麼熟，所以…」

「沒那麼熟，那麼晚還跟我出來？」

「那回家吧！」

「喂，我開玩笑的。」女人翻臉跟翻書一樣快是真的。

「我生管經歷差不多將近 10 年了，從金屬加工業到現在的汽車組裝業，各行各業的工作，我差不多跨了 5 到 6 個行業。所以，關於一些亂七八糟的知識，我還知道蠻多的。」自己吹噓。

「可是我都不專精，只知其然，不知其所以然。我也接觸過外包管理，也派駐大陸，這也跟妳講過了，不是嗎？」

Rita 點點頭表示知道。

「所以，在某一方面，應該說『練孝威（台語）』我還算厲害。」Matt 尷尬笑著。

「妳呢？我都不知道妳是哪裡人？有怎樣的背景？」

「嗯，秘密。」

「妳真的很守口如瓶ㄟ。幹嘛防衛心那麼重？我又不會怎樣。」

「沒，跟你比起來，我真的算是小人物而已，不說也罷。」

「妳哪裡人？」

「台南。」

「台南哪裡？」

「台南市。」

「台南市哪？」

「秘密。」

「那妳上一份工作是做怎樣的工作？」

「秘密。」Matt 瞪了她一眼。

「也是人資嗎？」

「是的。」

「在高雄？」

「是的。」

「高雄哪？」

「秘密。」Matt 又瞪了一次。

「妳真的不講？」

「嗯。」她點點頭。

「妳多高？」

「166」

「多重？」

「秘密。」

「男朋友？」

「秘密。」

「好吧。」再逼問下去，她應該認為 Matt 是變態吧。

「時間差不多了。回家吧。」Matt 看了一下錶，快 1 點了。

「嗯，好。」回家比較快，也許是深夜的關係，感覺不到 10 來分就開到 Matt 住的地方。

「妳知道怎麼回宿舍嗎？要不要我幫妳帶路？」

「不用啦。」

「真的？」

「嗯。」

「好吧，妳自己車開慢一點，注意安全。」

「我會的，我又不是小孩。」

「但，妳是女生。」

「放心，我會注意安全的。」

「到宿舍打給我，讓我知道妳安全到家。OK？」

「好的。」

搭電梯上樓，刷完牙後就躺到床上等 Rita 的電話，Matt 只留床頭燈，他打算一邊看小說，一邊等。睡前閱讀一直是 Matt 的習慣，他只要睡前沒看書，當晚一定很難入眠，可是只要有看書，偶爾會是雜誌，有時幾頁的時間而已，就可以讓 Matt 立即入眠。

果然，Matt 不是讀書的料。

忘記過了多久，應該不久，文字的魔力，加上周公的招喚，Matt 竟然睡著了。是小說掉落地板的聲音讓他驚醒，第一件事，端看手機有無未接來電。「沒有！」Matt 看了一下時間，已經過 40 分鐘了，該不會發生啥事吧？在看一下 LINE。

果然！

魔鬼都藏在細節裡。

【Matt，我已經到家囉。】

【你應該已經睡得跟豬一樣了吧？】

【晚安，Matt。謝謝你帶我去那麼棒的地方看夜景。】

看完她留的訊息，Matt 立馬回 LINE。【哪有睡著？我剛又洗一次澡，在看電視等妳的消息好嗎？】

【Matt，不要逞強沒關係，我不會笑你。】

【真的沒有。】

【好，我相信你。】

【妳還不睡嗎？】

【我睡不著，一直在爬網路。】

【爬網路？妳宅女啊？】

【我是啊。】

【ㄟ，還是早點睡吧，晚睡對皮膚不好。】

【我真的睡不著，下午在公司訂了印度紅茶，現在超清醒的。】

Matt 心想，印度紅茶？超怪的！印度紅茶可以提神，第一次聽說。

【真的假的？那我們去追日，我們去看日出。】Matt 賭 Rita 不敢。

【真的嗎？】

【是啊，妳找的到點，我們就去。】

【好，我來找。】

Matt 心想，她是開玩笑？還是當真。反正不管怎樣，Matt 打算先瞇一下，他自己可沒喝 Rita 那所謂的印度紅茶，所以，他要趕緊休息，現在是他休眠的時間點，再不瞇一下，等一下那小妮子真的找到了，他可是會開車開到睡著。把床頭燈關閉，順便把 LINE 的提示聲調大，要不然，等一下又被她笑了。Matt 不是逞強，他只是不想在她面前漏氣。

【墾丁。龍磐大草原。你知道嗎？】凌晨兩點半的 LINE 提示聲特別刺耳。Matt 在迷迷糊糊中看到墾丁兩個字。】

【知道，墾丁最南端。】

【那是大家推薦日出的點，要去嗎？】

【去啊！幹嘛不去！】Matt 在昏睡中依然逞強，即昏睡狀態，Matt 還是不想在她前面前漏氣。

【等我，我準備一下馬上過去，我到再打給你。】

【好。】飯可以亂吃，話真不可以亂講。

刷一下牙（要不然熬夜嘴巴會很臭），再把凌亂的頭髮用水定型，至於鬍渣，算了，這樣比較有型。大約 10 分鐘後，Matt 就坐在大樓外的矮牆等她。

約略 3 點，終於，銀色 TIIDA 出現在 Matt 面前。

「早，Matt。」

「早。」

一樣，Matt 開車。他站在駕駛座外等她出來換位子，大約 10 秒後，車窗突然搖下來。「Matt，你幹嘛一直站在那發呆？很呆ㄟ。」

「啊！你什麼時候換到副駕駛座了？」

「就跨過去而已。」

「那可以再表演一次嗎？」

「不行。」

「為何不行？」

「因為我穿短褲，會曝光，而且姿勢不雅觀。」

「我知道啊，所以，再表演一次。」

「Matt，你很壞。」她輕輕的用手打了 Matt 的肩膀，並用斜眼瞪了 Matt 一下。

相隔幾小時而已，Matt 再度坐上 Rita 的愛駒，這一次多了熟悉感，一樣的座墊，熟悉的方向盤，還有記憶中的味道。

「那出發了。」

「嗯。走吧。」

他們由最近的交流道上國 10，轉鼎金系統接國一南下，再接88 快速道路接國 3，之後下南州交流道接 1 號省道。

車開上高速公路後，現在的時間點幾乎沒有車，尤其由 88 快速道路接 3 號國道後，根本看不到任何車輛，在這時候的時間點，碰到鬼應該會比遇到車還容易。在南州交流道的全家便利商店停下稍做休息，Rita 去上洗手間，Matt 則買了一罐水跟咖啡，希望這咖啡能幫忙延長他的清醒時間。

Matt 坐在車上等 Rita 回來，趁這機會仔細觀察，車子超乾淨，周邊的置物區放有許多屬於女生的小東西，他坐的駕駛座，平常都是屬於 Rita 一個人的主宰區域，現在退到副駕駛座，不知道是何感覺？會緊張嗎？會不會擔心我把她的車操壞？還是會很放心的交給我，而她只是很單純的享受被載的滋味？

Rita 打開門，繫上安全帶坐好後。「走吧。」

「給妳。等一下若口渴可以喝。」

「妳車上沒音樂嗎？」

「你想聽嗎？」她隨手拿出她的 IPHONE 出來，直接點擊 YOUTUBE 頻道。

　　「你要聽什麼類型的音樂？」

　　「國語？台語？英語？」

　　「ㄟ，我都可以。」

　　「五月天的好了。」其實 Matt 想點伍佰，但怕被笑 Low。

　　「哪一首？」

　　「隨便，都可。」

　　「那我選志明與春嬌。」

　　「其實都可以，不用也沒關係，我只是怕妳尷尬而已。」

　　「尷尬？為何我要尷尬？」

　　「因為我啊！」

　　「到墾丁還要很久喔。我怕沒話可說，安靜到尷尬。」

　　「不會啦。呵。」

　　「那妳休息一下，可以稍稍瞇一下。到了我再叫妳起來，好嗎？」

　　「不要。」

　　她側著身子靠在椅背上面對 Matt 說話。「陪司機講話是我的工作。」還好，車內燈光昏暗，她沒發現 Matt 發紅的臉龐。

　　一路上，兩個人沒太多話，因為還沒熟到可以侃侃而談的地步，

大部分沉默安靜居多。Matt 也不知道她有睡著嗎？不敢輕易的打擾她，無聊的 Matt，只好輕聲地哼起歌來。

Matt 不會唱歌，只會用氣聲小小聲地唱他還敢，或著小小聲地哼著歌，用一種只有他自己可以聽到的聲調低聲緩慢地哼著，一邊開車，一邊隨著歌詞的內容神遊。

車大約到楓港，東邊山脈頂端已逐漸出現些許的太陽光。

「妳睡著了嗎？」Matt 小小聲地喚著。

「沒喔。」

「妳看左邊的窗外，已經有稍微的泛白。」

她把側身的身體稍稍挺起，把視野轉向駕駛座的方向，穿過 Matt 下巴的位置俯瞰至窗外的山頂。「真的ㄟ！」

「真的有陽光。」

「那我們等一下可以看到整顆太陽公公嗎？」她超興奮的拍了一下 Matt 的左肩。

「若沒意外，應該可以。」

「什麼叫沒意外？」

「ㄋㄜ，你看前面那片烏雲。」Matt 提了一下下巴，指示車窗前方那一片罩頂的烏雲。

「等一下到目的地，若那片烏雲沒遮住太陽公公起來的軌跡，我們應該可以看到整個日出過程。」

「怎麼辦？」

「還是我們現在要調頭？」

「不要。」

「好，我們不達目的不罷休。」

「也說不定恆春地區的氣候就是這樣，等一會就散開了。」

「嗯。我們一定要看到日出。」看她堅決的樣子，Matt 會心笑了一下。

「妳剛剛安安靜靜的在做什麼？怎都沒動作？我以為妳睡著了。」

「我嗎？」

「難道還有第 3 個人嗎？」

「吼，妳不要嚇我啦。」

「誰叫你要問白癡問題。」

「好吧，我承認我白癡可以吧。」

「你知道我在做什麼嗎？」Matt 沒說話等她回答。

「哈。」她笑咪咪的小聲地說。「我一直在靜靜聆聽司機偷偷唱的歌。」

「啊！什麼？」可惡，被抓到了

「好吧。五音不全，對不對？妳笑吧。反正我已經習慣了。」

「並不會。我剛剛聽了好久，我一直沉浸在你的旋律中。」

「少來。」

「不用安慰我，我已經習慣被取笑的滋味了。」

「我沒有要安慰你啊。」

「我只是想讓你知道你哼的並不難聽。」

「妳知道嗎？我很佩服兩種人，這兩種人是我出社會後，我才發現我所缺少最基本的能力。」

「而這兩種，是 Social 手腕很高的人才有的技能。」

「哪兩種？」

「第 1 種，就是會唱歌。」

「而第 2 種，餐桌上會喝酒的人。」

「那你要叫我偶像了。因為我都很厲害。」

「啊？」Matt 有點驚訝！

會唱歌的女生 Matt 不會訝異，但，女生嗜酒就有點不太好了。好吧！應該是 Matt 的認知問題，可能也有人認為：一個男人不會唱歌、喝酒算什麼男人。

「你是喝啤酒？還是紅酒？還是中國那種白酒？」

Matt 想搞清楚她會喝酒的定義是什麼？是會一直跟同事出去聚餐在熱炒店喝的啤酒？還是在西餐廳品酒？家裡獨酌紅酒？或是以前常出差大陸時，跟客戶拚的白酒？

「我喝調酒。」

「調酒？」

那不是常跑夜店才會有的酒品嗎？難道她是夜店咖？

「是啊。我會自己調。」

「我的宿舍有一瓶伏特加，可以加冰七喜汽水或蘋果西打變成調酒，甜甜的，很好喝。下次有機會你來我宿舍，我再請你喝。」聽到她這樣說，Matt 心裡輕鬆了一半。

「我不會喝酒。」

「少來。你的樣子看起來就是在公開場合拚酒的人。」

「我是說真的。」

「一罐啤酒下肚就可以讓我變關公了。」

「我最高紀錄是一手啤酒，在大陸時餐桌上的拚酒文化，拗不過對方的要求，硬喝的。」

「還好我有很好的保護色，他們才沒有繼續為難我。」

「我好想看看你喝酒臉紅的樣子。」

「啊？為什麼？」

「一定很可愛。」

「是很窩囊，不是可愛。」

「不會。」她笑著搖搖頭。

車到車城，剛行經福安宮前方的十字路口。

「看來下雨的機率非常大，我想，應該看不到日出了。」

「還要繼續下去嗎？」

「啊，真的看不到嗎？」

「你看我們頭上的那片烏雲，再過不久就下雨了吧。」

Matt 依據自身的觀察跟經驗，若眼前這片烏雲還不下雨，那簡直比此時此刻遇到鬼還難。

「我們再往前開一會，好不好？」

「好啊。」

難得都出來了，雖然說沒有看到日出，Matt 不可能讓 Rita 這樣無功而返。

「我帶妳去一個秘境。」

「秘境？」

「嗯，也是在龍磐草原那附近而已。」

「只有真正的高手才知道的地方。」

「喔。會不會很偏僻、很荒涼？」

「當然。」

「要不怎稱秘境？」

「怎？妳不敢跟我去嗎？」

「當然敢。」

「喔，怎現在勇敢起來了？」

「你會保護我，不是嗎？」

「當然。」Matt 的口氣回答得很順、很堅決。

「那走吧。」

「好。」

「司機先生應該很想睡吧？要不要換我開？」

「不用，我可以。」

「不要逞強ㄟ。」

「不是我在逞強，你跟我一樣一夜沒睡，我想，我還是相信我自己。」

「吼～」她順勢又拍了一次 Matt 的肩膀。

Matt 緊盯著前方，手握著方向盤絲毫不敢大意的往目的地前進。突然 Rita 的左手直接伸過來捏住 Matt 的右肩幫他輕輕的按摩。

「你的肩膀好緊喔，真的不需要我開嗎？」

「若妳可以持續這樣幫我紓壓，我現在可以開車載著妳環島都沒問題。」

「你想得美。」雖然她嘴巴這樣說，但手捏壓的力道並沒有停下來。

「Matt，你的肌肉真的繃很緊，你壓力是不是很大？」

「還好ㄟ。」

「或許是我已經習慣了，不自覺的隨時緊繃。」

「放輕鬆。適時的放鬆，呼口氣是必然的。要不然你一定會撐

不住。」

「不知道，我沒想過這些問題。」

「現實的壓力無所不在，我也要生活，不是嗎？」

「妳可以不用按了，這樣姿勢根本不順，很累的。」

Matt 好心的提醒，也讓她有台階下，要不然，很累的。

「把你右手給我，你可以單手開車吧？」

「可以啊。現在沒什麼車子，車速也不快。」

Rita 把 Matt 右手抓過去，手掌剛好置於她的大腿上，換幫他右手臂按摩。「這樣我就不用耗費那麼多力氣了。」

靠！超舒服的！（Matt 心裡的 OS）

過墾丁大街後，Matt 一直在找那傳說的叉路。「快到了，我在找那記憶中的入口。」

快到鵝鑾鼻之前，Matt 把車速放慢在找對向車道秘境的入口，那是一條無名的小徑，一不小心就會錯過了。

「有路標嗎？」

「忘了。超久沒來了。」

「那我要怎麼幫你？」

「等一下到那邊，若真的很漂亮，不要吝惜妳的驚叫聲。」

「Matt，我是很認真的想幫你。」

「我也是很認真的回答你啊。」Matt 一邊回她，一邊眼睛還是專注找那傳說中的路口。

終於。

「我找到了，就是這裡。」在省道旁的某一條小路，沒有任何標示，那為何可以知道就是這裡，Matt 很驕傲的說：感覺，真的就是感覺而已，感覺就是這裡，如此而已。

彎進小路後，是一個接近 30 度的斜坡，Matt 把油門踩的很輕，讓車可以慢慢前進。

「你可以打倒 L 擋，這車才 1500C.C，比較沒力。」

「沒關係，慢慢開就好了，還用不到 L 擋。」

車過蜿蜒的爬坡山徑後，映入眼簾的是一片無際的草原，草原與柏油路間有白色格柵間隔，在左側有幾間民宿座落其中。

「哇。」

「好漂亮！」Rita 看到後真的興奮地叫了出來。

「我可以下去看看嗎？」

「當然。」

Matt 把車停在路邊，RITA 已經迫不及待的開門衝下去了。「好漂亮喔！」這語氣已經不是興奮的呼喊，而是低聲的由衷讚嘆。

Matt 從 Rita 的口氣、Rita 的舉止知道她是真的發自內心覺得這地方很漂亮，而不是敷衍自己而已。但，Matt 也從 Rita 的眼神看出，她在回憶某個人，她也希望某個人可以帶她來這裡。

Matt 知道那個人不是自己，是她的回憶，是她心底深處的隱藏。Matt 站在車門邊，靜靜的等待，沒有打擾她。

突然，她回頭看。「Matt，過來啊，你站在那做什麼？」說完這句話後，她拿起手機開始 360 度拍照起來了。

一下子跑到北邊拍隨風輕拂的草原，一下子又跑回車子這裡拍草原天際線的海景，拍完後，又跑去拍座落的民宿。這裡應該殺掉她手機內不少的記憶體空間。

「我幫妳拍一張吧。」

「嗯，好。」

她把手交叉放在左大腿處對他微笑，風剛好把她的頭髮吹到左側臉頰，背景是一望無際的青綠色草原、沁藍的天空，跟些許的白雲。

「喀嚓」。這是 Matt 幫她拍的第一張照片。

接過手機後，她的眼睛亮了起來，笑著說：「Matt，你的拍照技術真好，你把我拍的好漂亮喔。」

由她說話的口氣跟表情，Matt 知道 Rita 很滿意自己的拍照技巧。突然，她手指著他背後的方向。「Matt，你看。日出。」

「真的假的？」Matt 一瞬間回頭，太陽真的從不遠的海平面出現，還真的見到鬼了ㄟ，剛剛那一大片烏雲真的不見了。

「還好我們沒放棄。」Rita 笑了，不自覺的微笑了。

「是啊，還好我們沒有放棄。」

「謝謝你帶我來這裡，我好喜歡往郊外跑，這樣瘋狂的舉動，說實話，我還是第一次。謝謝你。」

　　「好了，我們看到日出了，吃早餐吧？」

　　「當然，走吧。」

　　之後，兩個人一路往回開，在恆春鎮的美而美吃一下早餐、並在車城海濱稍稍的停留休息。這一夜，他們兩個很瘋狂，或許以後不會再有這樣的機會了。難得，人不輕狂枉少年，或許兩個人都已過了輕狂的年紀，但，回憶會一直埋留在心底。

第三部　明爭暗鬥

「……黃經理，如果你下面的人這樣對你，你要怎麼處理？」

黃經理沒有遲疑。「二話不說，砍了。」

Peter 一直跟黃經理處的不錯，在外人看來，他們兩個應屬同一條船上的人，怎黃經理那麼無情。而對黃經理來說，Peter 不是誰，跟老闆相比，他實在是個不怎樣的小角色，只是 Peter 一廂情願認為兩人是同一派系罷了。

「那我算是很仁慈了，給了他兩星期的時間，也好幾次機會。」米蘭達說。

「Paul，那你呢？」

「一樣，FIRE。」

11

資遣

　　「Peter 的出差報告給了嗎？」米蘭達坐在台中會議室的一角，看著卷宗一邊問著站在一旁的 Doris。

　　「報告米蘭達，還沒。」

　　「為何還沒？」

　　突然，米蘭達停下手邊的動作，用質疑的口氣問了 Doris，好像 Peter 沒給出差報告是因為 Doris 的關係。

　　「他的理由是什麼？告訴他這件事情的嚴重性，若他還真的不交，我自然會有後續動作。」

　　「好的，米蘭達，等一下下去我立即再通知他一次。」

　　近期米蘭達對 Peter 已經失去耐心，請一個業務經理，已經一個多月了，卻沒有看到後續的訂單成效，她也整天看不到人，打電話都說在客戶端。對米蘭達來說，你拿出成績來，我就不會管你要怎樣做！現在你的業績掛 0，沒有任何實質的績效，也沒看到任何

回饋，米蘭達感覺好像把大把大把的鈔票丟進海裡一樣，無聲無息，要 Peter 交個出差報告，也拖了大把個月還交不出來，倒是一直簽到他外出報公帳的單據。

米蘭達要看到自己請這個業務經理帶來的價值，沒有成績，至少交出一份報告，告訴我你做了哪些事？米蘭達或陳總也可以藉由這份報告來看看 Peter 的方向有沒有問題，也順勢給些基本的建議，畢竟這個行業別蠻封閉的，有時真的需要一些關係來打通關，若你連報告都沒有，不是在混，就是你的表達能力有問題。

「喂，Peter 嗎？」

「是，我是。」

「我是 Doris 啦，你現在在哪？」

「我在中欣客運這裡，怎麼了？」

「剛剛米蘭達又向我要一次你的出差報告了，你今天可不可以給我？」

聽到這，Peter 有點不耐煩了。「我不是說了嗎？業務跟一般的性質不一樣，我們有成績（接到訂單）後，自然就會有一份完整的報告呈現出來，現在都還沒接到訂單，我要怎麼寫這報告啊？每天記錄流水帳嗎？幾點幾分去哪？見了誰？開了哪些會議嗎？還是米蘭達要我寫日誌？可以明說嘛，這我可以交給她，一直說要每日的出差報告，要怎麼寫？沒頭沒尾的，我要怎麼寫？」

「你自己去跟米蘭達解釋，反正米蘭達就是要我跟你要出差報

告，我先說喔，她已經很生氣你沒給報告這件事了。我勸你下午親自進辦公室跟她說明一下。」

「我下午還有彰化客運要拜訪，這事先約好，沒辦法改。」

「要不然你親自打電話跟她說一下啊，你再不給消息，她會爆炸！」

「好啦，我自己再跟她說。」

Peter 沒有打算要打這通電話，他自認自己不是笨蛋，米蘭達在氣頭上，怎麼可能眼睜睜的去送死！他還是決定把下午的既定行程跑完，對他而言接到訂單比較實際，至於報告，他壓根兒不打算寫，哪天訂單下來了，他就要看看上層還會不會跟他要出差報告？業務就是來接訂單，不是來做文書作業。

隔日。

「你們覺得台中這需要資訊主管嗎？」米蘭達把黃經理、Paul 找進會議室，討論後續台中總部後續人力部屬事宜。

「高雄的 Terry 不是資訊主管嗎？」Paul 疑惑的問。

「Terry 目前的定位是專員，當初找他進來是為了 ERP 的導入。現在台中總部這也有資訊人員了，整個 IT 不應該只侷限在 ERP 系統而已，我們要的人，是要架構起整個集團的資訊系統。所以，你們覺得這兒──總部，是否需要一個資訊主管呢？」說話的是陳總，他把台中的定位向兩位經理說明白。

「若是這樣的話，那台中這勢必需要有一個資訊主管，由他來

串連北、中、南各地的資訊系統，包含以後的電池廠。在台中，往南、往北都比較方便。」這次說話的是黃經理。「而且這個主管的位置建置在台中，對整個集團來說，不管是下達指令，還是開會討論都會比較方便。」

「我也覺得由台中這來找會比較好，不要在南部找了，台中這可以網羅全台灣大部分的人才，這邊的人才庫資源豐富，不說那麼多了，就決定台中找。」

有了黃經理的支持，米蘭達決定這事就台中這邊定案。「Doris，今日就把 104 職缺打開，人選暫由黃經理做初步篩選，若黃經理不在或沒空，再請 Paul，若需要再進一步複試，再來找我或陳總。」

Doris 在一旁聽了深覺不妙，若照這邏輯來推算，不只資訊主管，後續的採購主管、行政主管一定都會比照辦理，這對自己來說是一個很大的警訊，原本自己以為米蘭達會把自己調往台中總部，現在每天自己從高雄開車到台中，然後晚上在奔波回高雄，為的就是要給米蘭達看自己配合度，但，現在的 Doris 已經沒有這樣的把握了。

「對了，Peter 聯絡上了嗎？」米蘭達突然轉頭問 Doris。

「昨天有聯絡上了，我也有跟他講報告這件事，也請他回來向你當面報告，但，昨天下午他已先跟彰化客運約好，不好意思臨時取消。我有再次提醒他，抽空打個電話跟妳告知一聲。」

米蘭達眼神很平靜。「你再打電話跟他說，我都 7 點才離開公司，還有，我沒有接到他的電話！如果他連我要求的報告都不交，不想交，不爽交，可以直接說，不用在那拖泥帶水。把我的話帶給

他，我就要看看我何時可以收到我要的報告。」

「好的，米蘭達。我立即去聯絡。」Doris 說完，隨即離開會議室去聯絡 Peter。

「我這個人最痛恨員工把老闆交待的事放在抽屜裡。你們知道放在抽屜裡是什麼意思嗎？放在抽屜裡的意思就是不去理它、不去管它，放久了就忘記了，哪天再來翻抽屜時才又發現，ㄟ，怎麼會有這個東西？這是什麼意思？你沒有看重這件事情嘛！也可以說，你沒有把老闆交待的事放在第一要務，眼裡根本沒有老闆！」

停頓一會，又再補一句話。「Peter 就是這樣。」米蘭達的臉超臭的，很明顯的表現出她的不爽。

「我好早之前就要他提報告，結果現在應該過了兩星期，一個字都沒有！黃經理，如果你下面的人這樣對你，你要怎麼處理？」

黃經理沒有遲疑。「二話不說，砍了。」

Peter 一直跟黃經理處的不錯，在外人看來，他們兩個應屬同一條船上的人，怎黃經理那麼無情。而對黃經理來說，Peter 不是誰，跟老闆相比，他實在是個不怎樣的小角色，只是 Peter 一廂情願認為兩人是同一派系罷了。

「那我算是很仁慈了，給了他兩星期的時間，也好幾次機會。」米蘭達說。

「Paul，那你呢？」

「一樣，FIRE。」

Paul 也是笑笑的回答，理所當然的認為這是最好的處置手段。

「這也是誠信的問題，姑且不論他的能力如何，光是職場倫理這一塊就不合格。」

「那不用說，Peter 已經沒有機會。我原本還想說你們若有人幫他說話，至少表示在平行溝通上是沒問題的，若連你們都沒幫腔，那我不知道留他的理由是什麼？」

Peter 確定是被殺了，對 Paul 而言，他少了一個敵人，但他也由此看到黃經理的冷漠，他已經搞不清楚哪些是黃經理自己的人了，也或許他一直都是自己一個人的單打獨鬥也說不定。

另一方面，Doris 一直在打電話聯絡 Peter，想儘早告訴他事情的嚴重性。昨天 Doris 自己太忙了，總部這邊還沒有行政人員，落的她所有的行政的雜事都得自己處理，她根本無多餘的心力再去思考別的事情，甚至忙到下班也忘了再跟 Peter 確認他有沒有打電話給米蘭達報備。

Doris 她知道這事情的嚴重性，心裡超急，Peter 剛來不久，而且長時間在外跑業務，根本不熟悉 TD 的習性，應該說他不了解米蘭達的個性，如果他還是以前公司的態度在 TD 做事，那穩死。Doris 手機一直打，不是收不到訊號，就是沒人接，甚至連 LINE 也留了。

「快接啊，Peter！」Doris 在心裡急到不行。

「Teresa，你知道你家經理去哪裡嗎？」Doris 轉向業務助理幫忙。

「我也不知道ㄟ，我現在跟他接觸不多，通常 Peter 只有在報銷單據時，我才會看到他。」

「那你的工作是誰交代？誰在帶你？」

「我現在都在做廠端每批的交車雜務，像一些報單，核可證，引擎變速箱號碼對照表整理，幾乎都是跟監理站有關係的事。Peter 那邊的業務，我還沒接觸到。」

Teresa 把自己知道的事全部說出來，她也覺得很無辜，自己的經理不交代事情給她又不是她願意的。

「那個…Doris，米蘭達請你進會議室。」Susan 突然過來。「對了，她心情不太美麗喔。」

「好，我馬上過去。謝謝妳。」

「Teresa，你繼續聯絡你家的經理，無論如何，今天一定要回辦公室，越快越好！」

「一定要聯絡到！」Doris 的口氣很重，她要讓 Teresa 明白事情的嚴重性，特別交代後才進會議室。

「米蘭達，我還沒聯絡到 Peter，再等一下下，我聯絡到後叫他馬上來向你報告。」一進門，Doris 馬上跟米蘭達提報，讓她知道自己有努力在聯繫了。

「不用浪費時間了，妳準備一下資料，Peter 讓他到今天。計算一下新資、遣散費多少，一次算清楚結給他，不要囉哩叭唆。還有，我不想再看到他，我不用約談了，交給你處理就好。」果不其然，終究米蘭達還是下手了，這是最不得已的做法，假如台中這幫人還是依著過去的經驗做事，那接下來此類的事會層出不窮。

聽到這消息的 Doris 沒多說什麼，直覺式的回答：「好的，米

蘭達。」

　　Doris 已經覺得無所謂了，自己像熱臉貼冷屁股的笨蛋，當事人不急，自己反而像笨蛋似的一直擔心，原以為自己心裡會有些衝擊，沒想到真的碰到了，好像，也就是這樣如此。

　　走出會議室的 Doris 直接到座位開始準備資料，計算這個月的工作天數折算的日薪，提前 10 天告知的預告新資，因試用期還沒滿，所以也沒所謂的補償新資，資料不多，很快就準備好了。

　　拿著這樣的資料，Doris 直愣發呆。

　　「Doris，我有 LINE 給 Peter 了，他也回我他下午在中欣客運拜訪總工，結束後會盡量到辦公室，但，不一定可以進來。」Teresa 把知道的資訊告訴 Doris。

　　「喔，妳再跟他說今天無論如何都要過來，不管多晚，我都會在這裡等他，不急。」Doris 說的很平靜，手中的資料也沒特別避諱 Teresa 是否會看到。「還有，叫他把公司配給他的 NOTEBOOK 跟手機也一起帶來。」Doris 相信這樣的轉達 Peter 一定看的懂，若他還是沒自覺，算了，這也叫該死——不長眼。

　　「難道…」Teresa 瞪大眼睛看 Doris，Teresa 似乎不相信自己眼睛看到的事實。

　　Doris 張大眼睛抿嘴的點點頭。「你不用跟 Peter 說太多，把我剛剛跟妳說的事轉達給他就好了，他會有今天這樣的結果，他自己要負責。你也不用太自責或難過，這跟妳沒關係，是他是自己太自負，由不得別人。」

「LINE 給他吧，我現在打電話他都不接，不用說太多，記得跟他說不管多晚我都會等他。」Doris 有氣無力的。「還有，這事不要再跟其他人說了。」

　　Teresa 點點頭就回自己的座位。

　　今天的會議室已經開了一整天的會了，會開那麼久的原因，全為了後續 TD 台中的電池廠，也是 TD 供應鏈上最重要核心。會議室的白板上畫了兩個方塊：「獨資 VS 合資」，獨資這一方塊畫了一個紅色的大 X。很顯然，這是會議的決議，未來 TD 的電池廠就是往合資這一方向走。

　　「上次的 A + 會議結束後，到現在過了快兩個月了，有合作意願，而且又是我們 TD 認同的，現在看來只有一間——統立能源。說說看，若以我們的技術跟資金，統立能源與 TD 合資有沒有辦法做到 1+1 ＞ 2 的效果。假如沒有，我們是不是真的要考慮尋求外資來合作？」

　　陳總直接把議題拋出，他希望在座的兩位經理能提供一些專業上的意見。「說說看你們的想法，你們兩個都是有經驗的經理人，這樣的情況，你們會怎麼處理？什麼都可以說，沒關係。」

　　統立能源為彰化一間生產動力電池的上市櫃公司，電池主要容量為 1000-1500mah，產品大部份外銷歐美居多，只有少部分內銷台灣電動機車市場，在台灣電池市場這一塊，統立能源可以說是非常封閉的產業，另一方面又可以稱得上是寡占動力電池業的公司，國內的競爭對手非常少，主要是台灣的電動機車還不成熟，可以說

是台灣的龍頭也不為過。

程經理：「陳總。我以財務面來解釋好了。會議前，我大概看過統立這幾年的財報，若我們以 3 億當作資本為目標來成立一間新公司，而 TD 又必須持股必須佔 50％來看，剩下的 1 億 5000 萬必須由統立及其他股東吸收。就現實面來講，若依統立現在的資本額，還有這幾年本業的 EPS 來看，我覺得，1 億 5000 萬對統立來說不是太大的問題，甚至他們可能會要求超過 1 億 5000 萬。」

「不可能會讓統立佔 50％，甚至 35％都不可能，主導權必須握在我們手上。」陳總立即回應。

而對陳總這樣的回應，Paul 並不意外。「所以，假如持股上沒有佔優勢，我想，統立跟我們合資的機率不大，若真的合資了，我想，統立的態度有很大的可能只會是一個投資者的角色，並不會把原有的技術轉嫁過來，對我們而言，當初會考慮統立，有一大部分是要把統立的本業技術及研發能力考慮進去，若統立不提供技術，那統立能源我們可能必須再次審慎評估一下。」

黃經理：「統立這邊我們一直有跟它有技術上的交流，說實話，它們目前對電池相容性的要求，還落後我們公司標準一大段，應該是產品不同，它們的市場一直以來都是機車，及小型四輪車的市場，我們是大車，這技術面上有一定的差距。但，也不能說他們沒有優勢，若跟他們合資，我們是可以減少一些前段摸索期的時間，但，相對的，未來我們的技術說不定也會被偷過去，那就不是技術合作了，我們反而是在培養一個打自己腳的競爭對手。」

「所以，合資對象一定要多方考慮，不是說他有資金，他有技

　　　　　　　　　　　　　　　　　　　　幕僚的宿命

術就可以了。我以前都以為開一間公司，就是把錢砸進去，建廠房，招人進來，然後就可以運作，沒想到背後考量的原因那麼複雜，看來，我要多增加這方面的知識了。」米蘭達表示她的意見，也大方表示自己的不足。「兩位經理，這方面的知識有專業書籍可以參考嗎？我可不可以先看一些書來增加自己這方面的知識？」

「米蘭達，這書是有，但，太多太廣了，幾乎都是名詞、理論居多，若沒有人在一邊指導，會很難讀得懂。但，現在 TD 正是一個好機會，你可以順勢學習，這比看書來的強多了。尤其在會計這一塊，我也可以順便跟你交流。」Paul 趁機表示自己願意教導。

「不，我還是要先看書學習比較好，要不然很多專有名詞我根本聽不懂。你有書可以介紹嗎？」

陳總不想再浪費時間。「好了好了，這些話題我們會議外再講。」

「從剛剛兩位經理的意見，似乎都不覺得和統立能源合資是好事。我這樣說沒錯吧？」黃經理跟程經理不約而同的點頭，沒有再進一步表示意見。

「沒關係，還有一個辦法，就是現在的電車進口商──北京的 SW，現在 SW 的車輛配備電池是跟陝西一間叫裕通能源合作，我看看可不可繞過 SW，直接跟裕通能源接洽，這是另外一條路。」陳總自顧自的思考，好多接下來要做的事逐漸在他腦海裡浮現。

「好了，今天就到這裡吧。下星期的今天我們再開一次會，把各進度再拿出來討論，你們各自要產出的報告，下星期一定要整理出來，OK？」陳總見兩位經理點頭。「好，那我們今天就到這。」

此時會議室外卻站著一個人──Peter，他已經在外面等這會

議結束一個多小時了，是 Teresa 的 LINE 讓他一瞬間回到總部辦公室。

Peter 見兩位經理出來後，猜想應該是會議結束了，他立即開門進去見米蘭達。「米蘭達，我需要跟你 TALKTALK。」此時的米蘭達埋頭在自己的 NOTEBOOK 裡，她見 Peter 進來，心情瞬間不悅起來。「我不需要 Talk 了，我已經交待 Doris，妳去找她就好。」米蘭達拿起會議室的分機。「Doris，為何 Peter 會在我這裡，你進來帶他去另一間會議室談清楚。」

「米蘭達，請再給我一次機會，讓我解釋一下。」

「我已經不需要你的解釋了，你出去吧。」

而在高雄的另一端，Rita 的信箱收到 104 的確認回函：**今日新增－職務：資訊主管－台中**。Rita 覺得莫名其妙，自己最近根本沒有到 104 新增任何職缺，看到這樣的訊息她感覺一定有鬼，公司私底下不知道在做些什麼小動作，由其是台中那裡。她立即用自己的手機上 104 人力資源網查看，果然有一筆新增的職務，台中資訊主管。這職缺自己根本不知道，Doris 根本沒跟自己告知，這完全是 Doris 經手。資訊主管？那 Terry 呢？

Rita 不知道這職缺跟 Terry 目前的職位有沒有衝突？她趕緊截圖傳給 Terry，並註記：**【台中資訊主管，Doris 經手，我完全不知情。】**

【何時的事？】

　　　　　　　　　　　　　　　　　　　　　　幕僚的宿命

【我剛剛發現，想說通知你一下。】

【好，我知道了，謝謝。】

【先不要輕舉妄動，公司還沒有任何動作，我了解事情原委後再通知你。】

【我自有打算，你動作也不要太明顯。】

米蘭達擺明是過河拆橋，當初進來時，說好先把 ERP 導入，暫時掛專員的位子，階段性的任務完成之後在來討論後續的職銜，結果現在 ERP 已成功導入上線，反而在台中要找個人來取代自己的位子，無恥！

Terry 非常憤慨。

碰到這樣的事，很少有當事人能冷靜下來思考。他自己已決定開始先找工作，不等公司找人來取代他。他也要把這訊息告訴 Matt，讓他明白老闆這兩夫妻在搞什麼鬼，讓 Matt 自己也提高危機意識，可以先鋪後路，不用像自己現在一樣。

Terry 越想越氣，他不是那種會把事情擺著讓它順其自然的人，他一定要問清楚。

「喂，Doris 嗎？」

「是的，我是。」

「我是 Terry，有件事想請教你一下，不知道你現在是否方便講話？」

「可以，你說。」Doris 蠻訝異的，Terry 很少會主動打電話給自己，一定有很重要的事情。

「那個，我有看到台中有在徵資訊主管，我想問一下這是怎麼回事？」

「啊！真的嗎？我也不清楚這件事，我問一下米蘭達後再告訴你。」Doris 覺得奇怪？她才掛上去網路不到幾小時，怎麼 Terry 會馬上知道？他的資訊哪來的？

「沒關係，我等你的消息。」

Terry 知道 Doris 講的是敷衍了事的話，後續一定沒任何結果，晚一點他還會再打一通電話確認，並把話說的重一點，讓公司知道這樣做的後果在哪。

不想在坐位上琢磨的 Terry，剛起身要去裝茶時，剛好看到 Matt 開會出來。

「Matt，你來一下，我有話跟你說」Terry 立即把他拉到一邊講話，而且他的臉色凝重，讓 Matt 感覺好像有什麼大事要發生一樣。

「老闆要在台中招募資訊主管」

「不會吧！？」雖然 Terry 不是主管，但 Matt 看得出來，老闆找他做的事，以及要開的所有的相關會議，都是資訊部一個主管的樣子，難怪他的口氣聽起來超生氣，這擺明是過河拆橋！

「你怎知道？你有問清楚嗎？」Matt 還蠻好奇他的資訊來源哪來的？

「你自己去 104 看，Rita 已經跟我說她不知道此事，連她的主管也沒跟她說。」

「那你打算怎麼辦？」Matt 還蠻擔心的，因為若是真的話，

這不會是特例，這只是公司處理他們的第一步，而且接近年底了，公司還這樣處裡打江山的員工，真的很沒道義，Matt 打從心底唾棄這樣的公司跟老闆。

「我已經打給 Doris 詢問了，她說她也不知道……」

「屁，最好她不知道！」Matt 立即脫口而出的語助詞，充分表達 Doris 說的屁話。

中午，Matt 利用午間吃飯的空檔，打開手機裡 104APP 看公司新增的職缺，果不其然，台中資訊主管的職缺真的開出來了，除此之外，資訊人員、行政人員、品證主管以及技術人員清一色都開在台中。這有事嗎？看不起高雄的人員，組織也不是這樣搞的吧？當作決策者與實際產線脫節，若真的發生問題，真的不知道要多久的時間反應？反正這樣的組織架構是錯的，至少在 Matt 的認知裡，這一定會出問題。

這樣的訊息讓 Matt 整個下午都處在失望的情緒裡，公司在成長的階段一定會汰舊換新，換人是無可厚非的事，這些道理大家都懂，職場的無情，老闆的無心，這是台灣職場的通病，但，這也不是第一次發生在台灣的職場環境，怎麼每次遇到，大部分的人都會對人性灰心，Matt 也不意外，他感覺自己超弱的。

整個下午 Matt 一直在思考：如果換成是我的話，我會怎麼辦？他還沒有足夠的條件讓公司說資遣就率性走人的地步，他還是得靠這一份薪水過活，他還背負著一些貸款，現實的生活讓 Matt 還是得看公司的臉色生活，那，他自己是不是該巴結一點？該選擇派系？也不能說實話了？

「有空嗎？」Terry 在下班前打分機給 Matt。

「可以啊，要我過去嗎？這報表設計就是老闆的主意，ERP 沒辦法直接產出嗎？」Matt 知道 Terry 一定有後續動作要跟他說，要不然，他不會那麼無聊特地打分機問 Matt 有沒有空，而 Matt 很聰明，故意說些工作上的事讓自己背後的主管聽到，不要讓他起疑心。

「副理，我過去蘇先生那一下，討論一下關於 ERP 可以產出的生產報表。」

轉身告知副理自己的去向後，Matt 直接往資訊的辦公室走。已經接近下班的時間點，外面的工廠是暗沉的一片，應該是前面的鐵捲門沒拉上去的關係吧？也有可能是天氣陰霾的關係，好像快下雨了，最近的天氣超怪，明明就已是入秋的時節，卻一直有颱風來，感覺世界的氣候已不遵循以往的四時節令，電影《2012》的場景似乎隨時會上演。

「Terry，你找我幹嘛？」Matt 一進門馬上就開門見山的切入要點。

「幹嘛！我已經跟 Doris 放話了，我要她跟米蘭達說，有什麼事公開來談，講明白。我這個人最討厭背後做一些偷偷摸摸的小動作，若沒說清楚，今天星期五了，這周末放假回來我一定會有所動作。」

Terry 在氣頭上，下午一上班就用電話跟遠在台中的 Doris 告知他的想法。每個人都知道在氣頭上時不要輕易的下任何決策或說任何不經思考的氣話，因為這樣的話常會帶來無法收拾的後果，而且通常這樣的後果都會一發不可收拾，甚至就此中斷了一切談判的

管道。但，換個層面來看，若當下不這樣發洩，怎可能有後面一段時間後的心平氣和呢？

「你打算怎麼做？」

「怎麼做？提辭呈ㄚ！」

Terry 講的好理所當然，他認為最好的處理方式就是遞出辭呈，如果換成是 Matt 的話，他第一件事是打開 104，然後希望在最短的時間有公司願意通知他去面試。果然，現實生活中，Matt 的條件真的沒有好到隨時可以到另一間公司上班的「堪站」。

「真的？假的？」雖然 Matt 知道 Terry 說的是事實，但他還是要反射性的問一下事情的真實性。

「真的！公司這樣對我，我不會笨到等到別人來交接我的工作，我還傻傻的教他。按規公司規定來，依我的年資，要多久前提出，我就多久前提出，然後時間到走人，至少離職時間點控制在我自己手上，而且我提出了，這段時間我就來準備交接清冊，綽綽有餘。」

「還有，在消息還沒確定之前不要來問我任何 ERP 技術上的問題。」

「幹，那我報表問題怎麼辦？」

「怎麼辦？自己想辦法啊！那麼久了還不會解決，怪我ㄟ！」

Matt 很依靠 Terry，他任何 ERP 系統的問題直接問 Terry 會比較快，懶得自己在那邊摸索，他也從 Terry 每次的解答慢慢建立自己的 Database，漸漸的，Matt 就有問題解決能力。其實碰過

ERP 系統的人都知道，它的問題都有關聯性，不外乎是 Key 單時間點，或是 BOM 架階的連結性，只要把這些連結來龍去脈抓出來，Bug 藏在哪也就差不多就找得出來，但，前提是你要很懂系統組織架構，而且沒有其他的事務繁忙。

「算了，我下星期再來找你，你好好的休假，不要讓這些煩事擾亂你的休假情緒。」

離開 Terry 的辦公室後，Matt 也差不多就準備下班了，接下來 3 天的國慶連假，他要好好休息，好好的睡一下覺，再把衣櫥裡陳年的衣物洗淨晾乾，還有，他有好多電影還沒看，下載一堆電影，佔了電腦空間不少容量，這樣算一算，根本是百廢待舉啊！

Matt 一走，Terry 才注意到手機有未讀的 LINE。

【**Peter 被資遣了，今天。**】Terry 收到 Rita 傳來的 LINE，就在不久前而已。

【**發生什麼事了？**】

【**不知道，剛剛 Doris 叫我準備退勞健保的資料，日期是今天。**】

【**好，我知道了，我自有分寸。**】

Terry 一直在思考到底台中發生什麼事？怎今天人事一直衝出爆點。不行，他一定要問個清楚，這樣後面自己才好對應。

他用內線直接打給台中自己的內線 —— Ming，Ming 是台

中的資訊工程師，台中的資訊網路及系統都由 Ming 負責。而且 Ming 的座位最靠近大會議室，很多小道消息都會由他那邊流出。

「Ming，我是 Terry，你聽我說，先不要講話。等一下我問你一些關於台中的事，你只要回答是或不是，或有沒有就好了，知道嗎？」

「好，沒問題。」

「老闆今天在台中有發生什麼事嗎？」

「沒有。」

「都在開會？」

「是。」

「開會的人除了老闆，Paul、黃經理也有進去？」

「對。」

「還有別人嗎？」

「有。」

「Doris ？」

「對。」

「算了，我傳 LINE 給你，你收 LINE 好了。」

【今天陳總、米蘭達、Doris、Paul 還有黃經理在會議室開一整天的會，不知道在開什麼？】

【實際你有聽到他們再開什麼嗎？】

【有提到 Peter？】

【有，不過米蘭達對 Peter 蠻生氣的，實際原因我就不知道了。】

【那有提到我們資訊部門？】

【這我就倒沒聽到了，怎麼了嗎？】

【沒事了，謝謝你。有任何風吹草動你再跟我說一下，現在的公司在動盪之中啊。】

Matt 回到辦公室，把桌面的東西收一收，打算等一下回家路上買些鹹酥雞、啤酒來度過這 3 天連假的開始，管他誰的去留，都不干他的事，下班了，就是我最大。10 月的初秋，南部的高雄還帶著些許的熱氣，騎著機車在省道飆風，沒一會，整個脖子和手臂都被黑煙夾雜的廢氣染黑了，如果場景換到北京，沒意外，現在應該是蕭瑟的一片了，說不定開始倒數秋雨，計算著初雪的來臨，唉…北京，青春啊！

【號外！驚爆內幕即將展開！】Matt 車剛停好，夾完他要的鹹酥雞，立馬看到手機裡的 LINE 傳來 Terry 這樣驚爆的一句話。

【是啥事？不要賣關子啦！】

【嘿…嘿…】

【是誰離開了嗎？】

【已有一位了，後面還有，你知道就好，不要再傳！】媽的，吊人胃口也不是這樣吧！

【靠！是誰啦？我真的不知道！！！】

【嘿…嘿…】

【你再給我賣關子，我立馬把你封鎖！】好奇心不會殺死一隻貓，卻可以剪斷一段友情。

【好吧！你不能說喔。】這根本在說廢話，Matt 也不想再回 Terry 了，接下來 Terry 的回覆決定了他跟 Terry 的未來。

【是 Peter】

Matt 心想：Peter 也可以算是公司的紅牌，更是業務的第一把交椅，再怎麼排序，都不會是他會被資遣啊？而且他剛進來不久，不是嗎？

【真的？假的？他是自己走？還是被幹掉？】Matt 心裡充滿疑問，該不會連 Peter 也對公司灰心了，不看好公司的前景，若真的是這樣，那這間公司前景堪慮啊。

【Peter 是被通知，聽說是被人搞掉的！】

【太扯了！他哪裡做錯？老闆資遣他的點在哪裡？】

【我覺得老闆若知道這樣的處理方式不好，應該跟他說明就好了，何必用到資遣這招呢？每次不好的都是員工，在台灣，資方最大，哪個老闆聽得進去？員工都是該死的那一方。用資遣的方式對公司是傷害，因為要通報到南管局，這傳出去不利公司上市櫃，出主意的人是在害公司。若 Peter 表現不好、不適任的話，應該要在

3 個月的試用期內請他走人。】

【媽呀！公司根本就是明朝東廠，在拍連續劇嗎？】

【你顧好你自己就好，不要說出去！】

【放心，沒啥好說的！】

【那你覺得會是誰搞他的？】Matt 心裡其實有答案，但，他怎麼都不可能覺得會是 Paul，再怎麼死對頭，都不可能有這樣殺人於無形的功夫，又不是在拍電影或寫武俠小說。

【當然是 Paul，要不然還有誰更希望他走？還有，你自己也注意點，不要落人口實，怎死的都不知道！】

【我打電話給你，這樣傳，沒辦法表達清楚。】Matt 想直接電話搞清楚，不想在這樣用 LINE 來傳斷句的回答。

「他的動作太多了，應該老闆也看不過去才是。」

「動作？什麼動作？我不懂你的意思。」

「搞派系啊！」

「一個小小不到 10 人的辦公室，可以分成兩派，這是來做事的嗎？我想老闆應該也看在眼裡。」

「再來，出去訪談客戶，都不寫書面報告，米蘭達一直催，死都不交，他根本搞不清楚狀況，還以為自己在中國上班喔！若有成績出來還算好，根本沒半點成績可言還敢那麼大膽，根本找死！」

「那你怎麼會認為是 Paul 呢？他們有衝突嗎？」

「這是公開的事,你不知道嗎?」

「有嗎?我真的不知道ㄟ,說來聽聽。」

「Paul 剛進來 TD 不久時,黃經理有一份關於電池的分析報告,Paul 看見後,跟黃經理借來參考,沒想到中間不知道發生什麼事,變成 Paul 拿這份報告向米蘭達分析,從此以後,在表面上兩人就不對盤了。加上現在 IPO,照常理來講,財務經理一定會建議老闆不要用開除的手段,這對公司非常不利。今天 Peter 是被資遣,我想 Paul 一定有在老闆面前動了不少手腳。」

Matt 腦海裡一直在想 Peter 被殺的理由:是沒達到老闆的標準?亦或是哪個點碰觸了老闆的底線?還是有大家不知道的內幕?他好八卦,一直想知道背後的原因。

其實 Matt 自己也會怕,怕哪天被幹掉!若真的換成是他自己,那又會是如何?有足夠的積蓄讓他寅吃卯糧?還是可以像電影那樣開始安排自己的生活,去上個課,或學些什麼。其實 Matt 自己很清楚,他根本不可能那麼灑脫,這幾年的工作歷練,幾乎把他原本滿腔的熱情和體力消磨殆盡。Matt 自已以為準備好了,他自以為自己很堅強,可是實際上他是一個膽小脆弱的人,他對這樣的自己感到失望。

若知道內幕,說不定 Matt 也可以提早預防,也可以知道哪些人在挖洞給他跳?例如,他的副理,對,就是他! Matt 不得不小心他一點了。為何他在周末夜晚來擾亂呢?

鹹酥雞,啤酒,人生啊!!!

12

演講

　　一早到公司，好像沒發生啥事的風平浪靜。大家都知道少了一個人，但，表面上都若無其事的樣子，好像 Peter 的去職跟你我都沒關係一樣，沒錯，事實上是如此，少了他，薪水也不會變少，他若還在，薪水或獎金也不會增多，那到底在白癡擔心什麼？庸人自擾而已！

　　把隨身物品放好後，Matt 習慣性地會到產線巡視一下，看看產線的進度到哪？檢查 5S 的環境，順便認識產線的技師，沒辦法，TD 的流動率真的太高了。Matt 喜歡走到外籍員工那一區塊，他們會很友善的跟你打招呼，微笑輕聲的問早，不像台灣的員工，每個都屌的二五八萬，好像 Matt 欠他們多少錢似的。

　　老闆說的沒錯，產線那些員工很 LOW，LOW 的程度是你無法想像！老闆沒明白說他們 LOW 在哪？但，Matt 卻可以明顯感受的到那些老員工對自己的異樣眼光。這產業很特別，需要高度的經驗累續來提升自己在工廠的位子，不像一般製造業，管理手法若照本宣科去做，基本上差不到哪裡；但組車業不一樣，若不是科班出生的，或沒有一定經驗的累積，通常不會明白產線在講什麼，甚至無

法知道他們是不是在矇騙你，尤其像 Matt 這種空降部隊，沒有組車經驗，也不是什麼皇親國戚，憑什麼 Matt 在短短 2、3 個月內職級就三級跳？再說，要一個不會組車的人來管現場，根本就像戰國時代文人治國一樣，嘴巴講的比做的容易。

這些是產線人員的認知，但對 Matt 來說，這算是什麼狗屁理論？若是這樣的話，那身為總經理不就是萬能，你產線那些技師斗膽敢挑戰總經理組車的 Know-How 嗎？不敢嘛！擺明就是看自己的官小，才會擺出那種不可一世的輕蔑態度。

對 Matt 而言，上級老闆對自己的信任是他的利器，而生管 10 幾年的經驗讓他知道哪些 Point 要慎重切入，哪些則輕描淡寫的帶過即可，這是他自己心中的一把尺，當然，有多餘的時間，他還是找機會跟那些技師窩在車底了解一下車身結構，至少把一些主件的名稱跟實物連結起來，要不然，每次只看到 BOM，心裡其實蠻虛的。

而 Matt 的上級（副理）卻打種另外一種主意，他把產線那些老技師抓在手裡，雖然自己沒多大的經驗，但有這些老技師幫他撐腰，基本上，這條產線的節奏就抓到了，三不五時就跟那些老技師蹲在底盤討論線路的架接，偶爾再掏錢買幾杯飲料慰勞他們，而另一方面則在一旁搧風點火，他也知道這些老技師的 LEVEL 在哪？知道他們 CARE 的點在哪？一直說 Matt 升太快了，什麼都不懂就直接踩在你們頭上，根本就是拍老闆馬屁才有今天的地步，光這點，那些老技師就不滿很久了，心底壓跟看不起 Matt 這個課長。

「Matt，老闆叫你馬上到辦公室，好像又有重要的事要宣布，快點過去，他們來一下下了。」

特地走來跟 Matt 講話的是 Joyce。

「還有，打你的電話都不接，你到底有沒帶電話在身上？還是你又把公司的號碼設為黑名單？」

還是 Joyce，她超不爽每次陳總或米蘭達找 Matt 時，她就要像白癡一樣到工廠每個角落找他的蹤跡，因為要是 Matt 沒及時的出現，她又要聽米蘭達一直念：「Matt 呢？趕緊找他過來！」

當然米蘭達不是責怪她，Joyce 她只是很討厭有人一直在某個空間一直碎碎念而已，標準的七年級生，當然，Matt 也不是故意不帶手機，他只是不喜歡被人輕易知道他在那裡，標準的六級生。

進到辦公室，採購部門的兩位同仁已經拿好筆記本圍站在米蘭達旁邊，好像就只差 Matt 一個。他也是會看眼色的人，立即拿著筆記本，加入被訓話的行列立正站好。

米蘭達確定 Matt 就緒後，順手把桌面的周刊舉到右側臉頰的高度，週刊的封面剛好半垂的對向在場的 3 個人。

「有看這期的商業周刊嗎？」

米蘭達丟了那麼一句問句出來，這句話不是針對 Matt，她是問在場罰站的每一個人。

「NIKE 已把所有的產線轉移到 MEXICO，這影響到誰？寶成集團。」

Matt 都還沒說自己是否看過，米蘭達已開始自問自答起來了。

「你們回家去買一本來看看，裡面影響的層面多劇烈，有多少員工會因此而失業？有多少廠商會在一瞬間倒閉？這就是外商，毫不留情面。外商就是這樣，當它要來設廠，它會評估很久，評估層面超廣，包含人才的取得，政府法令配套，以及有無供應鏈的支撐等，這些都是外商設廠考慮的因素。但，相對的，它只要發現苗頭不對，這地方沒有利用價值了，或是業務已達不到它們所屬的要求，更或著是沒成長性，它撤的比誰都快！這就是外商，無感情，沒血沒淚！它們不需要對當地居民負責，它們只要對股東負責就好，標準的商人。」

公司的老闆娘很喜歡看商周，商周說的話她幾乎都照單全收，應該說只要她主觀的認為是對的，或是對我司有利，更或是對手的報導，她都會很語重心長。

其實，換個角度想，她還蠻感性，Matt 在心裡打算，下班一定要去買一本來看看，到底是怎樣的報導讓米蘭達那麼有感而發？希望自己也可以看到字裡行間周刊編輯所想表達隱含的點，那個 Key-Point。

講完這議題後，米蘭達又提到 Peter：「我們公司的業務一直給我錯誤的資訊，一開始我還真以為從業務的角度看的觀點會不一樣，一下子說比 BYD 多好，一下子說 IBS 又多了哪幾個新車型，全部都是我們競爭對手怎樣優秀的資訊，然後，一直說我們公司自身產品的不是，比不上人家。更有好幾次，跟客戶約的時間點都不準時，每次都一直改，這其中一定有問題！所以上次我直接跟陳總直接去拜訪客戶，這一去不得了，全部跟他講的不一樣，BYD 跟 IBS 的衝突有多大？多了幾個新產品？這對我們公司而言，是一個

超大的商機，可是我們的業務根本沒提到這一塊！」

「跟 Doris 說，以後來應聘業務的人，只要在中國待超過 3 年的，一律不用！為什麼？在這 3 年裡，這個人已經完全的融入中國的生活，酒場餐桌文化、不守時，這都是中國那邊商場的陋習，吃、喝、嫖樣樣沾，這些在台灣全部不行！這是最低下的業務手腕，跟不上時代的！」米蘭達劈哩啪啦的說了一堆，她超憤慨！

果不其然，離職的人都會被米蘭達拿出來鞭屍，講得超難聽！但，這也不過是凸顯她看人的眼光跟水準而已。Matt 覺得，我們都是受過高等教育水準的人，沒必要滅人志氣來長自己的聲譽，看著她，Matt 引以為戒。

但，也還好，因為米蘭達的高談闊論，讓 Matt 知道了 Peter 被砍的理由，也還好，不是因為米蘭達個人莫名其妙的喜惡，也不是 Peter 本人有見不得人的內幕，這樣一來，只要做好每個人自己本份內的事，應該不會無緣無故被 Fire！

「Matt，明天你可以到台中嗎？」Matt 心想：廢話，妳是老闆娘，妳都這樣問了，我可以說不行嗎？

「可以，那我 10 點前到可以嗎？」

對於上級的問句回話，這幾年，Matt 已經學會了一些小技巧，不單純只是回答問句的內容，更要適時的加上一些數字來加深字句的強度，像是清楚的時間點、實際金額或是大概的數量。

「不用趕，再找採購、資訊、行政的人一起上來，台中那邊請財會整理一下工時的計算基準，明天一起報告。」

「米蘭達，不好意思，請問一下，工時的計算基準是指哪一塊？財會要準備什麼樣的 DATA ？」

「就你們每個月費用分擔的計算基礎，財會計算的依據與製造端是否可以 match 吻合？趁這次到台中坐下來討論，我要知道我們每個產品的製造成本是多少？是否有競爭優勢？是否可以再降？你不是每個月都有分析工時嗎？就工時那些資料，還有，我要知道加班工時多少？異常工時有多少？管理就是管這一塊，公司要賺錢，就要抓這塊異常，異常因素降低了，成本相對會跟著下降。」

工作多年的 Matt，已經知道不清楚的地方要馬上問清楚，不要打迷糊戰，什麼都說懂，都說知道，若 Output 不是老闆要的東西時，那時會更慘，更容易給老闆貼上標籤，還有，要懂得適時閉嘴的關鍵性。

為了明天的會議，Matt 開始準備資料，把系統的 Barcode 工時拉出來，從 10/1 到 10/31，抓出各站工時明細，再把各站工時用 EXCEL 的樞紐分析加總計算，再加上跟紙本紀錄比對，這樣的資料很簡單，麻煩的是你要去解釋那些異常，那些高於標準工時的部分。

「Susan，我已經把紙本統計工時跟系統產生工時整理完寄給妳了，你看一下，跟你們財會計算的是否有差異？」

Susan 是台中的成本會計，也就是 Terry 一直耳提面命提醒的那個小女生，主要負責所有的總帳、稅額、料帳，一個短小精幹的女生，剛來不久，卻可以很快的上手，除了是財會部門的主力外，

在台中辦公室也可以說是老闆的主要助手了。

「喔，你們只要確定比例對就好了，我這邊不用 Detail 到細項工時。」

Susan 講的很雲淡風輕，好像這只是一件芝麻蒜皮的小事，工廠這邊怎麼做都可以，會計的計算似乎用不到工廠的實際工時，那這樣導入系統做什麼？系統的存在就沒多大的意義，產線也就不用特地每天去報工了。Matt 覺得不對，還是趕緊問清楚會比較好，要不然明天台中的會議若沒是先搭接好，一定會被米蘭達轟的體無完膚。

「你們不是以工廠每月各工站的工時總數去均攤費用嗎？用比例計算是什麼意思？」

「我們會用總製造費用去乘上系統過帳的工時比例去分攤，財會並不會有預計時數的概念，都還是以你們生管時數為檢討基準，工時的重點在相關費用分攤的合理性，使用基礎是否允當才是我們要討論，若有差異，指的是工時時數的差異，那就是管理議題。」

哇靠！

一個 70 幾年次的小女生可以講出那麼冠冕堂皇的一串專業術語，還好 Matt 也不是省油的燈，10 年來下來的生管專業不是虛構的，好嗎？

「最好是用總製造費用去均攤，那這樣不就是把所有的費用混在一起，根本無法詳列各會計科目的成本！再來這對我們製造部門不公平，全部的成本都落在我們家身上」

「Matt，你來亂的嗎？那你每個月提供詳細、標準的工時給我，若可以，我就照會計科目的計算基礎來算。」

「沒辦法！」

「那你還有問題嗎？」

「沒有！」

「很好，明天見！」

隔天一早，Matt 就出現在公司宿舍的車道口。

「早，Matt。」

「陳總，早。」陳總突然出現在 Matt 身後，讓 Matt 感覺：怎麼住宿舍的人都那麼神出鬼沒，出現都沒任何預兆！老闆跟 Matt 打完招呼後，把車停在路邊，準備換 Matt 接手。一路上，Matt 跟陳總沒太多交談，Matt 知道他在看公文，不敢吵他，偶爾他會問 Matt 現在到哪裡了？大概還有多久會到？大部分的時間都是安靜無語，Matt 盡量保持車的穩定性，不隨意變換車道，也不急煞，專責扮演好一個司機應有的角色。抵達台中後，Matt 在辦公大樓的門口停下來，讓陳總直接上辦公室，Matt 自己再把車停到隔壁空地民營的收費停車場。

幾次往來，Matt 已經跟台中的財會部門建立起一種微妙的默契，說熟，還不至於，說不熟，也沒有剛認識時的那種尷尬，就是一種知道對方的玩笑限度可以到那裡的程度。Matt 可以毫無顧忌的問 Paul 關於會計的專業知識，也可以跟 Susan 在電話中聊天、

開玩笑，到最後，每次 Matt 到台中第一件事都會把自己的隨身物品往財會部門放。

「Susan，訂便當！」Matt 進辦公室後，直接走到 Susan 的座位旁。

「為何你中午吃飯要直接找我？你知道訂便當是很麻煩的一件事嗎？」

「沒辦法，台中我只認識你，況且，這不是你的工作嗎？」

「不是！」

「你自己去看你家經理上次發的 Mail，你們部門每個人的工作職掌，你的工作內容就有訂便當這一項。」Matt 隨便唬她，反正他只是要確定中午有飯吃就好了。

「真的嗎？」

「不信的話，自己去看 Mail。」

「啊賀，Paul 慘了，他真的把訂便當的工作交給我！」

「喂，先訂便當啦！等一下我進去開會就沒時間了。」

趁她正轉身準備確認 Mail 的真實性時，Matt 先把訂便當這雜事凹她接起來。

「好啦，那你要吃什麼？便當？還是麵？」

「便當對不對！」當 Matt 正要回答時，她爆出這樣一句話來。莊孝維，知道還問，來亂的嗎？

會議室不大，靠著桌緣只能塞 8 至 10 個人，這些都是理級以上的主管或老闆的愛將坐的位置，其餘的人，例如 Matt，就必須自行從外面拿椅子靠牆而坐。Matt 特地選了最靠近白板＆投影布幕的地方，他不是主角，但，做些拉布幕、擦白板的工作他有自知的自覺。

約 10 分鐘，所有主管到齊後，米蘭達又開始她的演講，手裡拿的還是昨天的那本週刊，說的內容跟昨天大同小異，只是今天的場地多了白板，多了投影，她的神色多了嚴肅跟衝動。

「今天美國大廠這樣的出走，我預言，台中房地產絕對會大崩盤，而且不只台中而已，接下來整個台灣，整個在中國、東南亞設廠的廠商都會倒，這是很恐怖的一件事，這關係到台灣整個經濟局勢。」

米蘭達說了一堆關於從這本週刊所聯想到的財經產業動態，Matt 不懂她在預言什麼？Matt 也不懂在中國、東南亞這些台商設廠的後續局勢，這，不是大家都知道的事嗎？這些風險一定有，Matt 不相信那些台商當初去設廠時，會不知道有這些風險。說難聽一點，他們在賭，賭對了，那些風光財富是應得的，錯了，孑然一身的回台，宣布破產，然後換個名稱跟銀行勾結，東山再起。一成不變的戲碼，就像演電視的偶像劇，永遠有人收看；那些財團，也一直有人撐腰，笨的是守在電視機前追劇的人，還有生活在該死台灣的我們。

「還有，我發現這些外商非常不一樣，財務長（CFO）是每個有規模的外商都會設立的一個職務，尤其是美商，這次 UA 又設立了兩個非常特別的『長』。人資長[21]（CHO），單看名稱，就知道

這間公司非常注重在人才的遴選跟培育，對於一個企業的人力資源發展與佈局，佔了非常重要的角色，人資長的視野、格局、策略觀，都會影響到整個組織未來的發展。所以，人資長的角色與職責在企業佔了極大的份量及地位。另一個是資訊長[22]（CIO），IT的技術。」

米蘭達說了那麼一堆，Matt是真的沒聽過人資長、資訊長，立馬在檯面下請google大神搜尋，後來發現，其實這不是新創的職務，在外商幾乎都有，除了這三個長外，其實還有，行銷長[23]（CMO）。

Matt感覺：「這樣看來，我家老闆的視野也跟我差不多嘛！」

Matt習慣性的把米蘭達的長篇大論定位為「演講」，因為她在洗腦，她在畫大餅，也是在打預防針，Matt相信，初來公司的新人都會被說服，相信這是一間很有前景的公司，是一個只要你加入後，你即將有很美好未來的地方。但，這樣的言論若聽第2遍，或是進公司一個月後，通常有點經歷的人，都會選擇沉默，選擇聆聽就好，我們都不會再進一步的發表言論，或是內心感到異常澎湃。

「我們公司也是屬代工性質，若依周刊內容來說，我們公司有未來嗎？雖然我們行業比較特殊，並非一時半刻就可以取代，但，可以撐多久？我也不知道。黃經理，你說說看，代工，我們還有路可以走嗎？說說看以你過去的經歷來看我們公司這行業，有前途嗎？」

黃經理光看外表就給人一副學者的氣質，溫文儒雅，但卻有一種低調的霸氣。說真的，假以時日黃經理若從TD離職，這也代表TD的氣數也差不多殆盡，這是Matt的感覺。Matt曾經在第一次

看見他時，就在內心下了一個只有自己知道的停損點：假若哪一天，黃經理決然離職了，Matt 也打算跟隨他的腳步，立馬離開。沒為什麼！只因為 Matt 相信黃經理的見過的世面，他懂得一定比 Matt 還多、還廣，若他都選擇離職，那 Matt 相信這間公司也撐不了多久。

只是黃經理的背景對 Matt 來說一直是個謎，他不清楚之前他做過什麼？專業在哪？是否會就事論事？還是也是一個搞辦公室政治的人？因為共事的時間不多，Matt 目前對黃經理還是抱以一個尊敬的心態在對應。當然，不只 Matt 這樣相信黃經理而已，連老闆也非常信任黃經理的專業，很多層面都會參考黃經理的意見。

「我先舉兩個例子給大家聽聽好了。」

黃經理故意停頓一下，眼睛環顧四周的人，以確保每一個在場的人都有在聽他講的話。

「在台灣，談到代工廠有兩個非常典型的例子：TSMC 跟鴻海。你說代工不好，可是 TSMC 的代工實力已經讓跟 Intel 同水平的國際大廠想轉型做代工，代工不是沒有技術，更不是隨時可取代，TSMC 就是最好的例子。」

「初期，TSMC 從工研院分出來時，它的定位就決定要代工，它要讓它的實力在晶圓代工這一塊，在全世界是沒有任何一個人可以取代。所以，TSMC 每年不斷的投入大量的研發成本，買設備、建廠房，招人才，將近 20 年了，TSMC 才有今天的成就跟地位。不要說代工都是低毛利，TSMC 所屬 High-Level 的產品，其淨利高達 50%以上，Normal 也都有 20%到 30%的淨利，這就是它們

最引以為傲的技術力。」

「而另一個代表：鴻海，一開始是做射出成型起家的工廠，它的策略就是壓低成本，用低單價的策略搶單，低單價就代表著低毛利，那它們的利潤哪裡來？從人、從設備、從二線廠商等，簡單說，就是從管理面擠出利潤來，鴻海不會建構技術力，它們著重在量。兩間公司的差異很清楚就區分出來，一個在搶市占率，一個在搶量，沒有誰對誰錯的分別，兩間都是世界級的工廠，就看公司的老闆方向要偏向哪？」

黃經理用簡白的話語來說明兩個截然不同的代工工廠，也恰到好處的點出兩個公司不同的點。米蘭達聽完後馬上回應黃經理的論述：「我們就是 TSMC，強調技術與人才的培育，我們不低價競爭，該給的，我們一定給。」每個老闆大餅都畫得很大，Matt 感覺：「這個夢很大，這個夢很美，這個夢很屌，但，希望這個夢不要醒，要不然我還真不知道還有什麼動力可以讓我繼續在 TD 存活下去。」

會議結束後，也快接近下班的時間點了。

「Matt，你等一下，我有事要交代你。」

「好。」

在這等米蘭達的時間點，Matt 閉眼思考公司及老闆的一切。Matt 真正的會認同一個公司，跟隨一個老闆，甚至一個好的上司，從來就不是因為他的名聲或是他的外表。或許一個企業的名聲，或是一間公司的外表是 Matt 了解這間公司最初步的原因，但，進來公司後，我們會留下繼續賣命，除了金錢因素外，還有一個最重要

的原因：領導人的風格。由一個企業領導人身上，我們可以看到這公司 5 年後，甚至 10 年後的發展，是好？是壞？我們不是白癡，明眼人都看的出來。

做為一個企業領導者，真正對底下部屬負有的責任，並不是追求所謂上市櫃的虛名，更不是挑邊站的說哪裡的員工有多爛？有多糟糕！而是把這間公司腳踏實地的帶領大家扎根，慢慢的茁壯，讓員工心甘情願地幫你賣命。

而做為一個企業的員工，我可以很民主地選擇我認同的老闆，或離開我不喜歡的公司，但是當我做出任何一個決定時，我會考慮多方面的意見，我必須了解我這樣做的後果到底是甚麼。

所以眼前最重要的，並不是怎麼看待公司的未來，而是由自身的經歷條件來審視自己的工作，自己的老闆，自己所處的公司是否就是自己心目中的第一名，這是自己的人生，也是 Matt 對自己的一種責任，這就是 Matt 一直以來真正在乎的事。

「Matt，這個月陳總跟黃經理會去裕通能源拜訪，討論一些合作的可能性，之後會飛往北京去參訪 SW，我在想，你要不要一起去？當然，裕通那一塊你就不用去了，你直接去 SW，去看一下全中國五大車廠之一長怎樣？去看他們的生產線，去看他們的流程，他們的佈置，他們的手法，嗯，我也不知道，反正就是把你丟在那邊，看你可以得到什麼收穫，這樣你 OK 嗎？也就是說，沒有目標的學習。」

「我 OK，但，到時候那邊有窗口嗎？要不然我有問題時會找

不到答案。」

「有。我會請採購把對應窗口告訴你，到時候你去找他就好了，我記得那個師傅姓莊，我們都叫他莊主任，每次過來台灣做技術對接的都是他，一個老老先生，不要被他的樣子騙了，他可是閉著眼都可以把一台電動車組起來的國寶。」

聽到這，Matt 的興趣就來了。「那要去多久？」

「約 5 天吧。」

「但，你要自己過去，自己搭飛機，自己在那邊跟他們工廠的人生活，這個月 SW 有開個亞太區供應鏈大會，我會用這名義讓你過去參加，原本這設定的對象都是採購參加，TD 一直以來都沒派人過去，我想，你就過去看看，應該會有些許收穫。」

「沒問題，米蘭達，說實話，我很期待。」

「那個會議就一天而已，後續幾天就得靠你自己，知道嗎？」

「好，沒問題。」

「那就這樣，你先把護照跟台胞證給 Doris 幫忙訂機票及飯店，實際日期再通知你，應該就下星期了，OK ？」

「好。」

從台中離開，已經接近下班時間的 5 點，正是車水馬龍的塞車時間點。此時此刻，Matt 只想快點回到家好好休息，今天到底得到怎樣的收穫？其實並沒有！並非 Matt 自己不長進，今天實在是傳道的成份居多，根本沒什麼被授業、解惑的功能，一直洗腦，一

直洗腦，連原本預定要 REVIEW 工廠工時的計算基準，也因為時間關係不了了之，那今天自己到底來台中做什麼的？ Matt 突然覺得好累，一整天什麼事都沒做到，被米蘭達轟炸了一天。

Matt 心想：米蘭達一定非常希望有大專院校，或機關團體請她去演講才是，要不然，苦的都是我們底下這些員工。

【熊先生，你回來了嗎？】

回高雄的路上，Matt 突然收到 Rita 的 LINE。

工作的忙碌，幾乎很少跟 Rita 工作上的來往，突然，他想起兩人祕密到墾丁瘋狂的那一段。現在幾乎都是有新進人員時，她才會電話通知請 Matt 幫忙帶新進人員到產線介紹流程，第一次還會跟著到現場聽，後來根本把新人直接丟給 Matt 了。

【當然，在回程的路上了。】

【喔…】

【喔什麼啦，你找我有什麼事呢？】

【沒事不能找你嗎？熊先生。】

【當然可以啊，我還以為妳想我了ㄌㄟ！】

【你想的美！明天有事找你幫忙，不要亂跑。失望了吧！呵。】

13

建教

「副理，等一下我們要幾點出發？」一大早 8 點，現場的周主任就來辦公室找副理。

副理滿臉疑問，壓根不知道周主任在說什麼。「去哪？」

「上星期不是說好今天我們要跟 Rita 去高職參訪，看一下它們的教學環境。」

「你忘記了？」

「…」

「等一下我有一個會議沒辦法去，要不然你跟你的 Rita 一起去就好了，好不好？」

「這樣你有沒有比較高興？」

副理故意調侃周主任，周主任已經哈 Rita 很久了，時常假借公事名義一直繞在 Rita 身邊說些言不及義的話。

「你要跟我家副理和主任去高職參訪？」

聽到這樣的話，Matt 趕緊打電話給 Rita，他壓根沒聽說過這

件事。

「是啊。就上次來做公司作簡介的那個建教組長，他 Mail 給我，請我們公司到他學校參訪，了解一下學校的教學環境。」

「喔。」Matt 回答的很簡短，他也不知道該說什麼。

「我有 Mail 給副理，你不知道嗎？」Matt 心想：最好是我會知道，妳又沒通知我。

「那恭喜你，今天你可以單獨跟主任在外面一整天，副理有會議，沒辦法一起出去。」

「我不要。」

「那也不是我能決定的。」

「你可以幫我跟你家副理說就你跟我一起去嗎？這就是昨天我要請你幫忙的事。」

「那更不是我能決定的。」

「我不管，假如你讓周主任跟我去談建教合作，那我會跟他去吃午餐，說不定還會喝吃下午茶，然後還開車帶我四處亂逛。你自己看著辦。」Rita 說完直接把電話掛了。

哇靠，這小妮子威脅我ㄟ。

「副理，等一下我跟人資去好了，周主任不是還要趕出去試車，他這一去，整個進度又不知道落後多少了，到時候又說是你叫他去建教參訪，後面又要來趕加班，剛剛好都中了他的計。」

「對吼！啊賀，這個傢伙完全都沒說到 PDI 的事，整個色欲薰

心的想跟 Rita 出去，好，你跟 Rita 去，那個豬頭我去說就好了。對了，好像回來還要寫一份參訪報告，我看那豬頭應該寫出不來吧！」

「好，那就我跟 Rita 去了，中午應該可以回來吧！」

「Doris 有要去嗎？」

「沒聽說，應該就你們兩個，你打電話問 Rita 看看，事情交代一下就趕緊出發了，不要又給我繞去別的地方ㄟ。」

「好。」

「何時出發？」Matt 直接打分機給 Rita。

「你成功了嗎？」

「當然。走吧，要不然周主任又硬ㄠ跟我們一起去了。」

「好，馬上走，鑰匙在我這裡了，開馬 5，停車場見。」

坐上副駕駛座後，Rita 馬上高興地問 Matt。「你怎麼辦到的？」

「拜託，我是誰？」

「快說。」

「就直接跟我家副理說我去就好了，要不然，周主任去幹嘛？降低我們 TD 的格調嗎？」

「你很壞ㄟ！」Rita 呵呵笑著回答。

Matt 還是沿著 1 號高速公路南下，接快速道路後到大寮下交流道，一到學校，上次簡報那位建教組長及其他兩位老師已經在門口等待迎接。

「有那麼慎重嗎？不用到校門口等我們吧？這我會很尷尬。」

「我也不知道他們會那麼隆重的歡迎我們，難怪昨天一直跟我確認預計到校的時間，原來是要在校門口等我們。還好啦，至少他們沒請學生在校門口兩旁列隊歡迎，不是嗎？」

車一停好，建教組長他們一群人立即到車門旁跟 Matt 他們握手寒暄。「黃小姐你好，歡迎你們特地來學校參觀。」

「組長您好，這位是製造部的課長。」Rita 手指著 Matt。「上次您到我司做簡報時，製造部就是他代表參加的。」

「課長你好，難怪我覺得你看起來那麼眼熟。歡迎歡迎。」

「組長，你太誇張了，還特地到門口等我們，我們到再打給你就好了，何必這樣勞師動眾呢？」

「哪會麻煩，我還沒叫學生出來列隊歡迎，這才是勞師動眾才對。」

Matt 聽了組長的話，突然笑了出來開玩笑的說：「組長，剛剛黃小姐看你們幾個還嘆氣的說：怎沒有學生出來列隊歡迎！」

Rita 聽了立即瞪了 Matt 一眼。「我沒有這樣說喔，他亂講。」

「哈、哈，好，這是我們的不足，下次你們老闆有要來的話，我一定請學生站滿兩排的人行道歡迎，好不好？」

「組長，你一定要相信我，我真的沒這樣說啦！」Rita 在瞪了

Matt 第 2 次。

「好、好，我相信你，我在跟你介紹一下旁邊這兩位，這兩位是汽修科的主任及教學組長，等一下由他們兩個來介紹整個教學環境會比較清楚。」

「主任、組長你們好。」

「主任你們好。」

「來，我先帶你們參觀一下我們學校，之後再帶你到校長室，介紹校長給你們認識。」

「校長室？不用再勞煩校長，我們只是單純來了解貴校的教學環境，看一下大概狀況即可，不用再特地打擾到校長。」

「不、不、不，這是校長所交代的，一定要帶你們去坐坐聊聊，他有他的教育理念及堅持。沒關係，只是聊聊而已，不用太嚴肅。」

這是一所 30 幾年歷史的私立高職，專辦汽修科、美容美髮科、餐飲科為主，尤其又是以汽修科為強項。校園中間是一個大操場，四週由各教學大樓圍繞。可能是剛開學，走廊上好多小高一的新生。Matt 一群人走在走廊上，好多學生向他點頭問禮：老師好。

「好爽，一堆清清亮麗的高中生跟我問好ㄟ。」Matt 在 Rita 耳邊輕聲地說。

「是後，清清亮麗的高中女生。明明就是你自己想像清清亮麗的高中女生列隊歡迎，還說是我說的。」

「你還在生氣喔？」

「當然！」

Matt只能摸著鼻子不再講話，安安靜靜地跟著兩位老師參觀。

「這是引擎拆卸的工站，有分為一般重型機車，150CC以下，及紅牌重機的引擎。每個人除拆卸外，還必須能把它大部分解後再組裝回去，小客車也是，外面這40幾輛車都是TOYOTA提供給我們的實習車輛。」

Matt依著主任指的位置看去，滿滿4排的自用小客車，其中一半以上都還是新車。

「我們學校學生人數少，我們可以做到兩人一台車的分配，每個人都可以實作，再加上與企業的建教合作，而不會只有書本上的文字理論而已。既然是汽修科，只要跟汽車機車有關係的，來我們學校這3年，每個都可以帶著滿滿的收穫畢業。」

「我們汽修科的學生，畢業前都必須拿到3丙2乙或3丙1甲的證照，這是我們的畢業門檻。」

主任大約用1小時的時間就把整個實習工廠Run過一遍，Matt知道這間學校的訓練基礎很扎實，再說句更公道的話，我們廠內的技師說不定基本功夫都比不上他們這群高中生，現在工廠裡單純只是物理性質的組裝，談不上有任何技術可言，一本詳細的SOP，能力中上的人，隨隨便便都可以組一台底盤車出來，若讓這群建教生進來，說不定可以提升不少工作效率，只是人員的管理及素養不知道如何就是了。

Rita從一開始就一直拍照，偶爾問一些近似白癡的問題出來。「組長，你們這邊鎖螺絲還是用手工的喔？我看我們工廠的技師都

用裝電池的機器，只要按一下按鈕就會自動旋轉了，不用在那邊鎖的半死。」Rita 這句話講完，瞬間現場冷了將近 10 度。

「怎麼了？我說了一個很白癡的事實嗎？」

「Rita，以後問問題前先問我一下，要不然，很丟臉ㄟ。」Rita 在瞪一次 Matt。

「好了，這就是汽修科的實習工廠，你們還有沒有其他的問題？」

Matt 第一個發言。「我是沒有其他的問題，貴校的教學要求真的很到位，現在我們工廠都沒做到那麼 Detail 的要求，若未來學生真的進我們公司了，我想，在專業上應該是沒多大的問題才是。」

「不敢不敢，謝謝課長的認同，當然我們還是希望學生能有實際經驗可以跟現今的就業市場 match，這樣的高職體系才能有生存的路，要不然，高職生拿筆就已經沒辦法了，總不能連鎖拿螺絲起子都不行吧！」組長很謙虛的說。

「好，那你們要不要參觀一下其他的工廠？現在去校長室還太早。」

「真的可以嗎？那我想參觀餐飲科的廚房。」

Matt 感覺很興奮，而 Rita 反而很狐疑的看著他，心想：你有事嗎？

「沒問題。我們的餐飲科主要是以西餐為主，有分為甜點及主餐，當然中餐也有，但中餐講究的禮節就不像西式來的嚴格。來，往這邊走，我們邊走邊聊。」

「你可以看到，整個廚房都以中央倉儲概念建置而成，約 3 至 4 個人一個廚位，有中島吧檯、流理台、烹飪區…完全不輸五星飯店的設施水準。」組長一邊在介紹，Matt 反而研究起烹飪區來了。

　　「課長，我看你對我們的平台很有興趣，你有沒有什麼問題想問？這邊我知道的都可以回答。」

　　「組長，你們的牛排是用煎的？」

　　「沒錯！你不要看那鐵板，那至少有 7 到 10 公分厚，導熱性卻非常好。」

　　「你看前面講桌的位置，那就是模擬鐵板燒的配置，完全跟外面鐵板燒料理的店一模一樣，學生直接實作練習，可以說是跟外面無縫接軌。」

　　「我比較好奇的是，你們沒有讓學生用烙鐵來烤牛排嗎？其實烤牛排是一門藝術，火侯的控制，還有表面烙痕如何才能呈現的漂亮，都必須是要花很多時間練習才能學會。」

　　「黃小姐，你旁邊這位課長深藏不露，我跟你打賭，他一定有用烙鐵烤過牛排。」

　　「主任，你太抬舉他了。你看他的身材就知道是吃過很多牛排，不是烤過很多牛排，對吧？ Matt。」說完，還轉頭看看 Matt，她的眼神在跟 Matt 傳遞一種訊息：小女子報仇，一下子就到。

　　「哈，黃小姐你真愛說笑。不過，課長你說的烙鐵我們也有，在第一檯。」組長領著 Matt 來到第一檯旁，把烤爐的蓋子掀開，手指著烤爐處。「呢，這裡就是你說的烙鐵。基於安全上的考量，

通常都會由老師示範，不會特地讓學生練習，我們盡量不讓學生直接接觸到火，畢竟老師無法一對一盯著，現在小孩子蠻皮的，怕萬一啊。」

「來，我們到隔壁間實習教室，這間主要是練習餐桌禮儀還有調酒吧台。我們學生還出國到瑞士去比賽，調酒大賽第一名，你們看，照片在榮譽榜那。」

組長很熱情，幾乎把所有的實習教室都帶 Matt 他們兩個走過一遍，深怕他們兩個回公司後會給學校負面評價。其實這是台灣教育跟職場的悲哀。

最後一群人來到校長室，校長一看到 Matt 他們到來，很熱情的招呼他們。「有喝過我們學校的咖啡嗎？來，來，來，那個李秘書，倒 3 杯過來。」

Matt 接過咖啡後，立即品嚐一口，果然，8 分甜的口感，稱不上有咖啡的香味，只是喝起來口感蠻清爽的。

「每一個來這裡參觀的人，我都會特地招待一杯我們學校餐飲科泡的咖啡，這可以說是我們學校的招牌了。」校長很自豪地笑著說。

Matt 他們也不知道該回答什麼才是，只能笑著說：「真的還蠻好喝的，不錯不錯。」

「來我們這邊的孩子不會變壞，每一個家長都很放心的把孩子交給我們。為什麼？」校長突然開始暢談起他的教育理念。「我們這邊採行軍事化管理，所有的建教生下班後都要回宿舍，我們統一有專職的老師當舍監管理所有學生的生活起居，就連寒暑假也一

樣，不讓他們有一點點喘息的機會。學生去到外面的公司上班，就是不能帶手機，不可以抽菸，更不用說喝酒、吃檳榔。若有業主發現反應給我們，一律記大過，遣送回學校。」

對 Matt 而言，學校是要讓技職體系的學生能習有一技之長，現在卻反而是後段班的學生才會來讀建教班，而台灣老闆卻又依此漏洞拉低整體環境的工資水平，這是台灣政客跟慣老闆的無良。建教制度並非不好，只是有金錢掛鉤，所有人都會走偏，不只老闆、學校主辦，連學生也會心歪而蒙蔽了最當初的內心。

最後，Matt 跟 Rita 在學校外面的麵店隨意地吃一下午飯就回公司，出來了一整個早上，回去應該忙翻了。「你覺得還 OK 嗎？」Matt 在回程的車上不經意地問了 Rita。「我覺得不錯ㄟ，比我想像中的好太多了，我以為會碰到一堆混混流氓的太保學生，就像電影我的少女時代演的那樣，結果大家都好認真，不，應該說好認命的在操作學習。」果然的少女心。

「我也是覺得 OK，假如米蘭達問我，我應該會推薦。只是米蘭達應該不會認可，她超級看不起南部人。」

「也對，最後應該會被米蘭達駁回。真不知道她為何要下來南部開工廠，那麼討厭南部人，幹嘛不回台北，回她的天龍國。」

「因為南部便宜啊！又憨厚，又老實，又不會頂嘴！她要的是好幾雙可以幫她做事的手，而不是好幾顆幫她想事情的腦袋。你看不出來嗎？」

「你比喻的很爛ㄟ！」Rita 聽了 Matt 的比喻後，突然呵呵笑出來。

「還好，我這比喻還夠人性了。你知道她怎麼比喻我們嗎？」

「喔，米蘭達她自己也有說喔？」

「你開會沒聽過嗎？」

「你說來聽聽，我還真沒聽過。」

「這是她在某篇社論還是某本雜誌看到的，妳知道的，她只要看到某篇文章跟她共同頻率，她都會發表長篇大論的演講，或是自己置入性行銷的以為在講自己。她曾說每個人都有一種特質，陳總是老鷹，Ella 跟 Tiffany 是狗，林副理是耕耘的牛，她自己是獅子還是老虎去了？夠爛了吧？」

Rita 聽了之後瞪大眼睛，簡直不敢相信自己的耳朵聽了什麼？

「我是說真的啊！這是她觀察的結果。老鷹必須在天空到處翱翔尋找目標，就像是領航員，帶領一間公司往該走的方向前進。Ella、Tiffany 他們兩個，一個是售後，一個是財會，要把家裡的錢守住，不要讓別人進來搶，也不讓自家人隨意的浪費。牛，我就不用解釋了，該死，拚命的耕田！而她自己自稱是老虎，可能她也自覺自己一直以來只會扮演亂哄亂叫的角色吧！說實話，我覺得她比喻倒是有 70% 的神似。」

「哈，那你覺得她會把你比喻成什麼？」

「這還需要說嗎？」

Rita 立即回答，「熊！」

「不是啦！還熊勒，熊只能當吉祥物，你要我去當 TD 的吉祥物嗎？每天披著熊裝到各地宣傳，或是到現場幫大家打氣？再擺

一些自以為很可愛，旁人看起來卻很欠揍的姿勢，告訴你，我才不幹。」Rita 笑得更誇張了，笑到根本沒辦法說話。「等我，我肚子好痛，再等我一下。」

「你笑點很低ㄟ，那有那麼誇張嗎？」好不容易過了一會，終於停止不再嗆氣。「說說看，你覺得你是什麼動物？」Rita 順便拿起自己的水來喝，剛剛那一笑，害自己的嘴巴超酸的。

「Jason Bourn，傑森・包恩。」

「咳…你害我嗆到了，什麼鬼啦，傑森・包恩。」

「是啊，《神鬼認證》的傑森・包恩，超帥的！你看我的英文名字 Matt，就是麥特戴蒙的麥特，夠帥吧？」

「ㄟ，你高興就好。」

Rita 搞不懂怎會有人私底下那麼搞笑，在老闆面前還可以那麼嚴肅，偶爾還會裝無辜，真的是夠了。

回到公司後，立即收到 Joyce 的訊息。「Matt，陳總找你，你等下趕緊去找他吧？他已經問了我兩次你何時回來？」

「他有說是什麼急事嗎？」

「我也不知道，不過，他有請 Terry 跟你一起過去，應該又是 ERP 的事吧？你問一下 Terry 好了。」Matt 沒有回辦公室，直接走到 Terry 的座位。

「他們兩個怎麼會突然下來高雄？」

「切，工廠是他們開的，你管那麼多幹嘛？趕緊準備一下，陳總想看 ERP 如何呈現報表？他說他到現在都沒收到半張報表，你

哦，準備被罵吧！」

「有病喔，難道要把報表撕對半嗎？再說，他從來沒跟我說過他要看報表啊！」

「等一下你就把這些話原封不動的講給他聽，還在耍嘴皮子，快，準備一起過去被轟吧！」

Terry 一直很受不了 Matt 這種在嚴肅時刻還開玩笑的態度，不過，很多時候也是因為 Matt 關係，瞬間把緊張的氣氛化開，後面處理事情時也不至於慌了頭。

一進會議室，米蘭達還是一樣埋首在一堆公文卷宗當中，看 Matt 進來，只是抬頭稍稍打一下招呼後就繼續她的那疊公文簽呈。

「來，Matt，Terry 這邊坐，有些問題我想請教你們一下。」

「目前系統面都是兩位在主導，我想說針對工廠這一塊，我們可以產出什麼樣的報表來管理？」

Matt 心想：慘了，他根本沒用到系統的輔助，唯一會用到的 ERP 的地方，只有在外包請款時，用手工刷工令進出帳來做應付憑單，摸著良心講：ERP 系統根本幫不了自己什麼忙。

Matt 自己搶先為自己辯解。「陳總，我每日下班前都會把所有產線的進度整理後，用 Mail 發出給各相關人員，那上面就有最新進度了。」

「那上面可以看到人員出勤狀況嗎？或是工時差異？」

Matt 搖搖頭，很心虛的回答。「沒有這類的資訊，如果陳總需要這類的資訊，我從今天的報表開始補上去。」

陳總的臉瞬間變臉，口氣也有點不悅。「那外包人員管理呢？誰負責？」

「報告陳總，外包那一塊有一個工程師在負責，他 control 整個外包進度還有物料追蹤，若有溝通協調上的問題時，我會在介入主導。」

「好，你說有人負責，那你打電話問一下，今天應該要有幾包進來？實際共幾個人？」

「陳總，我們沒有要求到那麼細。基本上，外包只要合乎我們的進度，今天是否需要進來工廠，以我們通知說了算，至於來廠人數，也是如此，若真的趕工了，也會要求他們增派人手，沒有強制限制一定要每日進廠幾個人。」

「Matt，這樣不對的。當初我們簽合約時，就有說要幾個人手，而且還限制幾個師傅，幾個學徒，這些都是料工費計算出來，怎麼可以說不去要求他們幾個人呢？這樣是不合格的，對我來說，這就是敷衍了事。」

Matt 瞬間臉紅，冷不防的整個被洗臉，他已經不打算再繼續反駁了，陳總說的沒錯，是自己沒達到要求。

「Matt，我們管一個工廠，要看的是什麼？進度？人員管理？每日的產出、每日的工時，這些都是需要報表來管控，我們系統導入多久了？至少一年有了吧？」

「報告陳總，一年多了。系統這些都可以產出報表來，有幾支 CODE 可以用，像生產工時明細表，從這支報表就可以看到每日人員的生產工時。」Terry 看 Matt 不再說話，立馬跳出來解圍。

「可以馬上跑給我看嗎？」

「可以。」

Terry 把 ERP 的工時明細投影到布幕上逐一解釋。「陳總，從這支報表你可以看到 5/2 線上有誰？做了哪個工站？總共做了幾個小時？從這邊可以看的一清二楚。」

「那 5/2 這一天有幾個人來？看得到嗎？」Matt 突然從陳總的話驚醒過來，他在問什麼東西啊？這是報表，不是點名表ㄟ！

「陳總，這可以看出哪些人有來，但，沒辦法看出誰沒來。」

「那這一份報表根本不行啊！」

「再來，這工時與標準工時差異多少？我要從哪裡看？」

「陳總，報表只是顯示出實際的數據，無法做到比較的功能。如果你要看這些比較的數據，我們資訊可以寫個外掛程式，FOR 我們公司的要求來執行，這樣一來，你要的數據都可以呈現出來。」

「Matt，我們做事要精準，我們不可馬馬虎虎的帶過，再怎麼說，你可以算是 ERP 系統的種子人員，像今天這樣一問三不知，這是非常要不得，你自己說，這個 ERP 系統你給自己打幾分？」

打幾分？ Matt 自己也不清楚，這要怎麼評？「70 分吧。」

「70 分？」Matt 感覺陳總口氣明顯的不悅。陳總心想：我看連 60 分都不到，怎麼敢給自己打那麼高的分數？

「現在我們來檢討一下流程，底盤那有幾個主工項？幾個預組站？」

「8 個主工項，9 個預組站，加起來共 17 個工項。」

「底盤幾個人？」

「現有編制加領班共 11 個人。」

「這就不合乎邏輯了，11 個人刷 17 個工項，那技師一直在那邊刷 Bar-code 就好了，其他的事都不用做了。」

Matt 心想：幹，這工項是你決定訂出來，怪我？「陳總，這流程是你當初決定的，原本就是要細到預組，這樣才能全面的控管。」

「不可能，這工項的配置就是有問題，再改。單就工項數目就不合理了，怎可能那麼細？」

「陳總，我下去再把工項改一下，明天給你過目看可不可以？」

Matt 已經不想爭辯，他知道在爭論下去就會碰觸職場的大忌：頂撞上司。這對自己沒好處。

「好，你先下去整理，明天我在台中，看你們要上來？還是我們用視訊討論都可以，這一定要有個定案出來。」

「好。」

Matt 一走，原本坐在旁邊默不作聲的米蘭達出來說話了。

「陳先生，你自己摸著膝蓋想，這些流程難道不是你說出來，不是你決定的？ Matt 怎可能自己在那邊增加工項，自己在那邊增加奇奇怪怪的流程。我這局外人一看就知道是你自己的問題，還推

到下屬那邊去。要不是 Matt 的職場倫理夠深沉，我看一般人早就提出辭呈了，還在那邊配合你演戲，門都沒有。」

「我是藉機來教訓他，說什麼系統自認為有 70 分，我看連 50 分都沒有，根本就不自量力。系統導入多久了，連個像樣的報表都產不出來，這怎麼管工廠？」

「不是我在說你，你是想到什麼就做什麼，馬上就要什麼！你下來高雄有事先跟他們說你要報表嗎？根本沒有，還不是在高鐵上突然想到的，對不對？」

「不是嗎？這報表是一間工廠最基本就要產出的 output，連這最簡單最基本的東西都沒有，怎麼管一個工廠？」

「那請問你，沒系統之前你是怎麼管的？」

「那時沒系統，我們就人力紀錄，每天把今天的進度貼到公布欄上面去，今天誰做了什麼？進度到那裡？一清二楚！」

「那我在請問你，現在 Matt 不是每天都會 Mail 提供了嗎？你有看嗎？跟你說的報表差在哪裡？有不清不楚的地方嗎？你這不是自打嘴巴？」

「他提供的報表沒有不好，我要的報表是要由系統自動產出，不是那種統計的表格！」

「那你要事先跟下面的人說，他才好準備。不是說他們沒錯，他們有錯，錯在不知道自己的老闆在想什麼，再說，今天之前，你有跟他們提過報表這東西嗎？一定沒有，要不然他們兩個不會像顯現出一副沒帶兵器就上戰場的無力樣。小朋友跟著你多可憐啊！你

那樣子根本不叫充分授權，擺明就是無理取鬧！」

「啊呀，我在管理工廠，你不要插手！」陳總很不耐煩地回了一下米蘭達。

米蘭達也感到不耐煩。「我何時插手？我要插手就剛剛他們也在的時候出來轟你了！還有，我不管的話，這間公司會變怎樣？你有在關心他們的近況嗎？你知道工廠現在剩幾個人嗎？你知道外包商的款項現在結到那個月了嗎？全部不知道，要不是我三不五時的打電話回來關心，我看整個工廠被賣掉你都不知道！」米蘭達越說越氣，氣到整個人都站起來，就差沒拍桌子而已。

突然，Rita 開門進來，剛剛好結束這一觸及發的戰爭。「Rita，你有什麼事嗎？」

「米蘭達，這是建教合作的辦法跟申請書，您要不要先過目一下。」

「給我，我看一下。」米蘭達接過 Rita 手中的文件，立即翻了起來。「這有誰去參訪了嗎？程度如何？說實話，我一直不相信南部的水準，你看那些技師，整天在做些什麼？那些交車的品質能看嗎？你覺得我還要相信這些小朋友？」

「米蘭達，這間學校剛剛好早上我剛跟課長去拜訪，我跟他的第一印象都覺得還蠻好，整體給我們的感覺還算是中上的水準。」

「不，我不相信。南部不可能有我認可的學校。」

Rita 聽了之後心想：那滾回你的北部去吧！死老太婆！

「你說的課長是？」

「Matt。」

「喔，Matt？請他過來一下，我要問問他怎麼會覺得很好，是哪個點讓你們兩個評價那麼高？」

不久之後，Matt 即到會議室，和 Rita 比肩而坐。「米蘭達，整體的環境，如教學設備、實習工廠都很到位，他們光是可以拆解的車輛就多達 40 幾台，更不用說是摩特車了。再來，校長的教學態度和方法，根本就是軍事化教育，學生的聽話程度應該是 OK 的，我剛剛正在準備今天參訪報告，上面有圖片及數據說明佐證，到時候附上給你看看會比較清楚。」

Matt 已經不想在字面上跟他們兩夫妻爭辯，沒多大意義，報告出來，要不要接受就是你們的事了，他壓根不想管那麼多。

「我還是沒辦法認同，南部這邊我已經吃太多虧了。對了，除了我們，還有那幾間公司有跟他們合作？」

「我知道的有光陽，這在高雄就有了，北部的有國瑞汽車，三陽汽車，詳細的資訊還是得看他們學校的簡介。」

「你說的是桃園的國瑞汽車？ TOYOTA ？」

「是的，就是 TOYOTA。」

「喔，如果國瑞汽車都願意聘雇，那程度我想也差不到那裡去才是。那就確定簽了吧，問一下產線的領班需要幾個建教生，請他們統計一下，順便問一下北部的售服是否需要？也把缺額開出來一起辦理。那就這樣決定了，那 Rita，你還有什麼問題嗎？」

「沒了，謝謝米蘭達。」

「好吧，那你們先去忙你忙的事吧。」

正當 Rita 跟 Matt 準備要走時，米蘭達突然：「Matt，剛剛陳總交代的事，你今天可以完成嗎？」

「應該可以。」

「那明天台中見，當面解釋比較清楚，我也要看看你們陳總到底要什麼東西？好嗎？記住，有什麼問題要當面問清楚，要不然後面只是浪費更多時間而已。還有，不要把事情放在抽屜裡，這樣的解釋你懂嗎？這很要不得的，知道嗎？」

「知道了。」Matt 已經習慣他們夫妻倆的做事風格了，對他來說，這根本沒什麼。

「對了，你的護照跟台胞證都快過期了，剩不到半年，要不要順便換？你跟 Doris 聯絡一下，要不然，我怕你到機場就卡關了。」

「好，我知道了。」

一步出會議室，Rita 馬上對 Matt 說：「哇，米蘭達對你好好喔，根本是個嚴師在教育徒弟一樣，都沒有上級這樣對我，何況是最上層的老闆娘。」

Matt 馬上白眼給 Rita 看：「妳想要喔，要不然給妳。」

「幹嘛這樣，我在幫你加油打氣ㄟ。你感覺不出來嗎？」

「喔，謝謝。」Matt 苦笑著回應。

「哼，好心被狗咬，掰。」Rita 辦公室到了，打算轉身離開。

Matt 突然覺得自己的口氣不恰當，馬上轉離話題。「妳都不知道中午我一回公司就被抓去會議室洗臉了嗎？」

「然後呢？又不關我的事，活該！」Matt 正覺得自己理虧打算離開時，Rita 突然一句：「明天開車小心點，知道嗎？不要又亂飆車了。若回來時間還算早，一起吃個晚餐吧？」Matt 眼睛一亮。「好好，我六點就到高雄了。」

「快去忙你的事吧！加油！」

Matt 剛進辦公室回到座位，就聽到林副理打開辦公室的門，匆匆忙忙的告知。「Matt，趕緊通知總裝，PDI 看這個月可不可以把這批車趕出來，我月底就要把車入庫。」突然的聲音讓在辦公室的 Matt 跟 Joyce 都覺得是不是工廠失火了？

自從第一批國產化的車追出去後，Matt 已經很少再碰現場的事了，基本上，大部分的流程都已標準化，人員、進度都由林副理 control，自己除了料及 ERP 的問題外，基本上產線已沒多大的問題。

「副理，你有事喔！交車還有一個半月，幹嘛那麼急？」

「等一下我再告訴你，你就是想辦法趕月底入庫，把主任找來，還有總裝那些外包的工頭協調一下，一個星期兩台車下線，PDI 也是，現在車間裡有 4 台車，目標每星期 3 台車給品證做終檢，我就是要在月底全部入庫。」林副理說完又開門走回產線，留下莫名其妙的 Matt。

「你家副理有事嗎？」Matt 滿臉疑惑的問 Joyce。

Joyce 睜大眼睛和 Matt 互看一眼，聳聳肩表示她也不知道就繼續回頭做她自己的事了。Matt 也不太想搭理他，根本不知道民間疾苦的上位者，產線的進度不是用嘴巴說趕就可以一瞬間加快進度，很多方面要考量。料到底進來了沒？包商的人力以及施工的先後順序？後續 PDI 的路試、全車的檢驗，水密…這些都得考慮進去。若可以嘴說說趕緊做，那還需要排程做什麼？Matt 把林副理交待的事放在一邊，他要開始準備陳總要的東西了，要不然，明天自己上台中也不知道怎麼交代？再說，根本不可能提前，這中間 Matt 預計出發到北京幾天，這是預定好的事，他不想在大陸出差還一直掛心台灣的一切，提前，根本不可能！

14

進展

今天，Matt 為了週報格式的呈現，又特地跑了一趟台中，沒錯，真的就為了週報格式，真的有事。

台中，不遠，但也不近，每次往返來回至少都要耗掉半天的時間。開在中山高北上的路上，Matt 已經沒有像第一次到台中辦公室的新鮮感，哪裡有違規照相機，哪個時間點哪個路段容易塞車，哪個區段又在修路，甚至幾公里處就可以飆到 140km/hr，他都已經熟到不能再熟了，這樣不好，一成不變容易讓人麻木，而且很容易發生危險。

初冬的 11 月，台灣南部有了北京初秋的蕭瑟，是陽光的問題，陽光直射角度變小，所呈現的光線少了夏天的酷熱跟人們的不耐，差別在於，現在在台灣一高北上的嘉南平原，而不是北京太舟塢渠道阡陌。現在，Matt 在台灣懷念北京的平常，而多年前，他卻在北京思念台灣的鄉情，Matt 深深嘆一口氣，真的有點悔不當初的感覺，沒關係，再不久，自己即將在踏上北京的土地，目前這是他撐下去的動力。

到台中，知道辦公室一個業務助理——Teresa，她即將從公司「畢業」，明天將是她上班的最後一天，Matt還蠻訝異的。Matt跟她，只有單純的業務往來，但卻有特別的印象，不是外貌出眾，也不是表現能力特別突出，幾次業務來往，大概知道Teresa的工作態度，工作風格，對Matt來說，還算是蠻有親和力的一個小女生。

　　問她怎會突然要離職？她也不好意思多說些什麼，只說想要休息一下，由她的眼神跟口氣，Matt大概也略知一二，這間公司，有99%的原因是「人」的問題，這是不爭的事實。

　　如果她是跳槽到另一個更好的公司，或是預計休個長假去旅行，去各地走走，那她的離職，或許Matt就不會感覺這麼特別。這不是Matt在公司第一次碰到有同仁拿離職單，說實話，他自己也麻痺了，但她卻是第一個讓Matt停下來好好聊聊，聊有關於她以後打算的同事。

　　Teresa並沒有找好下一份工作，也沒有預定她的「休息」要休多久，她很灑脫地讓自己放假，然後回老家——雲林，沒有計畫，也沒有說未來有什麼目的？全部都沒有。或許陪陪家裡的爸媽，或許玩玩家鄉那隻老土狗，或許再住看看自己的房間。畢業、出社會後就沒再回家長住了，通常都只有農曆過年才會在家短短停留個4、5天，再來翻翻自己的抽屜，自己的衣櫥。大家應該都可以體會她的心情，甚至可以的話，每一個人應該也想有天可以返鄉，趁自己爸媽身體還健朗的時候。

　　她是Matt眼中標準的7年級生，工作態度正向積極，不會有踩著屍體往上爬的企圖心，她，只想把自己的工作做好，即使無理，

只要屬於她份內的工作，負責不拖延，低調，又不失她的存在感。

Matt 沒有用時下流行的「爛草莓」來形容她，她一點也不「爛」，如此懂事，理性，睿智，又獨立的她，在歷經公司這段的職場磨練後，也感到疲累了。當然，Matt 並沒有對要去休息的她，提出自己的疑問，例如她的經濟怎麼辦，未來的職涯怎麼辦，這對她來說是多餘的擔心。Matt 比較好奇的是，反而是接下來休息過後呢？何時再出發？怎麼安排生活？

Matt 有感而發地回想起自己當兵退伍的那一年，在第一份工作上並沒有太久，國營企業的擺爛態度，一天到晚無休止的催料，到產線拜託領班換機換模，再加上工作所遇到的屈辱，這一年的挫折，就幾乎把他滿腔的熱情和壯志都消耗殆盡。原本 Matt 可以不要離職，在公家單位裡，如果和福委不合，或和對應的窗口不對頭，有時候換個專案就能解決這個問題。當時也有幾位體貼的主管，主動來找他談過，希望 Matt 能換到他的 TEAM 就不必離開。或許吧？但，Matt 永遠記得現場一位主管對他說：「Matt，每個人心中都有一個點，假如那個點你無法認同，那你沒必要這樣為難的委屈自己。」

離職的抉擇，對 Matt 自己而言相當掙扎，Matt 計畫累積幾年工作經驗後再出國走走，可能是中國，也有可能是歐洲，反正人生長的很，世界很大，到哪？似乎不是他現在所要考慮的因素，他只知道要存夠錢，世界才能在自己眼前。離職對 Matt 來說，會在他的人生履歷留下不漂亮的軌跡，也會讓他出國的計畫延後。

但曾經，他也相當疲憊過，疲憊到超乎想像的程度。他還記得，在前個在公司的午後，正要從現場回到自己的辦公座位，不知道什

麼樣的原因，Matt 望著夕陽西下的天空，手裡拿著進度排程表，佇立在辦公室外的停車場，就很單純的站著不語，他已忘記在注視什麼？或是腦海裡在想著什麼？時間不知道過了多久，許多人下班陸續跟他打招呼，他才發現天色已經漸漸變暗了，而遲滯的 Matt 一直沒發現天色的變化。那時他就知道累了，是心累，他需要一段空白期來呼吸，或是換一個全新的環境才能跳脫這種無形的枷鎖。

但，他沒有。

其實 Matt 真的知道他想要什麼樣的生活嗎？他不確定什麼才是自己要的。Matt 以為自己準備好了，自以為夠獨立，但在當時出社會才一年多的他，原來自己還是一個這麼膽小又脆弱的人，Matt 對這樣的自己感到很失敗。當時的 Matt 只有一個很突然的想法，他不能再像一個傀儡，日復一日地去上班。他不要這種感覺，他要在工作職場上掌控全貌，他會認真學習，更想要把每一件小事做好、做大，他不想要生活過得這麼麻木。

或許對許多在社會裡拚命衝刺的人來說，休息放個長假，更甚至被 Fire，是一件會被指責的事，尤其在傳統觀念深根蒂固的上一代。在社會裡，年輕人時常是為了符合父母的期望而活著，卻忘了應該為了自己而努力。身為人家子女，常常被期待，要認真念書，努力做事，早早的結婚，然後存一堆錢，趕快退休。大家卻忘了，到底是為了什麼而活著，我們最能夠掌握的事，不是無法預知跟無法期待的未來，而是現在正過著的每一分的當下。

多年後的今天，Matt 已經歷經職場的生涯百態，不敢說身經百戰，但，明是非的眼光已經可以說到已成熟的地步，雖然這樣的他無法輕易的被擊倒，但，說不定哪一天自己也會跟她一樣，孑然

的放下一切離職，就在自己已經不知道為什麼要做這份工作時，在自己已經忘了自己存在的意義。

「Teresa，那就在此說再見了。」

回高雄前，Matt 特地走到 Teresa 的座位旁跟她道別。他伸出右手，Teresa 也很自然伸出右手跟自己握手，表示接受 Matt 這份道別的儀式，只是 Matt 不知道為何她會笑得像中樂透一樣？！

Matt 心想：這儀式很怪嗎？

「這輩子應該不會再見面了吧！」握著 Teresa 的手，Matt 這樣說。

「為什麼說的那麼絕？」她很驚訝的問 Matt 為何會說出這樣的話來？

「我實在想不通，或是怎樣的機運，我們會再見面？不是嗎？」台灣不大，但也不小，若再加上時間的軸線，這樣多層面的交疊機率，根本是趨近於 0。

「所以，真的不會見面了！相信我。」

她用左手遮著嘴說。「吼──！，Matt，不要說的那麼傷感啦！」

「不要以為台灣很小，有些人，若不是特意聯絡，還真的一輩子都見不到面！」

「所以…」

Matt 突然很嚴肅認真起來。「妳離開以後，一定要過得比現在好、比現在更幸福，知道嗎？要不然，妳就失去離開這裡的意義

了。」這是 Matt 發自內心的祝福，但，Teresa 卻笑的超誇張。

「我一定會的，Matt。」沒想到她竟然跟 Matt 演起戲來了。

Matt 一副「妳有事嗎」的表情。

「你不是要跟我玩？」

「好啦，不玩了，祝福妳，再見囉。」

「嗯，再見。」

「還是妳想來個離別的擁抱我也 OK。」

「你想的美。」

又一人個從我生命中離席。

回家的路上，Matt 一邊開車一邊想：工作的目的是什麼？生命很長、很精彩，真的有需要急切地在某個時間點去完成什麼，或證明什麼，即使現在的狀態很糟糕、很不好，也並不代表以後不會表現得更好。

不是每一場的演出，都要表現得很亮麗。或許現在的劇本就是不對，或扮演的角色就是不好，這不見得是那一個人的錯，人生沒有那麼複雜和困難，只是要找到適合的有利位置，找到懂得欣賞的好導演，我想，每個人都可以演出精彩的人生劇碼。

如果遇不到好主管，其實不用想那麼複雜，好好規劃自己的人生劇本。最重要的是，必須找到自己的目標，自己要的快樂。休息，是為了走更長遠的路，這是永恆不變的名言，如果累了，就給自己放一個假、一個無所為的空白期。當然能真正做到這樣的有幾個？除非家庭背景不錯，要不然，都只是妄為而已。

【少說話，公司最近還有動作。】

隔天一早，Terry 莫名其妙的 LINE 這樣一條訊息過來。Matt 不知道他又從哪裡得到這消息了？不過不用猜，想也知道是 Rita 跟他說的小秘密，他們倆個人很喜歡將這些小道消息傳給 Matt 知道，當然，Matt 知道他們兩個是為自己好，是把他當朋友才會把些訊息私底下讓他知道，但，有些事，他們兩個還是會互相告知，傳不到 Matt 這裡來，算了，聽這些八卦亂傳，搞得自己心裡也累了，好好做事吧。

「Rita，不在嗎？」

Matt 走到行政辦公室，原本要拿張外出申請單，發現 Rita 的位子空空的，隨口問了一下她的左右鄰居。

「嗯，她早上請假，好像身體不太舒服吧。」

拿了申請單後，順道走去隔壁 Terry 的辦公室，問他 LINE 的訊息是怎麼回事好了。通常 Matt 若直接坐到 Terry 隔壁的空位，就代表他在休息，或是講些較私密的事，假如 Matt 直接站在屏風旁，那就一定是在談正事、公事、要緊事。

「你又得到什麼消息了嗎？」

「噓。」

Terry 坐在位置上，眼睛稍稍往上看 Matt，示意要他閉嘴，隔牆有耳。辦公室還有另一個同事，如此看來，這位同事應該算是 Terry 的局外人吧。

「Rita 怎麼了？怎沒來上班？」Matt 故意岔開話題。

「她有 LINE 我，說是身體不舒服，好像是生理期加上重感冒，整個人無法來上班。」

說實話，Matt 心裡覺得怪怪的，Rita 怎麼會特地告訴 Terry 她的狀況呢？不知道什麼原因，最近 Rita 的工作表現常被大家莫名地用放大鏡檢視，尤其是米蘭達，常在會議到一半時，就需要請 Rita 提供一些資料。這些東西，米蘭達給 Matt 的感覺似乎在很早之前就告知 Rita 了，怎還要米蘭達自己一直催？Matt 每次看到這樣的情形，都會忍不住想叮嚀她幾句，甚至幾次忍不住替她捏把冷汗，老闆的個性，這樣的工作態度是隨時可以砍頭的。

隔天，米蘭達跟陳總下來南部，又一堆兵荒馬亂的會議。

「去問一下 Doris，她的資料到底還要多久？」

會議上米蘭達剛飆完在場的所有主管。上個月的加班費高達 70 幾萬，她要看哪些人在加班？那些人又一直請假？這樣的加班費，管理上一定有很大的問題。

「米蘭達，我現在在忙南管局的資料，可能要下午才能給你。」

米蘭達聽到這，一整個火都起來了。

「這樣的資料需要你自己去抓？Rita 不行嗎？那我請一個行政管理師來幹嘛？根本毫無用處！我還需要每個月這樣付她薪水？有沒有搞錯！」

「去叫 Rita 過來，我要看他都在做些什麼事？」

幾分鐘後，Rita 手拿著筆記本匆匆忙忙的過來。

「妳在做什麼？」米蘭達一見到 Rita 就毫不客氣的問。

「報告米蘭達，我剛剛在搜尋面試的資料。」

「妳不知道我要員工出勤的資料嗎？妳現在不給我是怎麼回事？怎麼？我要的資料不重要嗎？」

Rita 完全不說話。因為她根本不知道米蘭達要員工出勤資料這回事，她也不敢說沒有人通知她要做一份資料，她若說實情，勢必會得罪她的頂頭上司—— Doris，或許說出來，可以不用受這樣的不明冤屈，但，她自己也知道米蘭達一定會用另一個理由罵她，說出來也沒用，那這樣倒不如不說，至少不會得罪自己的主管。

這是 Doris 的問題，但現實的情況中，Doris 反而安安靜靜的站在一旁，壓根沒有要跳出來幫 Rita 講話的意思，但，如果她一直默不作聲，接下來所有的箭靶會指向 Rita 身上。

在場的所有人都知道：Rita 幫 Doris 背黑鍋了。

其實 Matt 常常三不五時的提醒 Rita，有些事真的要做在前頭，要比老闆思路再多一步，要不然，等到老闆提醒，大部分都已經到病入膏肓的地步。我們都不是職場菜鳥了，職場的潛規則、最基本的 SENSE 都該要有，要不然，當老闆、同事們每天都心慌事情做不完，當老闆一發飆時，大家就會覺得，你做不好份內的事是因為你不夠專業。

Matt 下班後把 Rita 叫到產線比較少人的地方。

「妳這樣會被叮死，有些例行性的報告，妳可以先做起來，妳不知道米蘭達都要些什麼資料嗎？」Matt 不知道這樣多餘的關心

會不會讓 Rita 覺得自己過於自負？他也不知道要用什麼樣的角色去提醒，但他不想讓 Rita 被罵了。

「我真的不知道，我都是臨時被告知的，甚至沒有人跟我講。」

「這幾次會議下來，Doris 都沒交代妳哪些資料是要先備起來放？」

「沒有。」

「那幾次下來，妳應該也知道有哪些資料了吧？」

「我不知道。」Rita 感覺委屈，為何 Matt 的關心是用那種帶著責備的口氣。

Matt 的臉有點臭，他感覺怎麼 Rita 有點任性，現在他自己是要來幫忙，怎麼問妳問題卻是得到這種簡短式回答的答案，至少妳可以把妳的委屈說出來，妳可以把妳不知道的地方完整表達出來，是哪裡不懂？或是哪裡無從準備起？現在這樣的回答，Matt 根本無從幫起。

「Rita，我真的很想幫妳，要不然這樣看妳被罵，我很無力，妳知道嗎？」

「我又沒有要你幫忙。」

Rita 知道自己這樣說不對，但，無心脫口而出的話已來不及收回了。

還好，Matt 知道她在說氣話，也沒特別去在意，也不管她聽不聽得進去，反正 Matt 就是提出自己建議。

「我們來看一下，人資有哪些資料可以先準備，我們不用等米

蘭達通知，每日我們就是固定時間 Mail 給他，讓他無話可說。像出勤報表、請假報表。」

Matt 在筆記本上寫上「出勤」、「請假」兩個報表。

「這是我知道的部分，每次米蘭達開會都會一直跟 Doris 要這些資料。這兩個報表，看你是要早上 10 點還是下午 4 點發出去，不只給米蘭達，也給陳總，順便 CC 給全公司的幹部，這用意也順便提醒那些幹部哪些人一直在請假，要特別注意，我相信這樣就不會讓米蘭達抓到妳的把柄，也會讓她看見妳的積極主動，跟妳的價值。」

「這是每天日報的部分，日報每天寄的是單點資料，到週五下班前，或是星期一一大早上班，妳要再產出一個週報總結，月底要有個月報總結，除了表格化外，一定要有輔助的圖示，看是長條圖或是圓餅圖，若是要凸顯比例的，用圓餅圖，數值比較的，用長條圖，展現時間趨勢的部分，就用折線圖，這妳要記起來，超重要，後面在附上每日的 DATA 當附件，讓他們夫妻倆一看就懂，相信我，若妳做到這樣，一定會讓他們無話可說。」

Rita 一直板著臉聽著 Matt 說他的想法，雖然心裡還是很委屈，但，卻也不得不佩服 Matt 這個提議，而且 Matt 說的那些圖表也太神了吧！那根本是一份 Paper 了。她一直沒想過要主動做這件事，反而一直被動的挨罵，然後再來怪別人，怪主管，怪米蘭達，自己跟 Matt 相比，難怪他可以得到米蘭達的賞識。

Matt 看 Rita 不說話，再主動問她。「妳想一下，還有什麼報表可以給米蘭達看？」

「只有這些吧？應該沒有別的了。」

「不行，一定還要有，現在米蘭達對妳印象不好，我們一定要扳回這頹勢，要不然會很慘！」Matt 臉色很凝重，他知道米蘭達的脾氣，要趁這破洞沒繼續擴散到無法補救時把它填滿，否則後續要再來想辦法就很難補救了。

「那我每天幫現場訂便當這件事？」

「這種雜事不用特別寫出來，這反而會降低妳的價值。」

「可是，我每天就被這些雜事塞爆了。我不只要訂便當，還要收公司的信件、接外線電話、檢視掃地阿姨的清掃環境、採買文具、跑南管局，還有宿舍的管理，啊，我快瘋了。常常事情做到一半就被這些雜七雜八的事煩死了。」

「這些雜事可以寫，但用附件表示就好，把這些雜事歸到其他類，放在最後。或許這些其他類會超過妳的本業也說不定，到時候若主管有發現這一塊，就看米蘭達他們要如何幫妳了，但現在不是把其他類的雜事 Highlight 出來的時候，妳要把妳的本業特別標示出來讓米蘭達看到。」

「我的本業就是找人，面試，偶爾做些教育訓練，但，現在教育訓練比較少了，我剛進來時有試著做 TD 的新人教育訓練教材，但，後來不了了之。」

「為何？」

「Doris 說不用那麼麻煩，我就沒有做了。」

Matt 一直思考為何 Doris 不做這教育訓練的原因是為什麼？

「那如果現在要妳做，妳 OK 嗎？」

「OK 啊，只是需要再另外花時間去做。」

「好，那妳可以偷偷做嗎？不要讓 Doris 知道。」

「嗯。」Rita 輕輕的點頭。

「再來，妳說妳有在找人，然後再約進來面試，嗯，我想想喔…，」Matt 眼睛一直轉來轉去的思考，偶爾咬著下嘴唇，Rita 一直看著 Matt 思考的樣子，她在心裡想，等一下他會不會像一休和尚一樣「噹！」一聲跑出答案來。

「我想到了。」Matt 的聲音讓 Rita 突然笑了出來。

「妳在笑什麼？」Matt 覺得很好奇？有哪裡好笑的？

「沒沒，一休，不，Matt 你說說看，你想到什麼？」

Matt 還是覺得很奇怪，但，現在正事要緊，他現在只想趕緊幫 Rita 的事情解決。

「妳要不要試著把每天蒐尋的筆數，打電話通知的人數，還有面試的人數紀錄下來。當然，打電話通知的對象還有面試的人選都是哪些部門需要的，再分類出來。用類似這樣的邏輯做一個表格，也是每天 MAIL 出去，這樣就可以讓米蘭達知道妳在做什麼了，畢竟這才是妳的本業。當然，這也是要週報，月報總結，就像剛剛我講的那些報表。」

Rita 安靜無語，雙手抱胸呆站著看著 Matt。「怎麼了？幹嘛這樣一直看我？」

Rita 輕輕搖頭。

「沒有。」

Matt 還是覺得莫名其妙，感覺 Rita 怪怪的。「那我說的這些 OK 嗎？妳應該知道怎麼去表示吧？」

「我可以抱你嗎？」Rita 突然脫口而出。

「可以。」Matt 根本沒聽清楚 Rita 說了什麼，反射性的直接回答可以。

Rita 得到 Matt 允許後，向前一步直接抱住 Matt，直接把自己的右側臉貼上 Matt 的胸膛，也不管旁邊有沒有其他人，也不去在意 Matt 身上有沒有汗臭味。

突然的舉動讓 Matt 不知所措。「妳不怕被其他人看見啊？」

「不會，現場的人都下班了。」

「喔。」

Rita 心想：你現在是在喔什麼？

「那…」

Rita 手還是沒放開，只是把頭抬高直看著 Matt。「你想說什麼？」

「那我也可以抱妳嗎？」Rita 聽到這句話後整個翻白眼，壓根不想回答。「你就繼續再把手舉高一點，沒關係。」聽到 Rita 這樣講，他才敢把手放下環繞著 Rita 的腰。

「不公平！」

「啊？」

「為什麼我現在才遇見你？」

Matt 笑著說。「至少妳現在遇到了啊！」

聽到 Matt 這樣講，她又把頭埋進 Matt 的胸膛裡了。「好想就這樣一直抱著你不放開。」

「我 OK，我還沒抱夠喔！」

「你想的美！」聽到這，Rita 突然放開 Matt 自徑往辦公室的方向走去，她不是怕別人看見，她是怕自己陷進去無可自拔。

「喂，哪有這樣的？」

「怎樣？」Rita 突然停下腳步回頭瞪著 Matt。

「通常接下來不是就應該接吻嗎？」

「吻你的大頭鬼。」

「喂－等我啦！」

突然，Rita 停住自己的腳步，要不是 Matt 反應夠快，他也差點撞上。

「Matt 先生，你是要讓全公司知道嗎？辦公室還有一堆人沒下班喔。」Rita 瞪了 Matt 一眼。

「喔。」

突然。

Rita 向前輕輕吻了 Matt 一下，動作快到 Matt 來不及反應。

「Matt 先生，接下來的日子，就請你多多包涵了。」整個人

張大眼睛不知道發生了啥事。

「等一下！」

「可不可以再一次！」Matt 雙手合十的央求 Rita。

「再一次你的頭啦！」當然，Rita 可不是隨便的女生，她可不想理 Matt 的要求。

「拜託啦，再一次。我剛剛來不及把舌頭放進去。」

「變態。」這一次 Rita 可是大大的往 Matt 的頭敲下去。

晚上的 7 點，大家幾乎忙的差不多了，辦公室剩沒幾個人，這時間點還在公司的，清一色都是住宿舍的同事。當然，Matt 不是住宿舍，他只是比別人更巴結而已。

【喜歡吃越南河粉嗎？】Matt 突然看到手機 LINE 的訊息。

【當然。】

【晚餐請你吃。】

【真的嗎？麥當勞見。妳先過去，我收一收後馬上到。】

南部的天氣難得在冬天下起了小雨，不大，但卻是那種不撐傘就會全身狼狽的雨勢。站在麥當勞的門口，Matt 已經等了將近半小時了，Rita 該不會又被公事拖住了吧？還是發生了什麼事？

好不容易，Rita 的車出現在自己的視線面前。「妳怎麼那麼慢？妳不是比我早離開公司嗎？」

「我算很快了，好不好？那間店超多人，我特地打電話去預定，

要不然會更久。」

「所以，妳去買回來了？」坐在副駕駛座的 Matt 沒看到任何東西，他還以為是要店裡去吃。

「是啊，東西在你坐位後面。」

「那我們現在提著這些東西要去哪裡吃？」

「宿舍啊。」

Rita 回答的理所當然，Matt 心裡卻小鹿亂撞。等一下要去 Rita 的宿舍？所以我可以進去她的房間，可以看到她房間的一切，就我跟她兩個人？

兩人開車回到了 Rita 宿舍的地下室，一下車，不知哪裡來的冷風迎面吹來，讓原本有點濕身的 Matt 打了個冷顫，才走幾步路就打了一個噴嚏。「哈啾。」

「你還好吧？」

「沒事，可能剛剛有淋一下雨的關係。」

「我們緊上去吧，要不然感冒就糟了。」

一進門，Rita 立即拿一條毛巾給 Matt。「你趕緊把衣服脫下來，先把頭髮擦乾，用浴巾先把身體包著，我幫你把衣服拿去烘乾。你全身濕濕的，很容易感冒的」

「不用啦，這小 CASE。」

「快點！」Rita 用一種近似命令的口氣要求 Matt。

「喔。」

Matt 穿著白色內衣，肩膀掛著 Rita 的浴巾盤腿坐在床尾的的地板保暖。Matt 靜靜的觀察四周，Rita 的房間很暖和，不只溫度，整個擺設有一種屬於她的味道，可能因為是宿舍套房的關係，少了屬於女生的梳妝檯。

　　「好奇寶寶，你在看什麼？」

　　「沒，看看女生的房間跟男生有什麼不一樣？」

　　「喔，那有哪裡不一樣？」

　　「差不多啦，少了臭味跟髒亂。」

　　Rita 拿起她的炒飯自豪的說。「當然，我可是很愛乾淨的。」

　　「快吃吧，你的大肚子應該餓的咕嚕咕嚕叫了。」

　　兩個人一邊看著 HBO，一邊聊天，一邊吃飯。Rita 沒想到 Matt 也是一個電影咖，蠻多電影他都懂，也可以聊出一些話題來，她心想：下一次可以約他看電影了。

　　「你吃這樣夠嗎？」

　　「應該夠，要不然妳還有其他可以吃的嗎？」

　　「那我的飯挖一些給你，要嗎？」Rita 把自己的炒飯遞到 Matt 面前。

　　「可是我想吃的不是炒飯。」

　　「那你要吃什麼？我去買。」

　　「我想吃…」Matt 很壞的想試探 Rita。

　　「吃什麼？」

「吃妳。」

「啊？你說什麼？」Rita 不知道自己是不是聽錯了。

「沒有，我沒有說話！」

Rita 後來懂了 Matt 的言下之意，眼睛瞇瞇的瞪著他。「熊先生，這樣不可以。」

「我沒有怎樣喔。」Matt 站起身，要把自己的餐盒洗一洗後丟到垃圾桶。「這丟哪？」

「放旁邊就可以了，我明天上班在順路拿到下面丟掉。」

Rita 也起身站到 Matt 旁邊要洗餐盒，看著窗外的雨勢。「雨還沒停，你騎機車可以嗎？」

「沒辦法，還是要騎啊，要不然越來越晚，也不知道雨會不會停？而且越晚會越冷，而且說不定有臨檢，再衰一點，連飆車族都來湊熱鬧，唉…」

「要不然，我開車載你回去好了。」

「不要，妳晚上開車我不放心，而且下雨，視線不清，很危險。」

「那你這樣貿然騎車回去我就不擔心嗎？」

「那。」

「怎麼？你有更好的方法嗎？」

「那我可以留下來過夜嗎？」Rita 聽了提起右手作勢要打 Matt 的頭。

Matt 知道自己玩笑開過頭了，趕緊閃身提起右手護住自己的頭，閉起眼睛說要走人。

「好啦，我亂講的，我馬上走人。」

Rita 倒抽了一口氣後，輕聲的說，「你吼。」順勢的抱住 Matt。「你開我的車去買一些換洗的衣物，晚上住我這邊吧。」

「真的？」

「嗯。」

「YA ──！」

「那我可以…」

「你別想，不行！」

「我又還沒說我要做什麼。」

「看你的樣子就知道你在想色色的事，不行！」

「喔…」

「你又嘟嘴了，你知道你翹翹的嘴唇會讓人有一種遐想嗎？」

「什麼遐想？」

「想揍你的遐想，快去買換洗的衣物啦，再晚一點，你就剩下 7-11 的免洗內褲可以買。」

「那妳還一直抱著，我怎麼去買？」突然，Rita 很用力的抱緊，然後一瞬間親吻 Matt 的嘴唇。

「你快去買吧，要不然店家都快關了。我先去洗澡。」

「可是我現在捨不得放開手。」

Rita 輕輕的敲一下 Matt 的額頭。「乖，快去買，晚上有很多時間可以抱。」

「妳說的喔！」

「嗯。」Rita 輕輕的微笑答應。

Matt 在麥當勞附近的 NET 買了兩件換洗的內衣褲，一件棉褲，一雙襪子，還有一件明天要換穿的襯衫。結帳時，他發現一件 Bra-T 很適合 Rita，粉紅色小可愛的樣式，非常適合 Rita 的腰身，他挑了一件 M 的尺碼買下來，打算給 Rita 一個驚喜。

一回到宿舍，Rita 剛剛好洗完澡在鏡子前擦頭髮。Matt 倚著浴室的門框熱心的說：「我可以幫妳。」

Rita 微笑的將毛巾遞過去。「你會嗎？」

「不就擦頭髮？很難嗎？」

Matt 接過毛巾後，依著自己的經驗幫 Rita 擦了起來，但是他的動作真的很笨拙，甚至趨近於肢殘。「我自己來吧，你真笨。」說這話的 Rita 是笑著，她在心裡想：還好，他不擅長幫女生擦頭髮，要不然我就要好好考慮他了。

「你幹嘛一直看著我，快去洗澡啊？快 11 點了。」

Matt 從提袋裡拿出剛剛買的 Bra-T，拿在 Rita 面前比畫。「妳看，我剛剛幫妳帶的小禮物，超適合妳，在房間裡穿舒服又方便，妳要不要換穿試試看？」

Rita 接過 Bra-T 後，推著 Matt 進浴室。「你快點去洗澡，等一下我穿給你看。」等 Matt 洗完出來，Rita 已經換上 Bra-T，站在鏡子前面，手拉著衣服的下襬喬衣服的長度。「好看嗎？」

Matt 直接走過去抱著 Rita 的腰，在她的耳邊說。「在買的時候，就覺得這 Bra-T 可以把妳的胸型及腰身襯托出來，我沒想到妳穿上去後會那麼適合。」

「你何時嘴巴變那麼甜了？」Rita 轉過身面對 Matt，雙手環繞在他的頸後。「那你又怎麼會知道我的 SIZE？」

「簡單。」

「簡單？你經驗豐富嗎？」

「沒。」

「我問店員：若我要買一件這樣的衣服給我女朋友，要買多大的 SIZE？」

「然後呢？店員怎麼說？」

「店員問我：你女朋友的身材大概如何？」

「那你怎麼說？」Rita 很好奇 Matt 到底如何跟店員形容自己。

「我直接指著櫥窗的假人 Model 跟店員說：大概跟著這個 Model 差不多」

「啊？」Rita 直覺 Matt 在開玩笑，自己的身材怎可能那麼好？

「妳知道店員說什麼嗎？」

「她怎麼說？」

「她說：喔－，你女朋友的身材跟這 Model 一樣？」

「妳知道嗎，店員她竟然一副不相信我的表情。切——。」

「廢話，你那叫白目。後來呢？」

「我當然補她一句：嗯——，應該不一樣，我女朋友的身材比這 Model 還好。」

聽到這，Rita 差點噴血。「別鬧了，最後你怎麼知道我的 SIZE 的？」

「就感覺啊，那麼簡單。」

「那你前面跟我唬爛那麼一堆是怎樣？故意鬧我嗎？」

「你看的出來喔！」

「Matt 先生，你可以回家了。」Rita 放開環繞在 Matt 身上的手，走到床上坐了下來。

Matt 也順勢坐在 Rita 身旁。「開玩笑的，幹嘛這樣？」

「那，Matt 先生，以後我們要怎麼辦？辦公室戀情很累的。」

Rita 突然很嚴肅的轉頭問 Matt。

「我們相處已經半年了，我喜歡妳，我也可以感覺妳喜歡我，要是妳沒這意思，我絕對不勉強。OK？所以囉，妳有什麼擔心的事，可不可以說出來，我們一起解決？」

Rita 順勢往後躺，眼睛盯著天花板說：「要是我們的事被公司知道了，你覺得米蘭達會怎麼想？公司之前的例子，是有一個人要離職的。你在公司的仕途很順，米蘭達對你很好，大家都看得出來

你是公司栽培的重點，你不可能就這樣離開。而我，研究所還沒畢業，我的計畫還有一年以上，也不可能輕易的離開公司。想到這裡，我心裡很不安。」

Matt 轉過身，側身面對 Rita，用食指輕輕點著 Rita 的鼻頭。

「妳吼，腦袋瓜裡杞人憂天的想一堆，當然，妳會這樣考慮很自然，任何一個成熟的大人也都會這麼想。說吧，我要怎麼配合妳？妳應該想到後續的解決方案了吧？」

Rita 猶豫一下。「我說了你一定會生氣，或是覺得委屈。」

「我何時對妳發過脾氣？冤枉了，女王。」

「你看看你現在開始遷就於我了，叫我女王。」

「妳快點說看看，我很開明的，妳說吧，我不會生氣，妳不說出來，我才覺得奇怪ㄟ。」

「好。」

「我是不是喜歡你，我想感情的事沒辦法騙得了自己，我想也沒辦法騙得了你，是吧？」

Matt 點點頭。「繼續。」

「我們都是成年人了，不是學生時代那種無壓力的戀愛，我不敢打包票我們能走到最後，有太多太多因素了，可能一段時間後發現個性不合，或是公司某些因素，或是有個更好的人出現。」

「嗯。」

「所以談戀愛有兩種可能，一起走下去或是分手。」

「當然。」

「假如未來的日子我們相處得很好，我還是需要一些時間來下結論。我還有碩士學位要拿，這樣未來不管有沒有在 TD，到市場也比較有競爭力，我也希望經由這幾年的磨練，未來可以晉升到主管的位置，尤其現在在 TD，我希望你可以私心的教我一些職場上的 Know-How，好嗎？」

Matt 很贊同的說。「沒問題。TD 目前的階段，對任何來說都是難得的機會，我非常贊成你抓緊這不可多得的機會在自己職涯上更進一步，這非常有上進心啊。」

Rita 沒想到 Matt 不認為她勢利，反而認同她的想法，她一時語塞不知道要說些什麼才好。

Matt 接著說。「那這樣好不好，妳的碩士學歷應該還有一年左右吧？這段期間，妳好好工作，好好的念書，我們的關係就不對外公開，我會很小心，等妳一畢業，若我們進展順利，就一起生活，到時候我或者說不定是妳，總之我們之中有一個離開 TD。若這段期間發覺我們不適合，那我們就做好同事，這一點我向妳保證。」

「妳說這樣好不好？」

Rita 慚愧的說。「我是不是很市儈？你會不會覺得這樣的女生少了你想要的溫柔婉約？」

Matt 整個把 Rita 抱過來，摟在懷裡說：「妳少笨了。我是真的想跟妳在一起，不要問我喜歡妳哪裡？感情的事很大的因素是憑感覺，不是嗎？或許在相處一段時間後，那些磨合就會慢慢出來了，但，我們都是 30 幾歲的人，考慮的點和處理事情的態度都不能和

20 幾歲的小屁孩一樣的標準，不然就浪費我們這幾年的社會歷練了，我喜歡妳的聰明，我也喜歡妳無形中散發的氣質，妳有好多好多的特點吸引我，我不知道怎麼用言語表示讓妳明白。」

「你果然是管理階層的水準，我比你小心眼多了。」

「過去我不知道妳的感受，一直自己瞎猜，沒有考慮到妳，現在開始，我會做的更好，放心吧。」

「嗯。」

「那，我們可以親熱了嗎？」Matt 瞬間話題一轉，整個把 Rita 抱緊。

「哪有人第一次進女孩子的房間就把人家給吃了？」

「有。」

「哪？說來聽聽。」

「現在不就是嗎？」

這一晚兩人相擁而眠，直到隔天早上，Rita 載 Matt 去麥當勞後才又各自進公司，其他的人都沒發現他們兩人身上的變化差異。

Rita 下班後特定把 Matt 留下的衣服用手洗，再浸泡一些衣物柔軟精，她要讓 Matt 身上有自己的味道，她特別留心 Matt 放在自己宿舍的衣服尺碼，她準備給 Matt 添購一些衣物和盥洗用品放在自己這裡，這樣他每次來時才不用擔心換洗的問題。這樣一想，她臉色悄悄的泛紅，好像又回到學生時代的初澀戀愛，想為自己的他準備好許多東西。

隔幾天。

工廠另一端的會議室，Doris 正和米蘭達在討論 Rita 的事。「Doris，你自己好好檢討，你身為一個課長，你要把你下面的人帶起來，你有這個責任跟義務。而不是請一個人進來，放在那邊每天不知道做些什麼事，那我請她幹嘛？」

「好，米蘭達，我會注意的。」

「這不是現在才要注意，你早在半年前就該注意了，而不是半年後的今天我才來檢討你的工作績效。」聽到這，Doris 知道自己理虧，沒有做任何反駁。

「現在我們來檢討，看看 Rita 這個人你還要不要？她都做些什麼事情？這些事情一定要一個管理師來做嗎？還是我隨便請一個助理來就行了。」

「現在 Rita 主要是負責總務的部分，設備報修，訂便當，接收公文信件，再來還有些 104 的面試篩選，及面試的通知，主要是這些，其它的，則是我另外再交代給她，每天不一定。」

「好。」

「我來篩。」

「設備報修，訂便當，接收公文信件這些助理沒辦法做？」米蘭達用質疑的眼神看了一下 Doris。

「可以。」

「104 的部分，工廠這邊沒缺什麼人了，未來主要是在台中總部，直接在台中找一個管理師吧！這個人要負責起整個集團的招

募，不能只有高雄而已，直接從台中找，懂嗎？」

「我懂。」

「你自己看看 Rita 這樣的工作態度。我要什麼沒什麼，而且一問三不知，我不懂我請她來做什麼？你自己看。」米蘭達把 Rita 的請假單丟在桌上。「那麼頻繁的請假。上星期才連休 3 天，接著又請假，是不想做了嗎？那就不要來了，成全她。」

「趕緊在台中給我找個管理師，高雄這邊就不用了，知道嗎？越快越好！」

「我知道了。」

一股風雨欲來的氛圍在管理部慢慢發酵，原以為是一段剛開始的戀情，沒想到卻因為現實的因素而提早腰斬。

15

北京

Matt 對於北京已經熟到不能再熟了，踏出第 2 航廈的那一刻，讓 Matt 在一瞬間把熟悉感拉回到 4 年前，那時的首都機場只有第一航廈，沒想到，4 年後，已經增加為 3 個航站樓了。站在機場外的計程車招呼站，望著外面灰濛濛的天空大大的吸口氣，沒錯，就是這種味道，北京標準的色調，Matt 好想大喊：我回來了，北京。

這次沒人接機，也沒有專屬的司機把自己載到酒店，一切都要靠自己，搭著機場快捷前往東直門，再接 1 號線直接到北 3 環附近，這裡是北京 SW 特地安排的酒店──花園酒店，這 3 天的所有會議跟課程都會在酒店裡舉行，會議結束後，Matt 會再前往 SW「見習」，幾天後再回台灣。

約莫下午 5 點，Matt 才 check-in 完畢，還好，現在兩岸直航了，要不然，準會拖到晚上七八點。

一進到酒店，Matt 立馬把行李丟在一旁，把穿了一天的襪子鞋子脫個精光，大字型的躺在酒店得床鋪上。

「靠，累死了。」

等等要去哪呢？

后海？西單？南鑼鼓巷？前門？還是打給馬旭東？趙松？

Matt 一直在腦海裡計畫等一下要去的地方，卻在迷迷糊糊中睡著了，可能從台灣出發的太早，一路上都沒好休息，好不容易放鬆一下，卻在一瞬間進入夢鄉。

不知過了多久，突然，客房的電話響起。

「喂，你好。」

「貴賓您好，提醒您，等一下 7 點在 10F 的宴會廳有 SW 特別招待的茶會，您可以帶著房卡至入口處登記參加。」

「好，謝謝你。」

「那請問，是否需要明天的 morning call 呢？」

「不用了，謝謝你。」

「好，謝謝。」

Matt 想出去看看了，總不能一直躺著，雖然說有好多地方想去，但想想，算了，哪裡都不去，這樣比較公平。Matt 決定到酒店附近逛逛，換一身自己覺得舒服自在的衣服，搭電梯下樓，出了酒店，直覺的就往右手邊走去，走在人群裡，看到天橋，就走上去，把自己融入當地的北京生活，就這樣漫無目地的走著，等一下會走到哪？Matt 自己也不知道，或許會走到自己熟悉的地方也說不一定。突然，轉角一輛寫著「煎餅」 兩字的三輪車吸引 Matt 的注意。

「哈！就是這個，來北京沒吃上一份就真的白來了。」Matt 在心底自言自語起來。

北京的煎餅攤差不多都長那樣，三輪車的後座加裝了一個透明玻璃罩（也可能是壓克力板），四周有三面被封上，一面是給老闆料理煎餅用，大多數會在右側那一面，在玻璃罩的中間有一個圓形的鐵盤，有點類似台灣夜市常見可麗餅那樣的鐵盤，玻璃罩子上面、鐵盤的四周幾乎都沾滿了麵糊？或是蛋液？不知道！反正自從 Matt 開始迷上煎餅後，這玻璃罩就從沒乾淨過，好像這樣髒髒的，模糊不清的樣子才能顯示出這煎餅的好吃，若乾乾淨淨的，似乎就少了那麼一味。

Matt 走到三輪車前，老闆看樣子是一位 50 多歲的中年婦女，這時間點似乎沒啥生意，完全沒注意到 Matt 已經走到攤位前面了。

「不好意思，我可以要一份煎餅嗎？」

「啊？可以可以。小伙子，不好意思，我沒注意您過來了。」北京人說話很可愛，「你」這個字由北京人發出來特別像「您」的上揚音。

老闆一邊說一邊站起身，雙手交錯互拍了 3 下，左手頂著三輪車的檯面，右手從三輪車座位旁的桶子舀起一勺和好的麵糊，直接澆到鐵盤的中間，麵糊在鐵盤上呈現了一個不規則的圓，又有點像四方形。老闆把勺子放回原本的桶子裡，再拿起攤平煎餅的器具，一根細細的鐵棍，前端是一塊長方形的小鐵把，老闆把小鐵把較長的那一端放在麵糊上，手掌與鐵棍幾乎垂直，繞著中心點畫了一個圈，麵糊就這樣越來越擴大，剛剛好麵糊擴張到跟鐵盤一樣大時，

老闆才把這繞園的動作停止。

「小伙子，您南方人？」

「是啊，來北京出差。」

「你應該不是第一次來北京吧？」

「妳怎知道？」Matt 好好奇她怎麼知道的？

「因為第一次來北京的人不會吃煎餅，我的攤都是賣本地人，賣熟客，所以我猜想你不是第一次來北京。」

「妳夠厲害。這次難得回來，想來試試記憶中的味道，一看到妳的攤子，二話不說，買了。」

「夠豪爽，我喜歡，我幫您加兩顆蛋，這吃起來才夠味。」老闆果真的打了兩顆蛋在煎餅上，用剛剛的小鐵把一樣的方式把蛋和開，再加上類似台灣的豆皮，之後把圓周邊的皮像疊被子一樣全部疊置中心。

「諾，好了，希望可以有你記憶的味道啊！」

「謝謝妳。」

「要回南方之前，再來一次，我請您吃。」

「OK，老闆謝謝。」

「不謝，小意思。」北方人果然豪邁。

Matt 拿著煎餅，邊走邊吃，這味道真是好極了，臉頰塞的鼓鼓的，還沒幾步路，狼吞虎嚥的就吃完了，好了，手上這個塑膠袋

要怎麼處理？走了好大一段路看不到一個垃圾桶，到最後 Matt 放棄了，他把塑膠袋對折後放進自己的外衣口袋，回到酒店房間再丟吧。

站在街口，Matt 發現北京還真大，他都以為自己很熟北京了，原來自己熟悉的是北京的景點，這幾個街區逛一逛就已經大開眼界，若再給他幾天可以到其地方去，那還得了？不知道還會有多少會讓自己覺得新鮮的東西。可能是下班時間的高峰期，整個街道充滿了絡繹不絕的行人，應該都是附近寫字樓的下班人潮吧？

他怕影響其他用路人走路的頻率，也加入這群人潮的步行軌跡，一路往北，跟著一群北京人走在一起，Matt 心裡不來由的有種溫暖的感覺，這應該算是歸屬感嗎？一直走到老護城河才停下來，這或許就是元代城牆的土城遺址，一直聽趙松說著，沒想到今天卻真的給自己碰見了。

忽然，口袋裡的手機響了起來，Matt 一看，是中國當地的號碼，應該是莊主任吧？這一段時間 Mail 往來，現在知道我來北京的中國人，除了莊主任，Matt 還想不出有誰？

「喂，你好。」

「Matt，我是老莊啊，您跑去那兒啊？」

「莊主任，你好。我自己出來逛逛，怎？你找我有急事啊？」

「唉，您怎自己亂跑呢？您家米蘭達特地交代我要好好照顧你，您在哪？我去接你，一起吃個便飯吧。」

「不用啦，莊主任，我已經吃過了，你不用特地麻煩，我沒事，你不用擔心，北京，我熟的很勒。」

Matt 突然發現自己的語調有了北京的口音，果然，那是心底內心深層的魂魄啊，沒有不見，只是暫時睡著了而已。

　　「您確定？可不要到時候米蘭怪罪下來，我承擔不起啊。」

　　「真的沒事。你忙你的，不要因為我來，就打亂你原本的生活。」

　　「好吧，你就好好逛吧，小心你自己的安全。」

　　「好，莊主任，你放心。」

　　「還有，明天的會議您就好好地參加，我就不再打擾您了，後天的閉幕餐會結束後，我再來接你去廠裡，OK ？」

　　「沒問題。」

　　「那就這樣了，不要太晚回酒店，這不比台灣啊。」

　　「好－好－好－，我會的，但，這裡是北京，我不怕，莊主任，放心。」

　　「晚上好。」

　　「晚安，莊主任，掰。」

　　隔天，會議一開始，Matt 特定選了一個中後靠走道的位置，除了可以把大部分的人看得清楚，要離席上洗手間也不會麻煩到別人，而且其他人更不會注意到這角落的自己。

　　一整天的會議，除了一開始各公司的唱名報到外，Matt 就一直沒再做任何動作，只是安靜專心的聽著，這樣整個亞洲區規模的

會議雖說是 Matt 第一次參加，但，這也算是 SW 每年固定舉辦的供應商大會，其實會議的內容蠻乏味的，幾乎都以宣達 SW 公司未來的願景居多，有點類似形式性的會議，但，這樣的會議是一定要舉辦，而且每年至少一次，這是模仿外商的模式，要不然，會顯得不夠國際化，重點要有個名目來顯示會議的名正言順，再理直氣壯的遊山玩水，這也應該算是給某些公司的主管一些福利了。

好不容易，第 3 天的會議一結束，莊主任立即至酒店接 Matt 回廠區。「怎樣？學習的還行吧？」

「當然。」Matt 笑笑的說。

「您先去 check-out 吧，我們車上再聊。」

「您好，我叫小楊，您的行李就交給我吧！」突然莊主任旁邊隨行的一位男生，介紹完自己後，立即把 Matt 的行李扛至肩上。

「沒關係，我自己來就行了。」

「沒事，交給我，沒問題的。」

莊主任在一旁揮手，阻止 Matt。「您就趕緊去辦手續吧，到時候堵車了。」

這是 Matt 與莊主任第一次見面，沒想到莊主任是一位年長自己 20 來歲的先生，給人一種歲月歷練的精幹氣宇神氣，Matt 不由得在心底虧欠了起來，怎麼能讓一個長輩來接待自己呢？

車由北三環上高速公路，果不其然，下午的 4 點多而已，整個高速公路已被長長的車龍擠的水洩不通。

莊主任看著外面的交通，隨口說。「再晚一點，我們就出不了

城了。」

　　Matt 知道北京人喜歡把 3 環內稱為「城內」，只要進 3 環都會稱進城，反之則稱出城。聽莊主任這樣一說，Matt 立即回應：「北京交通，世界聞名。」

　　「北京就是這交通，怎麼搞都搞不好，尤其奧運會後，更堵，好像全中國的人都往北京塞。那時奧運會，政府還規定車牌號來決定上路，結果，車輛數多一倍出來，幾乎每個家庭都有兩台車。」

　　「這我有聽說，北京人消費能力強啊！」

　　「強有啥用？你交通不改善，還不是一直停滯不前進。」

　　北京人很妙，每一個北京人都有他自己的北京論述，可能莊主任是「搞」車的，他的北京觀點一直圍繞在交通上著墨，還蠻有一番見解，說的好像若由他來當交通部長的話，那北京交通目前堵車的狀況一定可以解決。

　　在 Matt 心裡，莊主任的北京，很特別，很「交通」。

　　看著莊主任的樣子，Matt 突然想起了一樣在北京的馬總跟趙松，若是現在的人物對換，他們兩個又會怎麼跟自己再次介紹北京呢？一定不再說北京怎樣怎樣，趙松應該就會說：走，先吃飯唄。

　　想到這，Matt 玩爾一笑。

　　開車的小楊也很特別，自從上車後，不管 Matt 與莊主任的討論再怎麼熟絡，他都不曾插嘴一字一語，好像完全是個不相干的兩個人，他只專心開著自己的車。

　　忘了過了多久，車由北四環下高速公路，經過農業大學一直往

北走。「莊主任，SW 廠區在哪呢？」

「快到了，等一下再拐個彎就比較沒車了，這裡比較少人來，算是郊區。」

Matt 看著外面的景色，果不其然，只剩低矮的農舍，偶爾才會經過小區和一些賣場，突然，Matt 發現車子沿著一條渠道前進，渠道的兩側隔著約兩公尺高的圍籬，圍籬的外圍種植著整排的柳樹，那隨風飄逸的垂吊柳葉，若不說這裡是北京，真的會讓人以為身處江南。

Matt 指著右側的渠道。「莊主任，那條河流是做啥用的？」

「那個喔，那是運河，供給北京市全區的民生用水，喏，你看，兩邊不是有圍籬圍起來，就是不要讓人在運河上亂來。這條運河一直往北延伸就會到長城的山腳下，反方向，往市區走，據說會接到紫禁城的護城河。」

哈，聽到這，Matt 知道這又是一套屬於莊主任的北京史。忽然，眼前的兩邊區域出現一些低矮的房舍，Matt 很好奇，這是哪個村莊？在北京這郊區應該有個名字，要不然怎麼在腦海裡留下一些記憶呢？

小楊在某個丁字路口左轉，明明是柏油的路面卻揚起了一陣沙塵，接著映入眼簾是便利店、一些小攤跟小吃部，還有中國郵政。

「快到了，路到底就是了。」

車直接開到廠區門口右側一棟類似台灣旅社的 3 層樓建築前。「這裡是 SW 專門接待外賓的招待所，您跟我去登記一下，這幾天就住這。三星，還算過得去，您就委屈將就一下。」

「這哪算將就？很高級了，莊主任。」

Matt 就跟著莊主任登記、放行李，之後還是繞去附近的餐館吃一下便飯，算是幫 Matt 接風，大約晚上 9 點多，小楊才又把自己送回 SW 的招待所。

莊主任站在車門旁對 Matt 說：「好好休息，明早我帶您進廠區轉轉。」

「謝謝你，莊主任，還讓你今天這樣招待，真不好意思。」

「沒事。早點休息。」

「嗯，掰掰。」

9 點多。對 Matt 來說還算太早，但對北京來說，可以說是半夜。

Matt 一路從餐館回來根本看不到外頭有幾個人在外頭走動，再說，這郊區，好像哪兒也不能去，Matt 原本還計畫等一下自己出去四處溜達，吃些烤串或麻辣燙來解解饞，這樣看來，應該哪兒也去不了了。

盥洗完畢的 Matt 行李都還沒整理，躺在床上休息卻迷迷糊糊的睡著，看來，今晚的 Matt 會一夜好眠。

接下來幾天，莊主任指派廠區裡的一個年輕幹部帶著 Matt 到每一個車間轉，每個車間一進去就開始解說流程，一進去就是半天，Matt 也依著 TD 實際的情況做了反差的比較，不懂就問，碰到自己知道的部份就跟 TD 的現況相比，並在心中模擬若 TD 也改成這樣的方式會有怎樣的後果，晚上回到自己的房間後，再把重要的地方 NOTE 起來，沒想到一本不算太厚的筆記本也讓他寫到最後一頁，

裡面有流程，有 LAYOUT，更有他這幾天來收集起來的圖紙說明。

Matt 知道這樣的筆記本回台灣用不到，上級也不會因為他的建言而改變整個工廠的動線，那 Matt 到底來做什麼的？

「學習」，這兩個字是 Matt 對自己的期許，來到寶山，總不能空手而回吧！

SW 論規模，台灣很少有一間民營企業可以相提並論；論生產方式，其規模已達到交期由 SW 說了算，已經是個成熟的供給市場；論工安，也很少有企業可以要求做到那麼嚴謹徹底。

那 Matt 到底學到什麼？

只能說 Matt 開了眼界，也可以說 Matt 心裡的要求標準提升了不少，這是米蘭達的初衷，也是最大的用意所在。

Matt 也知道台灣不是做不到，但市場太小了，無法做到批量的經濟規模，國際外銷相比，大部分國際大廠基於成本及技術考量，一定會選擇中國，相對的，台灣沒市場，其經濟規模就無法起來，所以組車業就一直處於進口的被動角色。而中國，光是內需市場就供不應求，其經濟規模顯而易見高出台灣許多。

原本 Matt 還在嘆氣台灣的未來怎麼辦？但，幾天後，Matt 慢慢也就沒那麼掛心了，這幾天在廠區走動，Matt 發現中國還是有些地方無法超越台灣，例如：公差標準，有些細微處不難看出兩岸的差異，有些部分的要求，台灣還是有某些程度的水準；再者，設計觀點，這就很難定義了，工業設計在台灣已經十幾年的歷史了，但中國端卻沒此設計觀點，或許可能有，但在組車上尚未看到工業設計的要求，這是一種軟實力，須慢慢累積。再來，管理。可能因

為 SW 算是中國當地的半國企，非外商企業投資，其管理手法還停留在傳統的人治觀念裡，少了數字依據，少了數字管理，皆以經驗來做決策，這點，台灣已經不輸外商企業。

若假以時日，政府的政策一變，這部分，台灣應該還可以在國際上佔有一席之地，只是時間早晚的問題而已。

幾天後的一個下午，Matt 跟 SW 的一群技師窩在車架的下方討論配線的問題時，一聲熟悉的聲音從背後傳來。「Matt，你在做什麼？」

Matt 回頭一看，原來是黃經理，旁邊站著陳總和莊主任，他們都到 SW 來了，陳總只是微笑看著 Matt 不說話，但 Matt 心裡明白，陳總很滿意自己目前的表現，他沒有偷懶，更沒有混水摸魚，雖然陳總不知道 Matt 為何要跟這群技師蹲在這，搞得全身亂七八糟的，但，至少 Matt 的行為在 SW，在陳總的認知裡是加分的效果，Matt 他沒有丟 TD 的臉。

「陳總，黃經理，你們來了。」Matt 順手拍拍身上髒汙的地方站了起來。「我在學他們配線的方式，想說這一套回去之後可以給我們廠裡的技師參考參考。」

「不錯不錯，SW 有太多值得我們學習的地方了，你做的很好，不錯不錯。」陳總滿意的說。

「這小伙子不錯，不怕髒，才來幾天，我就常常聽到有人說有個台灣人一直在車間鑽來鑽去的，也不知道在忙個什麼勁，不簡單啊，Matt。」這次換裝主任的特別稱讚。

「沒啦，是大家不藏私地願意教我，我超感謝車間的每一個師

傳。」Matt 知道莊主任在幫自己說話，他打定主意，此恩來日必定加倍回報。

「那忙得差不多了吧？晚上一起吃個飯，明天早上開完會後一起回台灣。」

「差不多了，等一下我收拾一下我的東西就 OK 了。」Matt 知道陳總的意思，也就不再繼續耽擱下去，他向那群技師道聲謝謝後，也跟著陳總他們步行回辦公室。

吃完制式的晚餐後，黃經理約 Matt 到香山的茶館喝茶聊天，聊聊他這幾天的學習如何？也順便聊一些其他的事，實際上，黃經理也想脫離陳總好好放鬆一下，畢竟在老闆旁邊是無法好好放鬆的。

「來過香山嗎？」

「沒，這幾天都在廠區沒有出去。」

「太可惜了，難得來北京，沒出去走走？香山蠻有名的，有機會，秋天的時候來香山看一下楓紅，超美。」

兩人走出招待所，直接在路邊打 D 前往香山，計程車一樣延著來的運河往南走，這是跟來 SW 不同的方向，大約 20 分鐘的車程而已，車停在山腳下一間昏暗的茶館前。黃經理很熟門熟路，好像不是第一次來，直接往某一間茶館走。

「服務員，給我們一個靠窗的位子，最好可以看到湖面，包廂也沒關係。」說完，服務員直接帶著兩人往 2F 的位置。

「經理，你來過啊？」

「幾年前來過，來爬山看楓葉。」

Matt 跟黃經理兩人隨著服務員來到窗邊相對而坐，再向服務員點了一壺普洱跟一些瓜子及糕點。

「怎，這幾天還好吧？」

「還好，就跟著他們生活作息到處看，到處學。」

「嗯，其實你也不用特地去學什麼啦，米蘭達就是要你來開開眼界而已，學什麼不是重點。」

「喔，真的嗎？」

「真的啦，相信我。到是我們這次到裕通，還是沒多大的進展。當然，談合作，要考慮的點太多了，沒有一年半載很難確定下來，再說，我們跟中國的關係又處於非常奇妙的政治關係，都不知道到底誰想和誰合作了。」

「我都以為要先跟 SW 合作才是，SW 才是整車的輸出，怎麼會想先跟裕通只談電池的事呢？我還蠻好奇的。」

「喔，你不知道？」

「嗯，我想不通。TD 是組車廠，依常理判斷，應該找 SW 才對，不是嗎？」

「我這樣說好了，你知道全台灣電動車最多的地方是哪嗎？」

「台北？」Matt 直覺認為是首善之都台北。

「不是。就是我們台中最多，總共有 78 輛，再來就是高雄，54 輛。」

「那我再問你，全台灣最少電動車的地方呢？除東台灣及山區、離島之外不要算。這樣說好了，就拿台灣 6 個直轄市，你覺得哪個最少？」

「桃園？」

「你太混了吧，你是組車行業的人，這最基本的資訊你都不知道，是台北市跟新北市，都掛 0。」

「啊，為什麼？」

「你可以試著想想看，為什麼？這就是為什麼我跟陳總要特地到裕通的原因。」

「電池？」

黃經理跟陳總到裕通一定是為了電池，除此之外，Matt 想不出其他的原因。

「Matt，現在全球的趨勢在變動，而且是連動的密切關係，你看到的資訊都是大數據、AI、工業 4.0，物流…，市場一直在炒作的也是這些，但，這些都已經是既定的事實，我們這些人都沒辦法從中分一杯羹，腳步太慢了。」

黃經理不知道為何要跟 Matt 聊到這種跟工作不相干的事，可能因為 Matt 特別受米蘭達賞識？或是他也有種想提攜後輩的心？黃經理自己也不知道，可能剛好在北京的緣故，氣氛使然吧？

「但，我們現在在做的，即將會是未來的趨勢，是獨立於這些大數據、AI 之外的事，可能 5 年？10 年？甚至 20 年也說不一定，但應該不用那麼久。電動車這一塊，中國做得如火如荼的，沒辦法，

人家有政府在背後推，有政策支持，他會那麼強大進步不是沒有道理，若我們可以藉由中國的經驗，台灣要趕上中國的水準，這個差距不用很久，甚至還可以超越他們。」

黃經理轉頭看一下 Matt。「我們算是蠻幸運的，可以搭 TD 這順風車，改變這個世界。」

「你在想一下，TD 可以算是台灣電動車的先驅，雖然車子還是中國進口，但，後續能組電動車的，台灣可是沒幾個，那為何陳總要 Focus 在電池這一塊，為何陳總要成立電池廠？為何又要特別挖我過來？這都是有相關連的。」

Matt 沒有說話，他知道黃經理接下來會把答案說完，他現在說什麼都是沒有意義。

「一般的老闆都會想先把本業做大，然後再慢慢來擴張事業版圖，但陳總卻沒這麼認為，他執意要挖電池這一塊！為什麼？你想一下。電動車最麻煩的就是機電整合，這是目前電動車的癥結點，若機電整合這一塊不穩，那電動車妥善率 [24] 一定會大幅下降，電動車不像柴油車的線路那麼單純，有時候一個冷氣系統掛點，接而影響的將是整台車的運轉，但柴油車卻沒此問題，柴油車的電力系統跟行進是分開的，燈不會亮，冷氣不作動，甚至門打不開，它還是可以前進，為什麼？因為柴油車的前進是靠油來驅動引擎，跟電一點關係都沒有。」

黃經理暫停一下，品一小口的茶後繼續說。

「可是陳總完全不會緊張，我們跟 SW 合作那麼密切，組車有什麼技術可言？機電整合也不是什麼問題！所以他才不投入成本在

機電這一塊，他寧願每一批車進來後，花錢請 SW 調一批工程師過來做技術指導，除了有問題可以當下解決外，也可以對廠裡的技師做教育訓練，這比成立一個技術部門，或培養一個機電工程師便宜的多了，不是嗎？。」

黃經理雖然這樣對 Matt 說，但心裡卻不這麼認為，一個企業若是不扎根，這樣的公司很危險，代表決策者沒有心在永續經營，應該說，陳總不知道在想什麼？黃經裡還一直在旁敲側擊陳總最底的答案。

「陳總還蠻屬害的，他跳過這一塊，直接看到最核心的項目——電池，以我們公司的車子來算好了，電池約佔了 40% 的成本，後續的維保也有 80% 在電池上面，若電池可以搞起來，這組車成本可以大幅下降，電池的收入來源根本可以說超過組車的 2 至 3 倍，在台灣來說，這是一個未開發的市場，而且我們是台灣的第一家，後面要跟我們一樣，至少還要 3 到 5 年以上。」

「所以，黃經理，台北市沒有電動車是因為電池？」

「當然不是，你還想不通喔？」黃經理笑笑的搖頭。

「你跟我說答案啦，不要在打啞謎了。」

「你吼…」黃經理笑笑的搖頭。

「台北市寸土寸金，不要說台北市，就連新北市也一樣，根本沒有閒置的土地，就算有，也不多，一定集中在某一區域。我問你，電動車需要什麼？」

「電池。」

　　　　　　　　　　　　　　　　　　　幕僚的宿命

「廢話，我這樣問好了，柴油車有加油站，這樣才能加油。那電動車呢？」

「充電站。」

「對，就是充電站。寸土寸金的台北，怎麼找出空地來當充電站，而且還必須是工業用電。你看台南的例子就好了，台南市的充電站在哪？當初在建置這充電站時不也一波三折，居民出來抗議，新聞報導，還是得靠政治人物出來擺平，最後充電站蓋在哪？安平，那是離台南市最邊郊的位置，你覺得台北市的人有那麼好擺平？台北市有這樣的空地？」

「那可以在郊區找一塊空地來蓋充電站，然後營運時，車再進台北市。」

黃經理搖搖頭。

「電動車的電池效能沒那麼長。平均一台車充電充飽，約可以跑 300KM，這是在空車且不停站的行駛狀態下，我們算過，市公車單趟的平均行駛里程約 100 至 120 KM，若由電動車來跑，載重加上停靠站跟紅綠燈，大概一趟下來電力就消耗約 80%，這樣中間必須再進場充電，充一次電至少約 1HR，若再把充電站建置在郊外，電動車的電力負載很吃力，這太冒險了。」

「那怎麼辦？多加掛一顆電池，或是把電池效能提升？這應該可行吧？電池應該也有分續航力強的電池才是，不是嗎？」

「你說的沒錯，就是提升電池效能，這就是我們要跟裕通合作的原因。但，這也是一體兩面，電池效能提升了，成本就增加，這部分勢必會灌在售價上，而電動車一台的費用原本較高達 800-1200

萬，整整多了柴油車一倍以上，要怎麼說服這些客運公司來買電動車？除了政府的補助款提高外，我想，很難說服他們。」

「那怎麼辦？」

「說實話，我也不知道。我只負責技術面，至於剛剛說的那些，算是業務面還有政治面的考量，我實在無能為力。」

「所以我才說，我們在做未來的事，這電池勢必會成為一個主流。你看前陣子的新聞，gogoro 跟光陽不是為了電池的事吵上新聞媒體嗎？光陽不是笨蛋，他也不接受 gogoro 的電池交換系統，寧願自己砸重金研發出一套屬於自己的供電模組，你就知道電池有多重要了！光陽是一間 3、40 年的公司，他們的老總跟陳總很像，本業是組車，但卻抱著電池不放，聰明的人都看得出來這背後的利潤有多大！」

「電動車 3 個字，依字面解釋，車是主詞，電動兩個字是形容詞，照道理講，電動車的重點是車，而不是電動兩個字。世界潮流一直在改，聰明的人才看的出電動車 3 個字的重點在哪，gogoro 是車廠嗎？當然不是啊，現在的技術組一台機車跟組一台腳踏車差沒多少了，零件多寡的差別而已，重點是後續的驅動方式。」

「那特斯拉呢？他也是做電動房車，門檻應該比我們要低才是，他們應該比我們更有潛力才對。」

黃經理搖搖頭。「不，他們的問題跟我們一樣，電池效能跟充電站。」

「你想一下喔，一台公車約塞 7 至 9 顆電池，那一台房車可以塞幾顆？充其量 1 顆，那你覺得他可以跑幾公里？大約 100-120km

吧！那 100-120km 之後呢？去哪裡充電？要充多久？那不是像加油站一樣，約 5 分鐘就可以解決了。當充電站不普及，這房車的充電就是一個很大的問題，若以後都是電動房車，飯店，公共場所，住家⋯都要有充電的地方。所以，機車沒問題，因為有電池交換系統，公車也沒問題，有專門的充電站，就是這房車，要大不大，要小不小，很難解決。」

「那如果出現一種電池，可以快速充電，或是充一次電可以耗用很久，不就可以解決了？」

「這不是剛剛我說的嗎？成本。」

「對吼。」

「但，那你知道嗎？日本國內沒有電動車，應該說沒有中國製的電動車。」

「喔，真的嗎？」

「嗯，我還蠻好奇日本人的想法。」

「因中國在跑電動車，所以我們直覺綠能最好的方式就把油車改成電動車，降低汙染，節省能源，這是我們制式的想法，但，這是對的嗎？我們都沒想過這樣的進化流程合不合理？可是日本人卻不這麼認為，日本人認為綠能，就是改變能源的方式，所以他們從電池下手，如果電還是需要原本的能源供給方式，那不叫節能，你看，電動車的電也必須由台電供給，台電還是核能、火力發電，根本換湯不換藥，若以日本的觀點，那改成電動車的意義在哪？」

「對ㄟ，那他們怎麼解決？它們的電池不需要充電？」

「沒錯！」

「他們用氫電池，加水就可以發電了，完全沒汙染，而且聽說已經研發出來了，我還不知道正確的訊息，好像是因為成本的關係，現在還沒辦法普及。」

「哇。」Matt 不敢置信，還真的是人外有人。

「我們要學學日本人的精神，應該怎麼說呢？『根本』的精神。當柴油車改成電動車，不是單單改變他的能源供給類別，而是要改變能源供給方式，本質不變，但卻是顛覆傳統，這才是真正一流的企業。」

「Matt，我不知道 TD 可以做到怎樣的地步，但，你要好好看清楚，公司未來的走向，沒有人可以保障一定會怎樣，應該說，我們都在走鋼索，步步為艱。你要思考的不只是公司的未來，你還要想一下你自己要什麼？雖然沒有白走的冤妄路，但可以少走就少走一點會比較好，不是嗎？」

「TD 是你很好的發揮舞台，但絕對不是你最後一個舞台，懂嗎？」黃經理語重心長的對 Matt 說。兩個人就這樣一直聊，聊到接近半夜才又打車回招待所。

「走吧，明天就要回台灣了，面對現實吧！」黃經理拍著 Matt 的肩膀說。

隔天中午，陳總和黃經理直接由北京飛桃園，而 Matt，搭下午的班機直接飛高雄，結束了他在 SW 將近 10 天的學習。那 Matt

有什麼收穫嗎？說沒有是騙人的，但，若要具體的說學到什麼東西，其實也很難一語道盡。還好，陳總跟米蘭達都沒有要 Matt 做心得分享或報告，米蘭達幾日後見到 Matt 只問他一句：「還 OK 嗎？」

「嗯，我看見很多。」

「那就好，接下來就好好工作，我應該可以在接下來的日子看見你的成長。」

沒有廢話，也沒有任何要求，米蘭達單只看 Matt 的言行舉止就知道他有些小小的變化，這樣就夠了。

「啊，我忘記再去吃一次北京煎餅了。」Matt 再回台幾天後突然想起。

16

詭譎

地點：中區總部

會議室裡的會議持續進行。「我們初步先下個結論，先決定方案，後續再來討論細節？」說話的是米蘭達，她覺得今天的會議已經開一整天了，一定要有個初步的結果出來，在討論下去只是瞎子摸象，一定沒有結果。

但，陳總不同意米蘭達的意見。「不行，今天就是要決定目標及細節，再拖下去也不會有結果，今天公司的主要人物都在，現在決定最好，不要再拖了。」

米蘭達聽到這火都上來了。「你要決定什麼？」米蘭達站在投影布幕前瞪著陳總。「這攸關公司未來的事，非得急於現在就要下定論？要決定的話早在幾星期前就訂出方案來了，說要去裕通，你們也去了，不是嗎？我不知道為何拖到現在，多久了，整整兩個多月了。」

「不是嘛！總之，這事不能再拖下去。」當陳總堅持己見，打算繼續說下去。

「你給我閉嘴，現在就是先討論方向，任何事情都是事緩則圓，更何況這是公司投資案的事，不是我們4個說一說就算了。」

突然會議室一陣沉默，沒有人敢再說一句話，陳總也知道米蘭達的個性，安靜的閉嘴。「程經理（Paul），你是財務背景，依你的專業，你支持哪個方案？」第一個被點名的是程經理。

「報告米蘭達。我和Tiffany前些日子已經比較過這兩個方案，關於中國的裕通能源電池及韓國的樂星，我們都傾向裕通。」

米蘭達喝著咖啡，點點頭，示意他繼續說下去。「沒關係，繼續說。」

「中國的裕通電池對TD來說比較有利。」Paul故意停頓一下，試看其他人的反應。

「為何會這麼說，以目前台灣的政治面考量，陸資一直想介入到台灣的市場上來，我們可以說是給他一個很好的媒介，上次陳總去裕通，聽陳總說裕通的態度也是如我們想的那樣，我們若選擇裕通，資金上比較不會有問題，我們初期的建廠，以及後續的通路更不用說了，選擇中國裕通的方案，實施起來會很容易，但，長遠來看，無異是一種慢性自殺。而韓國的樂星，則是在技術面上有比較大的利處，但，資金的投入就不像中國的裕通那樣。但，若把時間距拉長到5年，10年，甚至更久，韓國的樂星對我們來說是最好的選擇，除了樂星在國際上的名聲，我們的技術有很大的可能超越中國內地一大步，甚至不用考慮國內市場和中國市場，直接輸往歐美也不一定，可是資金面會是一個很大的問題。」

「喔。」米蘭達坐了下來，她心裡感覺這是今天會議最想聽到

的結果。

「你的意思是說若考慮到資金面，我們可以利用政治因素來解決，但卻無法長久。」

「是的。」程經理（Paul）說。

「選擇了裕通電池，解決了資金問題，就不能講技術。」米蘭達自言自語的說。「選了韓國的樂星，就換成了技術優勢，但，資金這一塊卻無法解決。」

程經理沒有接話，他該說的都已經說了，而且他很懂台灣這些大老闆的心裡：短線。沒有一個企業家想紮根，清一色都是想在短期內大撈一筆走人，最快的方法就是跟中國那一端搭上線，不只資金解決了，連市場也會跟著打開。所以剛剛他的談話一直著重在資金／短期／中國３個關鍵字，這就是 Paul 厲害的地方。

米蘭達換看黃經理。「黃經理，你覺得呢？」

「我是這樣想的，」黃經理說，「我是技術背景，一定會依技術面考量，不管是中國的裕通還是韓國的樂星都可以解決我們電池廠的技術問題，差別在於後續的 Know-How，這也關係到我們後續的市場評價及市占率。」

「如果是我，我會選擇韓國的樂星。」黃經理斬釘截鐵的說。

「繼續。」米蘭達知道黃經理考慮的點，但，他已不是一個單純的技術部門經理而已，他應該要通盤的考量，要用一個公司副總的眼光來看這件事才對。

「剛剛程經理有提到資金及市場這一塊，我就用這一塊來解

釋。」Paul 聽到這，他直覺黃經理會針對他而來。

「公司最重要的資金。現在 TD 也算是國內規模前幾大的組車廠，我不相信以 TD 的名聲，沒辦法在銀行融資更多的錢，加上 TD 的股東結構，我不相信初期的建廠資金是一個問題。」

黃經理轉向 Paul，對他笑一笑。「尤其程經理又是財務這一方面的專家，我相信以他的人脈及實力，還有 TD 的影響力，在資金的融資上絕對不是問題。」Paul 也禮貌性的點頭回應。

「再者。市場。」

「我們不需要搭裕通的橋樑來打進中國市場，若我們還是扛著裕通的招牌，那中國內地就會認為我們也算是國內的企業，無法做大。我們要的是像 Benz，APPLE，SUMSUNG 這樣的外企，這才是我們的目標，這樣的利潤才會大，而且，就如程經理說的，不只中國的內需市場，連歐美也可以打進去。」

「所以，我的選擇是偏向韓國樂星。」

「但，中國的裕通不是不可取，我們可以換個方向來看：原／物料成本。這我就不說破了，我相信除了這兩種方案外，一定還有第 3 條路。」

米蘭達聽完後，更滿意黃經理的論述，直接把程經理的論點比下去。而陳總聽著黃經理的論點一直點頭，但，臉上卻沒有那種不謀而合的同意表情，直到黃經理提到的第 3 條路，他知道 TD 的未來會很精彩。

「也就是說，若我們把裕通及樂星全抓進來的話，是不是就是

黃經理說的第 3 條路？」

米蘭達也聽到黃經理說的 Key-Point，但米蘭達畢竟比較直，比較單純，其他 3 人早在心裡有另一個打算，米蘭達說的沒錯，但那只是其中的一部分。

「這樣的方案談何容易？太難了。」米蘭達搖搖頭說。

「這個事情…」黃經理接著說。「恐怕不是我和程經理這個層面可以解決。」

「就算是我和陳總也解決不了。」米蘭達微微的一笑。

「今天兩位經理談的都很有道理。不錯，兩個都有抓到重點，我原本認為今天一定要有個結果出來，聽了兩位的論點，我不擔心，我也不急了。你們回去把你們講的部份寫個比較報告來，我們再約個時間討論，好嗎？」陳總為今天的會議先下個結論，也阻止米蘭達再繼續說下去，他怕米蘭達口不遮掩誤了大事。

兩位經理開門離開會議室，各懷鬼胎的回到自己的座位，他們都知道，TD 在合資這一塊還有很長的一條路要走。

對 Paul 來說，原本他的目標在集團的財務長，由他來統合各個分公司的財務狀況，可以說是一個財務大臣了，但，這段時間以來，他心裡盤算：TD 根本不想把餅做大，老闆擺明就是要炒短線，那 TD 這集團的財務長對他來說已經沒有任何意義了，而在電池廠這一塊，是以研發技術為主，初期的投入根本不會考慮到成本，那他可以說是沒機會。他可以牽制電池廠的建立，但卻無法在電池廠分一杯羹，那這樣看來，電池廠對 Paul 本身來說，已經沒有任何的誘因。

他要想辦法在電池廠之外再生出另外一條路，讓老闆跟米蘭達可以支持信服的路，這樣自己在 TD 才可以有立足的地位。而這條路不用特別去找，在 TD 裡就有了，只是他一直疑惑怎麼沒人去提，之前的財會到底在做什麼？Tiffany 不應該只是這樣而已，這中間一定有不可告人的事在裡面。

　　而對黃經理來說，不管電池廠跟誰合作，最終的主導權勢必在他自己身上，畢竟技術他一手抓了，TD 是本業是組車，對電池根本是門外漢，到時候電池廠一成立，自己一定是總級或副總的職銜，這是當初跟陳總談好的條件，這也是表面上看起來的順水推舟，完全沒有人知道黃經理心裡在打什麼主意？甚至連他自己也沒把握他心裡那個方法是否可以行的通，他，還在觀望，但卻有個計畫慢慢在他心中發酵。

　　好不容易，晚上的 9 點，在回程台北的高鐵上，陳總坐在商務艙的位子上，對米蘭達說。「黃經理這個人不簡單，原以為他只是單純的技術背景，了不起有過幾次的創業經驗，但，現在看來，建廠後的副總位子不是他的目的。」陳總順便將眼鏡拿下，揉揉自己的眼睛。

　　薑還是老的辣，黃經理的一舉一動陳總都看在眼哩，他只是故意按兵不動，陳總他要看看黃經理到底在搞什麼鬼，更甚是黃經理到底有沒有在打什麼歪主意？陳總不可能讓黃經理把自己畢生的心血毀在他的手裡。

　　「喔，那他的目的是什麼？」

「現在可能連他自己都不清楚。」陳總嘲諷的笑了笑。「或者，他可能比我們都清楚，卻利用了我們，利用了 TD，利用了電池的趨勢壯大自己。」

「相信我，依他過去的經歷跟人脈，黃經理這個人我們要小心點，不能全然放心交出去。要不然，我們雖然不是輸家，但有很大的可能不會是最大的贏家，最大的贏家一定會是黃經理。」

米蘭達不明白陳總語中的含意，但，米蘭達她是不可能把主導權全然交出去。「沒關係，再過些日子，事情明朗一點了，我來轉移一下焦點，給他們一些事做，把整個重心移開。」

陳總聽他老婆米蘭達這樣一講，他相信公司會再亂一下，讓這沉靜的湖水來陣波濤，不然，好逸惡勞太久了，整個工廠都渙散起來，而且光米蘭達一個人不夠，米蘭達只能掀起那些間接人員的紛爭，工廠那些技師，也必須好好「攪動」一番。電池廠現在還不能太快下定論，還必須再等，陳總要等到事情明朗，有太多不確定因素了，他要把不確定性降到最低。

陳總果然是一個老賊，輕而易舉的就看出黃經理的不一樣，這是一個人的天性？或者是一個人的歷練所至？陳總懷疑這幾次中國的出差，以及黃經理語裕通電話 /MAIL 的來往，這檔面下一定還有另一波的活動在進行，他，不可不防！

地點：南區－工廠

Matt 從中國出差回來後，被徵召至售後的 Rocky 也被調回來工廠，一進工廠的 Rocky 動作不少，把現場搞得人仰馬翻，尤其

在外包商及 PDI 那，根本被搞得民不聊生，這也是一個月前林副理要 Matt 趕緊把車入庫的原因，只要車一入庫，後續再有什麼問題，全部都是品證跟庫房的事了，到時候要補修，就得換你們來求製造，這是林副理打的主意。

Matt 也不是沒有把林副理的話聽進去，後續包商也有幫忙趕工，也如期的趕出來給 PDI，但，Rocky 要被調回來的消息一傳開後，品證所有相關品檢員開始使出拖字訣，硬是不讓車子入庫，他們也知道製造在搞什麼把戲，要玩，大家來玩。

「Rocky，你說一下，目前明天客戶要來驗車了，製造還有那些缺失還沒修復好？」

一群人站在會議的一角，有品證、有製造，主持這會議的是老闆陳總本人，為了明天的交車品質特地把相關人召集過來開會。

「陳總，這我每天都有發 Mail 出來，銳角、打膠、髒污，還有一些異音的部分，都還沒處理。」

「Rocky，現在時間急迫了，把重點放在駕駛區附近，把它定為重點區域，那是一級戰區，客戶來勘驗，第一個檢查的，就是那裡。所以把重心放在那裡，專心的去處理那區域的缺失，好嗎？林副理，我們就這樣訂定下來，把全部的人力調到重點區域，分成幾組人員，負責幾台車，今天無論如何都要完成，好嗎？下班之前要給我進度，報告結果，有問題要馬上讓我知道。明天客戶要來了，我們已經剩沒多少時間了。Rocky，你下班時也打給我報告進度，好嗎？」

陳總立馬下了一堆指示，對 Matt 來講，這樣的會議沒有重點，

但沒有人敢有任何反應。

「那還有什麼問題嗎？」

陳總看了一下周遭的人，Matt 看大家都不敢有意見，他反倒是有問題要提出。

「陳總，有些地方我覺得品證要求過於苛刻，我們要不要到現場判定這樣的標準是否 OK？要不然，以品證現在的標準，製造部是無法達到，不要說今天把它 Over，就算到交車那天也辦法完成。」

陳總看了一下 Matt，還是一樣那斜視睥睨的眼神，Matt 已經習慣了，那眼神似乎在暗示：這樣的小問題就不要來問我，你們自己沒辦法解決嗎？

約略幾秒鐘的沉默，陳總就針對 Matt 的疑慮提出他的看法。「Rocky，這些細節，我們不要太過於吹毛求疵，好不好？現在交車在即，我們就用 1 公尺的視野距離來要求這些品質，若連這 1 公尺的視野距離都沒辦法達到，那這樣的外包品質一定有問題，這樣的外包施工能力就是不行。Rocky，好嗎？」

「好的，陳總。」

「好，那我們就依此為目標來努力，下午我會出發去台北，有任何問題一定要讓我知道，我們的目標就是讓明天順利交車。」

陳總見大家不說話。「好，那大家下去忙吧。Rocky 留下來一下，我跟你討論一些關於後續品證的事務。」

Matt 一邊走，心想：好個 1 公尺視野標準，我就來看看，這 1

公尺品證要怎麼刁難？

陳總見大家都走了，特定再跟 Rocky 告知。「Rocky，雖然我剛剛跟製造部說一公尺的視野距離，但，我們還是要有我們的標準，不能讓外包來決定我們的品質，這是不對的！」

「好嗎？」

「你拿出你們品證的要求，我要明天的交車是最高分數的交車，不管加班到幾點，一定要完成，好嗎？」

「好，陳總，我們一定會嚴格要求，若包商真的沒辦法做到，但，至少我們讓車明天交出去，這些沒達到 TD 要求的缺失，交車後會用扣款的方式回饋給供應商。」

「很好，Rocky 那你去忙吧。」

像這樣兩面的手法可以說是 TD 的陋習，類似的爭鬥不是第一次，也不會是最後一次。表面上，老闆一直強調公司裡不可以有派系，但，搞最大派系的就是老闆自己，把集團明顯的區分成中北部、南部，再用戰國時期秦朝連橫的政策讓各部門明爭暗鬥，這是最簡單的方法，也是最實用的方法，他要讓各個部門因為利益而彼此制衡。

下午的 3 點多，在公司的一角，一群人站在 593 這台車裡，準備把修復好的缺陷請品證人員做最後一次查核。明天台北的業者會派人南下做初步的勘驗，之後製造部會再依業者開出的缺失做最後一次的改善。

每次交車，品證跟製造就會大吵，這也不是一天兩天的事了，應該可以說是歷史共業。標準在哪？一個 silicon 膠打的是否OK？這是很主觀的認定，並非可以由數值可以表示。

　　此刻的氣氛火藥味很濃，濃度已達爆炸的臨界點，任何一點點不輕易的小火花都會讓這裡的情況崩潰。

　　Rocky 指著地板跟行李箱的接合處。「你們真的覺得這樣的打膠是 OK 的？你們的標準就到這而已？」

　　Rocky 說得很不以為然，似乎這樣的打膠方式已嚴重污辱到他的眼睛，這樣的標準竟然膽敢跟他說修復好了！

　　「再來，這裡的銳角，有修嗎？我說過這出風口要換過，你們有換嗎？」

　　全車只剩他指責的咆嘯聲音，其他的人全部安靜無聲。

　　負責施工的外包商——阿水，站在後頭不出聲，Sorter 站在 Matt 旁邊安靜無語，眼睛的視線隨著品證指的缺失飄移，他們兩個依著 Matt 事前的交代，不管等一下品證會說出怎樣的話，即使口氣很糟、很難聽，都全部安靜不要回嘴，讓所有的炮火對 Matt 自己，這樣做的用意是為了避免大家火氣上，一觸即發的衝突，以及往後工作上心裡無形的疙瘩。

　　「Rocky，我說句公道話，並沒有要質疑你標準的意思。我不懂車，但，若以一個旁觀者的角度來說，我覺得這是 OK 的。」說完這句話後 Matt 故意停頓一會，他要依 Rocky 接下來回應的口氣來接下一句話。「因為，我是不會去注意到那麼 Detail 的角落。」

Matt 這些話不是要引起對立，他是說給外包商——阿水跟 Sorter 聽，讓他們知道 Matt 不是一昧地屈服在品證的淫威下，今天生管主管站出來講話，不是要幫自己製造部辯解，也不是要去迎合品證，他最終的目的是要把事情解決。

　　「你現在是領公司的薪水，不是外包的薪水，注意你說的話。」跳出來說話的是採購的 Vicky，她瞪大雙眼，嘴巴毫不客氣的指責 Matt，似乎 Matt 跟她有什麼深仇大恨一樣。

　　「你去看其他業者打的車，是這樣的標準嗎？下班或是假日的時候自己找時間去看一下，什麼是打膠？別人的品質要求是在哪裡？」

　　Matt 不懂她在生氣什麼？Matt 不懂一個採購人員憑什麼來這邊跟她說品質的優劣？Matt 更不懂她現在站在這裡的用意到底是做什麼？通常 Matt 對於不懂的事他會去求甚解，但，莫名其妙對他自己吠的瘋狗，他不會回擊，因為那只會顯示自己的程度跟它一樣而已。

　　「Rocky，陳總有說，現在快到交車的期限，明天業者就會來驗收，我們的重點要 Focus 在重點區域，而不是去挑這些小瑕疵。再說，你自己也當過製造部主管，你懂得比我還多，你覺得這有辦法修嗎？」

　　「再來，一公尺的視野標準，這你也知道，不是拿著放大鏡去放大這些缺失，我們是組 bus，不是 benz。5 元有 5 元的成本，100 元有 100 元的要求，這標準差異我們要區分出來，要不然，這對我們來說成本太大了。」

「品質不是這樣要求的，要不然，這樣的品質你可以接受？」

「我可以啊。」

「好，你來簽名畫押，你說了算。」

「好，OK，這我來簽。以後這些區域若售後有反應任何問題，看是外包問題，還是製造問題，我就派誰去處理。」Matt 立即嗆出這句扛責任的話來為這次爭論先畫下休止點，要不然真的沒時間了，到底還要不要交車啊。

「那現在把所有的檢驗重點放在明天客戶來驗收的區域去做處理，OK？已經剩下沒有多少時間了。」Matt 故意講出這句話為這場辯論畫下句點，他不想再繼續吵下去，沒有意義，進度也不會提前，明天就要交車了，現在吵這些，根本是於事無補。

「阿水、Sorter，我們到另一台，我先看你們修復得怎樣。」

Matt 藉機把他們兩個抓走，一來是有些話要對他們說，二來，拖離戰區越遠越好，要不然流彈掃到，不死也血流如注，這樣做的用意，還是避免他們言語交鋒惹出不必要的衝突。

「等一下他們走了之後，重心全部放在 593 那台車上，把那一台打到 100 分，讓他們無話可說，不管怎樣，他們一定會拿那一台來鞭屍。其餘的，盡力就好了，他們的標準，我真的做不到。所以，今天我不管怎麼做？該拆的就拆，需要換料就領料來換，做到好才可以下班。」

Matt 把話嗆在前頭，讓他們知道事情的嚴重性，不是嘻嘻哈哈打混過去就可以來應付明天的驗車。Matt 也知道即使過了客戶

驗收這關，等真的交車後，這些紙本開出來的一切缺失，都將是秋後算帳的證據，到時哪些人會被懲處，一個都跑不掉。

Matt 一邊走回辦公室一邊心想：「靠！這到底是什麼公司？我看到一堆人在消耗公司內部無形的成本，真正做事的被檢討，被扣績效，然後，每天處心積慮阻礙公司前進的人，反而被誇獎做的很好。幹！老闆是有事嗎？當標準沒紙本數據記錄，完全憑個人主觀認證，每一個缺失都被放大，這要多少的成本才可以撫平？媽的！真的有病！」

Matt 很憤慨，他也知道這就是現實的職場醜態，不是生活倫理教的禮義廉恥的道德標準，雖然這不是第一次碰到這樣的事，但每次都會一直問自己：到底是何時，我們開始把心裡的那套道德標準丟掉？我們又怎麼去教育我的小孩為人要正直厚道，不要投機取巧。

病態的社會。

走回工廠時，在工廠的中央走道，Matt 看到 Rocky 從他面前走過來。「Matt，你來一下。」Rocky 帶他到產線某一台車上，不知道有怎樣的事要對他說？

「Matt，你知道剛剛你們離開後，陳總又對我說什麼嗎？他要我用最高標準來檢視外包的品質，沒有所謂的 1 公尺的視野距離。」

「幹，太扯了，玩這兩面手法。」

「所以，Matt，你不要再來找我了，我不想在這件事情看到

你。」

Rocky 指的是關於剛剛討論交貨品質標準認定一事。

「那我問你，我不對你，誰來對你？」

「你們副理啊！他是製造部的副理，他不出來？誰出來。」

「好，他現在就是擺明不出來，你又能怎麼辦？」

「我已經把所有缺失直接 Mail 給他，他不出來面對問題是他的事，是他擺爛，關你屁事。」

「我也是製造部的主管，我若不出來，你覺得這說得過去嗎？」

「你是生管，管工管料管進度，這些缺失不關你的事。」

「當我主管已經明顯的表示隨你們去亂，你說，我可以不回應嗎？」

「好，你那麼想管，就不要怪我的口氣不好，我對事不對人。」

「我也是對事不對人，剛剛你跟 Vicky 對我的口氣，我有說怎樣嗎？我也沒回你什麼，不是嗎？」

「我是不是問你，除了這個 silicon 膠之外，還有其他的問題嗎？我也沒有說你們什麼？」

「反正我就是不想對你。還有，你們的品質自己知道在哪吧！」說完，很帥氣的揮一下手，調頭走人。

Rocky 會對 Matt 的態度有了 180 度的大轉變，周副理私下的居中協調佔了不少份量，Matt 永遠不知道，周副理其實私底下一直在幫他安撫產線這些人，若不是他出面，Matt 根本不可能有今

天這樣的局面，他也不可能得到下面人的信任跟支持。另一方面，周副理已清楚的幫 Rocky 點出這當中的鬼是誰。

Matt 知道 Rocky 不想得罪他，他是怎樣的人 Rocky 很清楚，雖然現在兩個人不同部門了，但，之前合作的默契讓他不會對 Matt 搞小動作，私底下還是會交流一下公司的八卦及老闆的動態，沒錯，真的是老闆的動態。老闆的一舉一動 Rocky 竟然瞭若指掌，儼然就是皇帝旁邊的小太監（小太監是形容他在老闆心中的地位，不是性別取向）。

目前交車的期限，和 Rocky 的吹毛求疵兩件事，Matt 暫時還不想特別花心思去管，還不夠亂，層級還不夠，暫時先讓他們那群人去攪和，Matt 覺得現在出手還算太早，只要稍稍注意一下動態即可。

Matt 回到自己的座位，電腦 outlook 的紅色標示非常刺眼，這是 Matt 特地為米蘭達的信件標幟。

主旨：BOM － 3 類完成日期？

黃經理：

麻煩：請完成（主旨），逐週完成

從我的 iphone 傳送

收到這樣的 Mail，Matt 是一臉疑問？心想：米蘭達怎突然想到 BOM ？是現在電池廠的進度停擺太閒沒事做了嗎？還是裡面又

有另一番隱情？

他立馬傳 LINE 給 Terry【米蘭達那封 BOM 的 Mail 是怎麼回事？】

Terry 應該知道裡面的內幕，名單裡面有他的名字，問問他，說不定可以知道最直接的答案。

【我不知道。但，裡面一定有鬼。】

Matt 覺得 Terry 在說廢話，這樣的訊息有回跟沒回一樣，去。

BOM 一直有問題，這不是一天兩天的事了，但，後來不是有決定最終版的 BOM 了，怎還來提？當初國產化製造一直反應 BOM 的缺件，一直等 ECN 的開立，光是時效性，我們就不用生產了，那進度要不要趕？車要不要交？根本來亂的。

那現在年底時節又突然想到 BOM 的存在，用意在哪？若單純只是想把它做好，或許 Matt 可能就不會那麼起疑心了，但，這間公司，突然的漣漪都會是某種事情即將發生的徵兆，他知道這事沒那麼簡單。

正當 Matt 還在疑東疑西時，Terry 突然傳 LINE 給他。

【這次老闆 Mail 出來關於 BOM 的事要注意，要小心應付處理。若以後技術不改 BOM，那你們自己加進製令用料再領出。我只能說管技術的 Hung 不搬開，很難有大躍進及大改變。後面這 BOM 的會議再走向興師問罪的話，到時我會在會議上翻臉，不信大家來試試看。這會議一開始就定調在製造部未按 BOM 領料而影響成本，你要特別注意。黃經理跟陳經理不管 BOM 用的好與壞，

他們兩個都是贏家，但我們兩個都會是輸家，小心點。】

　　果然，連 Terry 也這樣覺得，他想的層面比自己切入更深，劈哩啪啦地打了一堆，完全沒有給他建議的機會，他應該對這議題注意很久了，公司一直遲遲沒動作，他也就順勢黯然潛藏下來不動聲色，一直在等某個時機點再來碰觸這根龍鬚。

　　Matt 還沒有把黃經理跟陳經理（DS）列入自己的防衛名單裡，他們兩個一直是他心中認為的好主管，不搞派系，不勾心鬥角，尤其上次黃經理又在北京的香山那樣的對他曉以大義，對於他們兩個，Matt 到現在都是抱著學習的心態跟他們處之，應該說，未來若要他回憶所謂的好主管，那他們兩個一定是其二的人選。

　　所以，對於老闆這樣的 Mail，雖然 Matt 知道事有蹊蹺，但他還是處於被動的角色，Matt 不會特別去準備什麼或找些什麼有利自己的證據，他，靜觀其變，行的正，坐的直，根本不用怕小人來挑你的毛病。

　　但，另一方面，在台中已有兩個人針對此 Mail 起疑心，Matt 完全沒有預料到，這兩個人就是他心目中的好主管，而且已經著手準備對付自己了。

　　「DS，米蘭達這個 Mail 你有什麼看法？怎會突然要我們去處理 BOM ？這根本不合邏輯。」黃經理趁著沒人注意的時候，小小聲地問了旁邊的 DS。

　　黃經理覺得很莫名其妙，自己是負責電池廠，車完全不關自己的事，怎會扯到自己身上來？再說，自己掛的是資深經理的職稱，這 BOM，完全是屬於工程師在做的工作，級別太低了，更可以說

是助理在做的事，這樣的事，再怎麼輪，也輪不到自己來負責？他搞不懂米蘭達的想法。

「黃 Sir，收到 Mail 後，我有電話跟 Hung 確認過，BOM 沒多大的問題，而且在國產化時，就有先確認一版 BOM 了，尤其柴車的完成度已達 100%，電車因為量比較少，估計也達 80%，老實說，我也不知道問題在哪？」

「不，我覺得沒那麼簡單，這中間一定有鬼。我先回 Mail 給米蘭達，等下週我們去高雄，再開個會討論一下。我覺得 Hung 那邊應該有事情沒講，若 Hung 那邊有問題，也要把這問題想辦法丟到製造部上面去，在電池廠未完全設立以前，絕對不能讓陳總抓到我們這部門的缺點。」

對黃經理而言，事情成於細、敗於疏。黃經理剛進 TD 集團不久，很多事情都會想到它背後的原因及帶來的結果，自己多年來的經驗告訴自己，要多想想過程中的細節，哪些是符合人之常情，哪些又與世事不符，小心駛得萬年船。

要在 TD 立足，尤其是以後的電池廠，就必須搞清楚大老闆一切背後舉動所隱藏的意義，這很關鍵，只要抓住老闆的心思，未來 TD 電池廠的第一把手絕對是自己，他就是為此而進 TD，現在整個動態不明前，未來老闆還會不會相信自己，恐怕還很難說，他一時都不得大意。

他打算等一下電話問一下高雄工廠那邊的口風，或許可以探出一些虛無出來。第一個人選到的是林副理，後來想想不妥，在黃經理心裡，林副理只是一顆旗子，一個任由老闆兩夫婦把玩的軍旗，

根本沒有自己的想法跟思考能力，也根本沒有任何管理能力。

若問 Matt 的話，他可以算是工廠的二把手，米蘭達任何大大小小的會議都把他抓來，看來，米蘭達對他的信任不少，說不定由他口中應該可以套出不少資訊來。

DS 之前與黃經理是同公司，也是上司與下屬的關係，於公於私，DS 都非常遵從黃經理，他與黃經理合作的默契就是不居功，所有的功勞都會讓給黃經理，因為 DS 知道，惟有讓黃經理對自己完全信任，黃經理才會充分授權給自己，假以時日，若 DS 自己犯錯了，黃經理也有部分責任，自己也才能躲過一劫。黃經理與 DS 都是職場的老油條，形形色色的人看過不少，玩政治，他們的實力不會輸給任何一個人。

Subject：BOM 表－ 3 類完成日期？

Dear Boss

下周一職南下高雄廠區，召集（Terry & Hung）會議並將進度規劃出來！

職黃經理

在老闆發出 Mail 要求的幾小時後，黃經理終於有動作了。還好，括弧欄位裡並不是 Matt 的名字，也還好，現在交貨的急迫性已經無法讓他再去淌這灘混水了。

Matt 剛看完 Mail，隨後的電話立即就到，他感覺背後有裝監視器嗎？「Hi，Matt，我是黃經理，你現在有空嗎？」

「黃'r，你好。當然有，有什麼我可以幫忙的？」

「是這樣子，我有一些關於 BOM 的問題想向你請教，不知道你現在方便講電話？」

「當然可以，需要我幫什麼忙？」

「因為實際領料是你們單位，我想請問一下，關於 BOM，現在的完整性是多少，你那邊知道嗎？」

「完整性，實際上大概約 80%，我沒仔細精算，有可能更少。」Matt 話說得很保守，實際 Matt 知道沒那麼高的數字。

「80%？那麼少！」黃經理的口氣很驚訝，可能數字的落差超乎他所預期的水準。

「嗯，那 Matt，你可以幫我一件事嗎？」

「可以。我要做什麼嗎？」Matt 連想都沒想就說可以了。

黃經理停了一會，似乎在思考 Matt 這邊可以怎樣幫忙。

「先幫我抓你們現場的實際用料，我要來看看實際用料跟 BOM 標準的差異在哪？」

「黃'r，這沒問題。」

「但你這樣的定義很廣，我如果直接抓實際領料量，那會是一個 Big data，你無從比對起。」

「或是我下幾個限制條件來抓。」

「你的意思是？」

「我用製令抓，然後 By 客戶區分，這樣一來，你就可以依各客戶的 BOM 去看差異。」

「可以。那就用製令領料的數量來比對。」

「那比對基礎是用當時的 BOM？還是用你們現在技術提供的 BOM？」

「用現在最新的 BOM，我會請 Vincent 提供給你。」

「好，那沒問題。」

「你需要多久的時間？」

「下班前可以嗎？」

「可以。」

「但，前提 Vincent 的 BOM 要趕緊給我，要不然我時間會很難控制。」

「等一下就請他馬上 Mail 給你，這不用擔心。那就約明天下午 3 點視訊。」

「黃'r，DATA 你不先消化一下嗎？」

「嗯，好，你 DATA 若 OK 後，先 Mail 給我跟 DS，順便 CC 給 Hung、Terry，讓大家知道一下狀況。」

「等一下我會請 DS 發會議通知，你這邊可以做你的前置作業。那就這樣決定了，OK？」

「好。」

黃經理掛上電話後，心想這一次電話沒有白打，自己也沒有找錯人了。從嘴裡探得的資訊，自己的猜測沒錯，米蘭達她只是隨手Mail 問一下，若黃經理完成了，也算是順水推舟一件，若不行，反正這也不是他的專業，無傷大雅。他反而看到另一個很重要的點，若可以，他要將 Matt 抓入自己的旗下，這樣 Matt 對他而言，可以說是廠端一個很大的籌碼，但，若處理不當的話，未來會是一大的絆腳石。黃經理很大膽的利用這機會來擴大他在 TD 的政治版圖，看看哪些人會不受教，變為他的敵人，尤其是 Matt，而哪些人會順勢依附到他這邊來。

　　Matt 要整理的那些 DATA，對黃經理而言完全沒有任何意義，他請 Matt 幫忙抓資料的主要目的是要掀起一波紛爭，依黃經理對 Matt 的了解，他相信 Matt 一定會呈現一份詳細的報告，而這報告，勢必會在會議上引起一場不小的口腔舌戰。

　　這就是他的目的，讓高雄的部門互相鬥爭，讓彼此先成為互斥的部門，之後高雄的技術部就可以成為台中的派系，說白一點，黃經理完全沒有想解決 BOM 的事，等下周會議結束後，他再發個會議結論告訴米蘭達即可，米蘭達一定完全不懂這技術上的點在哪裡。

　　Matt 很單純，掛完電話後，他一頭就栽進黃經理所給的任務裡。

　　他一直在思考抓製令用料這個方法的點，以及它的困難度。要抓哪一張？每一批的數量都不相同，抓哪一張都不對，也可以說抓哪一張都對！或是全部的製令都抓出來，然後再用平均數來比對。這是 Matt 可以想到的兩種方法，EXCEL 的比對不是問題，

套用 VLOOKUP 跟 IF 函數就可以輕易抓出差異來，反而最大的困難點在資料的 Download，以及之後資料的彙整成同一份，這才是 Matt 最大的困擾。

Matt 決定，不管如何，先試抓一份，看它的困難度及複雜度到哪？

打開 ERP 系統，直接點至製造命令建立作業設定篩選條件，Key 入製令範圍，直接抓一個客戶的製令試試看，若由前段的製程，一直到完工入庫的資料量實際到底會有多少。

哇靠！

這倒出來的根本是海量資料了，除非 Matt 用 datamining 的 R 軟體來做決策分析，要不然，單用 EXCEL 的功能來匯集排列根本可以說是一個專案的難度了，更何況要再把這些資料作平均數來比對。

Matt 決定全部一致性的抓中間數那張製令，再把非必要的欄位刪除，像是：包裝數量、包裝單位、型態、機台代號…這些與 BOM 毫無相干先刪選。

就這樣，Matt 花了半天的工作時間在消化如何準備這些資料，這是蠻繁雜的作業，思緒稍有被打斷，要再重新建置又是一個大工程，為此，Matt 還特別麻煩 Joyce 先幫他接電話還有拒絕一些雞毛蒜皮的瑣事。就這樣，Matt 大約在下午 4 點半，終於把所有實際用料跟 BOM 標準的差異全部整理好，總共約 30 張工單的領料明細，總共 3 個 EXCEL 的資料檔，每個資料檔依工單差異再區分出 10 個活頁，每個活頁將近 5000 筆明細，本來想就這樣 Mail 給

所有相關人員，看了一下午的螢幕跟數據，他眼睛超累，壓根不想再去核對數據的正確性，但，又突然想到，這樣的海量資料若在會議上丟出來，準被海 K 一頓，沒人會感謝你做了繁雜的一件事，反而會怪你沒 sense 而已。

算了，就差那臨門一腳而已，不差再來畫蛇添足一下，特別在每個活頁的最後一欄插入一個比較欄位，他把領料減去 BOM 用量，數值不為 0 的部分，特別用紅體字 Highlight，如此一來，就可以很明顯的表達差異性在哪了。

終於，下班之前把所有資料寄出，總算沒延誤自己當初承諾的時間點。

「呼。」輕輕的呼一口氣，才準備起身拿著水杯準備到茶水間喝一下水而已，Matt 的桌機又響起來，號碼是台中的分機。

「喂，Matt，我是 DS，有空嗎？我看了你剛剛的 Mail 了，有一些問題想問你。」這兩位經理怎麼搞的？Matt 感覺自己背後是真的有裝監視器嗎？才剛剛發出去不到兩分鐘ㄟ。

「是什麼問題？有錯的地方嗎？」Matt 蠻心虛的，他自己沒再特別去核對一次，難道真的有錯誤？

「是沒有錯的地方，我比較有疑問的是，你 Highlight 那些差異，幾乎全都是螺絲螺栓類，其他的⋯好像沒有。」

「我看一下，等我開一下檔案，我沒有特別留意資料內容，我整理後就寄出了，你等我一下。」

Matt 瀏覽了幾個活頁，果然進口料的部分都是螺絲螺栓類居

多。「由資料來看是沒錯，而且領料幾乎都是超出 BOM 標準數量佔大多數。」

「那你們領料為何會超領？ BOM 的基準就那麼多，為何會超領？」

「經理，這樣的情況有兩種原因。」

「第 1，進口料進來多少螺絲螺栓，倉庫會一次性地發到產線，畢竟這類的東西成本單價低，若再依 BOM 數量控管，我想人員管理維護的費用會比東西本身的成本來的高。第 2．現場的遺失或損壞替換。」

「不過，依領料紀錄來看，第 1 種的可能性比較大，應該說就是第 1 種的情況了。」

「那就是你們製造的問題啊，怎會說 BOM 有問題呢？」

「也不能這樣說，那是底盤的部分，你看一下成車，差異還蠻多的。」Matt 覺得陳經理的說話邏輯怪怪的，他內心稍稍的起戒心。

「成車是依客戶規格要求，當然會有差異，這不能這樣比較。」

「不，就算是客戶要求，但最基本的標準配件還是有標準的數量，這是標選配的部分。」

「沒關係，那不是重點，就算有問題，你們那時不也請購領料把車交出去了？」

「那是因為我們要打車交車，沒有料沒辦法動啊。」

「那你們有即時反應給技術嗎？」

「有，但，技術的人手不足，無法及時更改 BOM。」

「沒關係。我們一步一步來，先由底盤 BOM 來分析，現在技術已提供一版最新 BOM，我們來看看差異有多少？」

「好。技術可以先轉入 ERP，後續我們就依此標準領料，沒領的部分以及多出來的部分就是 BOM 的問題了，我們可以試試。」

「好，等一下我會 Mail 出來，到時候會議我們來討論後續如何執行。」

「OK，我這裡沒問題。」

「那就這樣囉，掰。」

「掰。」

Matt 覺得好怪。

陳經理的談話一直把他引導到是製造部的問題點上，不是 BOM 的問題，是製造沒回饋實際需求給技術，是製造沒照標準程序走，是製造私自決定要領多少料，陳經理的口氣跟問法，擺明就是要把這亂源歸咎到製造頭上。

這樣考量的結果，他決定再花點時間把資料多增加一個差異分析——實際有領料，而 BOM 卻沒有羅列的品項。這不難，只是把 vlookup 的函數主角對換而已，基本的資料庫不變，這樣一來，不只成車有差異，連底盤也有了。

這資料，Matt 會先留著，不打算公布，端看後續發展的狀況或是會議的氣氛來決定拿出的時間點。

Matt 想要趁這次機會把 BOM 這件事做好，沒有想過誰對誰錯的是非問題，畢竟 BOM 拖太久了，製造一直沒有依據來買料組車，現在老闆開始重視這一塊，若大家全心協力來做好這件事，這不僅對製造是一件好事，對公司的制度也可以說是立一次漂亮的標準，爾後電池廠和馬達線起來時，這次的 BOM，就會是一個很好的典範依據。

但，假如真的如 Terry 說的，假如這 BOM 的會議走向興師問罪結果，那 Matt 也不想任人擺布，這是一種手段，更是一種自我防衛的方法。

星期五的晚上，當 Matt 收拾好準備下班，新郵件的提示一直在他桌面閃識。

主旨：BOM 會議－ 2 通知

Dear All：

預計下周三早上 10：00 於高雄小會議室繼續 BOM 會議，請主收信人員確實與會。

會議議題：

1・製令 BOM 與現有 ERP-BOM

2・最終 BOM 切入時間

果不其然，是後續的會議通知，時間是下星期三，Matt 不知道到時候會被如何的砲轟？他也不知道自己準備的資料有多大的殺

傷力，也或許會死得很慘吧？

Who Care ？

說不定他可以在這場會議學到什麼，或看清楚些什麼。

突然想起哪個名人說過的一句話：「人生沒有白費的經歷」，這是否會是 Matt 人生某一段值得學習的經歷也不一定。

現在的 Matt，只想做他當下覺得最重要的事——收拾心情，放假。

有可能技術部那群人和老闆可能會因此而不滿，Matt 也可能因此績效不好；但他有他自己的生活，他不想連最基本的工作都泛政治化。這一刻，工作對 Matt 來說，開始轉變成一種工具，不再只是全力衝刺就好，還得學習如何兼顧身心健康。

整個辦公室只剩下他自己和 DS，黃經理趁大家星期五比較早下班離開，在座位對 DS 說。「你想一下，如何讓 Hung 在會議中對 Matt 開炮，逼得 Matt 發火攤牌，也就是說讓技術部跟製造部的戰爭白熱化，最好逼得 Matt 整個發飆，看會不會飆出髒話來，如果可以順便把 Terry 拉進戰局裡更好。」

DS 先是一愣，隨即點點頭。

黃經理注意著 DS 的表情，慢慢的說：「BOM 這事本來就不關我們台中的事，現在動到我們兩個經理來幫忙他擦屁股，只能說這是 Hung 原本就應該負責的，我不想因為這件事把我們兩個近來的努力毀於一旦。或許 Hung 會有所犧牲，也會有所收穫，若這次

把 BOM 的事解決了，就連陳總和米蘭達都會對他有好印象，對他年底的 KPI 可是大大的加分，即使他得罪了製造部的一些人，有你跟我在中間，他最多受點委屈。如果把錯怪到我們兩個這邊來，那，米蘭達那邊要再扳回我們現在的局面可說難上加難了，而且製造部的氣燄會越來越高。」

DS 點點頭說：「我知道。一次性利用這次 BOM 的問題來解決製造部那些人，下次我們電池開始上線時，就會順利的多了。」

「我也是這麼想。」黃經理說。「讓那些南部的大老粗看看誰才是老大，要不然，他們坐井觀天太久了，我們這也是讓他們知道人外有人的世界。」

到此，DS 笑了。

「對了，DS，有件事想跟你商量，你現在有空嗎？」黃經理突然口氣變化，DS 也注意到此次談話的重要性。

「可以，你說。」

「你信的過我嗎？」

「這當然，無庸置疑。」

「我們兩個共事應該超過 10 年以上了吧？」說到這，黃經理把眼鏡拿下來，輕輕的擦拭鏡片。DS 知道，黃經理有些私人的事要跟自己談談。

「嗯。這算是第 3 間公司了」

「那，你把我當什麼？」

「我的直屬上司。」

「可是我卻沒有把你當我的下屬。」黃經理立即接了這樣一句話。

「我覺得應該定位於夥伴，再親一點也可以稱為兄弟了。」黃經理笑笑的對 DS 說。

「我會這樣說是因為我完全信的過你，跟你共事，我很放心。我抓大方向，你幫我鋪好前方要走的路，我不用在特別去廢心考量一些有的沒有的細節，這應該是這幾年一起工作的默契了。」DS 沒有回話，只是無聲的微笑點頭。

「來 TD，也是你拉我過來，我原本也認為這是個契機，一個東山再起的契機，我們兩個合作，憑我們兩個人的實力跟經驗，TD 的電池廠，我相信一定可以有一番作為。」

「但最近…」黃經理看著 DS。「我累了。」

DS 聽到黃經理這樣說，突然緊張起來，該不會黃經理跟自己說要退休了吧？

「看哪些可以丟出來的，我可以幫你 SHARE 一些。」

黃經理伸出右手掌對著 DS。「不是這種累。」

「工作那多麼年，一直幫別人拚命，建廠，搞上市，到頭來，還不都是別人的？」

「難道我們一輩子就這樣給別人打工？」

「到頭來還不是一場空？」

DS 皺著眉頭，他已經搞不清楚黃經理到底在說什麼了？難道又要自己出來創業？不會吧？好不容易 TD 有些成績，而且老闆對

他的信任也逐漸養成，照道理說，TD 應該是他最好的發展才是。

「你覺得呢？」

DS 不知道該怎麼回答，只得等黃經理自己說出來。「我不知道。」

「你覺得 TD 可以一路長紅？」

DS 點點頭。「至少目前的趨勢來看。」

黃經理笑笑的說。「你覺得老闆把我們當自己人？」

DS 再點點頭。「陳總現在除了我們，還能相信誰？」

黃經理笑笑的搖頭說。「我們什麼都不是，我們兩個都不是老闆的誰。」

「或許你會覺得米蘭達對我信任，陳總對我讚譽有加，但，我知道，這只是表面，只是暫時。」

「米蘭達應該有跟你承諾未來你會持有電池廠一定比例的股份吧？」

「表面上這是一個很大的福利誘因，這也是科技園區不變的戲碼。但，你我在這圈子多久了，TD 不是台積電，不是聯發科，更不是大立光，你怎知道未來你 TD 的股份不會變成牽制你的絆腳石？」

「所以？」DS 真的迷糊了，他巴不得黃經理趕緊把葫蘆裡的藥拿出來。

「我們要有自己的事業，為自己而做。」

「啊？」DS 還是想不到黃經理到底要幹嘛？

「我來講一個故事，你聽一下。」

「TD 電池廠若起來後，所有的製程一定無法一次到位，我看陳總的資金缺口蠻大的，有很多製程一定會大量外包，若這塊由我們幫 TD 填補起來，也就是開一間專屬 TD 的外包公司，把所有 TD 的外包的業務接過來，慢慢的，幾年之後不只 TD，台灣所有電動車電池的外包，我們都可以接收，這勢必是一個穩賺不賠的機會。」

「這可行嗎？實際執行真的有我們想的那麼順利？」

「當然可行，因為以後 TD 電池廠有決定權的人是誰？當然是我，我可以決定外包製程，指定廠商，核決外包成本，這根本就是個穩賺不賠生意。」

「那如果…我是說假如啦，假如陳總不打算外包呢？」

「陳總他一定會外包。」

「我之前把電池廠的人力組織圖畫出來給陳總看，他直接給我砍了 2/3 的人力，我一個副總下面就你一個經理，和現在兩個工程師，其餘就只有 6 個技術員，這要嘛就是我們兩個也要捲起袖子落下去做，要不然就代表著有大量的製程外包。我們廠房不大，不可能把所有製程抓進來，外包勢在必行。」

「除了廠房空間因素外，資金是最大的問題，我現在還摸不清楚陳總心底在打什麼主意？合資？獨資？根本沒有個底，我也是第一次看到這樣的狀況，下個月廠房中科管理局有很大的可能就核准

下來，而我們的資金卻還沒到位，這要不是陳總有我們所不知道的更詳細規劃，就是無知，把事情想的太簡單了。」

「說實話，我也覺得蠻奇怪的。」

「那你不怕？」

「不怕。再怎樣，拍拍屁股走人，孑然一身輕，但老闆不一樣，他們可是投入畢生的心血，而且公司負責人也是他們，再怎樣，我都不會比他們慘。」

「沒錯。」

「所以外包廠的存在是有必要性。」

「但，外包廠一起來，就必須要有資金投入買機台設備，再來，誰去管？我們兩個是不可能，那要找誰？一間外包廠的建立，就如一間新的工廠一樣，而且現在就必須開始啟動去做，要不然 TD 電池廠一起來，你說的那些計畫根本就來不及了，我們兩個真的可以搞起這一切？」

DS 光想到這一點，頭皮就整個發麻。

「這點我也考慮過了，若外包廠起來，原本我在想我們兩個一定要有一個過去當負責人，我留在主導 TD 的外包，你就負責外包的運作，這是我原本的構想。但，TD 這若沒有你在這，我 TD 這邊無法發揮全部的實力去面對老闆及上游的電池供應鏈，這樣效果反而會打折扣。」

「所以？」

「成立外包公司。」

「？」

「外包公司不需要廠房，不需要設備，只需要一個 OFFICE。也就是說這間外包公司專責負責 TD 的外包製程，接到 TD 訂單後，再發包出去，也就是外包再外包，這樣我們就不需要廠房，更不需要機台，我們只是賺個轉手的利潤。」

「那也要有一個我們信的過的人在那邊駐廠才行。」

「沒錯。」

「你有人選？」

「有，那個人你也認識。那個人能力要夠，而且要有能力去統合整個外包，邏輯分析要強，而且還要有些管理、採購、會計的經驗才行。」

「那個人不會是…」DS 聽黃經理這樣形容，腦海理直接跳出一個人的名字。

「沒錯，你想的應該跟我想的是同一個人。」

「但，你真的有辦法把他拉進來我們這邊？」

「誘因夠大就可以，你是為什麼工作？我想，每個人應該都一樣。」

「我的規劃是這樣：外包公司一成立，我佔 30％股份，你拿20％，這樣一來我們就可以確保過半的股份，剩下的 50％就是最大的誘因，其中看是要撥了 5％到 10％過去給他，我想這 5-10％應該還是無法讓他棄暗投明，我會逼著他走投無路時再拉他一把，轉眼由仇人轉變成他的恩人，這樣的拉力才夠大，到時這 5-10％就可以

說是錦上添花了。」

DS 心想：難怪你一直針對他，我還在想為什麼ㄌㄟ。

「那資金呢？」

「若只是一間 OFFICE，資金不需要多少，我有辦法，幾年後你有賺錢了，再還給我就行了。可是這只是我初步的構想，實際運行起來，說不定我們兩個真的一定要有一個人過去，而且說實話，這機率非常的大。」

DS 思考一下。

「黃'r，我知道你是把我當自己人才這樣說，可是我真的沒自立門戶過，一直以來都是拿薪水過活，現在有這個契機，我真的很感激，但，你讓我好好想想，好嗎？」

「當然，這不是小事。你可以好好想，考慮清楚再跟我說。我只能提醒你，我們的年紀已經沒有下一個 10 年了，我創業過 2、3 次，付出不少慘痛的成本跟代價，這一次 TD 的電池廠，對曾經創業的我看來是個不可多得的機會。但，如果你有顧慮，覺得風險很大，沒關係，就當我沒提過這件事，我們就在 TD 好好待下來，本來這計畫就需要有你才能運行，少了你，這故事沒辦法說的完整。」

「好的，黃'r，我會好好考慮，謝謝你那麼看重我，等我一下，我不會讓你等太久的。」

幹！

超噁！

講這種話可以說的理所當然、臉不紅氣不喘，真的是臉皮厚到極點！

這是 Matt 的感覺，他聽完黃經理的論述後，整個頭皮發麻，今天他終於看到黃經理的另外一面，真是夠了！在場的每一個人都知道這是拍馬屁的說法，但，可以在這時機點趁機說得恰到好處，若沒有過人的背景，一般人是不可能輕易做到。

17

Rita

　　Doris 一直陸續請 Rita 把所有的工作轉回給她做，連原本的 104 招募 Doris 都把它收回去了，Rita 自己反而剩下總務那些雜事可以忙，其實她自己心裡也清楚明白米蘭達在搞什麼把戲。

　　「好奇怪，最近 Doris 一直把我一些主要的工作轉給她，她要抓回去自己做了。」Rita 坐在 Matt 身邊說。

　　Matt 聽了覺得很奇怪。「什麼時候的事？」

　　「就這一星期啊。我現在根本就是打雜的小妹，還真得每天訂便當，繳水電費，還書 / 雜誌，收一些掛號信，超無趣的！」

　　「104 呢？」

　　「高雄廠沒缺人了，只剩台中。台中的部分一直以來都是台中黃經理主導，我只負責通知面試而已，所以 104 我也沒再碰了。」

　　「那米蘭達最近有再找妳嗎？」

　　「沒。」

　　「上次說的那個 Daily report 妳有每天寄給米蘭達嗎？」

「有啊，可是她都沒回我。」

「這事情怪怪的，你把自己的 104 打開吧，我怕米蘭達會做出我們不想看到的決定。」

「把我 Fire 嗎？那好啊，我可以領一筆遣散費，有何不好？」

「妳幹嘛？那麼想被 Fire？不想看到我了嗎？」

「我又不怕找不到工作，再說，跟你每天都要躲躲藏藏的，不自由。我不喜歡這樣，若我換到別間公司，我可以光明正大的攬著你的手逛街，有何不好？」

「妳是人資，還講那麼不專業的話，你自己想，被資遣跟自己離職差很多ㄟ！」

「我把消息釋放出去，說不定之前的同事可以幫忙，妳 104 也打開吧，我們還是要給自己留些退路。」

「放心，我自有分寸。」

Rita 嘴巴雖然是這樣說，心裡卻想：算了，做好自己本份該做的事就好了，自己也不想讓公司把自己搞的那麼累，再繼續下去，只是讓自己的專業更加無所發揮而已，由他們去搞吧！

另一個原因在 Matt 身上，她發現自己已經陷進去了，談辦公室戀情讓自己整天無時無刻都無法專心下來工作。最近心裡一直有 Matt 的影子出現，而且越來越嚴重，談戀愛，似乎不再像學生時代那麼的甜蜜，成人的世界多了好多現實的困擾。所以，現在的她，心裡反而有另一種想法：如果 TD 把自己 Fire 了，這何嘗不是另一種最好的安排呢？她沒辦法自己離開 Matt，不如就讓公司來決定

吧！

過幾天，Doris 與 Matt 一同到台中出差，中午時在會議室吃飯一邊聊天，Doris 提到。「我最近剛發給兩個新人 offer，都在台中。一個是新位子，另一個是要補 Rita 的。」

Matt 嚇一跳，他蠻驚訝的，有一個是 Rita。

「我昨天才發工作協助 Mail 給 Rita，早上又收了好幾封她回的 Mail，她怎麼突然想離開了呢？」Matt 故意這樣說給 Doris 聽，看可不可以從中聽到真正的原因。而另一方面 Matt 心裡想，這樣的事 Rita 不可能沒跟他說，一定又是米蘭達有動作了。

「喔，不！是米蘭達要把她 Fire 了，她還不知道。」

Doris 看著 Matt 驚訝的臉，忍不住輕聲呵呵笑了起來。

「她做得不好嗎？不是進來公司一段時間了。」

「她太被動了！米蘭達認為她不可教化。沒關係，新來的這位是財會經理 Paul 推薦，也待過上市櫃的大企業，做事應該比 Rita 更 smart。」

「所以，以後人資會在台中？」

「嗯。現在是集團轉型的時候，總部那還一堆人還沒補齊，所以重心會在台中，當然找人就由台中這找會比較方便。高雄這邊若有缺人，就由我來負責囉。」

「那你要什麼時候跟她講呢？」

「再等等吧！先把一些工作搞定再說。說不定米蘭達的意思就這幾天而已，你不要講出去。唉，這只是工作，你也別這麼驚訝

吧！？」

Doris 若無其事的說。

這是個晴天霹靂的消息，出乎意料的，Rita 馬上就要被 Fire。當然平常的 Matt 是不會太 CARE，來來去去的人太多了，只是現在和 Rita 的感情越來越深了，自己卻沒辦法幫她一些忙。

看著 Doris 冷靜地對著 Matt 說，這是職場，這種五味雜陳的心情，Matt 無法用平常心去看待，這樣的電影的情節，竟變成他眼前的實境秀。

Matt 想起剛出社會那幾年，找工作時都抱持著騎驢找馬的態度，一直到現在 10 來年的工作經歷，他還是沒有關掉自己 104 的履歷，隔一段時間就更新。若有好的面試通知，就繼續面試，如果這份工作真的不適合，或是被公司否定的話，他才有備胎可以選擇。

Matt 總是沒有自信自己會是個人才，可能是自己學歷不夠的關係，或是，自己這幾年職場的險惡，讓他感覺自己隨時會被替換掉，他對自己很沒自信。現在的 Matt 環顧著週遭競爭險惡的商場，雖然他已沒有當年懦弱的鴕鳥精神，也不是無知的小伙子，現在的他已經是個如「川劇變臉」的表演者，要隨時換上每個不同的面具，以應付接踵而來的暗箭。

吃完飯，Matt 立刻傳 LINE 給 Rita。**【米蘭達對你很不滿，你自己要有心理準備，有可能是最壞的情況。】** Matt 還是不敢跟她說實話。

【我知道，我已經做好隨時走人的準備了。】

【？？】

【你忙吧，會議中不要亂傳 LINE，小心被盯。】

【晚上我去找你，等我。】

【不了，今天我蠻累的，你早點休息。不要想太多，你工作吧。】

　　無言的 Matt，每天還是跟 Rita 繼續地工作，但又要裝作若無其事，每次提起，Rita 都會義正嚴詞的對 Matt 說：工作。看著她熱心的協助跨部門的事務，他心總是不斷地往下沉。Rita 是個很勤奮努力的人；有時連星期假日還不支薪到公司整理報告，有時連上課來不及了，還堅持把事情做完才離開。突然，Matt 想到她前些時跟自己聊到，自己會不會像 Peter 一樣被老闆 Fire 掉？那時的 Matt 還關心地給她加油打氣，更希望能幫她些甚麼忙，結果，事與願違，等發現老闆的反應時，已經為時已晚了。

　　這一天，Rita 特別早到公司，她想早點進去把一些文書作業或雜事先處理完，要不，等 8 點一到，一堆囉哩叭唆的事又會落到自己身上。只是 Rita 沒想到 Doris 竟然比自己早，剛進辦公室就見 Doris 埋頭在自己的 NB 裡，不知道在忙些什麼？

　　其實這樣的場面很尷尬，這些日子，除了公事上的往來，兩人根本說不到幾句話。Rita 知道 Doris 在排擠自己，但現在，門也打開了，根本不可能裝作沒看見掉頭走人。

　　不得已，還是要打聲招呼。「早，課長。」

「早，Rita。」Doris 從屏風後抬起頭輕聲地回應，她也沒想到有人那麼早來。

「課長，你好早來，才 7 點ㄟ。」

「你不也一樣。」Doris 笑笑著說。「這是我平常的上班時間，我幾乎這時間就到了，除了這時間點不會塞車外，還可以用這時間處理好多事。」這是實話，也是場面話。

面對 Doris 那麼和善的語氣，Rita 愣了一下，心裡嚇了一大跳。「我也是。反正也睡不著，就來公司囉。」

突然。

Doris 似乎想起什麼似的。

「對了，下午四點，我和你，在小會議室開一下會，我有事要跟你說。」

昨天夜裡，Doris 收到米蘭達的 LINE。**【Rita 的事何時要處理？要有個期限。我看不到你積極的態度。】** 為此，Doris 才一早來準備資料，今天就是 Rita 在 TD 的最後一天了。

「好。」

Doris 聽到 Rita 的回答後，繼續低下頭忙自己的事。「那我要準備什麼嗎？」Rita 問。她想再更確定一點，說不定是自己多慮了。

「不用，妳人來就好了。」

Rita 在心中長長的嘆一口氣。

她知道今天下午的會議結束後，也許自己就會離開 TD 了，兩年前剛進來的青澀，到經常忍受米蘭達的辱罵，公司人員一天天的增加擴大，再到 Matt 的加入，一堆事情像電影般在她腦海裡閃現。

　　Rita 忽然有一種想流淚的衝動，想大聲呼喊：我到底是為了什麼？我到底是哪裡得罪你？你憑什麼這樣對我？

　　一陣鼻酸湧上，默默的，她拿著自己的水杯走了出去。一整天，Rita 分外的沉默，少了跟同事的交談，安靜地做自己的事，其餘的時間，她開始整理辦公桌，把不用的資料放一邊，而能用的，或可以帶走的放另一邊，其他辦公用品，屬於自己的，她放進一個小箱子裡，公司申請的就放在抽屜或桌上排好、放整齊，至於電腦的資料，要用的都備份起來，不用的部分就直接刪除了。

　　Rita 這樣的動作，坐在她後面的 Doris 看的一清二楚，Doris 心裡想：Rita 應該也知道實情了吧，這樣也好，少了溝通上的尷尬。另一方面，Rita 想下午走人時，越快越好，甚至不和任何人打招呼，也不留一些訊息，就這樣默默地離開，她也不想告知 Matt，就這樣結束吧，直到某天其他人發現時，早就少了許多不必要的耳語跟麻煩。

　　下午 4 點一到，Rita 早一步先到會議室等 Doris 來宣判自己的死刑。

　　她隨手拉張靠近門口的椅子，背對著會議大門坐下，把筆記本及筆放在自己前方的桌面，此時的 Rita 心裡很平靜，她抬頭環顧這間會議室的四周，正前方的牆壁掛著公司建廠時特地買的掛畫，那

時的自己還特別稱讚老闆娘蠻有眼光，怎會選那麼有意境的掛畫，沒想到，兩年過去了，自己已經準備要離開，這 4 幅當初自己幫忙掛上的畫仍堅守在它們的位置，而腳邊右側桌底則是白色的投影布幕，這間會議室是她兩年前初來面試報到的地方，這裡是自己的最初，也是最後的結束。

約 4 點 05 分，Doris 進到會議室，Rita 瞄到她拿著幾張制式的表格及筆，心想：「果然，真的是來宣判我的死刑。」雖然 Rita 早就知道是這樣的結果，也已經做好心理準備，但，等到真正面對時，還是無法克制讓自己平靜下來。

「怎麼沒開空調呢？有點悶。」Doris 一進會議室立即開口說了那麼一句話，那麼平常的對話口語是 Doris 讓自己為接下來的談話疏緩一下自己的心裡的氣氛。

「還好，外面有寒流ㄟ。」

Doris 在 Rita 面前坐下。「今天特地找妳來是要跟妳說明公司接下來的規劃。」

「嗯。」

「現在 TD 的重心都在台中，總部也在台中成立，未來的趨勢會轉往台中廠發展，在策略上，高雄廠這邊的人力會有些調整。」Doris 特地在這停頓了一下。

「我們管理部這邊人力必須刪減。我要跟妳說聲不好意思，公司的考量，必須要技術性裁員。綜合各方面的考量，公司選上妳，真的很不好意思。」

Rita 一直看著 Doris 演戲，口氣很平靜，臉上可以說是沒有任何表情，如果今天角色對調，自己一定沒辦法像 Doris 那麼鎮定，或許這才是企業需要的人才吧，也或許，自己應該要努力成為像 Doris 這樣，服從，卸責，又不輸自己的專業。

「沒關係，我懂。」

Rita 這樣的反應 Doris 並不意外，她自己也猜到十之八九。「那你對公司有任何建議嗎？」

「沒。祝福公司囉，若將來公司越來越好，我也可以告訴別人：曾經我是其中的一員。」

「這是非自願離職的所有文件，相關的給付條件也寫在上面，你看有沒有什麼問題？」這樣的文件對 Rita 來說並不陌生，她只是大概翻閱一下就簽名遞還給 Doris。

「你還有什麼問題嗎？」

「那，我宿舍部分有多久時間可以整理？」

「宿舍是以月計算，你可以住到月底沒關係。」

「也不用那麼久，這星期我就會全部搬完，到時候我再把鑰匙及門禁卡掛號寄回來公司。」

「好，沒問題。」

Doris 看一下時間：4 點 20 分。

「妳座位的東西整理完就可以離開公司了，不用再特地去刷卡。」

「喔，那我現在就可以離開了，我已經整理好了。」

「好，那就到這裡。祝妳下一份工作順利。」

「嗯，謝謝。」

很奇怪。

走出 TD 的大門口，向當日值勤的警衛點一下頭，Rita 心裡突然有一種說不出的輕鬆，應該說是釋然吧！

「Bye 囉，TD。」開出停車格，直接駛上高速公路，這一次她要回台南，今晚，回家吃媽媽煮的飯。

【Rita 被米蘭達 Fire 了，剛剛的事。】 下午的 6 點，坐在會議室的 Matt 突然收到 Terry 的訊息。Matt 心想：靠，竟然是今天。

收到這樣的訊息，Matt 馬上傳 LINE 給 Rita。**【等我，我開完會馬上過去找妳，不要亂跑。】** 坐在會議室的 Matt 已心不在焉了，他好擔心 Rita，他巴不得現在可以立刻衝到 Rita 身邊抱住她，讓她可以好過一點。

【我回台南家裡，先不要找我，我想自己一個人靜一靜，你好好工作。】

收到這樣訊息的 Matt 當然沒有管 Rita，好不容易 7 點半會議結束，Matt 連下班卡都沒刷就立即趕往宿舍找她。

Matt 到宿舍門口，發現裡面的燈光是暗的，他不確定 Rita 是否真的回台南了，趕緊打手機聯絡，可是手機一直轉入語音信箱，在宿舍門口待了約半小時，Matt 才又調頭回公司。

Rita 離開 TD 後，手機一直是關機的狀態。初期，Matt 猜想，也許是她心情不好，可能需要靜一下心，便不去打擾她。過了兩星期，還是沒消息，Matt 覺得不對勁了，一下班，趕緊去了 Rita 的宿舍，結果發現她已經搬離宿舍了。Matt 整個心像被抽空了一樣，他不懂，到底為何 Rita 要這樣不告而別？

半個月後。

「Hi。」Matt 輕聲的打了聲招呼，招呼聲中有種疏離的陌生感。

星期六早上的 10 點，Matt 站在一銀的大門口，這是他與 Rita 約好的地方，今天是 Rita 被 Fire 後的第一次見面，算算，至少有半個月之久了。Matt 很早就到了，提早到是他的習慣，因為他不想讓 Rita 等太久。

Matt 沒有站在騎樓下，就直接站在一銀門口的十字路口，車來人往最顯著的地方。

「早，Matt。」

大約接近 10 點的時候，Rita 開車停在 Matt 面前，微笑地跟他道聲早，一切都那麼自然，那麼的理所當然。

「嗯，早。」

Matt 似乎在意著自己這一刻的蠢樣，也跟著微笑起來。他有些驚訝，Rita，她竟然是如此的自然。

「我就知道你會提早到，而且會提早到很多很多。」Rita 篤定

的說。

「怎？我是不是造成妳的困擾了？」

「不，不，不會，只是，我…」Rita 好像有什麼話要說？卻又遲遲不說出口。

「？」

「沒事啦。」

「對不起，原諒我這麼任性的約妳出來。」

「別這麼說。你剛才的眼神，好像我是不熟悉的陌生人一樣，我有那麼不熟嗎？」

「我確實有那麼一瞬間，我覺得我好像不認識妳了。」

「為什麼？因為我離開公司那天沒跟你說再見的關係嗎？」

「我可以說是嗎？」

這大概是 Rita 沒想到的答案吧，她的神情一下子尷尬了起來。

「Matt，其實我沒有變，是你變了。」

Matt 沒有說話，也沒有表示任何動作。

「你還要繼續站在那邊嗎？」Rita 坐在駕駛座，稍微歪著頭跟 Matt 說。

「所以，今天是妳要開車囉？」

她吐著舌頭小著對我說。「對後。」

接下來換 Matt 駕駛，Rita 直接從車內跨到副駕駛座去，這一

次 Rita 沒有介意 Matt 的眼光，Matt 也很自然的坐上駕駛座，對他來說，這車裡的一切已經熟悉到不能熟了。

「放輕鬆點，Rita。」

「我沒怎樣啊。」

「真的？」Matt 一副不相信的表情。

「哪沒怎樣！你的不安跟不知所措全部寫在臉上了。」

「喔？最好有這麼明顯啦？」

「我們有這麼陌生嗎？」突然間，她對 Matt 的問句安靜無語，回答不出任何一句話。

「放輕鬆，我們可以說是公司最熟悉的朋友喔。」

她看了 Matt 一眼，不知怎麼的竟自然的笑了出來。還好，Rita 卸下她的心防了，希望今天可以沒有隔閡的度過。

「謝謝你。Matt」

「不客氣。」調好安全帶後。「今天是屬於我們的小旅行。」

「嗯，我知道。」

「那我們可以像以前一樣嗎？」

「當然可以。」

「所以不要給我臭臉，可以嗎？」

「我從以前到現在都沒給你臭臉過，好嗎？」

「嗯，也是啦。那我們可以出發了囉。」

她看著 Matt，「走吧。」

Matt 把車掉頭，準備走高速公路到他今天預計要去的第一個點。Rita 傾身向左，頭靠住 Matt 的肩，Matt 可以聞到由他右側臉頰傳來屬於她頭髮的香味，Matt 轉頭看了看 Rita，發現她眼睛睜大看著自己天真的笑說：「你的手好冰，今天沒冷到那麼誇張呢，又沒有寒流。」

「喔——，我也不知道為什麼手冰。」

「應該是緊張吧？你會緊張嗎？這可不是我認識的 Matt 喔。」，她自顧的說，「我認識的 Matt，每一次都可以侃侃而談，讓我安靜聽他說的大道理，有時還會讓我開懷大笑。老實說，你是誰？或著是你做了什麼虧心事？」

「……」

「好啦，不鬧你了，今天你要帶我去哪？」

Matt 沒有再多想，因為他知道今天去哪？幾點到哪？都已經計畫好了。

「我要帶妳去我曾經答應帶妳去的地方。」

「什麼？」她不明白的又問了一次。

「妳忘記我曾經對妳說過的一些地方了嗎。」Matt 想她應該明白了自己的意思吧。

「喔，好吧。」

車行高速公路，Rita 拉過 Matt 的右手，用她的手掌輕輕地在他手臂清拂，Matt 很喜歡這樣的放鬆。只要他開車，Rita 常常這樣讓他減輕開車的疲勞，她說這是身為副駕駛的工作。副駕駛的工作還有陪司機先生說話，這是他跟 Rita 之間小小的親暱，是無人可取代。

　　Matt 嘴巴哼著歌，五月天的歌。「Matt，你可以大聲唱出來嗎？我都還沒聽過你正常唱歌的樣子」

　　「我唱歌真的不好聽，真的。」

　　「沒關係，我不介意。」

　　「可是我介意，我想保留我的形象到最後一刻。」

　　「吼——」Rita 嘟著嘴說，但之後她也並沒有再繼續勉強 Matt。

　　到了第一個點——山區的原住民小學。今天是正常上班日，學校並沒有放假，所以他們並不能入校參觀，還好，由外面就可以看到整個學校的一切，尤其那 3 顆桃花心木，可以整個清楚矗立在眼前，Rita 對於眼前的小學校覺得好奇，一直想要進去看看。

　　「你看，他們的操場沒有紅色跑道，只有一大片草原。」

　　「他們有個像原住民的鞭韃ㄟ，跟其他的小學不一樣，只有一條長長的繩子而已，這樣不會很危險嗎。」

　　「Matt，他們的司令台在大樹的下面，好酷喔。」

　　「滿地的落葉，好漂亮喔！」

Matt 告訴她，他曾經在這裡打過疊球，也曾經在落葉繽紛的樹下席地而坐，也曾在這草原操場踢過足球，這裡已經跟他之前知道的感覺完全不一樣了，憑著印象到處看，後面的樹林還是雜草蔓生，樹林道的旁邊仍是麥田。Matt 慢慢把自己知道的部分介紹給 Rita，她沒有問其他的事，只是靜靜的聽。

　　「下一次，你可以帶妳家人來走走，可以來這野餐。」

　　「我又找不到這裡。」

　　「沒關係，可以導航。」她安靜了一下，眼睛看著前方突然脫口而出。「這裡是你我的回憶，就留著吧。」

　　Matt 摸著她的頭。「好了，該去下一個景點了。」

　　「嗯，下一個是哪裡？」

　　「我長大的地方。」

　　「那是哪？」

　　「我的故鄉，你是台南人，你就不知道在哪裡了。」

　　「有喔，我知道。」

　　「你知道？」Matt 有點不置可否的問她。

　　「嗯，我知道在哪。你忘記我是人資嗎？你的背景，我可是一清二楚。」

　　「對後，我差點忘記，你可是掌握全公司資料的戶政事務所。」

　　「那有人這樣形容女生的？不貼心！」

　　後來，他們開出小學，轉了彎沿著沿山公路一路南下。

「我國中之前都在鄉下長大。」Matt 轉頭向 Rita 介紹，「所以在高中之前，我一直住在這裡，這裡就是我世界的全部。現在只剩下國中以下的孩童跟退休的老叟，年輕人都往都市發展了。」

「在這裡，老人、小孩還有狗堪稱是這裡的住民，但，只有老叟有投票權，看誰錢給的多就投誰。不要懷疑，妳真的沒聽錯，這裡買票的風氣還蠻盛行，應該說理所當然，對這些老人來說，誰當選都不重要，因為誰都一樣，沒有任何實質的影響。」

Matt 一邊開車一邊介紹自己的故鄉，他不會刻意去美化，都出社會的人，用自己的方式介紹反而有另一種特別的貼實感。

Matt 方向盤一轉。「進村子裡時，一定要速度放慢，要不然這裡的老叟都騎路中間，超級危險。」

「這裡是我就讀的國中，國中後面就是小學了。」

Matt 把車停在外面，剛剛好是下課時間，校園蠻多學生走動。

「你們的運動服好醜喔！」

「是啊。我也覺得蠻醜。」

「可是鄉下是個封閉的組織社會，只能依著既有的規矩行事，很難有自己的意見跟聲音。只是我沒想到，那麼多年過去了，運動服的款式跟顏色竟然沒變，是真的有點誇張！你看，連這裡的校長也跟那些鄉民代表一樣，都不做事的。」

「喂，那有人這樣說自己的母校的？」

「我是實話實說，難道妳要我說謊，把校長形容的像金城武那樣嗎？」

「你從以前就講話就那麼，那麼欠揍了嗎？」

「沒喔，那時的我可是很避俗，怎麼說呢？就是所謂的悶騷。」

「那到底是什麼人事物改變了你？」

「都市的染缸啊！」

「Matt，我好想看看你國中的呆樣。」

「好啊，我回家找一下照片，下一次我拿給妳看。」

「啊！」說完 Matt 才驚覺，沒有下一次了。

「沒關係。」

「走吧。接下來去哪裡？」

「吃午餐，粽子跟粄條。」

「啊？」Rita 一直懷疑自己的耳朵有沒有聽錯。

「真的好吃，我沒騙你，很特別喔。我們這裡的板條不是加肉
燥，是加鮪魚肉燉煮來充當肉燥，特別有風味。」

「喔，好吧。」

「你是不是心想，你帶我到你家鄉來就只吃板條跟粽子！」

「沒，那是你說的。」

「明明就是，我還不知道你心裡在想什麼嗎？」

　　好久沒回來品嚐，除了特地帶 Rita 來吃，Matt 自己也想回味
一下童年的記憶。

「老闆，我要兩碗粄條，不要加韭菜，還有兩顆肉粽。」

「Matt，我吃不下那麼多啦。」

「沒關係，還有我，妳忘記我的食量很大嗎？」

「哪有，你是中看不中用，哪一次你吃很多，我看不出來。」

「那幾次不算，那是我想跟你聊天，跟你說話，我吃不太下。」

「所以現在不想跟我說話？不想跟我聊天？」

「沒，你故意挑我語病。」

「這間店是我小時候到現在的店。」

「嗯，繼續。」

「從小時候我就有一個願望。」

「繼續，不用理我。」

「我想一次吃兩碗的板條跟兩顆肉粽。」

「那很難達成嗎？」

「現在的我不會，很容易。你不懂那時小孩子的經濟能力有限，不可能一次可以叫那麼多餐點。」

「Matt，我是說一次份量那麼多，很難達成嗎？那是大胃王的食量了。」

「我不知道以前可不可以，但，現在的我一定可以。」

Rita 一臉無奈樣。

「真的啦，我一直想試試看，超好吃。」

「你不是要減肥？」

「ㄟ，反正妳不在了，減肥的意義在哪？」

「身體是自己的，不是為別人，你還是注意一下自己的飲食，好不好？」

「好，那今天就先不用。」

「哈。」

後來，Rita 的肉粽只吃一口，粄條還剩半碗，就全部給 Matt 了。

「怎？」

「不合妳的味口嗎？」

「沒啊。」

「就有人在點餐前就誇下海語說要吃多少多少，我全部吃完，不就讓那個人懷恨一輩子？」

「我是說說而已，妳不要當真。」

「我也說說而已，我想看你表演。」

竟然都這樣說了，Matt 當然一口氣吃完，又沒多少。Matt 吃完後，摸摸自己的肚子說。「超飽。超滿足。」

「看你吃東西的樣子，會讓人以為這東西超好吃的。你可以去拍廣告了，Matt，超強。」

「這是褒？還是貶？」

「相信我，這是稱讚，我沒有要取笑你的意思。」看著 Rita 的笑臉，Matt 知道她內心的本意。

吃完午餐後，下午，他們又往回走，往高雄的西子灣前進。

Matt 想帶 Rita 去看大船入港的磅礴氣勢以及柴山肆無忌憚的野生獼猴。路上，終於 Rita 也忍受不了睡意，在車上睡了起來。Matt 怕不小心驚動打瞌睡的她，車開得很穩，緩慢的過彎，也不會幼稚的超車，車內只剩下小聲的音樂聲，似乎整個地球空間只剩他們兩個而已。

Matt 看著她熟睡的臉龐，心想，她應該已經把一直懸掛在那的一顆心暫時鬆懈下來了。大約 1 個半小時的時間，Matt 才把車開回高雄市。「已經到了喔。」把車停好後，摸她的頭輕聲喚著。

「啊？我剛剛睡著了嗎？」

「是啊，還有小小聲的打呼聲ㄟ。」

「怎可能。我才不會打呼，會打呼的是你，Matt。」

「妳還記得啊。」

「當然，好吵！」她笑著說。

他們站在「雄鎮北門」的觀景台往旗津方向看。

「前面就是上次我們沒上去的旗津燈塔，你看，白色那個建築就是了。」這裡除了可以到旗津燈塔，還可以看到進出港的貨輪，還蠻熱門的一個點。

「哇。也太高了吧！還好我們沒上去，Matt，你很壞喔。」

　　　　　　　　　　　　　　　　　　　　　幕僚的宿命

「還好吧，那沒幾公尺的距離ㄟ。」

「我是女生，Matt。」Rita 的眼睛斜地瞪著他。

「我是男生，我會幫妳。」Rita 聽了之後給 Matt 一個很 Sunny 的微笑。

「那座山的下面就是星光隧道，你打死都不進去的隧道。」

「不！不！不！」她一知道那個隧道後，立即搖頭起來。

「有哪麼誇張嗎？」

「那裡太暗了，而且會發出怪聲音，那裡明明就有不好的東西，你很故意ㄟ。」

「不過，那個隧道是我第一次牽妳的手，妳應該不知道吧？」

「哪是第一次牽我的手而已，還是第一次摟我的腰，不是嗎？我可沒那麼粗線條喔，Matt。」

「早知道就摟久一點。」

「你沒那樣的勇氣，膽小鬼。看你身材那麼壯碩，膽量卻像小老鼠似的。」

兩個人從下午 4 點待到近 6 點，看船進港、出港，看日落，也並肩散步到中山大學的校園裡，信手亂聊，Matt 看到什麼就介紹什麼，反正他嘴巴很賤，不用怕沒有話題。

「Matt，你都是用嘴巴來騙女生的，對不對？」

「哪有。我惜字如金ㄟ，不輕易對別人開金口的。」

「是嗎？」

「拜託，我很剛毅木訥的，而且胖胖的外型，根本沒有女生會接近我。」

「是嗎？」

「Matt，跟你聊天，會很容易讓女生喜歡上你，特別是那些剛出社會，涉世未深的小女生。」

「有包含妳嗎？」Matt 以為丟出這樣的訊息，她會臉紅，她會說不出話來，結果。

「當然，你看不出來嗎？」Matt 輸了。

「好了，該吃晚餐了。」Matt 看一下時間，差不多近 5 點了。

「我吃不下，你再帶我到處走走，好不好？」

「我們要去吃泰式料理，真的不去嗎？」

「不要。」她抿著嘴搖頭。

「老爹爹泰式料理，高雄很有名。」

「不要。」繼續搖頭。

「好吧，那我開車帶妳四處看看，我們把高雄市繞一圈。」

Matt 打算開車把今天預計的行程以及想讓她知道的點一次繞完。

車開到七賢路。「這是老爹爹，在高雄還算蠻有名氣的泰式料

理，以後妳可以帶妳家人來。」

「好吃嗎？」

「怎樣算是好吃？不就泰式料理嗎？還是我可以在月亮蝦餅吃到麻辣鍋的味道？」

「Matt，你可以不用再用言語來幫你加分了。」她瞪 Matt 白眼。

「真的還不錯啦，我吃過幾次，都是之前公司同事聚餐來吃的。」

「那價位呢？」

「不錯，價位中等。」

「問那麼多，我們下車去吃就知道了。」

「不要。現在我只想好好待在妳身邊。」Matt 臉紅了。

沿著自強路到底。「那就是 85 大樓，上面上去可以看夜景，妳想上去嗎？」

「不，我去過了。跟別人。」

「喔，好吧。」Matt 沒繼續追問。

「左邊那一棟就是高雄的圖書總館，右邊是世貿展覽館。台灣銀行旁邊那個騎樓就是『喬品賣炒飯』，超好吃。」

「Matt，每次說到吃的，感覺你眼睛都亮起來了。」

「有那麼誇張嗎？」

「相信我，有，而且很可愛。」

「可愛？我已經 30 幾歲了。用可愛來形容我，有點不恰當吧。」

「沒關係，我就是喜歡你這點。」Matt 又臉紅了，怎感覺越晚，Rita 越毫不保留她心中的感覺。

「啊，我剛剛忘記順道帶妳去看『阿英排骨飯』，哪也是超好吃的店。對我來說啦。」

「那就讓它過去吧。不用在特地繞回去了。」

「可是，這樣你就不知道有這間店了。」

「沒關係，那就讓我們留一點遺憾，不可能完美的。」

他們真的把高雄市讓一圈，夢時代，光華夜市，文化中心，衛武營，澄清湖，蓮池潭，愛河之心，最後回到高雄火車站。

Rita 好像觀光客，眼睛跟頭隨著 Matt 的介紹左右晃動，不時的提出自己的疑問，Matt 懂得，會詳細介紹，不懂的，就隨便唬爛過去，然後他的肩膀再接受 Rita 一次的拍打。

第一次，發現時間流逝的無息及迅速，真的好快。可能因為等一下就要說再見了，一整晚，Matt 都心神不寧，因為他不知道怎麼面對 Rita 說再見。

Matt 打算帶 Rita 到新光三越的星巴克喝杯咖啡休息一下，走了一天也累了，現在疲憊的精神是需要個地方坐下來休息。Matt 點了一杯拿鐵，Rita 則是叫了熱奶茶。接近傍晚的時間，天空暗得比夏天快許多，坐在桌子的兩側，Matt 從書報架拿了一本旅遊雜

誌，翻著翻著，沒有再說多少話。

「Matt，謝謝你，謝謝你今天帶我去的每一個地方。」

「不會啦，這都是當初答應要帶妳去的地方，不是嗎？」

「嗯，謝謝，現在幾點鐘了？」Matt 一邊說著，視線一邊看著左手的手錶。

「就快要 7 點了。」

「7 點。」Matt 明顯的表現出他的落寞。

「累了，是嗎？」

「嗯，好像有點想睡覺了。妳等一下要開車回台南？還是回宿舍？」

「回台南，我不想再住宿舍了，雖然我可以住到 11 月底，但，東西還沒搬完。」

「需要我幫妳嗎？」

她搖搖頭，「不用，這一次我自己一個人可以的。」

「喔，好吧。」原本 Matt 打算她如果說 OK，那接下來的計畫可能就會完全不同了。

Matt 向眼前的服務生打了聲招呼，幫 Rita 再點了一個小蛋糕。

「Rita，什麼時候過去新公司？」

「秘密」她笑了笑，「我想要你不要再掛心我的事了。」

「啊？」Matt 表情有點驚訝，「好吧。」

「Matt，你專心對付公司那群人，不要再替我胡思亂想了。我很看好你在 TD 的未來，不管米蘭達，還是 Paul，他們都很支持你，不是嗎？」

「妳還會在高雄？」

「嗯，我研究所還沒畢業呢，若回台南，路程太遠了。研究所真辛苦。」她稍稍的皺了眉。「我真佩服你當初邊工作邊寫論文的生活，我現在已深深體會了。」

「其實那只是一個過程而已，不要想太多，想太多反而寫不出來。」

「呵，你真強，你怎知道我現在碰到的瓶頸？」

「過來人啊，沒辦法，這自己選的，就要自己承受囉，別人幫不了妳。」

「其實，我在意的不是辛苦，而是時間的浪費。」

「嗯，這幾年的時間可以做很多事呢。」

「是啊。」我無奈的點點頭，苦笑著說。

「那我們算是同舟共濟了？」這時服務生送來了小蛋糕，Matt 向服務生說了聲謝謝。

「嗯？」

「不是嗎？我們一同在為我們各自的未來努力。」她挖了一口小蛋糕，揪著表情說好甜。

同舟共濟？為什麼是同舟呢？其實 Matt 知道，我們以後再也毫無瓜葛了，不是嗎？是不是知道我們一樣在為同一個目標努力，其它的，就不需要再特別去要求了？應該就是這樣了吧。

　　明明 Matt 是放不下這段情，卻在付出之後說服自己無恙，在心裡不斷的告訴自己，這些都會過去，不要太在意它。

　　「Matt，你在想什麼？」Rita 的叫聲瞬間把他拉回這個世界。

　　「沒，沒什麼。」Matt 抿了抿嘴，心虛的像做錯事的小孩一樣對她微笑。Matt 拉一下自己左手的衣袖，看了一下時間，然後深深地吸了一口氣，笑著對 Rita 說：「我去一下洗手間，妳坐一下。」

　　「嗯，你去吧。」

　　「那我去一下洗手間，今天好像有點吃壞肚子。」

　　站起身，轉身離開座位，新光三越的星巴克裡沒有洗手間，必須走到百貨公司的二樓，當 Matt 正要走出星巴克大門的時候，突然，停在門口看看 Rita，不知道為何？有種奇怪的感，而 Rita 的目光也正好停留在自己身上，對自己微微一笑，好奇怪的感覺，似乎有一種這就是道別的儀式。

　　約略 10 分鐘，Matt 再回到座位，Rita 已不在座位上，桌上剛剛特別為 Rita 點的蛋糕只有稍稍動過一小口的痕跡，盤子下緣壓著一張字條：

> MATT：
>
> 我先離開囉，我想我還沒有準備好當面
> 跟你說再見。未來2年，我還是會在高
> 雄，有機會的話，那我們一定會再見面
> 的。
> 讓時間好好決定這一切，加油，好嗎？
> BYE-BYE。

好簡單的一張字條，簡單到 Matt 以為她在開玩笑，說不定在 Matt 走回家的路上她會突然從後面叫住自己。但，Matt 知道這都是自己多想的，好奇怪的感覺，這樣的結局 Matt 一點也不感到意外，就好像寫好的劇本，曲終人散的一幕而已。

走出星巴克，回頭再看了一眼，Matt 知道這樣的回頭，代表的是一種道別，一種永別的意涵。Matt 也知道，從此之後，他的人生再也不會有 Rita 出現，他一直在想：如果一開始我沒主動跟 Rita 打招呼，那後續的發展一定完全不同。

如果我們真的不曾相識，生命又會如何運行？五月天的歌一直反覆出現在 Matt 腦海，寫得好貼切，超想罵一聲「靠～」來表達自己現在的心情。

Matt 很平靜的走回家，走回屬於他自己的生活，走回沒有 Rita 的世界，這時街道上的人不多，拿出手機看 Rita 是否有傳訊息？其實 Matt 心底最真實的聲音應該是在期待她的回應。不過，Matt 知道她不會在聯繫自己了，雖然這城市很小，但，若真的是

完全平行線的兩人，是不可能有交會的一天。回歸樸實，走回平淡，回到一個人的自己。

Rita 離開 5 天後，Terry 給 Matt 看 Rita 傳給他的 LINE：

【以後公司的人再問你我的消息，你可以跟他說你不知道，就說我已經封鎖你的 LINE 就好了。】

【為什麼？】

【我不想再跟公司的人有任何聯絡。】

Matt 知道她所謂公司的人指的就是他自己，沒有人會向 Terry 打聽她的消息，除了 Matt 自己。走到到最後，卻形同陌生人，Matt 第一次發覺自己的失敗。

Rita 從此在 Matt 的生活裡像水蒸氣一樣蒸發消失，不死心的 Matt 還會常常傳 LINE 給 Rita，或是嘗試撥她的手機，訊息不是未讀，就是手機在關機的狀態。漸漸的，Matt 也因為工作的繁忙，盡量不打手機或傳 LINE，實在不能自我解脫時，才偶爾發個 LINE 給她，卻一直沒有任何回音。

「不打擾，是我的溫柔。」

五月天的歌，輕輕地在 Matt 心中畫下對 Rita 的句點，從此以後，Matt 下定決心，一定要在 TD 闖出一番天地來。平行時空的兩個人，互相的把自己的手機裡最熟悉的 ID，封鎖，刪除。

但，那號碼，卻深深的刻畫在心底，永遠不會提起，卻也永遠不會忘記。

18

導火線

－ BOM 會議－

Matt 坐在會議桌的左前方，在他前面的是 Terry，左邊依序是技術的 DS、Hung，Matt 左邊則是 Vincent、黃經理，他們要檢討現有 BOM 的差異及最終 BOM 切入的時間點。

這個會議的主角不是 Matt，對他來說，自己只是來把黃經理所要的資料簡報說明，包括資料的來源，比對的基礎，以及差異數據的表示，這些的資料主要在輔助給技術課後續 BOM 建置的參考依據而已。

「等一下自己看著風向走，不要輕易的落入黃經理的圈套裡，知道嗎？」

Terry 在進會議室前特地再跟 Matt 交待。「還有，我不會輕易出手，我要看這兩隻老狐狸到底在搞什麼把戲？」

會議第一個開口的是黃經理。「前些日 Matt 已經把今年的所有的製令抓出來比對，相信大家都有收到 Mail，不知道各位有沒有

什麼意見？」

大家一陣安靜無語，要不是 Terry 事先的提醒，第一個開砲的一定又是 Matt。

「我的疑問是，為何有那麼多 BOM 紀錄上沒有的領料？這技術知道嗎？當初要領這些料時，有沒有人通知技術單位改 BOM ？又為何產線可以隨意這樣領料？系統為何沒有警示鎖住？在我看來，整個成本都亂了，這要公司如何計算成本？這要業務樣用怎樣的依據報價？」

黃經理的這段話，已經把所有責任往外推，BOM 會到如今這樣的情況，已不全然是技術的責任而已。說實話，Matt 聽到這樣的言論，他心裡一整個反感，感覺，又一個打太極的經理出現，前些日子要他幫忙整理、抓取資料的公正不啊的態度呢？如今他只看到一個落井下石的小人坐在自己旁邊。Matt 感覺自己那麼相信的幫你整理資料，沒透過老闆或他的直屬長官來命令自己，如今卻落到一個背後被插一刀的地步，Matt 心裡只有一個想法：爛。

Matt 閉嘴安安靜靜的坐在一旁，眼睛直視著他自己的筆記本，他不想反駁。Matt 覺得說再多都沒意義，當別人先入為主認定就是你部門的錯，再多的辯解已沒有任何實質效用了，再說，現今的場合，沒有什麼決定性的人在，他不想說太多話，他也不會再表達任何意見，說再多，只是造成未來合作上的阻礙而已。

「Matt，你可以說說看為何有那麼多 BOM 之外的領料？」

Matt 心想：「靠，竟然點到我，我本來打算讓你罵到爽，然

後揹著一身的罪名一直到會議結束。你竟然點我，我就回答，我倒要看看你對公司的建置要怎回答。」

「因為打車實際需要用到這些料。」

「那為何沒回饋給技術課改 BOM ？」

「因為當時的技術沒人，回饋時間處理時效性來不及，通常我們告知了，常常長達一個星期都未處理。」

「有 Mail 記錄能佐證你說的話嗎？」

「沒有，因為緊迫，我們也沒多少時間了，交期在即，又有些料件前製期限制，我們會先下請購單買料 / 領料。要不然，時間上根本來不及。」

「沒有 Mail 反應回饋就是你們的錯，技術怎麼可以憑你口說就改 BOM。」

「是，是我們的錯，我們下次會改。」

Matt 心想：

幹！

最好你們可以即時開立 ECN 出來！你們技術部有懂車的人嗎？那為何 BOM 不一開始就建好，現在 BOM 沒建，卻怪產線沒反應給你們知道，你們技術部有事嗎？媽的！ Matt 心裡超不爽的飆了一堆髒話。當產線人員在前線打戰時，後方不但沒支援，現在卻又被剛來替位的人加冠了一堆莫需有的罪名，是有事嗎？

「再來，你們領料的依據在哪？我怎麼確定你們沒有亂領？」

「依據就是外包商組裝缺料時，告知我們產線的工程師以及產線技師的回饋。」

「他們說了算？」

「是的。我們會口頭詢問技術部是否真的需要增加，不信你可以問 Hung。」

黃經理轉頭眼睛看著 Hung，等著看他的回答。「經理，當初 BOM 沒有的部分，我們會根據產線反應的缺料是否合理性來決定這料是不是必須要裝在車上。」

「那產線反應時，你怎麼沒有把 BOM 一起修改，然後開立 ECN 發出來？」

「技術只剩我一個，沒有其他人可以幫忙，而且我還要忙馬達跟電池的部分，根本分身乏術。」

Matt 感覺 Hung 是白癡嗎？怎會說一套話來打自己上司的臉，還是昨天他們技術內部套話沒套好？

「我要如何確定你們製造沒有亂領或亂買？沒有紙本或 Mail 依據，要如何證明你們領的就是對的？」

「可以抓領料紀錄。哪台車領多少料？何時領的？清清楚楚，你們可以進 ERP 系統查詢。若有問題的，可以立即提出，我會請產線或外包商解釋原因。若真的有產線虛報虛領，或外包反映不實，我們可以請公司裁罰，不會寬待。該懲處就懲處，該開除就開除，沒有任何商量的餘地。」

Matt 話說得很平實，眼睛的視線只看自己桌面的筆記本，

Matt 一直在掩藏自己的憤怒。Matt 話也說的重，他要藉此來表達製造部的人是老老實實地在工作，根本沒有其他的非分之想在做旁門走道的事。

也想藉此來反諷黃經理覺得他們是小人投機取巧的想法，製造不是你們想的那樣！

「那系統呢？怎會讓製造這樣沒有限制的領料？這樣的做法根本就是走後門程式，沒有制度可言。」

最好是製造沒有限制在領料？每一筆紀錄皆依工單勾稽，這樣的說法，讓 Matt 心裡不太平衡，黃經理是在激怒 Matt 的爆點嗎？

「黃經理，這樣的做法並非走後門，這是當初顧問在導入時，考慮到 BOM 的完整性，以及交車的時效性，才會開特例沒鎖，這也是當初會議大家的決議。後續 BOM 一直沒動作，完整性根本不夠，這樣的領料方式才會一直依循下去到現在。若你要我們資訊把這領料方式鎖住，我們資訊絕對配合，沒有第二句話。」

Terry 立刻把當時的來龍去脈解釋清楚，順便帶出後續的處置措施及技術必須配合的相關事項。

「竟然黃經理你這樣說了，以後製造只要領料時，發現 BOM 的完整性不足，此時技術就必須立即開立 ECN，這樣製造才能依此修改製令，才能做買料 / 領料的動作，OK 嗎？」

「OK 啊，這才是最正規的作法。」

「我有意見。假如技術時效性來不及，這日期歷程我會記錄下來，還有，因為 BOM 的完整性，導致我生管人員須製令變更所產

生的工時我也會記錄。要不然，到時候老闆怪罪下來，我必須要有紀錄來佐證。」Matt 把醜話說在前頭。

「因為一筆製令變更就需要 5min 左右，一批車下來可不少，若次數再頻繁，我物管人員什麼事都不用做了，每天上班就做製令變更即可。」

Matt 提意見時，一樣視線專注正前方，不看任何人的表情說話，他不想讓任何人左右他的言語。

「可以，我們開這個會以及未來要做的事，就是要把 BOM 一次建置到位，不要再有糢糊不清的地帶。不是要來追究誰沒做好或誰的錯。不能再有這不是我要做的觀念，大家一次就把 BOM 做好，老闆那邊我會去解釋。」

聽到黃經理這樣的結論，Matt 心裡的火山整個爆發了。

幹！

莊孝維！

那前面那一長串的清算是在做什麼？玩文字接龍嗎？好虛偽的職場政客，Matt 鄙視這樣虛有其表的清高。他在心裡「哼」了好大一聲，是不齒，更是不屑！

原本黃經理在 Matt 心中清高的形象在一瞬間完全毀滅，Matt 打定從今以後把他當一般虛偽無恥的人看待。他會把他當作有心機的人，且面對他說話或 Mail 往來時，小心翼翼，且字字計較檢查，黃經理，不值得 Matt 自己在心裡把他當作聖人一樣表率。

黃經理見大家不說話，他打算就此把這會議下結論。

「先確認底盤 BOM、半成車 BOM 之差異。以上 11 月 17 日下班前由技術—— Hung/Vincent 及生產 Matt 比對完成，而差異化確認在 11 月 18 日下午 14：00 電話會議討論。接續 11 月 20 日開始倒資料回系統，更新為正確版 BOM，一星期內完成。新車技改修 BOM，就待新車入廠後修正。BOM 架構由 Hung/Vincent 建立，Hung 做最後確認。完成正確版 BOM 後，各單位依照此版進行領料作業，如有數量變更、特殊需求等等，各單位提出 ECN 需求，技術部依據此需求來進行評估及變更作業。」

Matt 聽了黃經理的結論後，心裡更鄙視他的所作所為。說的好像是技術來幫忙製造收拾善後，是製造搞得現在 BOM 亂七八糟，技術不得不再花心思跟人力來幫忙。

功力真的高啊！

從今以後，Matt 打算對於黃經理這個人冷處理，這是他心裡的決定。

Matt 打定主意，要玩，那大家接下來看著辦，一天一封 Mail 來開 ECN，這 Mail 的層級會發到陳總、米蘭達及所有技術部全部人員，他要看看你們的 BOM 何時可以改好，他要看看製造部沒提供數量你們要怎麼改？他要看看每天一封 Mail 的轟炸到底誰會先受不了？

到底是你們技術部受不了？

還是陳總受不了？

還是到最後米蘭達來責問為何 BOM 有那麼多未建？

Matt 突然想起一個月後，今年最後一批進口料進口，總共 24 個大貨櫃。這個時間點很敏感，適逢年底，若現在立即拆櫃，這 24 個貨櫃，共 5000 多筆的品項勢必就得列入年終盤點的計畫裡，不拆，就可以原封不動的依 LIST 來對點即可，對倉庫來說，沒有一個人想動這 24 個貨櫃。但，不論如何，在這 BOM 架構的節骨眼上，這件事要 Highlight 出來，要不然到時候又要吵得天翻地覆。

　　「所以，下一批底盤進口時，我們請倉庫的人依 Packing list 拆櫃清點後，再把差異的品號、數量回報給技術更改。」

　　「Matt，你還是沒搞清楚，怎會依 Packing list，要依技術提的 BOM 去清點，比對差異。」

　　「黃經理，與 BOM 的差異當然是後續清點後再依 Packing list 來比對，對進口的東西而言，Packing list 就是當初我們向供應商下的採購單，所以清點的基礎當然是 Packing list，我覺得用 Packing list 會比較好。」

　　「那你為何要做兩次呢？一次完成不是比較好」

　　「其實沒有做兩次，先用 BOM，到最後還是要跟 Packing list 比對，會先用 Packing list 的主要用意在於第一時間把採購下的數量／品號差異抓出來，第一時間向供應商反映，要不然，進口的東西，跨月，會計作帳是很麻煩。」

　　「那跟我們選 BOM 沒有衝突，只是人員的效率問題，要不要做而已。」

　　Matt 看黃經理主觀意識很重，他也不想在會議上跟他硬碰硬。「好，那我們拆櫃之前，必須請技術提供最新的 BOM，這樣比對

起來才有意義。」

「這沒問題吧？ Hung。」

Hung 說。「沒問題。BOM 已經 OK 了，我再 REVIEW 一次，應該明天下班前就可以發出來了。」

「好，若大家沒問題的話，等一下請陳經理發會議記錄出來，紙本記錄再請大家簽閱，以後相關 BOM 就依此會議紀錄執行。」

這次的會議 Matt 超不爽，根本就是外行領導內行，完全沒了解所有事情的始末就來指責別人的不是，把所有的責任推的一乾二淨。組織架構人力及經驗的不足，技術一直無法當領頭羊的角色來 Hold 一切的情況，導致現在由製造主導技術，把一切的問題依實際狀況回饋，之後再由技術更改一切的標準，這是錯的作法，但，若上頭一直不重視這一塊：填補技術人力缺口，為了交車，這樣的方法是勢在必行。

12 月初，資材倉庫的領班──Willy 突然來找 Matt。「Matt，這一批底盤有趕著要拆嗎？」，通常 Matt 只有在平常的休息時間或缺料時才會特別到倉庫與他們打交道，要不然，他們彼此只是表面上的同事關係而已，沒有利益危害的威脅可言。

「對我來說不用，現在的未完量足夠我撐到年底沒問題。」

「所以，我就不拆了。」

「要拆。」

「喔，好，那就拆。」正當 Willy 轉身要走時，他突然發現

Matt 的語病。「幹！為什麼要拆？」

「那麼激動幹嘛？你問技術啊，技術不是說要釐清 BOM 表的差異，要利用這次進貨的品項數量來修改 BOM？老師有說，你都沒在聽。」

「你也可以留到年終盤點之後再拆啊，何必急於這時呢？」

「我沒急喔，對我來說，我都沒差，你要現在拆，或是元旦過後再拆都沒關係，你自己 Mail 不是也有看到，有意見的是技術部那一群人。」

Willy 沒輒了。

「好，你趕緊請 Joyce 開領料單出來，我要依領料單領料。」

「沒問題，明天給你。」Willy 聽完後就轉身離開了。

突然，Matt 像想起什麼似的，馬上問前方的 Joyce。「對了，Joyce，上次技術說要提供新的 BOM，有給你嗎？」Matt 想起之前的會議決議說好的 BOM 到底進度到哪裡？若沒 BOM，Matt 也不想去裡它了。

「我沒注意ㄟ，最近太忙了，我看一下。」

Joyce 用滑鼠搜尋 Outlook 裡 Hung 的 Mail，嘴巴隨著他的滑鼠動作不時地說出回饋答案「沒，好像沒有，他沒有再發出新版的 BOM 出來。我看一下系統的 BOM。」

終於。

「Matt，BOM 還是上次那一版，沒有變。」

Matt 聽到這樣的答案後不知道要說什麼。不是很積極？不是很厲害？會議承諾的事都沒做到，好像都沒自己的事一樣，來亂的。

　　但，BOM 的確認勢在必行，這件事米蘭達直接找黃經理下手，除了事情的嚴重性外，給台中那幫子的人介入勢必又會複雜許多。沒時間了，直接開工令清點，再依實際與帳面的差異來提報就好了，若再等技術提供 BOM，那 BOM 的正確性也差沒多少，沒多大的實質意義。

　　「Joyce，開這一批的製令出來給倉庫吧。」

　　「為什麼？」

　　「不是說等技術他們提供正確的 BOM 之後再開嗎？幹麻急於現在開製令領料給他們？到時候又怪罪我們不依會議規矩走，說我們亂搞。」

　　Joyce 的口氣擺明就不想動手開製令，Matt 也知道她 CARE 的點在哪？但，角色不一樣，思考的高度及全面性的考量也會不同。若還是工程師的 Matt，100％一定跟 Joyce 一樣的態度，我就是照規矩辦事，說難聽點，我就是等著看你出紕漏，但，現在 Matt 已是一個製造部的主管，所看的點是如何把這件事做好，雖然他自己心裡還是認定這 BOM 的結構是技術的問題，但歸根究底還是製造在收拾善後，時間點的早晚而已，再說，Matt 這樣做的用意還是想做給黃經理看，終究 Matt 還是一個就事論事的人，也順勢做個人情給他，只是不知道黃經理他心裡會怎麼想？是把 Matt 這一番作為當作一個人情？還是把這一切認知為理所當然？不得而知。

　　「你自己想想看，等他們提供正確的 BOM 會是什麼時候的事

了？」

「再來，你相信它們的 BOM ？」

「打死我都不相信！」

「現在技術裡面有哪一個人懂車？完全沒有！不是嗎？我們只能靠自己。所以，我不想等技術的 BOM 了，我要先點料，之後技術提供出來新的 BOM 後，我們再依我們領料清單來比對，這邏輯不是一樣？」

「要不然技術浪費一堆時間在 BOM 的正確性上面，我們等他的 BOM 出來後再來清點，我們後段根本沒時間。」

「為何技術的問題要我們製造來扛，每一次都這樣。」

「你第一天進來嗎？這不是就是這間公司的特色，你自己最清楚，來亂的喔。」

「我只是不爽為何老闆跟米蘭達都偏袒技術，他們永遠沒有錯，該死都是製造。」

「然後呢？我們事情就可以不做？其實我們也可以不開製令啊，讓倉庫自己去拆櫃，讓他們自己用死方法去點，然後由他們去告訴技術差異在那？」

「你覺得，倉庫會跟我們撕破臉？還是跟技術？」

「為什麼技術的缺失，最後卻要由製造跟倉庫產生對立，然後技術在那邊坐享其成？這有道理嗎？我們跟倉庫應該是同一陣線，不要再把倉庫推向技術那邊去了，懂嗎？」

「好啦，我等一下開，下班看可不可以開出來，讓倉庫明天可

以開始拆櫃去點。」

「對了，這次的領料單，要求產線對點時逐項簽名，我不要再看到是簽總表的畫押，那根本沒有清點的意義。現在產線的帳亂七八糟，一堆東西不見，每一個都跟我說上架時就少了，我拿之前的領料紀錄來對都是有領，那現在怪誰？這次我要讓產線主管沒話可講，自己管理有問題還怪別人。」

「喔，那你自己他們說清楚遊戲規則。倉庫那一群人根本聽不懂人話，每次跟他們傳達事情，搞的好像我是外國人在說英文一樣，根本沒有人聽得懂我說什麼！」

「這一塊我去講就好了，你趕緊把製令領料單開出來給我。」

Joyce 聽了 Matt 的解釋後轉過身坐下，嘴裡還一直小聲地低估：「好啦。每次只會催我，怎不去催技術那一群白癡。」

「ㄟ，我聽到了喔！快做吧！」

Willy 回到庫房後，立即對倉庫的其他人及建教生說：「ㄟ，準備一下，明天預計開始拆櫃，這些帳預計算到年終盤點上，會計師會來抽盤。」

Willy 說完後直接坐到椅子上，拿出手機盯著螢幕看，不是看 LINE，也不是看 FB，他知道接下來一定會有一堆幹譙聲四起，他在等大家罵完後再來解說原因。

這樣的舉動不是故意，通常現場的管理者都會採用這樣的手法：先傳達公司的消息，讓大家發洩情緒，順便聽聽每一個人 Care 的

點在哪？再依每一個人的疑問跟不滿一一擊破回答，這時每一個人情緒發洩的差不多了，耳根子也比較容易聽得進去。

「幹，為什麼要拆？線上的料又用不完，現在拆，只會讓盤點更亂而已，誰說要拆的？」

「生管 Matt 說的嗎？幹，叫他來拆看看，說的比做的還簡單，每次只會坐在辦公室而已，實際來現場看看，了解一下情況，令良ㄌㄟ！」

「他是以為我們很閒就是了，幹！」

其他的人聽到這時間點要拆櫃，整個火氣都上來了，這批櫃子進來多久了，上個月不拆，整整閒置一個月，現在年終盤點到了，才說要拆，這不是頭腦有問題，就是管理能力有問題。當然，所有的物料進度都是生管在 control，大家認知一火的全部怪罪到 Matt 身上。

「不是 Matt，是技術──黃經理下的指令。」

「黃經理？他想到喔！」

「把台中廠管就好了，幹嘛插手高雄廠的事？」

「他是想到啊，不！不！不！應該說是米蘭達想到，是米蘭達指派他來插手的。」

Willy 把手機放在桌上，轉身對大家說：「因為技術的 BOM 亂七八糟，黃經理接到上層的指示後，決心要用最快的速度把 BOM 導正，所以，我們就該死的要負責把外面那幾個貨櫃的料點清楚，還要把差異的品項跟數量記錄下來呈報上去，讓技術好依此

修正 BOM 的錯誤。」

Willy 把來龍去脈講清楚，讓大家明白上層在搞什麼。

「技術的 BOM 有問題是他們的事，為何我們要協助他？」

果不其然，每一個人都認為技術的錯誤為還要別的部門協助？這是部門層級在思考的事，若拉到整個集團，那就沒有什麼是誰的事了？

「沒辦法，我們是領別人薪水的打工仔，由不得我們，上面要我們怎麼做，盡力去做就是了。我這個人不會機機歪歪，該是我做的，就把它做好；不是我負責的，你逼我做，我覺得合理可以忍受吞下去，我也會做，但，我若無法接受，那我也不會多說什麼，拍拍屁股走人，不會跟公司在那邊 543 抱怨一堆。」

「這是我的原則，做不做？一句話！」Willy 在最後很啊莎力的嗆一句話，不做也不勉強。

「走啊，你都這樣說了，哪來不做的道理！」

這是管理現場的手段：帶頭，說道理，講原則。你若說得通，那產線的人員也會講義氣相挺。帶人，還要帶心。

走出庫房，一樣是倉庫的某一人左手搭在 Willy 的肩上。「看不出來你那麼穩重喔，我還以為你會跟我們一樣幹譙，想不到，你也有成熟的一面。」

Willy 推推眼鏡笑著說：「幹，怎麼說我也是倉庫主管，你們的情緒我要考慮，但，該做的事還是要做，不是嗎？再說，我也是要過日子，我必須靠這份薪水過活，屋簷下，還是要低頭的。我看

你年紀也不小了，退一步好好做事，想想家裡的妻小就知道要怎麼做了，成熟點。」

Matt 走出辦公室，打算面對面親口跟 Willy 講這次領料的細節。「Hi，Willy。」

「Matt，怎麼了？領料單開好了，那麼快？」

「沒，我要跟你說一下，這一次拆櫃的領料方式我要改一下，領料單上我會請 Joyce Detail 到每一個品號 / 製令號 / 數量，你跟產線技師對點時，要由那個技師在他負責對點的品號簽名畫押，而且後面要寫實際數量，若有差異，也直接寫出來。我不要像以前一樣，只由線上主管簽最後一頁。」

「那很麻煩ㄟ，而且，領料單會很厚的一本，少說 100 來頁跑不掉。」

「我不管，現在產線一直少東西，主任都跟我說上架時就少了，可是我看之前的領料紀錄都是正負零，這樣要怪誰？產線？還是你的身上？這樣的作法是把責任釐清，也是保護自己，不是嗎？麻煩了點，但不差那一些時間吧？還有，你放心，我幫你刻一個會計章了，用蓋章的方式就好了。」

「好啦，你看明天下班可不可以把領料單給我，我預計後天開始上架，你產線的窗口是誰？也要準備好，不要到時叫我們倉庫自己上架，又不承認數量，到時候我會翻臉啊！」

「放心，我明天就把人找給你，3 個人夠吧？」

「可以，兩個人也行。」

「ㄟ，你不是明天就要上架了？怎又改後天？」

「我們先點那些底盤的大料件，這些是露儲的部分不需要歸到產線，我們負責就好。小料件就需要你們幫忙，後天應該就可以開始點，快點給我領料單就是了，不要到最後拖的就是你們生管。」

Willy 不想再跟 Matt「喇低賽」下去，說完直接轉頭走人，他還有許多事要做。

「好啦。謝啦！」Willy 聽到 Matt 的聲音只是提起右手揮揮手表示沒什麼，連頭都沒回的走出現場。

在 Matt 的心底希望這件事情趕緊結束，不管技術要怎麼做，製造這邊一定會配合，但，配合的力道到哪？ Matt 也說不定，他還不知道米蘭達的決心到那？是突然想到？還是下定決心要把這件事情搞好？ Matt 已經對米蘭達那種突然想到的做事方法唬弄很多次了，常常虎頭蛇尾，完全沒有連續性，他完全不明白這件事背後的意義。當然，所有的一切事情還是會依照技術的態度來決定，要是黃經理再繼續那種屌的 258 萬的鳥姿態，Matt 也不打算主動幫他太多，他倒是要看黃經理要怎麼搞？到底知不知道廠區技術課的人力及能力到哪？若再依上市櫃那種大企業的做事方法，Matt 也打算就此陪他玩，我們就照規矩辦事，到時候綁手綁腳的看是技術還是製造？若交不出車，或是因此而產生更大的成本，Matt 也打算開始每筆紀錄，幾月幾號全部 LIST 下來，秋後算帳時，他才有依據佐證來保護自己。

Willy 大約用了兩個星期的時間就把全部的貨櫃清點完畢，整個差異大約可以分為 8 大項，共 52 小類，這是預期的結果。Matt 也知道技術改 BOM 的效率沒那麼快，但因盤點在即，特別折衷想了一個辦法，把這些差異全部轉至虛設暫存倉，以便會計師稽核，等整個 BOM 確認後再另外開立領料單塞進製令裡，這樣一來，不管是帳還是物都可以吻合，後續成本的結算也才不會有問題。

主旨：拆箱盤點差異

Dear Sir：

以下為此次 06-078T 料件拆箱盤點差異部分，可區分成 8 大項，因卡在會計作帳，清點時即以技術的 BOM 用量入庫（倉庫帳面入庫量＝ BOM 單位用量＊20 台）

因盤點在即，生管會以實際領料扣帳。有差異短缺的部分會另設一虛擬倉，實物留在倉庫，形成虛帳，此次盤點須由會計協助向稽核＆會計師說明原由。

以上，需技術幫忙更改差異部分，OK 後須通知生管變更製令領料

From － Matt

　　黃經理收到 Matt 的 Mail 後，一整個火大。他心想怎麼可以不等技術的完整 BOM 表來開製令？那之前的開會協議是麼回事？根本沒把會議紀錄的細項按規矩執行，那開會做什麼？每個部門都

各做各的事，毫無組織規範可言。

「DS，你有看到 Matt 的 Mail 嗎？」

「到底是誰允許他這樣做？」

黃經理立即把 DS 叫過來詢問，是否 Matt 這樣的行為有經過技術部門其他主管的同意？若沒，Matt 擺明就是要跟他自己作對。

「有，我看過 Mail 了，我也覺得莫名其妙，怎 Matt 會開製令出來領料呢？」

「我看 Mail 直接發給你跟我，還想說是不是你准許他這樣做？」

「這個 Matt，根本不受控制。」

「對我來說，這次的盤點本就是個無意義的盤點，是虛的。」

「我要倉庫全部重來一遍。」

黃經理盯著螢幕一直想，要怎麼讓大家知道這次盤點的錯誤，也要讓大家明白 Matt 亂搞的後果。

「我來發一封信，若這次我們技術得過且過，那我們在車輛這一塊會完全失去主導權，這一塊我們不能讓步。」

「我也要讓米蘭達知道，Matt 根本在亂來。」

Subject：RE：拆箱盤點差異

Dear All：

關於這次進口料件，技術的目標一直很明確：讓 BOM 呈現真實性，讓製令與 BOM 符合。因此，基於盤點在即，是應先行入庫，讓帳務面上符合！

但絕對不能在未釐清差異前，就擅自開製令。

若開，請取消至製令（製令作廢），因為目標未完成，時間有急迫到要在未清楚前就開製令嗎？

這次，我們所有人員非達目標不可，不可因個人因素而擅自更改開會定下的規則！

請各位努力合作完成。

TKS ！

黃經理

Matt 看到這樣的 Mail 後整個傻眼。幫你做事，卻惹得自己滿身腥，什麼叫個人因素，不開製令，哪來的領料單，自己會議上說要製令領料，是來亂的嗎？若沒領料單，倉庫會幫忙盤點？你知道總共多東西嗎？根本不懂實際現場的狀況，再說白一點，整個系統邏輯架構都不懂，只會以技術的思維來做事。

「你在幹嘛？感覺你火快爆出來！發生什麼事了？」Joyce 看 Matt 眼睛直盯著螢幕不說話，臉臭得跟大便一樣，一定有什麼事情發生。

「你自己來看黃經理發那個什麼鳥 Mail ！」

Joyce 看了之後馬上回說：「哇靠！他反咬你一口，你看，

我就說等他們的 BOM 你就不聽，現在他們把所有的錯怪在你身上了。」

「你覺得我要不要跟他說明來龍去脈？」

「看你啊！若你覺得狗狗聽得懂你在說什麼的話。」說完還用手遮一下嘴。

「狗狗？」什麼時候又多出一隻狗狗來了？

「會咬人不都是街上的野狗？」

可惡，竟然給我一副看好戲的心態。

突然林副理開門進來，第一句話：「為何要開製令啊？全部刪除取消。」

Matt 跟 Joyce 互看一眼，很有默契地不再說話，心裡想的是同一件事：靠！又一個來亂的！這次是個牆頭草。完全不懂事情狀況，隨風搖擺的政治家。Joyce 默默地坐回自己的位置不再說話，她不想淌這趟混水。

林副理看 Matt 跟 Joyce 不說話，立即再問：「Matt，黃經理那裡怎麼回事？他打電話給我，說我們沒有等他們技術的 BOM 就亂開製令，口氣很不高興。那些製令可不可以刪除？趕快刪掉。」

Matt 完全不想理林副理，直接回答：「我來處理就好了，我先問 Terry，看可不可以刪除。」

「反正就是快點刪掉，不要讓台中那群人有藉口在老闆面前說我們的不是。」

「知道嗎？」

「喔。」

鴕鳥心態，臭俗仔。

這間公司到底在搞什麼？一堆不懂邏輯架構的人在告訴自己要怎麼做，ERP 的邏輯不是你說了算，每張製令、每筆領料單都是有紀錄，都是可以追朔，再說，都是有工時，不是說刪就刪。再來，年底了，誇年帳，你看會計怎麼結。

Matt 決定不刪製令，這樣的做法是讓現場一堆人做白工，他不可能幹這種沒意義的蠢事。他也不想在言語上跟技術那群人交鋒，根本是對牛彈琴，說再多也無益。Matt 打算再寫一封 Mail 說明，若技術那群人再聽不進去，他也不想管了，請想管的人自己下來主導，到最後竟然公親變事主，哪有那麼衰的事！

主旨：RE：RE：拆箱盤點差異

Dear 黃經理：

會以製令領料的原因如下：

1．現有的製令因要打造底盤，此製令是需要開立。

2．倉庫入庫即以 BOM 數量入庫，但倉庫要清點實際數量，此時產線就需要領料上架了，因為倉庫的空間有限，無法塞入那麼多物品。

而我們領料方式是以製令領料，製令領料是依據 BOM 用量領料，所以實際操作面並無衝突。

現有的製令皆以實際數量領料，不會與 BOM 有所牴觸

　　　　　　　　　　　　　　　　　　幕僚的宿命

處上上述情況，有部分為非底盤用料，有部分為技改物品等，此些皆需要技術協助確認及更改 BOM。差異部分已如附件表示，只要技術確認 OK、更改完畢後，通知製造，後端生管再做製令變更（補領料）即可。

這樣系統才會顯示出最真實的歷史紀錄歷程，這對技術 / 倉庫 / 生管都是最清楚的依據

以上

From Matt

「Hi，Matt，我是 DS，方便講幾句話嗎？」DS 特別打電話過來，想必那封 mail 他也一定看過了。

「Hi，經理，可以啊，請說沒關係。」

Matt 知道來者不善，會在這敏感的時間點打這通電話，一定想從我這邊挖出一些什麼消息出來才是，自己回話一定要小心些才行。

「我想了解一下，關於 BOM 的那些 Mail 我都有看過了，我想知道，為何你一直堅決要先開製令？用意在哪？」

「沒有為什麼，單純就會議的決議而已，不是說要用製令領料？」

「若你要盤點，就勢必要開製令出來，這樣領料單才可以依製令單開立，現在領料單也鎖死的，非 BOM 用量，領料單一定沒辦法領。」

「是啊，會議的決議是待技術提供最正確的 BOM，到時候你們再依最新 BOM 去開立製令，現在技術 BOM 當還沒提供，你們開製令就沒正確依據了，不是嗎？你現在系統的 BOM 是錯的，不，應該說 BOM 是不完整的，你的領料單的單位用量相對也是錯誤，這樣盤點的用意在哪？」

Matt 突然想到，若可以把自己的意思說服給 DS 知道，再由 DS 這裡去扭轉黃經理頭腦理根深蒂固的想法，這或許會是一個比較恰當的方法，畢竟自己現在跟黃經理兩人根本是敵對，完全無法再接納對方的做法了，不管再怎麼做，都是錯！除非有一人主動退讓，要不然這齣 BOM 的爛戲不知道還要拖多久？

「陳經理，你說到重點了。技術 BOM 還沒提供，現在什麼時候了？還沒提供！這有沒有問題？年底快盤點了ㄟ，我們都還沒收到技術最新的 BOM，這是對的嗎？當初說會議後幾天內馬上提供，結果，一拖到年底了，這又是我們的錯？」

「Matt，若你們沒收到 BOM 你們要反應出來，而不是自作主張的先開製令，若我們有收到你們反應的事，這 BOM 就會拖到現在還沒產出，是吧？」

「ㄟ，陳經理，我們幾乎照 3 餐在追你們的 Vincent 喔，這等一下你可以跟 Vincent 查證，Vincent 只跟我們說他的課長（Hung）還沒用好，至於 Hung 何時會用好？這就不是我能 control 的事了，再說，當初說隔天下班前就可以 OK，他的隔天下班也太久了吧？」

DS 見理虧了，馬上把風向轉個大彎。

「Matt，就只是拆櫃清點，點完後放回去，幹嘛執著於一定要開製令領料？」

Matt 聽他這樣講，整個火都上來，又一個不懂現場實際狀況的管理者。

「陳經理，你知道這幾個貨櫃的品項有幾種嗎？高達 5,000 多種，數量可能達 50,000 也說不定。這樣品項、數量如此龐大的數目，依 TD 之前的傳統，一拆櫃就是轉產線上架，這樣才不會混亂，而且不用再做第 2 次上架動作（少了倉庫上架）。我剛來時也思考過這問題，難道沒有更好的方法了嗎？後來越來越熟悉整個架構流程後，懂倉儲流程的人，都知道這不是最好的做法，但不可否認，這卻是最符合 TD 現況的方法。不可能拆完後清點，再把櫃子封好復原不上架，這是耗時、耗力的笨盤點方法。」

「而且我開製令，把所有的數量入 ERP，全部電子化，這樣有什麼不好？我不懂你們 CARE 的點在哪？還要土法煉鋼一筆一筆用紙本登記嗎？你們技術的 BOM 架階好了，數量 OK 之後，我們隨時可以依 ECN 來做製令變更，這不是死的嘛！這樣的作法才是正統，所有的紀錄有法可依循，而且所有的更改紀錄有都有留歷史軌跡，後續的人來查詢，也才知道整個流程狀況，不是嗎？」

突然，DS 換個方式來說服 Matt。「其實 Matt，這拆櫃是倉庫的事，你幹嘛為他們想那麼多？不是嗎？」

「陳經理，我沒有為倉庫想，我只能說拆櫃不只是倉庫的事，我考量的點整個公司的架構。要不然，我可以說 BOM 是技術的事嗎？」

「好，我大概懂你 CARE 的點在哪了，我會問一下 IT 的意見，再把你的邏輯跟黃經理說說看，我不知道他的意思怎樣？至於要不要刪除那些製令？說實話，系統面我還真的不熟悉，看黃經理的指示如何？我再聯絡你，或是由黃經理跟你討論。OK？」

「好，沒問題。」

掛上電話後，Matt 知道自己已經成功地撒網出去，至於「魚」會不會進網，這又是另一回事。

掛完電話後，DS 在心裡問自己：難道，我們把事情想得太簡單了嗎？我們只單純認為把事情做好，清點、確認正確數量品項、更改、確認後發出，那麼簡單的流程背後所隱藏的實際操作面到底有多龐大，多複雜，我們完全不知道，真的不照 Matt 那樣執行？要不要跟黃 Sir 說一下自己的看法，把這一切轉由換 Matt 主導或許會比較恰當？

黃經理聽完 DS 的建議後，陷入一陣迷失。

Matt 如果那麼行，那這一年來為何不把 BOM 建好？米蘭達為何在這年底的時候突然想到要我接手 BOM 這一塊？BOM 是很 Detail 的事，應該說是到低階技術的事情，以我現在的位階，根本不管這麼 Low 的事情，這用意在哪裡？他自己也迷惑了。由種種的事蹟來看，BOM 很明顯就是技術自己的問題，單純沒有做到技術自己應有的角色才有今天如此混亂的局面。

再來，米蘭達發那 Mail 出來後，就沒有再來詢問進度及後續處理方法，難道，米蘭達別有用意？真的沒那麼重要急迫了嗎？那

到底米蘭達為何要欽點自己來處理這件事？他已搞不清楚老闆娘在玩什麼把戲了。

黃經理對 DS 說：「我來回 Mail，我們還是不能退讓，這個點我們要堅持。」

「那我們現在怎麼辦？」DS 也迷惑了。

「BOM 就讓他們製造跟倉庫去搞，我們都不主動，我也想試試高雄的技術在做什麼？這些日子來，我看不到高雄的技術人員有做了什麼樣的努力跟動作。」

「所以，我們…」DS 還是不懂黃經理的想法。

「BOM 我不會去管，給高雄那群人自己去亂。我換個方向給他們去想，把台中拉出這場混戰，不要再去瞎搞了，我們有更重要的事要做。」

「可是米蘭達那邊你要怎麼解釋？」

「不用解釋。」

「不用解釋？」

陳經理有點不置可否地看著黃經理。

「對，相信我，不用解釋也沒關係。若她再問起，我也有辦法。到時候把高雄的技術人員抓過來，把所有的問題掛在他們身上就好。這事是他們惹出來的，憑什麼我們要幫他們擦屁股！我們現在要開始把重心放在電池這一塊，這才是決定我們價值的地方，BOM沒搞好不會怎樣，電池沒搞好，我們準備吃自己吧！」

Subject：RE：RE：RE：拆箱盤點差異

Dear Matt：

老實說，這種做法我真的非常難認同，因為它會呈現出來的結果就是：亂！

但很遺憾生產讓它變成事實，而現在就需要各單位一起來幫忙解決！唉！

先溝通一件事，請問大家：

1．就生產角度，你們認為 TD 適合的生產模式是甚麼？

2．什麼是計畫性生產？優點？缺點？

3．什麼是訂單生產？優點？缺點是？

4．什麼是混和式生產？優點？缺點？

我可以馬上告訴大家答案，以及各優缺點，但我不想，我希望讓各位來回答！！！

這樣大家才會成長！

公司是團隊合作，絕非各單位自為妥適即可，因為公司無形損失就會發生！

真有急到馬上需上線，生產完要放哪？

FR 黃經理

從這樣的 Mail，Matt 根本看不出黃經理要表達的點在哪？沒有提到 BOM，也沒有指名說是 Matt 的錯，反而另外丟出一個生管問題出來，他到底在搞什麼把戲？Matt 完全被搞迷糊了。就在 Matt 還在思考這 Mail 背後隱藏的動機時，突然，採購及資材大約 2、3 個人到 Matt 座位面前很生氣的怒喊。

　　「Matt 這次你要堅持下去。」

　　「台中那群人是天龍人嗎？」

　　「叫他們來現場看看，不要一直坐在辦公室裡，不知道現場的實際狀況，只會在那邊講些五四三的話而已。」

　　「你們怎麼會知道這些事？」

　　Matt 覺得好奇，Mail 從頭到尾根本都沒把工廠端的人放進去，不可能會有人知道，他自己連林副理都沒讓他插手了，怎這些事會讓其他部門的人知道呢？。

　　Matt 把眼光直接掃到 Joyce 那，用眼神瞪著 Joyce 傳達著：「是不是妳？」

　　Joyce 像被看穿似的，吐吐舌頭趕緊轉身回座坐好。

　　「拜託，我是誰？這工廠有什麼事我會不知道嗎？」

　　「幹，那你們怎麼不把你們的問題點提出？就我自己在那邊單打獨鬥。」

　　「你知道嗎？我們這些都只小咖，沒有發言的餘地，但，我們會支持你的！」

　　「對！我們會完全支持你！」

這群人來亂的，在公司的份量算是工蟻的角色，根本沒有可以左右老闆說話的地位。算了，有人支持他就 OK 了，至少知道自己不是孤單軍奮鬥，這樣心裡還會好過一點。

Matt 把這封 Mail 用密件的方式轉給 Terry 看，想問問他的意見。

「你看一下 Mail。」

「又是什麼玩意？我很忙ㄟ，你又來搞亂了。」

「忙，少來。你現在有什麼事可以做？都交完車了，很閒，好嗎？」

「去，我們 IT 不是只有 ERP 而已，陳總要我們在內部網頁開一堆外掛來跑報表，還不都是你，陳總跟你要一堆報表你都不理他，還有米蘭達指定的 CRM，超多事。」

「快啦，不用你多少時間，我剛剛一分鐘前發的 Mail，看一下，然後告訴我你的看法。」

「在開了，不是嗎？」

Terry 上下滑著 Outlook 的信件，找尋著 Matt 口中說的 Mail。「什麼 Mail，我沒看到。」

「有啦，主旨是 Re：Re：拆箱盤點差異這一封。」Matt 跟 Terry 用肩膀與臉頰夾著話筒，右手滑著滑鼠在談論。

「喔，我有看到了，等一下，我消化一下。」

「幾個字而已，是要看多久？」

「我至少把前後的 Mail 看一下才知道你們在做什麼吧？沒頭沒尾的，怎麼跟你說答案。」

「後，快一點。」

10 秒鐘之後。

「你覺得我還要不要繼續回他？」

「嗯。我覺得…」Terry 也看不出故箇中含意，但這 Mail…黃經理這老狐狸不知道在想什麼。

「你可以住手了，不要再理他。」

「喔，難得你的想法跟我一樣。所以，就此打住，不要再對這件事情再發出任何聲音？是嗎？」

「沒錯！」

「黃經理這個老賊在等你給他台階下，你若還看不懂，他的反擊力道會越來越兇殘。」

「可是他有另外問 3 個問題，我會ㄟ，要不要回他？」

「你當然會，在講廢話，你不會的話還叫生管嗎？」

「所以那 3 題要回他？」

「不用。」

「你要注意的是他接下來在老闆面前會怎樣說你，這倒是要注意。」

「沒關係，陳總我不敢保證，畢竟陳總就一直對我有意見了，每次一直為了報表，SOP，還有流程在那邊改來改去，我都不想理他，他應該不爽我很久了吧？」

「喔，這你也知道，我還以為你粗線條到都沒發現。」

「哪沒發現，每次他們夫婦下來討論工時時，那口氣及反應超明顯的，好嗎？」

「那你還事不關己，你後，真的有夠大膽！」

「我不怕啊！畢竟米蘭達是站在我這一邊的，每次只要陳總挑戰我，她都會跳出來幫解圍。所以，當哪天米蘭達開始不挺我時，那就是我走人的時候了。」

「沒想到你還有免死金牌，不簡單！」

Matt 沒有把製令刪掉，BOM 從頭至尾技術都沒有提供新版，那些差異的品項數量還一直掛在虛擬的暫存倉，高層也沒有再提及，BOM 這件事就這樣莫名其妙地劃下句點。唯一的差別就是 Matt 與黃經理之間因這件事情多了一份嫌隙，也應該說製造部與技術部至此劃出一道分水嶺出來，以後就事論事，有任何技改或試樣全部照規矩：提出紙本依據，生管也是依 BOM 下料，不再額外花時間審查。

當然，Matt 畢竟還是年輕人，不可能就這樣草草的了事，他自己心裡也有套來對付他們的方法。

「Joyce，黃經理有說了，以後領料要依它們的 BOM 為依據。」

「那 BOM 沒有怎麼辦？」

「就是依 BOM。」

「我就說 BOM 沒有。」

「你笨蛋喔，依 BOM，BOM 沒有就是不買，不領料不發料，發 Mail 出去。」

「喔。」Joyce 似乎懂得 Matt 話中的含意。

「你把 Mail 發給我，由我來對它們技術部。」

很快的，Matt & Joyce Mail 的疲勞轟炸，逼得技術部每日開出 ECN 出來，逼得讓米蘭達質疑為何 BOM 的缺項怎麼那麼多？製造部，採購部，技術部及米蘭達大大小小的會議開了不下 10 次，逼得連林副理都出來質問：「到底還有多少的料件沒開出來？」

Matt 理直氣壯的說。「這要問技術部，不是問我們。」

而且他知道林副理這牆頭草一定倒向技術那一頭，Matt 根本不想讓他來干涉這件事。「他不是說他們的 BOM 都完整了？完成度 100%？怎麼我們還是會發現一堆欠料？」

「他們根本不知道有欠哪些東西，你又不是不知道。」

「我沒有不知道，不知道是他們的黃經理。」

聽到 Matt 這樣講，林副理知道他是故意的。Joyce 也認為 Matt 不只和技術部在對幹，連林副理他都不想讓他介入，而且林副理還倒戈，偏向技術那邊去，Joyce 也篤定要幫 Matt，不讓林副理亂搞。

「Joyce，你那邊還有多少料件是技術部還沒開 ECN 的？」

「我這邊沒有了。」

「沒有？！」林副理直覺認為 Joyce 也跟自己唱反調。

「對，目前沒有。」聽到這句話，林副理心裡火都上來了。

「好，我現在規定：以後要發補開 ECN 的 Mail，一個星期發一次就好，把一個星期整理好後，統一發出，不要像現在每天發，這會讓技術部反感。」

Joyce 也不是省油的燈，什麼叫技術部反感，做事要考慮他們的心情，有沒有搞錯啊？到底你是技術部副理？還是製造部副理？她從心裡唾棄這樣的主管。

「那拖一星期再發出，時效性來不及我不管喔！每次我們發現欠料時，都是產線要組的時候沒料，那時候產線已經停下來再等了，你現在還要一星期發一次，然後等技術部 3 天開 ECN，我再請購買料，然後採購部再通知廠商製作，等料進來應該是 20 天後了吧。」

「你確定你要一星期發一次？」Joyce 超故意。

「Matt 你想一下有沒有更好的方法。」

林副理已經氣到不行，他講不過他們兩個，烙下這一句話後就開門離開辦公室。

Joyce 看林副理一走，立刻轉頭看 Matt。「現在怎麼辦？」

「一樣，每天發。而且這一次要改變方式，每天發，每次只發一項就好。」

「你很故意喔。」

「怎麼？你不敢喔？」

「我哪裡不敢，我是發給你，又不是發給技術部，是你在跟技術部在鬥，又不是我，我有啥好怕的？」

「很好，我就是喜歡妳這樣的個性。」

Joyce 和 Matt 的難纏很快的就嶄露頭角。Matt 除了 Mail 的**轟炸**外，還照三餐追殺。

「你們到底開出來了沒有，產線已經整個停擺，已經待料浪費了 XX 人工小時。」

早上一次，下午上班一次，下班回家前再一次的到技術部報到，Matt 可以一直發 Mail 把事情複雜化，還可以把一些浪費直接加冠到他們身上，偶爾他們有一點點疏忽，Matt 又開始向上呈報的大作文章，而 Joyce 除了把缺料陸續發給 Mail 外，還開始統計待料工時。就這樣，技術部除了本身的工作外，還要應付這兩個瘋子帶來的額外工作。

Matt 慢慢的把局面一點一點的扳回來，你要說他們兩個有錯，其實他們兩個全是對的，若你說他們是對的，那簡直是瘋了！很快的，技術部被 Joyce 和 Matt 的合作搞得疲憊不堪。

這就是 TD 的文化：內耗。

有點像文化大革命那樣，內鬥，每一個人都不相信別人，每一個人都處在警戒當中，這不是好現象，內耗的成本太高了，但，TD

的上層卻在無形中讓這樣的文化成形，每個人環環相扣，又互相利害牴觸，上層不用特定花心思去管每個部門在做啥？

就這樣，BOM 的事到此告一段落，但這件事也為 Matt 在 TD 的未來埋下了一個未爆彈，一個在不久的將來即將引爆的炸彈。

Matt 不是笨蛋，更不是涉世未深的新人，再加上 Terry 的建議和自己不謀而合，馬上就明白黃經理背後的動機，而黃經理他要看 Matt 未來的合作是要求同？還是求異，再來決定對他下手的深度。

可是 Matt 卻沒警覺，這一次 BOM 的事件，已經為他在 TD 的未來帶來一些些的危機，一小段導火線。

19

壁壘

財會部門的 Paul 在售後看到了另一條出路。

當所有人在 BOM 上面忙著時,他反而出奇的冷靜,他忙著調閱這幾年的應付憑單和一些付款單據,他發現售後端有太多太多不符合常理的漏洞,有許多單據支出的項目都為雜項支出,依會計的觀點來看,這金額比例太龐大,也不符合邏輯,這中間一定有什麼是米蘭達和陳總沒發現,甚至不知情的內幕。

Paul 決定,一定要跟陳總或米蘭達提出自己的疑問跟想法,除了這是自己會計專業的本份外,他也要藉此來區隔出電池那一批人的不同,讓陳總知道:電池廠,還是需要有個專業經理人來監督的角色。Paul 特地選在米蘭達跟陳總不在台中的時候打電話給他們,此事並非三言兩語就可以說明清楚,若在台中告知,勢必會在會議室待上很長一段時間,甚至最壞的情況,米蘭達和陳總也會把黃經理拉進來,若黃經理在進來攪局,風向又會變了。唯有用電話通報,台中總部這些人才不會起疑心,自己也可以掌握整個大局,米蘭達他們的思緒也才不會被干擾。

「Paul，怎麼了？」

「米蘭達，您現在方便講話嗎？」

「可以，這裡只有我跟陳總，你有什麼事要告訴我嗎？」

下午 6 點多，在高雄的米蘭達跟陳總已離開工廠回到宿舍，大家都知道，除非有必要的急事，要不然，通常不會再打擾到最上層的老闆。這是基本的常理，也是 TD 的默契。

「也不是特別緊急的事，只是這問題，我覺得還是得親自問您才行，要不然，我真的無法想通這中間的原由。」

「喔，你說說看，是什麼事情讓你那麼困擾？」

「ㄟ，就是公司這幾年，或是去年？前年？售服那有發生什麼事嗎？或者當時的主辦會計是誰？還是 Tiffany 嗎？」

「喔，你怎麼會這樣問？」

米蘭達知道 Paul 已經挖到 Frank 的事了，他倒要看看，Paul 是從哪裡挖出來？

「有幾點。」

「第 1，這幾年售服有幾筆維修支出都集中在台中及桃園的某幾間客戶，而且全都在零件保固期內，我的疑問點是：怎麼都集中在那兩間？再來都是保固期內的零件怎麼那麼容易壞？而且，保固期內的零件我們也沒對原廠索賠，這，很矛盾。」

「讓我聽聽你的想法。」

米蘭達語氣很嚴肅，她心底認為當初就這樣放過 Frank 是錯

　　　　　　　　　　　　　　　　　　　　　　幕僚的宿命

的，若連一個剛進 TD 不到半年的財務經理都可以發現事情的蹊蹺，那代表著還有很多事情是她所不知道，被隱瞞下來了。

「我不知道當初的主管與現在的主管是不是同一個人，我怕我的推論會得罪人。」

「沒關係，你說，目前就你跟我知道。還有當初的售服主管已經被我 Fire 了，所以與現任的不一樣。」

聽米蘭達這樣一說，Paul 知道果然有發生事情，那他大可以放心大膽把自己的推測說出來了。

「我覺得當初的售服主管有問題，畢竟單據最終的核決權在他手上，他不可能沒發現這樣的衝突矛盾，但，若他已經被 Fire 了，其實就⋯⋯，」Paul 故意停頓，試探米蘭達的反應，見米蘭達沒有要回話的意思，他再繼續講下去。

「但，若要做到這樣的地步，從維修→申報→核決→採購→維保這一長串的流程，不單單只是售服主管而已，當初申報的售服維修技師跟採購應該也是同夥，若此技師還在公司，那我們要特別注意這些人，最近半年的單據我還看不出有問題，說不定在風頭上，這些當初的同夥都潛藏下來，不敢再有動作，但，難保他們時間一過，會不會又故技重施也沒人說的定。」

米蘭達被 Paul 這樣一提醒，她才驚覺，當初在氣頭上，只想趕緊把 Frank 砍掉，沒特別再繼續挖下去，實際應該如 Paul 說的那樣，一定有同夥。

「你的推論很正確，再繼續說。」

「好，那小職繼續說下去。」

「第2，今年油品需求突然大量下降，於前幾年相比，約少了2到3倍的金額，但我查了一下訂單，今年光是前半年的訂單銷售紀錄就高於前幾年的平均，若依理論推算，油品需求應該是越多才是，但今年上半年卻比往年少，這也是不符合常理，所以我再去查了前幾年的油品採購單，油品採購皆是工廠提出需求，但採購理由皆是『售服借用，不足補採購』。這也是售服跟採購的問題，若維修→申報→核決→採購→維保再加上最後立帳的會計，我覺得維修技師 V、售服主管 V、採購 V、會計 V 皆有問題，這可以算是一個很大的組織，若有證據，公司甚至可以走法律途徑提告，所以，小職諫言，這方面還是請米蘭達特別注意，這些人對公司是個隱藏的炸彈。」

「好，我知道了。Paul，謝謝你提的建議，你的推論是對的，這些事先暫時 Hold，也不要再對任何人說起，我這邊自有分寸。」

「沒問題，米蘭達。」

「但，我這邊還有個議題，是關於售後單位，因這個是關係到集團的組織，我必須當面還有陳總討論會比較清楚。」

「沒問題，你先資料準備好，待我這幾天回台中，我再找你討論，OK 嗎？」

「好。」

掛上電話後，米蘭達的臉色超級難看，她轉身面向陳總，此時的陳總正坐在餐桌前埋首於電池廠的分析報告中，他完全不知道剛

剛米蘭達跟 Paul 的電話對話內容。

米蘭達直接走到陳總旁邊，把自己的手機直接摔到陳總正在埋首的桌子上。「你這個爛好人，去年 Frank 那件事你怎麼處理？你竟然讓 Frank 全身清白的離開公司，你到底在搞什麼？你到底有沒有想好好經營一間公司？」

「你在搞什麼啊，這樣亂吼亂叫，冷靜一點。」這突來的舉動讓陳總嚇了大一跳。

「都已經過去式了，再挖出來有什麼意義嗎？」

「為什麼沒有意義？你知道 Frank 從中拿了公司多少錢嗎？要不要我現在請會計馬上算給你看！」

「不是啊，這要怎麼算，這根本算不清啊！」

「是後，你也知道算不清，那你為什麼不知道這事情的嚴重性！」

「我知道，但 Frank 跟著我們倆多久了，年輕人難免會走偏途，要給他個機會，不要讓他的人生履歷留下汙點。」

「你是在做慈善事業？」米蘭達超級不爽，已接近發飆的程度。

「我跟你講，分寸要拿捏清楚，法、理、情，你合法有理再來跟我講情，不是濫好人的情理法，再說，他是什麼人，跟久了就可以這樣亂來！？」

「莫名其妙！」

「我一直在建立制度，建立企業的形象，結果，你這個豬隊友一直在背後破壞，搞什麼！」

「唉，我知道我自己在做什麼！」

「你知道你在做什麼！我呸！」

「你知道不只 Frank 一個人嗎？是一堆人，這可以說是有組織的犯罪了，你知道嗎？」

陳總瞪大眼睛看著米蘭達。「誰說的？」

「原來你也知道。」米蘭達經由陳總的口氣跟神態知道陳總他自己也知情。

「我有我的苦衷。」

米蘭達還是不講話，只是雙手抱胸神態憤怒的一直瞪著陳總，看他那張狗嘴還會吐出哪些象牙來，還有哪些事是被矇在鼓裡不知情，看他怎麼解釋。她心裡認為，公司不是這樣經營的，就事論事的公司才會強大。

「當初 Frank 自己全部一個人扛了，他都說是他指使，其他人並不知情。你知道其他有誰嗎？有 Tiffany，有 Linda（米蘭達親妹妹——採購經理），還有兩個跟著我們 10 來年的技師，你說，這些人挖出來，你公司還要不要繼續？」

「那妳覺得其他人不知情嗎？」

「我不相信其他那些人不知情，都在 TD 工作那麼久了。為了公司長期未來著想，我只能盡量止血，把傷害降到最低。所以，我只砍了 Frank，做到殺雞儆猴的效果給其他人看，要他們了解：公司已經知道，而且開始動手了。若我把 Frank 對薄公堂，相信我，其他的人也會有事，Frank 敢這樣跳出來負全責，就是要我們免於

不上法院這一條路，他這是兩權相害取其輕的做法。」

「他聰明的很！」

「這半年我一直在觀察那些人的動作，還好，目前都還蠻安份的。我想，有了 Frank 那一次的效果後，現在大家都為了電池廠在努力，沒有半點私心。」

「我不懂，怎又有人去把它挖出來，這根本就是來破壞公司的團結，這人居心叵測。」

「什麼居心叵測！他是善意提醒，要不是他有提起，我根本不知道事情的真相！。」

「那到底是誰？這種公司的事應該來找我，而不是跳過我，直接找到你那邊去，這根本莫名其妙！」

「Paul 好心提醒，你說他莫名其妙，那以後誰敢跟你說真話。」

「這樣的人還想當我們公司的財務長，基本的倫理都不懂。」

陳總至此把 Paul 掛上標籤，在心裡打了大大的折扣，原本陳總心理平衡的天秤，現在已往黃經理那端傾斜了。

隔天一早，Paul 立即驅車南下高雄，除了要將昨天的事當面跟米蘭達說明外，他也要順便找 Matt 談談，說不定 Matt 知道這中間的內幕。

「早，Matt，有空嗎？」

Paul 打開 Matt 辦公室的大門，直接站在門口對 Matt 打招呼，他擺明就是不想在辦公室多停留，他要拉著 Matt 就往現場走。

「哇，Paul，早。你找我當然有空啊，什麼事呢？」

「帶我了解一下目前工廠的進度，要結年度帳了，有些帳目我想實際對清楚。」

這是 Paul 一貫的手法，也是 Paul 跟 Matt 兩個人的默契：在產線談話，一來吵雜的組裝聲音不會被有心人士聽到他們兩個談話內容，二來所有的人都會認為他們在清點在製、確認數量。這就像一種暗號，每當 Paul 這樣說，Matt 就知道 Paul 又有些事情要問自己，或某些注意事項要提醒自己。

「走。」

Matt 很啊莎力地就走出辦公室，一旁的 Joyce 還覺得他很莫名其妙，那感覺不像是去清點帳目，反而像有好東西要跟 Matt 分享一樣。

林副理也覺得很奇怪，為何 Paul 跟 Matt 那麼好，他們之間一定有秘密。

「你家的課長在爽什麼意思的？」林副理問 Joyce。

Joyce 直接反射性的回答。「不知道，應該有太陽餅可以吃吧！」

「太陽餅？」

林副理很疑惑：怎突然又有太陽餅的梗了？

「對啊，台中的名產不就是太陽餅嗎？每次 Matt 有吃的就是

這種神情，相信我。上次 Susan 下來就是帶一盒太陽餅來賄賂他，他也是爽的跟現在這種表情一樣。」

Joyce 不愧是 Matt 最得意的助手，他的習慣已經被摸的一清二楚了。

Paul 跟 Matt 直接往總裝區的工作站走去，那裡是全工廠最吵雜的地方。

Paul 把昨天對米蘭達說的事原封不動的告訴 Matt，也清楚表明自己只是猜測，實際他還不知道，想問問 Matt 知不知道內幕。Matt 聽了之後覺得 Paul 超神的。

「哇靠，Paul，你當會計經理太可惜了，你幹嘛不去當調查局或 FBI 啊？」

「噴，別亂了，快點跟我說實情內幕。」

「好啦，其實我沒碰到那個經理，但，前任主管交接時，有跟我提醒要特別注意他……。」

Matt 把自己知道的部分全數說給 Paul 聽，包含目前廠內有哪些人是自己覺得是那時同夥的人。

「差不多就這些了，到現在我還是覺得不可思議，怎真的有人可以把公司的董事拉下來，超誇張！」

「哪裡誇張，你不是出社會好幾年了？怎會不知道現實的險惡？過太爽了，你！」

「哪，我這叫做正直，台灣社會找不到幾個一樣的了。」

「跟你一樣憨嗎？」

「喂。」

「開玩笑啦。對了，目前這是最後一批車了吧？」Paul 雙手叉腰，用眼神點著前方幾台車。

「對，就你目前看到的這幾台，還有幾台在 PDI，應該有幾台出去路試了吧。」

「那後面呢？」

「後面？什麼後面？」

「你問我ㄌㄟ，交完車之後啊，還有訂單嗎？」

「沒有訂單了。」

「所以我才問你後面要做什麼？」

「5S，教育訓練吧？我也不確定，主要看我家副理怎麼安排了。」

「那是你家副理，那你呢？」

「我？我也是看我家副理安排啊。」

「最好是你家副理安排！我問你，你現在的工作是誰安排的？還有，是誰在 REVIEW 你的工作績效？」

「對ㄟ，我的工作我家副理根本不管，都是米蘭達或陳總要求的。」

突然，Matt 感到一陣慌亂。「那我現在怎麼辦？」

「怎麼辦？你生管報的就是那些，你不知道？把訂單抓出來，把人力算出來，把你建議的事項寫出來，對你來說不難吧？」

「這些……，」Matt 若有所思。

「現在看不到訂單，所以我沒辦法抓訂單，沒訂單，我就沒辦法算所需的人力…那要怎麼寫啊？」

「不要再那邊假了，自己想，你最好快點準備這些資料，訂單跟人力的部分，我相信你都沒問題，主要是建議事項，這是老闆最喜歡聽的，看你要如何去呈現這一塊了，用你生管的角度去寫，到時候我也會 SUPPORT 你。至於你說的 5S 啊，教育訓練那些，都是製造部的主管在做的事，也就是你家副理做的事，這是必要的，而且若你家副理不想再出什麼事了，他也會盯得你滿頭包。」

Matt 覺得 Paul 超厲害，原本想從他那邊套話，看可不可以得到一些專業的意見，沒想到卻直接被識破了。而 Paul 不是不告訴 Matt 答案，他不想那麼早給魚，每次都用循循善誘的方法來教導 Matt，把方向導正，讓 Matt 一步一步的依著他的步伐前進，若真不行，再拉他一把，還好，到目前為止，Matt 還算是儒子可教的程度，這也是 Paul 在工作之餘，還願意花時間來訓練一個跟自己毫無關係的局外人，他根本沒想過，自己有天也會成為別人的人生導師，這是意外，也算是機會吧？管他，Paul 樂此不疲。

「我跟你講，米蘭達一定會問你這個問題。」

「為什麼？」

「基於會計立場的考量，我一定會跟他提這件事，到時候你就『災系啊』（台語：該死）。」

「靠，殺人的喊救命，這有沒有天理啊。」

「快去準備。我已經事先跟你說了，不要到時候說我沒幫你。」

「等一下我去找陳總他們開完會後就回台中了，你還有什麼問題嗎？」

「沒。」

「有問題打我手機吧，或直接撥我分機也行。」

「OK。」

Paul 本來要走了，又轉頭對 Matt 說。

「對了，Susan 特別交代我要跟你說你欠他的名產到底什麼時候要還？」

「她還記得喔。」

「男人，說過的話不要輕言，尤其是對小女子，好心的建議！」

Paul 用拳頭輕輕地槌了一下 Matt 的胸口。

「好吧！」

Matt 從皮包掏出 500 元遞給 Paul。「那你幫我在休息站買個新東陽肉乾給她好了。」

「新東陽肉乾？」Paul 似乎不敢相信自己聽到什麼。

「要不然香腸也行。」

Paul 看著 Matt，用食指一直點著他。「啊賀，你這傢伙真的帶種！」

大會議室的一角，陳總一如往常的埋首在自己的電池場的分析報告中，而米蘭達專心的翻閱著待簽核的卷宗。推開會議室的大門，Paul 已經把他準備好的資料放在 FILE 夾裡，打算一會兒好好的向米蘭達跟陳總分析報告。

　　「早，米蘭達，您現在有空嗎？」

　　「Paul，早。」

　　「你是要跟我報告電話中那件關於售後的事嗎？你說說看。」

　　「沒錯，那陳總是否要一起參與這個討論呢？」

　　「不用了，你們兩個討論就好了。」

　　陳總在一旁聽到 Paul 指名自己，當下立刻抬頭拒絕，他自己也不知道是出於反感？或是認為 Paul 在無的放矢？反正現在的他不想聽 Paul 的任何建言。

　　這是 Paul 的失策，要說服米蘭達很簡單，但，要是陳總沒在一旁聽自己的分析，是很難說服陳總這個人，雖然米蘭達可以決定這個方案的可行性，但後續的人力調動及安排，勢必是陳總說了算。若這會議再拉回台中，到時參加的人就不只這些，瞎攪和、扯後腿的一定一堆，也說不定會議的方向會朝著跟自己計畫不一樣的方向。

　　Paul 決定：不管如何，今天一定要讓陳總也參加此會議，他要把這主導權握在自己手上。

　　「陳總，你要不要聽一下，大約 10 分鐘就好了，不會花很多時間。」

「不，你們討論就好，我沒多大意見。」

「陳總，因這事關到 TD 整個組織架構，所以我認為你聽一下會比較恰當。」

「你們決定就好，我是認為組織架構是沒多大的問題，你讓米蘭達聽聽看，若她也認為 OK，到時候我們再來詳談。」

聽陳總這樣的語氣，Paul 清楚感覺到陳總對自己不滿，但他自己也不知道哪個點「捻到了老虎鬍鬚」，若再繼續下去，這尷尬局面會演變成什麼地步也沒人說得清楚，Paul 自知之明，打算就此打住。

「好，陳總，那小職就先跟米蘭達報告，後續我會再呈現一份完整的書面給您過目。」

這次陳總連抬頭回應都免了，Paul 更加確定自己心裡的猜測。

「那米蘭達，我就直接開始了？」Paul 順勢把自己手中準備的書面報告遞過去。

「這是？」

「公司的組織圖。」

「右邊的區塊是公司現況，車輛事業部，包含製造、會計、品證、售服…而中間則是整個集團的總部，現有只有財會，技術，而右邊則是公司未來即將成立的電池事業部。」

Paul 一邊說一邊用斜眼看米蘭達，他見米蘭達一直沉浸在他所給的 REPORT 中，沒任何反應，故意停頓安靜一會。

「沒關係，你繼續說。」

「我做企業的財務管理規劃那麼多年了，親身參與了不少的案例，經由同業分享耳聞目睹的案子就更不用說了。很少有企業組織會把那麼多利益核心放在同一個籃子裡，尤其那些跨國大企業就更不用說了。」

Paul 用了 5 頁的分析報告，足足對米蘭達講了 40 幾分鐘，在這 40 幾分鐘裡，因關係到集團的利益，米蘭達一直專心聆聽，連一開始說好不參加會議討論的陳總，也豎起耳朵在一旁聽著。

「米蘭達，經由我過去的經驗，再加上前陣子售後發生的事，小職建議，讓售後獨立出來，把它激活上市，此舉才是對集團有最大的加分效果，獲利這方面就不用說了，也可以藉由這樣來避免私下的不當私利的勾結行為，這才是最有效的組織制衡。」

「我不同意。」一旁的陳總突然爆出聲，米蘭達跟 Paul 都嚇了一跳。

「我們不能以一般的上市櫃公司來相提並論，TD 才多大，若再分散出去，會很難管控，這，我不同意！」

「陳總，這其實不用掛心那麼多，到時候組織越龐大，專業經理就會越多，對組織運作來講更容易上軌道，而且絕對可以做到 1+1 ＞ 2 的效果。」

陳總直接打斷 Paul。「這議題不用再說，我沒有意思要把售後分出去，組織就是這樣，沒有要改！」

Paul 不知道陳總在害怕什麼，Paul 心想：難道陳總根本沒有要把 TD 做大？

米蘭達也不知道自己的先生為何要發那麼大的脾氣，但，她相信陳總一定有他的一套道理，米蘭達打算私底下再好好問他。

　　「我不知道電池這一部分，以後還是屬於 TD 集團裡？還是獨立另一個公司？」

　　Paul 不死心，他還是要試探一下陳總，到底自己的猜測是不是正確？「這一點，小職的判斷：電池廠會是獨立出來的另一間公司。」

　　「我已經說了，這議題不要再提，就這樣！」

　　陳總突然發火，把手中的報告往桌上一摔，他要讓 Paul 閉嘴，從來沒有人可以在公司這樣考驗自己的底線。

　　「好的，小職建議就到此。」Paul 笑笑的說。

　　「但，米蘭達，我還有個議題要跟您報告，是關於車輛這一部分。」

　　「好，你說說看。」米蘭達希望 Paul 不要再扯到電池或售後的部分了。

　　「我看訂單狀況，最後一批車應該這 1、2 星期就會交車了，但後續，可以說是完全沒有訂單，實際上也是如此，這會是一個很大的空窗期，沒有營業收入，這對我們 TD 目前的 IPO 很不利，在銀行端會難解釋的過去，我們是否找個機會召集各部門來開會討論後續如何因應？」

　　經由 Paul 的提醒，米蘭達才又突然想起來這件事。工廠不是沒事做，反而都在支援電池廠建立的前置作業，實際上沒收入來源

也是事實，若再不動起來，後續真的會很難看。

「Paul，謝謝你的提醒，我來召集，那還有其他的議題嗎？」

「沒了，米蘭達。」

「OK，那就這樣囉。」

Paul 離開會議室後，直接開車回台中，一路上他開始不斷反思：陳總到底在搞什麼把戲？自己不可能跟陳總這樣亂搞，他一定要弄清楚狀況，曾經待過跨國企業的自己，不可能讓 TD 這樣的本土企業把自己玩死，他不甘只做一顆任人擺布的棋子。

Paul 開始追根究柢，職場沒有永遠的朋友，更沒有永遠的敵人，他要去找一個人，他相信這個人一定知道陳總的葫蘆裡到底裝的是什麼藥！若真的是他自己猜測的如此，他也不會平白無故地被欺負！

大家正為一天的結束而準備休息時，一封來自米蘭達的 Mail 在晚上 send 給每一個人的信箱。

主旨：re － BOM 會議－ 2 通知

All：

以下 Mail 與會人員，下周二早上 10：00 討論各自後續工作安排，每個人都要報告

技術黃經理

製造林副理

　　　　　　　　　　　　　　　　　　　　　幕僚的宿命

生管 Matt

從我的 iphone 傳送

　　一場在 TD 從未見過的風暴即將在不久的將來爆發出來，米蘭達突如其來的 Mail 不是沒有原因，TD 看是正在轉型，依常理來說，TD 的後勢應是扶搖直上才是，但現實面，其本業——組車，已經看不到未來，沒有業務接單，陳總又忙首於電池廠的建置，再一個月後，最後一批車交完後，整個廠線即將停擺，屆時如果沒有訂單給產線做，那到時的人力成本勢必會暴增，若裁員，則必須通報科管局，此舉又不利於 IPO，所以米蘭達要大家列舉工作清單，有哪些是平常疏忽，而現在可以做的地方。

　　一早來到公司的 Matt，才剛打開電腦，準備吃早餐時，座位後面的林副理突然打斷他的前置動作。

　　「Matt 你最好先看一下米蘭達晚上發的 MAIL。」

　　林副理的口氣很平靜，不急，也沒任何要求性，更聽不出他有任何情緒性的語調起伏，就是因為副理不像平常的副理，Matt 超級疑惑：到底又發生什麼事了？是跟自己有關？還是米蘭達又要我們做什麼事了？要不然副理幹嘛叫自己先看 Mail？

　　把郵件打開看完後，Matt 直覺 Paul 說的事真的如期發生，但，米蘭達也沒有明說要幹嘛？只是要我們交工作安排，這是要我們要做什麼？工作清單嗎？還是工廠未來要做什麼？還是有關電池廠？

Matt 有了之前 Paul 的提醒，心裡大概有個底。

「副理，你跟我的後續工作，應該是一樣吧？」Matt 故意問林副理。

「我也是這麼覺得，所以我才覺得奇怪，我覺得米蘭達意有所指？」

「我不知道，你要我怎麼做？還是你跟我說你要的格式，明天你報告就好了。」

林副理思考一下，約莫 3 秒才回 Matt。

「好吧，但你下午 3 點要給我，要不然我沒辦法消化，你吃完早餐後，我跟你說一下報告內容大概要些什麼。」

就這樣，Matt 一吃完早餐就依著林副理指示的內容開始埋首於 PPT 的製作，不外乎廠區 5S 的要求，各單位的支援，以及最後一批車的進度，這沒什麼難度，很快的 Matt 在中午前就做好 SEND 給林副理，林副理看完後也沒有要做多大的更改，打算就依此資料報告。

Matt 原以為就這樣沒事了，想不到下午突然接到 Terry 的一通電話。

「你資料準備好了沒。」

「當然，那又沒啥，都是現成的資料，整理成 PPT 就好了，沒多大的困難。而且丟給林副報就好了，我應該不用再準備什麼了吧。」

Matt 故意裝成狀況外，他要看看 Terry 的反應如何？

「你副理有沒有在辦公室，說有或沒有就好。」

「有。」

到這，Matt 知道 Terry 又有事要告訴他，應該是這陣子發生太多事了，不經意的，也培養出兩個人的默契。

「你自己應該沒準備什麼資料，對不對？」

「是啊。就 5S，PDI 支援，以及交車，差不多就這樣。」

Matt 回答得很簡短，故意用單字的方式表示，他要讓林副理不起疑心，他也相信 Terry 一定聽的懂自己在說什麼。

「你想一下，為何米蘭達特點名林副理跟你，你看不出來？你還給你副理報告就好，你找死ㄚ！你被人賣了，還幫他算錢，你不是有事，就是有病。」

「林副理有他該做的事，你剛剛說的那些就是他應該要做的事，雖然你是製造部的課長，但米蘭達把你定位在生管，這時候就是你要把生管的範疇發揮出來的最好機會，你還當你是製造ㄚ！頭腦清楚點！」

「那我需要準備什麼嗎？」

「你是生管ㄟ，大哥，你還不知道準備什麼？」

「生管的3大要素：產能，訂單，成本，看你自己怎麼去表現了。不要怪我沒提醒你，生管，10 幾年經驗的生管。」

「OK，我再看看有沒有問題。」

Matt 故意等 Terry 掛電話後再補上這一句，以免讓林副理起

疑心。果不其然 Matt 一掛電話，林副理馬上追問：「Terry 嗎？他要幹嘛？」

「沒，他問我明天要開會的資料是否資訊那邊需要協助，因系統也上線一陣子了，他好心提醒 ERP 是否列入我們明天報告的指標之一？」

「不要理他，他自己都自身難保了，還擔心我們。」

「喔。」

「你不要跟他走太近，他在米蘭達面前不知道都說些我們什麼，這老賊，心機很重的。」

「好。」

Joyce 看副理出去後，轉頭過來笑笑的對 Matt 說：「他在挑撥你跟 Terry 的感情喔。」

「小孩子，不要幸災樂禍。」

「難道他不知道你們兩個很好嗎？」

「你還真的很故意，一直說。」

有了 Paul 的預防針，後來 Terry 又特地打電話過來提醒，Matt 心裡突然感覺不妙，好像似乎真的有那麼一回事，Matt 相信自己的上級林副理應該也看出箇中的蹊蹺，可是他卻完全沒有任何指示，到底是為什麼？還是他私底下又跟黃經理說了什麼？這擺明是想陷自己於不義。

Matt 打算無論如何也要把這屬於自己的 PPT 趕緊生出來，其他的事，即使再怎麼重要，全部等他 PPT 做完再說吧！

　　對 Matt 來說其實不難，雛型都有了，差別在於如何呈現，而這，只是時間的問題而已。

　　隔天的大會議室，除了會議原預定的人選外，還多了 Paul、Tiffany 還有 Terry，Tiffany 是他沒料到人，Matt 一直想她來做什麼？Paul 也沒提起她會來，Tiffany 的出席讓 Matt 多了一點點變卦。會議報告的順序依序是黃經理，林副理，最後一個才是 Matt。

　　黃經理把電池廠的進度大概列表說一下後即結束，原本 Matt 還在想黃經理會不會把上次 BOM 的事拿出來大作文章，結果 BOM 的事好像根本沒發生過一樣，根本沒有人再提起，那上次搞的軒然大波的到底在做什麼？很怪！

　　米蘭達對於黃經理的報告也沒多大的意見，只說了一句：「你那邊跟陳總協調好就好，這也不是現在說說就有進度，但，你要記得，要適時的 push 陳總，陳總他這個人常常會在胡同裡出不來，知道嗎？」

　　「好的，米蘭達。」

　　「那林副理，換你了，你有什麼資料讓我看的？你是工廠的主導者，你要知道工廠的人在做什麼？知道嗎？來，讓我看一下，你的計畫是什麼？」

米蘭達在林副理報告前先跟他打預防針，以免等一下報告偏掉了。

「好，米蘭達。」

林副理等 Matt 打 PPT 從網路共用資料夾出來後，指揮著 Matt 開始報告。

「我這邊會從 3 個方面開始報告。第 1，交車。這批車下星期三會請客戶過來驗車，做最後確認，若有問題，我們會再以客戶的要求為標準做最後修改，預計下星期六日兩天洗車，做最後的清潔，在過去那星期一，也就是下下星期一交車。」

林副理把第一張 PPT 用了約 30 秒的時間解說完畢，講完後，轉頭看一下米蘭達有無反應。

米蘭達有指示雙手抱胸的看著 PPT，並無任何意見。「沒關係，你繼續。」

「好。」

「第 2 個人力，因後續已經沒有訂單了，底盤的技師及車身的外勞我開始讓他們支援後面 PDI 的檢修工作，這是大部分的人，還有部分外勞開始做一些廠區的 5S，以前趕車都沒辦法做 5S，現在空檔出來了，廠區內的 5S 會先做，後面車交出去後，會擴及到廠區外圍的草皮。」

林副理把最後兩頁的 PPT 也報完了，又再次轉頭看看米蘭達。

這一次米蘭達眉頭深鎖、抿著嘴，好像有什麼事要告訴林副理。

「那售後呢？售後不需要支援？」

聽米蘭達這樣一說，他從來沒想到支援售後這一塊，他巴不得敲自己的腦袋，甚至電池廠的開發，這些資深技師應該也可以幫上忙才是。

　　「報告米蘭達，售後這一塊我本來想說等交完車再來跟 Ella 協調是否需要人支援，尤其在南部這裡，但因為車還沒交出去，我怕會有變異，所以才沒提起。等車一交完，我會馬上派人支援售後，這是沒問題的，還有電池廠的試作我們也可以幫上忙，像相容性、材積。」

　　「很好，你把人控制就好，記住！千萬不能讓他們沒事做，這是很要不得的事，知道嗎！他們只要沒事做，整個惰性就會出來了，到時候假如公司的訂單一下來，原本一天可以組兩台車的能力，變得一天連 1 台都做不到，所以你要抓住他們，不可以讓他們懈怠了，知道嗎？」

　　「好，我會注意的。」

　　「換你了，Matt，給我看看你的報告，我要知道你要跟我說什麼？」

　　Matt 聽到這，心想：哇靠！還真的保佑我有私地下做，要不然現在不就被米蘭達罵好玩的！但調皮的 Matt 還是想試試看米蘭達聽到自己若沒準備時會怎樣？還有，林副理會怎樣？

　　「米蘭達，我這邊其實跟副理差不多，就人力及訂單。」

　　米蘭達聽到 Matt 一講，開始搖頭，連一旁的 Paul 及 Terry 也瞬間轉頭看 Matt，兩個人的眼神都直瞪著 Matt，擺明在說：你在幹嘛？真的是討棍子打的嗎？

「Matt 你這樣不行，我有說要你的報告，而且你是生管，跟製造的報告沒有關係，你應該要拿出一份報告出來才對，這才是你的專業，我看不到你的不被取代性在哪？」

米蘭達一說完，一旁的林副理立即跳出來說話。

「米蘭達，這我下去會再教 Matt 要怎麼呈現，我們會再補紙本資料出來給你。」

Matt 終於確定鬼在哪了。

當然，Matt 也不是省油的燈，他這一次要把所有的鬼抓出來，然後一次劃出界線。

「米蘭達，若是要生管這方面的資料，工時，產能，訂單，成本，這些我平常都有在計算，我可以馬上呈現給你看。但，是 EXCEL 檔有數據計算，會比較清楚。」

Matt 一說完，黃經理、林副理及 Tiffany3 個人轉頭互看，那表情似乎在問其他兩個人：Matt 要報什麼？他不是沒有做資料嗎？

當然，這一切的動作，讓 Paul 及 Terry 完全的看在眼裡。

Paul 比較納悶的是 Tiffany，怎自己的屬下會跑到別人陣營裡，完全沒跟自己在同一條線上，那自己有些想法與決策不都流出去了？看來，這 Tiffany 自己要特別小心了。

「好，你拿出來，我們來看看工廠裡有哪些『數據』？」

「好。」說完，Matt 再從網路資料夾把自己整理的檔案叫出。

「這份 EXCEL 的基礎是建立在人力工時上，等一下我會用工時來解釋我們工廠內的產能，再用這個產能來推算我們一個月可以

打幾台車？標準幾台？加班幾台？」

Matt 說完，暫停一會，看是否有人有任何意見？

「沒關係，你繼續說。」

「好。這第一個表格，是各部門的標準工時，我們可以看到底盤的部份 80HRS，車架 210HRS，PDI64HRS，若換算成實際工作小時，每天 8 小時 X 人數，底盤的總工時為 80HRS，車架，依此類推，也就是說第一台車開始上線，依標準工時推算，應該在第一天就有第一台產出，但卡在流程的先後順序，第一台底盤車會在第 3 天後產出，爾後每天下線 1 台，而車架則是一星期 2‧5 台，也就是二星期 5 台車，PDI 雖標準工時比較少，但卡在路試的不確定性，估算也是一天 1 台。所以，以我們工廠的標準產能計算，一個月約 10 台車的產出，一年 120 台車的份。」

「誰說的？不可能 120 台而已，應該要 600 台車份。」

果不其然，Matt 原預料這資料一出來陳總一定第一個出來反駁，陳總這樣的態度剛剛好照著 Matt 的劇本走。

「陳總，我是用瓶頸工站計算，當然實際還會有些增減。」

「要用底盤車的標準工時算，你用車身的工時算當然只有 120 台車的份。這根本是亂來嘛！」

「等一下，陳先生。」

一旁的米蘭達看不下去了，雙手叉腰直接回轟陳總。

「你不要在想那個春秋大夢了。我以前一直在想你說一年可以產出 600-800 台怎麼算的，一直想要問問 Matt 知不知道？結果，

是你自己在那邊作夢！有哪間工廠的產能是像你這樣算的！竟然是算工時最少的那一站作為基準，這講出去會讓人笑掉大牙！」

「再說，這個廠一次可以做幾台車？應該說可以容納幾台車？Matt 你知道嗎？」

「我算過，依現有的廠房空間，不考慮任何突發狀況的話，最多 50 台，廠內動線 30 台，外環可以 20 台。但，現況一次差不多有 20-30 台在動，再多就沒辦法了。必須做完成車放置 2 廠，但那邊有只能放 10 台而已。」

「那可以提升產能嗎？」

「可以，外包出去。」

「好，問題來了。到目前為止，有誰可以像 Matt 那樣把工廠的廠能算出來，他可以知道我們業務可以接幾台單？每一批單可以間隔多久？廠內空間有多大？你們知道嗎？」

現場一片鴉雀無聲。

「那你們相不相信，我在問 Matt 各站有幾台機檯？幾個外勞在負責做什麼？外包有幾個人進廠？他都可以回答出來！」

到目前為止，米蘭達的米一句話表面上都衝著陳總來，但，實際上卻像是大大打了林副理一個很大的耳光，他感覺自己的臉頰有一股炙紅的燒熱。

「好，現在 Matt 說一年只有 120 台的產能，這是最大量，在多廠內也放不下了。那我請問一下，TD 的產能只有 120 台是誰決定的？又是何時決定的？有誰可以回答我！」

不等大家回答，米蘭達又馬上接續著說：「我告訴你們！是陳總決定的，是在蓋這間廠房時就決定了這間公司只能做 120 台車！這就是你們的陳總，喜歡說大話，來，我問你，你說要做 600 台，你去接啊！你連 120 台都接不滿，還想要做 600 台，這樣逞口舌之勇有什麼好囂張的！」

米蘭達氣炸了！這情景完全跟 Matt 當初進來的情境一模一樣，一面倒的扭轉情勢。

「好，接下來你要告訴我什麼事。希望是好消息。」

米蘭達希望有個好消息來降降自己的火氣，要不然，她真不知道自己又會破口大罵到什麼程度了！

「米蘭達，我沒有好消息，但，這訊息還是得讓你知道才行。」

「沒關係，你繼續說。」

「再來，最後一筆訂單會在這個月結束，後續若再有訂單進來，最快的交期必須得在明年第 3 季之後。」

「那如果我們公司要在下個月再出一批車呢？或是第 2 季。」

「不可能。」

「如果我就是要下個月交車，或下一季交車，有沒有可能？」

「可以，除非現在就做。」

「現在就做？什麼意思？」

「這就是我接下來要報的資料：計畫性生產。我們還有 50 台車份的料件在倉庫，我們是不是可以先把底盤、車身組起來放，待

後續實際訂單下來，再來做總裝及後續的 PDI，這樣一來，我們的前製期可以少了一半以上，而且人力又不會閒置。」

「不行！」Tiffany 突然跳出來說話。

「這樣我們必須要付骨架的錢給外包，沒有訂單我們不可能再額外付錢。」

「Tiffany，我算過了，充其量廠內可以放 30 台的骨架車，30台的骨架車大約 400 萬，比起閒置人力 3 個月的錢還少，而且這不是額外的，是標準的製程，是趁現在沒單的時候先做，這對公司沒損失。」

「不可能。除非你要求骨架廠商先不收款，要不然這 400 多萬是白白付出了。」

Matt 覺得這女人瘋了嗎？叫我跟廠商說不收錢，那有這種無本的生意，再說，這是採購或會計的事，憑什麼叫我們去協商！

Paul 也覺得 Matt 這提議很好，怎 Tiffany 反應會那麼大？是為反對而反對？還是 Tiffany 根本什麼都不知道？再來，現在鋒頭都在 Matt 那邊，怎麼會那麼不知好歹的一直唱反調？

「若會計部門覺得這樣的方法有問題，那就不要做，但，若是到時候有急單下來，現在的閒置成本＋加班的成本一定會是好幾倍以上。」

Matt 不硬碰硬，更不得罪任何人，但，要先講清楚。

「黃經理，你覺得呢？」

「我覺得 Matt 說的沒錯，這樣的做法是目前 TD 最好的處置

方式。但，若一直沒單，這庫存成本會一直堆積下來，也是一大問題。」

「沒單不是製造的事，是你們陳總的事，要分清楚。」

「還有人對 Matt 的建議有問題嗎？」米蘭達見大家安靜無聲。「好，Matt 那就這樣做，你排個計畫性生產的 Schedule 出來，雖然是做庫存車，但還是要有一個依據才行。」

「沒問題，米蘭達。」

這個會議就到此結束。

雖然不盡人意，但，壁壘分明的氣氛越來越濃厚，有些原本潛伏在水下的角色開始慢慢浮出檯面，Matt 也知道這自己腳踏哪個陣營，說話開始小心起來。

結束後，Terry 趁大家離開會議室時，輕輕地用筆記本敲了一下 Matt，笑笑地說。「你這傢伙，不簡單啊！」

「當然，你還不知道我是誰嗎？」

「你後，不要得意太久！你的敵人越來越多了，小心你家老大！」

「誰叫他要陷害我，怪我ㄉㄟ！」

Matt 嘴巴雖然這說，但心底也慢慢擔心起來了，往後的日子不知道該怎麼辦？算了，則安之吧！

20

外包

「以後在公司說話要小心點。」

Rocky 和 Matt 站在工廠的最東側，這地方是公司最偏僻的角落，這裡除了一些久滯待報廢的物料外，鮮少有人會特意走到這邊來。

「啊？」Matt 一臉疑惑的表情。

「真的啦。你沒看我最近都沒找你？你知道為什麼嗎？」

「我當然知道為什麼，你不是說要直接對我們副理就好，我盡量避免你們的戰爭，不是嗎？」

「還有其他的原因。公司有人在搞鬼。」

「廢話，這不是大家都知道。」

Matt 指的是他跟我家副理的衝突，他們都想讓對方難堪，這是 Matt 心裡的答案。

「我是說，還有更陰險的小動作，自己小心。」

「啊？」

Matt 更疑惑了，Rocky 到底在說什麼？該不會是指前陣子自己跟黃經理在 BOM 上面的筆戰吧？

　　「有人在偷偷錄音。」

　　「幹，啥小！？」

　　「這什麼爛公司啊！真的要玩成這樣子？」

　　Matt 覺得錄音這小動作超爛。私底下，大家都會談論一些八卦耳語，若這些私底下的談論讓有心人士放大來檢視，除了被免職之外，說不定還會吃上官司，最怕的是別人的套話，以及自己為了迎合他人而跳進別人有心的圈套中。

　　「所以我才叫你小心一點。」

　　「這是台中辦公室的人告訴我，而且是高層。」

　　「誰跟你說的？」

　　「這我不能講，反正你小心一點就是了，我是好心的提醒。」

　　「財會 Paul ？」他搖頭。

　　「技術的黃經理？」他又搖頭。

　　「售後的 CHANGE」再次搖頭。

　　「你不要問啦，我不會跟你講的，我已經提醒你了，不要到時候怎麼死的都不知道。」

　　「你何時知道的？」Matt 一直很好奇時間點。

　　「上星期啊。」

「上星期有人打電話跟我說的，消息提供者是北部的人。」

「他打完電話後，我就察覺很奇怪了，怎麼我們在談論事情時，一直有不相干的人在我們附近走動？」

「我部門的人？」

「嗯。」他笑笑地看了 Matt 一下。

「林副？」Matt 還是不放棄想知道最直接的答案。

「你不要問了，我不會說的，你自己小心點，你部門有兩個人在搞小動作，自己小心點。」

「好啦。」

其實 Rocky 這樣的暗示 Matt 應該知道是誰，先暫時不要點破，沒查證確實前，說不定這只是空穴來風的小消息，Rocky 的目的是在分化我部門內部的和諧也說不定。

「還有，Frank 的勢力還在，他還在後面操盤。」

「真的假的？」

「我都以為這個人已經淡出江湖了，最好他可以掌控公司裡的一切。」

「是 Hung 不小心透露出來的。」

「他最近不是在忙 artc 的認證嗎？」

「他說他有打電話跟他請教，以前的技術是他在主導，問他最清楚了。」

「當初 Frank 的事，不就是 Hung 挖出來？怎麼…」

「所以，這盤棋下的真好，沒人知道後續會怎樣？」

「Frank 的手還在公司內部，他要做什麼？沒人知道。」

Matt 已經搞迷糊了，怎麼這間公司不像公司，小小幾個人的廠，可以鬥爭到這樣的地步！

「他現在在哪裡上班？我有問包商有沒有在其他業者看到他，但，一直沒他的消息。」

「在三菱汽車，聽說也是負責認證一塊。」

「好啦。謝謝你的消息，閉嘴，是最好的保身方法。」

說完後，Matt 直接穿過烤漆間走回辦公室，Rocky 則繞道北側再轉去保修廠，他們依著剛剛來見面時的模式，不讓其他的人看見他們倆個人交談的樣子，要不然，工廠又不知道傳到誰的耳裡了。

Matt 不知道 Rocky 說的話有幾分真實性，也說不定是他自己的猜測，但，「防人之心不可無」這句話不是沒有道理。若是真的，那在 Matt 副理面前，就不能講太多真話了，Matt 也不可以讓他對自己有戒心，至少不能讓他隨時會一種要挖洞給自己跳的想法，要不然，Matt 做起事來會很累。

Matt 也打算做到不讓外人覺得自己是跟副理是一派，他必須還是得人覺得自己是中立的，他是獨立於政治派系外的工作者。

唉，上個班餬口飯吃卻要帶一堆面具生活。

一回到座位，林副理馬上問了 Matt 這樣一句話。「Rocky 跟你說些什麼？」

Matt 很驚訝副理何時看到他們的？而且還直接問我，以前的

他都是假裝視而不見，怎這次會開口問我？是把我當成他那一派的嗎？他會相信我說的話？

「他叫我小心一點。」Matt 沒有遲疑的立即回副理這句話，並順手拉開椅子坐了下來。

「什麼意思？」副理他一臉狐疑。

「台中辦公室的人有聽到陳總對我們這次交車很不滿，再加上豐客交車後的異常事件。」

「他叫我皮扒緊一點。」

Matt 在一瞬間編個理由來呼弄他，還說的不疾不徐，連他自己都驚訝他盡然可以說謊到臉不紅氣不喘的地步。這是成長？還是他也變成一個無恥之徒了。

聽完 Matt 的話，副理面有難色，更沒有質疑的表情，他認為 Matt 的話是真的，他可能覺得 Rocky 跟 Matt 交情不錯，私底下的提醒是出於私交的提醒。

「我可能要說掰掰了。」副理爆出這樣一句話來，Matt 有嚇一跳。

「不至於吧。」

「好好的，怎可能把你殺掉？」

「有可能，上個月剛交的那一批車，底盤的煞車管接頭沒接好，會干涉到空氣彈簧，明天要派人上去修。」

「老闆知道？」

「目前應該不知道，但，台中黃經理知道。他們夫妻倆知道是早晚的問題而已。」

Matt 不知道要說什麼？

組車不是 Matt 的專業，他的定位一直是從旁協助的後勤角色，現場管理跟車子的專業是副理的職責。雖然有問題 Matt 也逃不掉，但，主要的獎／懲會落在副理身上。

「不要想那麼多，做好自己的事就好。」

「再說，最直接的負責人是周主任，要砍，他也是第一順位。」

「不要再跟我說到他，不知道事情的輕重緩急，也不懂得在會議上為自己己辯護，怎麼死的都不知道。」

「最挺他的人是你，看你現在怎麼辦？」

Matt 語帶輕鬆地反問他，希望可以消彌一下這低迷的氣氛。

「幹，我會被他害死。」

副理小聲的自言自語，說完直接起身到現場去，Matt 以為副理應該又去看看產線那一群人又躲在哪裡偷懶，實際上副理自己一個人走到公司的小會議，打電話給某一個人。

Joyce 看副理出去後，轉頭過來對 Matt 說：「哎，Matt，林副理若被米蘭達拉下來，你就沒有什麼感覺？例如，接下來就換你升官了？」

Matt 直接回 Joyce：「你把我當成什麼人啊？我從來沒有冀望要做林副理那個位置，他做他的副理，我好好當我的生管課長，有他 control 現場那一群人，我求之不得！即使他被拉下來，也輪不

到我來接副理，我就安心地領我的死薪水，至於副理的薪水到 6 萬、7 萬甚至 10 萬，說真的，我還不介意，不關我的事。」

Joyce 感慨的說：「如果大家像你這樣就好了，單純，不會那麼陰險的想把別人幹掉，你這樣的人有這樣的人的好處，但，你未來的某一天會死得很慘！我應該把你的話錄音下來，播給林副聽，說不定他會對你改觀！」

「你不要在那邊挑撥離間，做好自己的事就好，小孩子別管那麼多！」

「你不覺得林副一直防著你嗎？」

Joyce 這小妮子還真的不死心的一直說，似乎不把 Matt 跟林副之間的心結揪成一團她就不滿意一樣。

「你真的很故意喔！」

「我只是覺得他不要再包一些無關緊要的事來做，我們是製造部，不是發包工程部門的工頭。」Matt 覺得事情有輕重緩急之分，不是自己的事，不要雞婆的包一大堆！

Joyce 突然想到的問：「我才覺得奇怪，上次 Ella 麻煩你一件事，明明就很簡單，我看你跟她的電話、Mail 你來我往的，那件事根本花不到你 1 小時的時間，幹嘛不幫 Ella 一下就好，死不幫忙的，很沒同事愛。」

「還同事愛哩，妳以為在玩扮家家酒嗎？」Matt 很不以然的回答。

「那又不是我的工作為什麼我要做？如果 Ella 叫我做我就做，

那我的工作就變成幫大家做事的助理。我來公司是要做重要的事的；把重要的事做好，老闆開心我也開心。更何況，其他不重要的事情，做太多會讓我分身乏術。」

Matt 的認知裡，上班是為了賺錢，為了生活，為了養家活口，不是為了交朋友或幫同事做事，職場上沒有真正的朋友，下班了，甚至離職了，就真的什麼都不是，我們是為了利害關係而相互競爭的一個團體。要升官就是要讓老闆喜歡或耍些政治手腕、甚至用力地抱大腿搶功勞，當然這點 Matt 的能力還不足。想兼顧私人生活就該想盡各種辦法提早下班，畢竟幫公司同仁重要，還是自己的未來重要？這樣一比較就很清楚了！

偏偏 Matt 的直屬上司——林副理卻是跟他相反的兩個人，他覺得製造部要多幫別的部門承擔一些雜事，這樣其他部門的一些重量級人物才會某個關鍵的時間點支持他，他在流傳風聲，也是在建立自己的人脈圈。

但 Matt 卻不這麼認為，聰明的人會用 80/20 法則做事，找重要的事做。若什麼事都攬起來做，而不去考慮會不會影響到其他正事；或什麼事都跟著做，但沒有自己的主見；或什麼事都做，但老闆卻不知道你做了這些事的重要性在哪，這些都很容易徒勞無功浪費自己的生命，不如不做。

「Matt，明天早上 8 點到宿舍，載米蘭達上台北。」

「啊？」

「不要『啊』了，開車載她回家，台北天母。」

「有事嗎？幹嘛不自己搭高鐵？」

「有事的不是我，明天你可以自己問米蘭達是不是有事？你明天一路到台北有很多時間可以跟她獨處。」

「明天 8 點到，我也會在那裡。你車直接開到地下室停好上6F，你最好不要遲到。」

「為何是我？」

「我說了，你明天可以問米蘭達。還有問題嗎？」

「沒。」

「很好，掰。」

剛剛 Doris 的電話讓 Matt 覺得很莫名其妙，怎會突然要自己載老闆娘上台北？

「你又要開車載米蘭達了喔？」Joyce 在辦公室裡也聽到 Matt 的談話。

「是啊。」

「我還以為你習慣了？」

「我還沒上台北的習慣。」

「啊！開車上台北？」

「是啊。」

「她有事嗎？」

「我的想法跟你一樣。」

正當 Joyce 要繼續問下去時，林副理剛好回辦公室，一開門就對 Matt 幸災樂禍的說。「我聽說你明天要載米蘭達回台北。」

　　「怎麼是我？你提議的，對不對？」Matt 認為林副理一定知道。

　　「我剛剛在 Doris 旁邊，聽說是米蘭達指定你。」

　　「副理，你知道這一次為什麼要特地從高雄開車回去？一直以來不是都搭高鐵嗎？」

　　「他們宿舍已經不租了，要把東西搬回去，不只老闆那一間，其他台中經理的那些套房也都退租了。他們這些動作，我想高雄已經被棄守了。」說完，林副理抿著嘴點點頭。

　　Matt 跟 Joyce 都一副你有事的表情看著林副理。「高雄廠要關了嗎？」

　　「不知道。」

　　Matt 心想：講的跟國民黨要棄守中國一樣，貴重東西收一收要逃回台灣了。

　　隔天回程台北路上。

　　「Ella，你這樣不可以，你現在身為售後的主管，最直接面對客戶，你的一舉一動，都代表著公司，知道嗎？你以為售後就是修車而已？不！我告訴你，售後代表著公司的門面，間而影響到公司後續的訂單。如果你表現不得宜，或是整個感覺就是給人忘東忘西，那妳覺得這家公司後續還會跟我們買車嗎？」

早上的 10 點，Matt 開著公司的馬自達 5 在北上的中山高奔馳，米蘭達坐在副駕駛座後面的位子，一路也沒閒著，一直用電話遙控公司的一切，從台南的新市開始，現在她約談的對象是售後的 Ella。

　　「還有你的包包，不要再給我背後背包了，你不是學生，知道嗎？你沒有正式的包包嗎？沒有的話我回家找一個給你，我家裡的櫥櫃很多，沒有的話跟我說，我找一個適合的給你。你要開始改變自己，不能一直定位在售後主管，這是不行的，為什麼我要讓你去接觸客戶，想一想。」米蘭達故意停個幾秒。

　　「你再磨一段時間後，你將是 TD 最好的業務不二人選，這樣你知道嗎？」

　　Matt 已經車開到新營了，米蘭達對 Ella 的砲轟轉為開導，這是米蘭達一貫的手法之一，先打罵，再給它糖吃，這樣的情形 Matt 看了好幾十次了，屢見不鮮，Matt 相信 Ella 也已經麻痺，但沒辦法，誰叫米蘭達是最高的幕後老闆。

　　「聽好，從小我父親就教育我，要做生意，就要學上海人。為什麼！」這個 Matt 在會議上聽過 2 到 3 次，可是不知為何一直記不起來，到底為什麼？

　　「上海人會在門口吊一塊豬油，你知道什麼是豬油嗎？就是以前家裡廚房媽媽在炒菜的那種豬油。上海人只要出門，不管是上街，還是談生意，都會拿起豬油在嘴唇附近塗一下，你知道為什麼？這樣的用意是要讓其他人感覺他過得很好，不愁吃穿。這就是一個公司的門面，知道嗎？」Matt 聽到這才又想起來，對啦，就是這樣，門口，豬油，談生意，這一次，他打定主意要把這個典故記起來。

「Matt，現在 10 點半，你估算一下到台北大概幾點？」米蘭達掛下電話後，問了 Matt。

「我不好估ㄟ，我很少會開車進台北，最遠都只到新竹而已，所以，我也不清楚。現在這裡是雲林，到台北，我想應該還要再 3 小時吧。」

「現在 10 點，所以中午 1 點沒辦法到台北。」

Matt 由後照鏡看米蘭達不知道在思考什麼？還是她下午跟誰有約嗎？

「沒關係，那等一下到西螺休息站時，我們稍作休息，上一下廁所，我順便買一些東西車上充饑，到台北我再請你吃午餐，好嗎？」

「米蘭達，其實不用啦，我自己回程路上買就好了，不必那麼麻煩。」

Matt 會這樣講的用意，其實是不太想跟老闆吃飯，這種飯局吃起來格外痛苦，沒辦法大快朵頤，又要正襟危坐，他倒不如在 7-11 或高速公路休息站買些麵包果腹還比較好，而且，重點是台北，等會要回程是自己一個人開，少說 6 小時的車程跑不掉。

「不，這是一定要的。天母那邊有很多好的餐廳，我帶你去嚐嚐，不麻煩，你路上買才是麻煩，你太小看台北的交通了。相信我。」

米蘭達對 Matt 說完後，立即又打電話給 Tiffany。「喂，Tiffany，你下午何時到台北？」

「好，那我跟你講，你不用那麼趕，我現在還在雲林，大概2點左右才會到，我看，我們約4點好了，在台北辦公室見。」

「啊，對了。Matt開車載我回來，等一下要去吃飯，你要不要一起來？」

「那好吧，下一次妳來台北我們再一起吃好了，那就4點辦公室見。對了，我這邊有帶大小章，這是幹嘛的？Doris特別交代我要帶來給你。」

「這事陳總知道嗎？」

「沒關係，陳總知道就好，以後這事請陳總先打給電話給我，不要莫名其妙的把大小章隨身帶來帶去，這是很不安全的事，知道嗎？」

這一路，除了在西螺稍做休息，上個廁所外，兩個人就一路上台北。

「Matt，等一下到楊梅時要注意，開外側的線道，我們要上五楊高架。」

「你之前有來過台北嗎？」

「有，可是很少，來台北的次數用10支手指頭都可以算的出來。」

「那你以後要常來，看看國家的首都進步到怎樣了，看看什麼叫進步，不要一直窩在南部的高雄，高雄真的不行，你看台中，台中才升格直轄市幾年而已，不用5年，台中一定超越高雄，你等著看我說的話對不對。」

唉…，Matt 自己在心裡嘆了一口氣。雖然米蘭達沒有特意要針對什麼，但聽到老闆這樣鄙視自己的家鄉，他也不能說什麼，畢竟自己還要靠它吃飯。

　　「Doris 一直告訴我她不敢開車進台北市，說什麼一堆單行道，一堆高架，一堆不能左轉右轉的路口，好像台北市是另一個國家一樣，明明法律都一樣。」

　　「你第一次來，不用擔心，你聽我的話開就好了。」

　　車過五股，映入眼簾的是四處林立的高樓。「米蘭達，前面那些高樓就是台北市了嗎？」

　　「嗯，我也不知道，應該是吧？不過也許是新北市也不一定。沒關係，到時候下交流道我再跟你介紹台北市，天母那邊我蠻熟的。等一下你注意環河北路交流道，我們就是要下那個交流道。」

　　Matt 第一次到天母來，以前搭客運都是從三重進台北市，要不然就是搭火車或高鐵，所以他對台北市的第一印象都是台北火車站，由台北火車站為中心向外延伸。現在的他竟然開著車越過淡水河，還跟圓山飯店擦肩而過，對鄉巴佬的 Matt 來說還蠻新鮮的。

　　米蘭達是一個很好的指引者，她會在到達路口之前先給你提示，不會像傳說中的 3 寶，突然跟你說：這邊要左轉，或是剛剛那個路口就要右轉，讓駕駛者根本沒時間可以反應，她更是一個很好導覽者。

　　「Matt 你看左邊，那就是台北市立兒童樂園。」

「你的右手邊就是士林夜市。」

「那是美國學校，這是日僑學校…」，類似這樣介紹台北市景點的聲音一路上不曾停過，可能她真的很想把台北好好的介紹給 Matt 吧。

好不容易，大約 1 點半終於到達米蘭達的住處，在天母中山北路的一處小公園旁，由外觀看，應該是屋齡超過 20 年的 20 層大樓。

「Matt 你可以幫忙把東西放到管理室嗎？我請外傭下來搬上去。」

Matt 沒有上去米蘭達的住處，那是老虎的巢穴，不可輕易侵犯。米蘭達的東西不多，Matt 只用了來回兩趟就幫忙搬完米蘭達所有的行李。

他站在車子旁，環顧四周的環境，可能上班日的原因，也可能因為下雨的關係，車子跟人群沒想像中的擁擠，道路上看不到幾台車，更不用說行人了，那種感覺很奇妙，明明是一樣的全家跟 7-11，一樣的水果攤跟麵店，在普通不過的路樹跟公園的運動設施，但在天母卻有了一種不一樣的感覺，Matt 用手機拍了一張雨中的照片，那是米蘭達大樓住處外的小巷，在 2 點 43 分上傳到 fb，在個人動態寫著：台北不是我的家。

不到 10 分鐘的時間，米蘭達即交代好事情下來了。

「走，我們去吃午餐。」

「米蘭達，其實不用啦，我路上買來吃就好了，不要特地那麼麻煩。」

「不麻煩，你都特地到台北了，怎麼可以不吃一餐再回去呢？再說，就只是一般的館子而已，並不是什麼高級餐廳，你就不用跟我客氣，反正我跟 Tiffany 約的時間還沒到，夠我們吃一頓午餐了。」

米蘭達提了兩次，強調了兩次，Matt 知道再拒絕下去就會失禮。就這樣，Matt 和米蘭達在中山北路某條巷弄裡的一間家庭式的日式料理餐館午餐，餐點是米蘭達點的，每份的量都不多，屬精緻風格。

看這上菜的餐點，Matt 心裡打算等一下要在湖口休息站買些關東煮和麵包充飢。

「最近工廠還好嗎？」

突然這樣問，Matt 不知道米蘭達所謂的還好是什麼意思？而且要他特地開車載她回來台北這點，Matt 就覺得有點奇怪，這場飯局，米蘭達應該有些事要跟他說。

「還好，現在一半的人力在做廠區 5S，中間還穿插著一些教育訓練，而另一半的人支援售服。」

「很好，當工廠沒單的時候，你跟林副理就要想辦法看有哪些事是可以讓他們做的，平常沒辦法動的，可以趁這機會把它整理好，要不然等單子一下來了，這些原本該做的，又會放在一旁，不知道何時才會動了。」

Matt 點點頭，表示知道。

「還記得我跟你說電動車跟維保的事嗎？」

「記得。」

「那時我剛進來 TD 不久，您在會議室說以後我們要大魚大肉靠的就是電動車跟維保兩大主軸。」

「沒錯。」

「時間一下就過了，應該有一年的時間了吧？這中間我們交出了 102 台車，現在電池廠也如火如荼的進行中，應該說 TD 現在正處於風頭的位置，你懂我的意思吧？現在我要再告訴你，把電動車、維保再加入第 3 項——電池，剛剛好成一個連成 3 點的三角形，這樣一來 TD 整個架構也就差不多了。電池廠有黃經理，維保有 Rocky 及 Ella，電動車就需要林副理跟你了，好嗎？這 3 塊是共榮共生，你們這幾位，少一個都不行。」

Matt 點點頭。

「還有，你太乖了。」

「適時的反應一下你的主觀意見，表現一下自己，其實很多時後你該站出來說話時你都沉默不語，這樣陳總看不到你應該屬於主管的特性，要像黃經理那樣，自信，又站得住腳。好嗎？不要去顧慮太多，把你知道的說出來，希望假以時日，你可以像黃經理那樣，光是氣勢就壓過一切了，好不好？」

「今天要你載我上來台北沒別的用意，我看工廠也沒什麼事，想跟你聊聊，也想帶你來台北看看，我想你應該很少上台北，如此而已。」

「你這樣開回去高雄會不會很累？」

「還好，應該沒問題。」

「那如果，我是說如果，等一下陳總就會回台北了，要不要一起吃個晚餐，若真的太晚，或你覺得太累，你也可以住在台北就好了，隔天早上再回去也沒關係。」

其實米蘭達這樣說，Matt 很為難，此時的 Matt 卻超想回高雄，台北的一切對他都很陌生，有一種疏離感。

「米蘭達，還是不用好了，無功不受祿，而且中午你已經請我吃飯了，哪有到裡晚上再請吃一次。雖然這是一個很好的機會，但，路途真的太遙遠了，我還是早點回高雄好了。」

米蘭達點點頭。不管怎樣，Matt 的態度及學習能力始終都能讓他滿意，雖然他的經驗不像黃經理那樣的層次，但他的反應、他的態度、作風都令米蘭達非常欣賞。

「好吧！我都這樣邀請你，你還是不接受，我也沒辦法了，那下次我再好好招待你。」

米蘭達笑笑的說。

「沒沒，米蘭達你誤會我的意思了…」

「我開玩笑的啦。」

「走，我們到 sogo，我們再去買些包子，你陳總超喜歡，我順便買幾個給你帶去車上吃。」

很特別的一天，Matt 完全不知道今天上來台北到底實質的意義在哪？好像，又有那麼一點點改變了，他也說不上來改變什麼？一個人，在筆直的國一高速公路，南下。

而今天的時間，在台中的總部，出現了一些些細微的變化，原本楚河漢界的兩人，現在居然可以在會議室同桌而坐，而且會議一開就是半天，辦公室的其它職員根本搞不清楚他們兩個到底在賣什麼藥？

　　Paul 直接言順的問了黃經理。

　　「我這樣猜好了，所以 TD 根本就是要讓他放空，給其他人接手？」

　　「我的猜想也是這樣。」

　　「那電池廠？」

　　「商業利益。」

　　「商業利益？」

　　「有另一個背後金主在支援。」

　　「裕通能原？」

　　Paul 不加思索的說出一直在接洽的中國電池廠，黃經理只是笑笑，不發一語。Paul 腦子裡一直轉，一直在試想裕通與 TD 的各種可能性，不對，那黃經理一直沒任何動作，這也不符合常理，黃經理跟自己一樣，不可能任由 TD 擺佈，他也不可能只屈就於 TD 未來電池廠的總經理位置，除這誘因外，一定有另外更大的背後利益往來。

　　「黃經理，我這樣說好了，中國是個很敏感的議題，我是說假如，假如你跟裕通之間難道不需要一個懂兩岸會計背景的專業人來幫你嗎？」

Paul 大膽的假設，希望可以從中套出一些話來。

「其實還好，這是公司應該煩惱的事，不是我。」

黃經理也不是笨蛋，他不可能這樣的就上當。

「黃經理，雖然我年紀少你幾歲，但，我的背景資歷可不輸你。我這樣說好了，我們都是文明人，直接開門說亮話，我到這年紀，實在不想在這樣被一間公司綁死，如果有機會，我一定會緊緊抓住，這樣的表示應該夠明白了吧！」

黃經理一直在腦海裡思索 Paul 的意思，Paul 到底是敵人？還是朋友？說實話，Paul 的財務專業是不容置疑，若能夠拉到自己這邊來，這無疑是一種很大的幫助，但他更希望的是：若可能的話，把 Paul 拉到自己的外包公司。因現在的黃經理也在做走鋼索的事，這很有可能觸犯到台灣的法律，若經由 Paul 的法學跟會計背景，自己也不用再耗費心力在外包廠上，但，黃經理根本不知道眼前的 Paul 是敵是友？他決定賭這一把。

「好，我老實告訴你，裕通除了與 TD 合作的電池廠外，裕通在台灣也要搞一個電池廠的外包，他想藉由這樣的關係把觸角伸到台灣來，與 TD 合作只是表面，新公司的成立，還有更遠的上市，這裡面的環節都有大量不可控制的內容，我只能講到這。」

「這一票，很大，不簡單。」

「當然，目前這只是計畫階段，陳總及米蘭達都不知道。」

Paul 沉思了一會。「TD 除了你，還有誰也是這計畫的一份子？」

「DS。但他只知道我要成立外包公司，不知道背後的金主是誰。」

「所以，以後他也有份？」

「對。」

「好，那可以也算我一份嗎？」

黃經理知道他是聰明人，一定會馬上答應，這背後的利益已經超乎台灣一般上班族可以規劃的範圍了，但他也不可能平白無故就讓他加入，黃經理有條件。

在黃經理的計畫中，不可能等 TD 的電池廠成立後再來動作，一堆事現在就要平行啟動。

「那現在的你必須馬上離開 TD，而且越快越好。我不可能等TD 電池廠成立後再來考慮外包公司，現在就要平行動工了，所以我要你先註冊成立新公司，你掛名總經理，你 OK 嗎？資金方面我來解決。」

Paul 沉默約 10 秒。

「OK。」

Paul 自己也知道，現在這機會不把握住，再也沒有像現在那麼好的契機，台灣的政治，中國的企圖，還有 TD 的順風車，這根本就是天時，地利，人和。

「但，我也必須持有一定的股份，當然，這可以慢慢再來談。」

「沒問題，這是一定。」黃經理站起身來，特地跟 Paul 握手。

「現在我們是同一條船上了。」

「當然。」

「DS 暫時先不要說，他還沒給我明確的答覆。」

「除 DS 外，你還有要抓誰進來嗎？」

「喔，你還有認識的人要推薦？」

「我們都再做高階的事，我們還需要一個中階管理層，這樣我們才不用像在 TD 一樣做到 Detail 的雜事，而且這個人要你我都 OK 才行，我們才能放心的發揮。」

黃經理聽 Paul 這樣一說，他就知道 Paul 在說誰了。

「你想的人應跟我一樣，我們的重疊範圍就只有 TD 而已，沒關係，這部分可以再緩一點，先不要打草驚蛇。」

「OK。」

「現在我們要來討論你退場的時間點，要越快越好，而且要由 TD 主動把你 Fire，要不然你所簽屬的保密協定會讓我們後續很難做事。」

黃經理跟 Paul 計畫在陳總和米蘭達面前燒一把火，不管如何，這一把火一定要讓 Paul 在 TD 消失。

21

計謀

「由報表的數據來看，到年底概估整個售後會虧損約 500~600
萬，這是由 1 到 10 月的平均推估。其中最大部分的支出是人事成
本：3,710,029/ 月，佔總支出的 71％，而每個技師的平均收入約
20,325，佔整個收入成本的 13％，還有其他料件收入，保固索賠收
入。再來，我們來看一下維修工時，若把維修工時折換成金額，這
一塊的成本會比薪資還高，但服務的車次反而就這幾輛而已，這是
否意味著售後人員的人數不足。」

說話的是 Paul，看著手裡這一份沒有秩序的財報，Matt 很確
定這應該不是出自 Paul 之手，應該是針對今天的會議臨時整理出
來的 data。

Paul 只針對報表上的數據依他財會的背景說明，畢竟他是剛
到公司不久的財務經理，公司的實際面他尚不是很清楚，只能在各
個會計科目上的數據逐一解釋。

Matt 覺得這樣很危險。

Paul 只要針對會計科目說明正 / 負金額差異，不應該再針對各

部門的人力或接單狀況做建議。

若解釋的過去，那代表著你進入狀況快，可以馬上與公司的現實接軌，是個即戰力的人手；倘若解釋錯誤，那只會在老闆心目中扣分而已，這樣畫蛇添足的動作，除非是老闆有特別交代，要不然，Matt 不會輕易地去做，若情勢所逼，也會在報表發出時，先說明自己經驗不足，無法用全盤的觀點說明後，再接續下來的動作。

可是，這次 Matt 完全看不到 Paul 有這樣的舉動，他相信 Paul 是聰明人，這種涉世未深的錯誤，不應該在 Paul 的身上看到，除非，他已私底下跟老闆打了預防針，要不然就是求好心切的衝過頭了，想在老闆前面有一番表現。

「售後的人事成本包含了管理職兩位，行政支援人員 1 位，再加上 11 位技師，間接／直接比差不多 3：11，可以產出的經濟效益只有 78．6%，若我們在增加售後的技師人數，是不是就可以就可以提高收入來源？技師一增加，可以服務的車次就可以增加，收入就會相對提升。」

隨著 Paul 的財務報表解釋，Matt 心裡一直滴汗：你確定還要再繼續加上自己的觀點嗎？再怎樣，都不應該去介入其他事業部的組織編制，對 Matt 的認知來說，這是職場大忌，除非你是董事，你是老闆。

果不其然，第一個開槍的是黃經理，公司內部一直傳言他們有間隙，空穴來風的消息層出不窮。

「等一下，我有問題。」

當大家在低頭看著報表時，黃經理突然打斷了 Paul 的說明。

Paul 針對黃經理的舉動也只是笑笑地看著他，並沒有說什麼，更沒有主動的問黃經理：你的問題在哪？

大家都在等黃經理自己提出他的問題點，而黃經理好像抓到 Paul 的把柄似的，用一種上級對下級質疑的嚴厲口吻詢問 Paul，在場的所有人都感覺黃經理等修理 Paul 這機會好久了。

「INCOME 在哪裡？」

「我看不到這份報表的 INCOME 在哪裡？」

沒有人說話，這問題是針對 Paul，但他還是笑笑的，好像不怎麼想回答這突如其來的提問，在 Matt 眼中看起來，這需要多大的肚量啊？沒有人知道為何黃經理為何要這麼衝？為而何 Paul 可以那麼處之泰然？只有他們兩個自己心裡明白，在大家面前演了一齣好戲。

「若把技師人數、或是售後維修服務車次加個 0，不代表我們公司的 INCOME 就會增加，這是 Garbage 的邏輯推論。TD 是一個很好的公司，尤其公司的現況是一個很好的契機，從這份財報，我看到的是有很多的機會，我們要討論的是如何去解決這些問題，成功了，那 TD 大有前途；若還是一樣維持原狀，認為多找人就可以解決的話，那 TD 有很大的可能會因此而倒閉。所以我們要找到一個對的經營模式，我們要討論的是 TD 的定位，後續再來討論人數、人員的配置，而不是一昧的增加人數，膨脹人數，這是很危險的做法。」

「沒關係，黃經理。」陳總看情況有些火爆，出來打圓場。

「這份報表是我要求 Paul 臨時做出來的，時間有點趕，或許

有些地方不夠周詳，讓你誤會了，這不能怪 Paul，財會主要提供數據，讓大家知道來龍去脈，至於後續要怎麼做，我們大家來討論。」

看在 Matt 眼裡，他感覺陳總心機超重，為何會議一開始不向大家說明來避免會議桌上這種犀利言語的交鋒，他是故意的嗎？

「黃經理，為何你會對 INCOME 這個議題那麼敏感呢？也不是敏感，應該說，你怎麼會特別 Focus 在 INCOME 這個點上？會不會跟你的經歷有關？」

這次說話的是米蘭達。在場沒人知道這夫妻倆在搞什麼把戲？一搭一唱的就把整個氣氛扭轉過來。

「我先來說說我過去的經歷好了，我待過鴻海、台積電這樣的大公司，我也曾創業過。就拿鴻海當例子，大公司資源多、財力雄厚，可是要『轉型』不容易，為什麼？因為它沒有自有品牌，受限在客戶端。所以，鴻海才要買下夏普，它的企圖很明顯，它要由代工轉型成設計，這在未來的某一天而已，不久。但，別以為大公司就可以確保每個事業部都可以賺錢，現在大公司都要各事業部自負盈虧，母公司只負擔 30%，所以，大公司不再是賺錢的保障。」

「我認為，小公司比較好，所以我才會來 TD。」

「小公司爆發力大，只要定位清楚，抓對方向，獲利可以是預期的結果。而且小公司會跟個人緊緊綁在一起，當公司有獲利時，個人才會有收穫。TD 是個很有前景的公司，我決定把 TD 當作我個人職涯的最後一站，除了它的前景，當然還要有一個好的老闆，陳總曾經在私底下閒聊，他想恢復以前 TD 集團的榮光；我聽了蠻震撼，他不只要把 TD 拉起來，他還把眼光放在恢復以前 TD 集團

的盛世，那是在好遠的以後，不是像我這樣的職員可以比擬想像的。我很少看到公司的老闆有這樣的衝力，所以我選擇留在 TD，陳總是我願意追隨的老闆。」

幹！

超噁！

講這種話可以說的理所當然、臉不紅氣不喘，真的是臉皮厚到極點！

這是 Matt 的感覺，他聽完黃經理的論述後，整個頭皮發麻，今天他終於看到黃經理的另外一面，真是夠了！在場的每一個人都知道這是拍馬屁的說法，但，可以在這時機點趁機說得恰到好處，若沒有過人的背景，一般人是不可能輕易做到。

跟 Matt 形成強烈對比的是坐在黃經理對角的米蘭達，從黃經理開始說話的那一刻開始，她一直頻頻點頭稱是，似乎每一句話都直接說到她的心坎裡。

「一個人是不是人才？由他看事情的眼光就知道了。什麼是看事情的眼光？ Matt 你說說看。」

「就是對處理一件事情的態度和方法。」

「不對！」

「Ella，你說說看。」

Ella 沉默沒有說話，她知道米蘭達心理一定有答案了，此時的她說什麼都是多餘的，只有 Matt 會笨到真的回答米蘭達的問題，

這是資深與菜鳥的區別。

「知道就說，不知道也沒關係，就說不知道就好。」（Matt 在心裡罵幹，原來還有這個選項喔！）

「不知道。」

米蘭達問了兩個人之後就沒打算問下去了，環視了在場每一個人後，她知道沒人可以答出要的答案，她直接把她心裡的解釋說出來。

「看事情的眼光就是事情還沒發生就可以預知它的結果。那是一個人最大的資產，這要在職場打滾多久？失敗多少次才能有這樣的眼光。不簡單，黃經理。你們每一個人自己自審有那些失敗經驗？從那些經驗中，你們又得到了什麼？還是就這樣渾渾噩噩的活到現在？我告訴你們，我的人生不會就這樣將就，我不會妥協！人是盲目的，看到可憐的人就同情！」

米蘭達又開始她的人生經歷演講，Matt 已經習慣這樣的模式了，對 Matt 來說，米蘭達的演講其實有時還蠻有啟發性的，不可說沒有道理。

「告訴你們！該坐牢的人就去坐牢，該去擦窗戶的，就給我乖乖去擦窗戶，凡事事出有因，每個事情的背後一定有個必然的結果。這次我跟陳總去中東參訪，你們知道杜拜塔嗎？是誰設計的？歐洲人。我看到一堆歐洲人在那裡旅遊度假，到處都是歐洲人，那誰在那擦玻璃、拖地？中東人，它們稱為奴隸。不要再跟我說人生而平等，要不然你叫那些奴隸去設計杜拜塔，他們設計的出來嗎？沒辦法嘛！他們知道自己不行，所以他們就乖乖的去擦窗戶、去拖地，

歐洲人就去那裡旅遊，那裡度假享樂。」

「現在 TD 也是一樣的處境：在最糟的時候。我們到目前為止，售後虧損了將近 60,00 萬，這還會繼續擴大！我們不是慈善事業，我們也不是吃大鍋飯的，我們是憑實力存活下來的公司，員工跟員工之間一定要有差異性出來，這樣才會進步。現在每個部門給我去看，哪裡有浪費？確實把浪費找出來，不可能都沒有。還有，收入，料的收入、維保的收入，SW 的求償進度呢？我看根本沒在做！再來，工，生產的方法有沒有問題？組裝的手法？檢驗的標準？到底是哪裡出問題？每一個部門提出報告出來。」

米蘭達把所有在場的部門全部數落了一遍，感覺這樣的炮轟，後續就會有一些部門多出一些盈餘來彌補售後的虧損。

「還有，今年公司不發年終獎金，不辦尾牙。以前不管公司經營狀況如何，我一定都會發，今年，我決定不發了。黃經理也來跟我說過，公司已經虧損，為何還要發年終獎金，本來就不應該發，勞基法根本沒規定公司一定要發年終獎金這一條，連尾牙也是，不應該辦。」

這招高，高到全部的人啞口無言，先聲奪人這 4 個字，應該就是在說明這種情況。

Matt 就不相信米蘭達不會發年終給黃經理，那麼為公司想的愛將，怎可能捨得他沒年終過年。Matt 還在心底想：帶種的話，就先跟老闆嗆說自己的年終不要，而且還自願減薪。

幹，賭你沒種！

搞什麼東西，以為大家都跟他一樣坐領高薪嗎？他可以靠月薪

過年發紅包，其他的基層人員呢？努力了一整年，卻換來公司這樣的對待，讓大家情何以堪？大家靜默不做聲，最壞的結果是真的沒年終，也沒人敢跟老闆說要發年終，只是安靜地坐著等下一步的指示，希望米蘭達只是講講而已，這是大家的冀望。

這個會議整個變調，原本是要檢討售後的財報，到最後卻轉變為不發年終獎金，大家都覺得莫名其妙，這會議一直到晚上的 7 點才結束。

Matt 和他的副理還要趕回高雄，到工廠應該接近 9 點了，回程的高速公路上，在這時間點已沒有多少車，外面是烏嘛嘛的一片，整條高速公路幾乎只剩下對向來車的大燈還有前方減速發出紅色燈光的煞車燈。

「以後你跟黃經理說話小心一點，他有什麼要幫忙的地方，全力 SUPPORT 他，不要讓他有機會在老闆面前說我們的不是。」

這句話是林副理說出來的，Matt 很狐疑的看了一下林副理：「你有事喔！」。他還心想，前陣子你還說看他能撐多久，現在卻要我們全力 SUPPORT 他。

林副理應該讀出 Matt 的心思，仍不放棄的對他曉以大義。

「你自己想想，老闆一直待在台中，他們怎麼跟老闆他們說高雄的事，我們根本無從得知。要怎麼說，是他們說了算，至於老闆會聽誰的？你看今天的會議看不出來嗎？局勢在哪？老闆聽誰的？一清二楚了，他們要把我們幹掉，輕而易舉，說難聽點，就像翻個手掌那麼容易。」

林副理看 Matt 不說話，又接續說：「你自己看 Paul，他和黃

經理兩個人針鋒相對已經很久了，Paul 他還以為自己是紅人？今天這會議陳總雖然有出來說明原因，但你覺得這次會議的風向是吹向哪？我跟你說，Paul 徹底的輸了。」

「不要逞那一時之勇，或逞口舌之快而得罪他們，對我們來說沒啥好處。」

Matt 順著林副理的意思嘴巴上表示認同，但心裡還潛藏著一股叛逆的態度，他認為，做事不應該這樣委曲求全，而是就事論事，不對的事本來就應該反應，要不然只是造成成本上的浪費，雖然黃經理是紅人，但還不至於小人到不附和他就該死的地步吧？

這是 Matt 心裡的認為，卻是職場上大大的致命傷，職場沒有清楚的黑、白、對、錯之分，會認為就事論事的人，通常都是出社會的新鮮人，還保留著學生時代的是非認知，Matt 在職場江湖這一塊，顯得太遜嫩了，無法依局勢彎腰轉舵，這樣的做事態度，遲早有一天會遍體麟傷。黃經理不是小人，他只是順手把他一路上會阻礙的人事物除掉而已，即使在微渺的小事及不相干的人物，只要阻礙到他的做事。

而在台中這一端，大約晚上 8 點，米蘭達跟陳總也準備回台北，在電梯口等電梯的同時，黃經理突然背著 NOTEBOOK 走到米蘭達他們的身旁。

「米蘭達，陳總，我送你們到高鐵站吧。」

「沒關係，我們搭計程車就好了，你也住蠻遠的，不用特別麻煩。」米蘭達笑笑的說。

「不會麻煩，其實不遠，一下子就到了。」

「哪會不遠，這時間點，計程車都要開 20 來分呢。」

米蘭達覺得黃經理是出於禮貌才會提出搭載自己的說法，當然，做為一個老闆，不可能讓自己的下屬那麼麻煩，尤其是公司的第一把交椅，更不可能讓他做些司機的工作。而一旁的陳總卻覺得怪怪的，黃經理一定有事要說，而且是在辦公室沒辦法說的事。

「黃經理，那就麻煩你了。」

聽到陳總這麼說，米蘭達轉頭瞪了一下他。「嘖，你怎麼這樣呢？」

「沒事，這一點都不麻煩，不遠。走，我車停在地下室。」

黃經理左手提著 NOTEBOOK，右手向前伸舉，讓陳總及米蘭達先進電梯。

「那多不好意思，麻煩你了。」米蘭達進電梯前，還向黃經理客套一下，順便念一下陳總。「你這主管怎麼當的！」米蘭達搖搖頭。

車剛出地下室，又轉進入台灣大道不久，陳總立即主動開口詢問。「黃經理，你有什麼事要告訴我們呢？」

「那我就長話短說好了，我覺得公司要考慮一下 Paul。」原本米蘭達才要問陳總怎麼這樣說話時，聽到黃經理提出這樣的議題，心裡充滿疑問。

「怎麼說？」

「下午的會議就不說了，一個財務經理抓不到方向，連一個財報又做得亂七八糟，單是這點，專業度就打折了。但在這之前，早

上有銀行人員來審核我們的財務資料，根本是亂七八糟，雖然不是 Paul 的問題，但他下面的人，連最基本的 EXCEL 都不會，這是最基本的技能，我不懂如何要因應集團未來的需求？」

黃經理一直把早上的事加油添醋的加上自己的想法猜測，讓米蘭達和陳總一步一步的走進自己所引導的方向去。

陳總和米蘭達是不同類型的人，米蘭達是一個會把所有事情表露在外的人，而陳總則是一個城府很深的主管，不輕易讓人猜透自己心中的想法，更遑論他的喜惡了。兩夫妻剛好長短互補，一個好大喜功，一個深沉內斂，能做到公司最上層的管理者，都是一些過人的角色，很多東西都可以觸類旁通，甚至無師自通了，黃經理這樣一講，陳總馬上知道他背後的意思，但這一刀，陳總要讓米蘭達來下手，因為米蘭達陰晴不定的個性，常常讓陳總在眾人面前吃了許多虧，而且 Paul 是米蘭達找進來的，他自己也不好意思說些什麼。

「黃經理，我知道你的意思了，你說的事，我會盡快處理，我還是強調一次，公司不養閒人，這是我把持的重點。」

「謝謝你載我們來高鐵站，對了，你開車小心一點。」

「不會，不麻煩的。」

「對了，我明天下高雄，就不進辦公室了。」

黃經理一離開後，馬上對陳總說。「走，不回台北了，直接去高雄宿舍。」

一路上，米蘭達在高鐵上對著 Paul、Tiffany、Ella、Susan

這些人 CONCALL，她巴不得把所有的人叫到她面前來一個一個問清楚。

這一夜，高雄的宿舍很不平靜。

送走米蘭達的黃經理，待車上中山高後，立即打給 Paul。

「OK 了，應該就這幾天而已，你那邊進度如何？」

「早在動了，你不用擔心。米蘭達的插播，不說了，掰。」

隔日，米蘭達 09：00 出現在高雄的廠區，很久沒下來高雄的她，突然的出現是一種很不尋常的事，除非有很重大的事要發生，要不然幾乎都會在前一天晚上就南下，然後再派車接送。

「Matt，把你人力工時的邏輯投在螢幕上操作一遍，怎麼帶公式？你的邏輯在哪？又怎樣呈現？反正就是把你流程重頭到尾操作一遍給我們看看。」

米蘭達把 Matt 叫進會議室後，劈哩啪啦的交代一堆東西，他心裡一直在想：「是不是米蘭達對他的人力工時有意見？還是這份報表給台中辦公室的人抓出錯誤的地方了？」

正當他摸不著頭緒的時候，米蘭達又力馬補了一句。「把林副理、採購、品證都找進來，讓他們聽一聽你的邏輯流程，我順便要讓他們知道你怎麼做的。」

就這樣，一群莫名其妙的人坐在會議桌前聽著 Matt 講解人力工時。全部的人心裡都在想：「人力工時，這關我屁事啊？而且EXCEL 又沒我用的好！叫我們來聽，是有事嗎？」

當 Matt 把所有的流程一一操作一次後，米蘭達站在投影幕前氣憤的說：「你們知道嗎？昨日銀行到公司來對帳，我們的會計在簡報時給我出多大的 trouble ？」

當然現場的在座都不知道發生啥事，只能默默的閉嘴。

「我們的財會人員竟然不會 EXCEL，所有的數字都是一筆一筆 Key 上去，沒有連結，加總竟然是另外用計算機，最基本的 EXCEL 都不會，她怎麼當會計人員？還跟我說他曾經是台塑集團下的會計，誰相信？」

Matt 覺得有點莫名其妙，財會不會 EXCEL，你到廠區來跟我們發飆？

「一個主管不知道他下面部屬的做事能力時，那代表什麼？從這裡可以看出 2 件事。一是 Paul 太混了，放任他下面的人亂搞，不知道他下面的人在做什麼？要不然就是他自己也知道，但他包庇，他容忍他下面的人不會，容忍他下面的人無能，他一手遮天的全部攬下來，以為可以神不知鬼不覺地混過去。結果，現在丟臉丟死了！」

「我告訴你們，不要有心存僥倖的想法，這種投機取巧的念頭很要不得，一但你被識破，前面隻手遮天掩蓋的事實就會全部爆發出來，這樣有比較好嗎？只會讓別人對你印象更差而已。昨天在台中，我請 Paul 整理一下適用我們公司的法條，結果，他竟然用上市櫃公司的法規套用在我們公司身上，根本就是亂七八糟！還把公司拿去投資電池廠的金額列虧損，這是專業經理人做出來的決策？這是有 6、7 年財會背景的主管？做出來的是什麼爛東西！就像前

天會議的資料，那叫財報？那叫一個助理來做都比他還好！」

米蘭達真的發飆了，整整在會議上飆了將近一小時，把財會從頭到尾批評的一無是處。

Matt 不懂會計科目，尤其是財會部門的 Know-How 更是一無所知，但，Paul 是獵人頭找來的專業經理人，Matt 相信他的專業。Paul 會把投資金額列虧損一定有他的道理，並非平白無故的歸類。若 Paul 真的有問題，Matt 覺得：身為一個公司的負責人，你可以質疑 Paul 這樣歸類的理由，你可以覺得他不適任在私底下資遣，但沒必要在公開場合，或甚至在其他部門來責罵一個經理人的不是，這不是一個公司當權者的高度。

Matt 覺得：今天你會這樣罵一個部門經理，會這樣不相信一個人的專業，有天，轉身過來，也一定會這樣對待自己。Matt 他還是不懂，這個會議的用意在哪？聽米蘭達罵人？還是要他跟林副理兩個引以為鑑。

很快的，答案就出來了。

「我今天特地南下，除了要看 Paul 的人事資料外，我還要再確認 Matt 你做簡報的流程，我一直記得你做的流程有把 EXCEL 的運算套用在表格裡。我的記憶應該沒錯才是！ Matt，明天一早你跟我上台中，把你今天整個流程一步一步的操作給 Paul 看，給整個財會看，讓他們知道，什麼才是專業的簡報。」

Matt 整個無言，他跟財會人處的不錯，很多工作上的小事也會互相 Cover 提醒，明天上去的用意，擺明就是要讓他們難看，那叫自己以後怎麼在財會生存？ Matt 決定要先通知 Susan，由她把

這訊息轉達給 Paul，讓他們有心理準備，也可以順便準備一下怎麼應付米蘭達的言語攻擊。

Matt 很快的在休息時用內線打給 Susan，把所有剛剛的會議過程描述給她聽，並要他們準備一下明天的回應方法，當然，除了提醒外，另一方面也是要他們財會手下留情，畢竟明天的財會是一個 team，而自己單槍匹馬，根本是送死！

Susan 很快的回應他：「放心，Paul 沒在怕的，他已經習以為常，這在台中常發生。米蘭達的會議爆走已經不是第一次，她的財會知識都是她自己的認為，正統的會計科目並非如她所想的那樣，Paul 已經不只一次跟她有這方面的衝突，他已經很努力的在用他的方法把米蘭達的觀點慢慢導正。」

Matt 覺得這次很不對勁，回 Susan。「可是米蘭達真的很生氣，你們還是小心點好。」

「等一下等一下，Paul 自己要跟你說。」

「怎麼了？ Matt，你又在欺負我們家的 Susan 妹妹了啊！」

Paul 還是不改那種平靜的口氣，一副事不關己的樣子。

「經理，米蘭達真的很生氣，明天要我載她上去修理你們部門了。」

「那就來啊！看到時是誰修理誰？你皮給我繃緊一點啊！」

「後，經理，別這樣嘛！我是特別來提醒你，另一方面也是要你手下留情啊！」·

「不用在意她，你來就對了，把她要你要表達的完整呈現出來，

我倒要看看米蘭達的葫蘆裡在賣什麼藥？你不用擔心我，假如要對我怎樣？那在一開始就動手了，不會留到現在。」

「真的嗎？那你不要對我出手，我可是有事先好心提醒你了。」

「那就要看你的表現囉！」

「喂，經理。」

「開玩笑啦，你不用擔心。等一下，Susan 說你高雄的名產超爛，要你別耍賴。」

「沒問題，明天見。」

　　隔天一早。

　　不到 7 點 Matt 就在主管宿舍的樓下等米蘭達，這樣接送主管的模式，Matt 已經非常熟悉，幾點出門，在哪吃早餐，在哪裡等，這所有的一切流程皆已駕輕就熟。米蘭達也沒讓 Matt 等太久，大約 7 點，她也拖著行李箱出現在固定的位置。

「Matt，早。」

「早，米蘭達。」

「你載我去高鐵站就好，不用上去台中了。」

「啊？好。」

　　Matt 原本覺得疑惑，突然又驚覺不該問太多又馬上說好。

「我昨晚想了很久，這已經不是財會第一次有這樣類似的問題了，你上去也不能改變什麼，我自己回去就好了。」

「不好意思讓你白跑這一趟，你吃早餐了吧？」

「吃了，米蘭達。你要買早餐車上吃嗎？」

「不用，我到高鐵星巴克買就好了。」

就這樣，米蘭達自己回到台中辦公室，而 Matt 一如往常地回到工作崗位，他以為昨天米蘭達發飆的事就這樣不了了之，卻沒有人知道，米蘭達在回程的車上，有件事已慢慢的在她心中發酵。

「Matt，Paul 有危險了。」

又是 Terry，真的不知道他的眼線哪來的？一直有些八卦小道消息傳出。

「隨便啦，又不關我的事，也不是我說了，或是我去關心就可以改變這個事實。」

Matt 覺得這次一定是謠言，米蘭達已經沒做任何動作，Paul 又那麼有自信，這次的消息根本是空穴來風的八卦。

結果，Terry 不這麼想，他告訴 Matt：「Paul 很有可能今天就不見了。」

「最好啦！你又是哪得來的消息？」

「剛剛 Doris 打電話來問我，關於 Paul 的資訊財產有哪些？簽核權限到哪？Tiffany 可以接下來嗎之類的問題。你覺得，這樣的意思還不明顯嗎？」

Matt 馬上反應說：「那財會怎麼辦？讓它倒喔？Paul 好不容

易建立起來的規矩制度，就這樣讓它荒廢？」

　　Matt 隨即覺得這樣的反應有點不妥，但事實上真的是如此，TD 在 Paul 沒來之前，一直處於人治的狀態，所有的付款、依據都在某個人手上，最後再由老闆拍板定案，完全無任何根據來源基礎，好不容易這半年來，一個像樣的制度雛型慢慢出來，付款也逐漸上軌，Matt 實在無法想像，若 Paul 不在，TD 的財會又會變成如何？

　　Terry 倒是沒 CARE Matt 的話，他神秘的說：「這公司超奇怪的，完全沒想到未來的問題，TD 組織要做大，財會很重要，若是把 Paul 拿掉，Tiffany 這個人不知道會怎樣擾亂這盤局。」

　　Matt 說：「公司未來怎樣我似乎管不著，也不是我能控制的，倒是 Paul，唉。不過，依他的資歷，應該不至於找不到工作才是。」

　　Terry 說：「他是 OK，不過，他是公司獵人頭找來的高階幹部，也算是公司重用栽培起來的，依我對 TD 的感覺，他在 TD 的薪資水準應該會高於市場平均，若他再出去，也不是容易找到一個滿意的職位，年底這時間點，市場上的機會是有限。」

　　Matt 若有其事的說：「Paul 應該有聽到風聲了吧？高階主管資遣，不是那麼簡單的。」

　　「估計下午米蘭達就會找 Paul 談了，我想 Paul 應該也知道了。」Terry 繼續說：「你自己也注意一點，雖然你不到高階主管的位階，但，你也算是米蘭達的親信，伴君如伴虎，千萬不要像 Paul 一樣，犯了職場的大忌。低調！低調！記住，言多必失！」

下午的 6 點，整個工廠只剩下辦公室的間接人員，果不其然，Paul 真的被幹掉了。

【Matt，剛剛 Paul 跟我們說再見，而且把桌子清得一乾二淨，他沒說什麼，不過我估計他應該被 Fire 了，沒有正式公告，但，感覺是。】

【保密，先讓你知道。】

Susan 第一時間從台中傳 LINE 給 Matt，她知道 Matt 與 Paul 的私交很好，讓 Matt 有心理準備。

不久後，Paul 的離開引起了一陣軒然大波，大家都心裡有數，但都不敢明目張膽的討論，只是覺得：為什麼？

對大家來說，這是一個超大的警訊：即使再紅的人，被砍也只是一時的事。對不知內情的人，大家還在想背後的原因內幕，但，對 Matt 而言，他看到的是上次會議黃經理的反擊及高層在底下佈下的伏筆。若這一連串的事情真的是有預謀的，那真的令人不寒而慄，Matt 鄙視這樣的職場生態。

「Matt，你看 Paul。自己小心點吧！表面看起來是 Paul 自己的問題，但，背後呢？」

說話的是林副理，他也跟 Matt 一樣，看到另一個隱藏的點，只是沒有人真的知道實際隱藏的動機跟導火線。

22

指點

　　在星巴克的一角，Matt 一個人坐在落地窗的座位旁，桌上是他的 NOTEBOOK，他一會兒看一下螢幕桌面右下角的時間，一會又埋頭回到 NB 的世界哩，手裡握著滑鼠一直在 google 網頁搜尋，不知道在忙些什麼。

　　他在等一個人，一個在幾天前他自己特地邀約而來的某人。大約 18：00，突然，一個穿著素色襯衫，深色西裝褲，右手拿著公事包，左手掛著西裝外套的中年男子在他對面坐下。

　　「Hi，Matt，好久不見了，最近還好吧？」

　　「哈，副理，好久不見。你要喝什麼？我幫你點。」

　　「那給我來杯拿鐵，記得不要加糖。」

　　「OK，沒問題。」

　　幾天前，周副理 LINE 的問候，讓原本沒聯絡的兩個人搭上線。Matt 因為台中那群人拚命的挖洞，原本賭氣開始計畫跳槽了，卻因為周副理一句話而潛沉下來。沒有人知道未來的事會怎樣？對 Matt 來說，現在的機會沒有不好，明智的跳槽是因為有更好的機

會，若為跳而跳，就太過於意氣用事了。做人很多時候要忍一忍，Matt 是聰明人，他也明白這一點，也因為這樣才有今天的飯局產生。

「你不是要我幫忙看履歷嗎？改好了嗎？」

Matt 把剛剛點的拿鐵拿給副理。「當然，要不然我找你來做什麼呢？我需要你這樣的高階經理人來幫我審視我的履歷，要不然，真的沒人要我。」

「怎會有想跳槽的念頭？我聽傳言，陳總不是要把 TD 做大嗎？這樣你在業界不是更搶手才是？台中的廠也應該差不多要蓋好了，你這樣走人，會虧很大喔。」

「副理，你就別再調侃我了，你自己不也知道內幕？你就好人做到底，幫我看一下這樣的履歷行不行？」

副理笑笑的說。「履歷修改的怎麼樣了？」

「這裡。」Matt 從資料袋裡把履歷拿出來。「我用西式的簡歷樣式，把每一頁分門別類列出來，自傳在最後一頁。」

周副理接過 Matt 的履歷後，還沒打開翻看內容，就直接說：「上次你 Mail 給我的 104 履歷，我大概翻了一下，11 年，共 5 份工作，最高年資 6 年，最低 6 個月，你應徵的是中階主管。」停頓一下後，「再來考慮到你的年紀，老實說，這樣的經歷，我不會用！」

「我話說得很直，你不要介意。還是你不想聽那麼直白的話？」

「沒關係，我還是要知道我的點在哪？」

Matt 心裡有些震撼，他還以為自己的經歷很漂亮，還算是個

搶手人才。

「邢我就繼續了。」

「前些日子，我用一些時間再看一下你的自傳，總共用了 1425 字、34 個我，這必須重寫，太過於主觀，自我意識太強，在外商或許可以，在傳產，一定會被打槍。所以我才要約你出來聊一下，之後面對的可能是高階主管的面試，這樣的履歷是不行的。」

「你要知道，接下來你面試的都是主管的缺，你的履歷不能再只是流水帳的紀錄，你要有一份屬於你自己的履歷，應該說一份屬於你自己的個人簡報。104 那樣的制式履歷是必要，但，那是公司人資在審核你條件時的一個 sheet 而已，也是主管當下面試你拿在手上的基本檔，不可當作拿上檯面的資料，當你面對面試官時，你一定要有一份正式的資料來表現你自己。」

「接下來，我們來看你的履歷。」

周副理直接把 Matt 的履歷打開，由第一欄的基本資料開始「找碴」。

「把兵役狀況、汽／機車駕照這些無關緊要的資料拿掉，你是應徵主管，不是剛出社會的新鮮人。」周副理順手拿筆直接把這兩欄槓掉。

「學歷，這樣表示 OK。經歷的話，我們先來看一下工作內容。你寫每月工時分析／控管、排程控制，這不是就是生管在做的事嗎？再來，產銷會議召開，這每間公司都一樣，都是生管在做的，這些最基本的東西，不用特別 Highlight 出來，你要知道，到你這課級的職務，工作內容不是寫越多就表示越好，你又不是助理，不要

條列一些基本的內容來充場面，你要特別表示出你在這一份工作幫公司提升了什麼東西？是利潤？還是效率？還是降低成本，減少庫存？這都是主管最 CARE 的事。工作清單寫個 1 到 3 項，意思意思就好了，主要在成績的表現，例如，交貨達成率，是維持？還是提升？這樣明白的寫出來，但，也不是直接寫 OTD100%，是一直以來就 100%？還是由 80% 提升到 100%？這樣的表示就有差了，懂嗎？」

Matt 一直點頭表示贊同。這些道理他自己不是不懂，一堆雜誌週刊常常會整理類似的訊息，怎自己在實際面卻沒想到要這樣做？

「所以，我必須寫任職 3 個月內，OTD 由 20% 提升至 100%」Matt 馬上把自己的想法表示出來。

「不錯，我剛要補充時間距而已，你就可以馬上反應過來。」

「再來，這一項。」周副理用筆在履歷上畫選了一個圓圈。

「人員流動率：0。我們來思考一下，當人員沒有汰舊換新是好？還是壞？」

周副理說完這句話後，微笑的看著 Matt。

「不好。」Matt 約思考了兩秒鐘，毫不遲疑地說出這句話。

「那我就不用再解釋了，你知道這代表的涵義在哪？」周副理再用筆把這選項整個槓掉。

Matt 點頭等周副理下一步的指導。

「這領導效能問卷是做什麼的？」

「這是我來 TD 前的上一份工作，公司內部給底下員工對上級的評比，這是不記名的方式，會比較公正點。」

Matt 特強調不記名、公正兩項，這是他引以為傲的評分，他自身的分數高於全集團課級的平均，他理所當然地認為，這份評比是可以證明他適合管人，適合管理。

但，周副理卻不這麼認為。

「這分數可以有兩種解釋。一種是爛好人。跟下面的人打成一片，說難聽一點就是稱兄道弟，這樣的管理，是『ㄅㄨㄚˋ ㄍㄤˋ 情』（台語：博感情），是看心情做事。今天我跟你好，不管怎樣，就算沒加班費也挺你到底把貨趕出來，就為了讓你出一口氣。這並非老闆眼中的管理，這是不及格。」

「另一種解釋是能幫下屬解決所有困難的主管，並公正地做出考評的決定。但，這很難，根本沒有這種人。我相信你也知道老闆心目中要的管理階層是怎樣的『模型』，不是嗎？所以，這份評比，你自己決定要不要放進去，若要放，你要思考怎麼去說服來面試你的人資及部門主管。」

「很賤厚，對不對？」

周副理故意試探性的問。

「沒辦法，有些履歷我一看就是假的，更有一些履歷一看我就想整個丟回去給他。我會在字眼上著墨，特別挑關鍵字，你接下來的面試也是會這樣，不只履歷的關鍵字，連你表達的字語也是一樣，要特別注意，要不然，自己怎麼死的都不知道。所以，為了你自己好，把我剛剛講的重新改一遍。」

Matt 把周副理畫滿整篇筆跡的履歷收好，他心很沉，他完全沒想到自己根本沒有其他差異性的優勢出去跟別人 PK，突然他覺得自己這幾年的工作經歷是一片空白，其實自己也沒多麼的厲害，這是他自己心裡面的感覺。

　　「好，接下來的時間，你要開始做一件事。」

　　「什麼事？」Matt 覺得好奇，除了再重新改履歷，還有其他的事要做？

　　「閉嘴。」

　　「現在你要學著把嘴閉起來，你太多話了。」

　　周副理說完這句話後，沒再講話，停頓了一下，整個場面約靜止了 2、3 秒，Matt 感覺像電影情節一樣，被人冷不防地從後腦勺大大的巴了一個大巴掌那樣的窘境。

　　「從我一年前見到你第一面開始，看著你的履歷，我就一直思考：為何你會一直換工作？這一定有緣故。」

　　「不要再去跟別人流言蜚語，你可以聽，但就是要閉嘴。」

　　周副理「閉嘴」這兩個字說的很重，他在跟 Matt 強調這兩個字的重要性。

　　「你可以聽，但不要做任何表示，也不要做任何回饋。你沒必要用你知道的八卦來拉攏其他那些說長道短的同事。更何況，那些八卦說穿了，對你有什麼幫助？你聽了，知道會怎樣？不知道又會怎麼樣？」

「把這心態改過來！要不然你會一直只是不入流的人而已。還有，我話說得很直，若你覺得不舒服可以跟我說。」

周副理不知道他這樣直白的話語，會不會刺激到 Matt？他又特地再跟 Matt 強調一次，避免他內心有疙瘩。

「不會，副理。我不會怎樣啦，我還需要有人點我，要不然，我根本不知道自己的『點』在哪？」

Matt 虛心接受，雖然有點不舒服，但卻是第一次在心裡老老實實地承認自己的不是。果然，所謂的職場，Matt 還只是一個小毛頭而已。

「之前也有個人跟我說過同樣的話，要我閉嘴。米蘭達。」

「喔，她也會這樣跟你說，那她還不錯。」

「她對我算 OK，但是，是要可以忍受她的個性才行，我也是撐好久才到現在的。」

周副理笑著搖搖頭說，「你還真的不簡單，可以忍到這時候。」

「其實米蘭達還好，她只是比較會念而已，偶爾要聽一下她的企管理論演講，說實話，有時還蠻有道理的。涉世不深的人真的會輕易就相信了。還有剛進公司的新人，至少我就信了。」

「她是蠻會講的，但，講的都是商業週刊的論述，騙學生、騙年輕人可以。還真以為社會職場那麼簡單喔！要發表言論的話，至少拿經理人這類的雜誌來唬爛也才差不多。」

「對了。你們電池廠最近進度如何？」

「電池廠是個謎，我永遠在幹最外圍的事，根本串不起來現在

的近況，我也不想主動去碰了，有種熱臉貼冷屁股的感覺——吃力不討好。」

「反倒是組車，一張單都沒有，現在都第 4 季末了，明年一張單都沒有，就算接到單，你自己也知道，最快要明年第 3 季才能出貨了，那這將近一年的空窗期，人力預算是很大的成本。」

「很有他們夫妻倆的作風，不出意外。」

「靠，副理你這也猜的到喔？」

「我那有那麼厲害？我是指他們夫妻倆短視近利的作風——標準炒短線，跟著他們兩個，我看不到未來，所以我才離職啊。」

「那我怎麼辦？」

「繼續留著吧，要不然你要去哪裡？」

「我們不能說他們夫妻不對，他們沒有作違法的事，他們兩個是標準的生意人，想利用 TD 大賺一筆走人，所以風頭往哪走，他就往哪鑽，我只能說陳總的嗅覺很敏銳，也很敢，常常喜歡用 1 元做 100 元的事，這根本在賭博。」

「啊，你講的我都沒信心再繼續留下去了。」

「我有跟你講過當初有兩個人來面試，而我一直要你，老闆則是屬意偏向另一個人吧？」周副理看的出來 Matt 心理的失落，突然話鋒一轉，把整個風向帶到另一個話題上，不讓 Matt 這麼垂頭喪氣。

「嗯，你有我提過說有另一個人，我記得他好像是 TSMC 的經歷。」

「你都沒想過我為何要用你嗎？」周副理有種試探的口氣。

「是有，但，我不知道答案，也不敢問。」

「因為你的背景。」

「我的背景？」

「你這幾年傳產的背景，TD 也算是傳產，那我幹嘛用一個只有科技業經歷的生管？就算是 TSMC 又如何？對我完全毫無幫助。」

「喔。」Matt 心想，就那麼簡單？

「當然除此之外，除了工作背景外，你的家庭背景也不一樣，另一個人當初是自己出來開店，他有退路，你沒有，你若沒有工作來賺薪水是無法過活的。這樣的差別在於面對那夫妻倆的時候，你沒辦法隨隨便便就放棄，你沒有說不的權利，而他，隨時可以離開。」

Matt 沒想到一年前周副理對自己的面試，竟然可以看出背後這一大堆原因出來，他除了敬佩，還多了一份敬畏。

「哈，別想那麼多，有些事你慢慢就可以知道的，隨著年紀的增長，你的經驗跟眼界也會越來越廣，到時候你說不定看的比我更透徹。」

周副理好像看出 Matt 眼神的意涵，突然說了這麼一段話出來。

「副理，那你現在這裡過得如何？我看你一直在度假，三不五時就看你往東部跑，是假太多？還是錢太多？」

「我現在這裡喔，傳產，步調慢了許多，雖然跟我之前是不同

產業別，但，跟電子業比起來，還算是小 CASE，OK 的。」

「我怎感覺你到哪裡都可以很快地融入當下的環境，而且可以立即成為主力，切入公司的核心，你是怎麼做到的？」

「剛剛不是跟你說過這是經驗的差別嗎？來亂的喔！」

「最好是，就算在幾年我也沒辦法達到你目前的境界，教一下，你怎麼辦到的？」

「你想知道？」

「嗯。」Matt 點點頭。

「因為我很便宜。」

「便宜？」

「對啊，我很便宜，我跨行業都是降價求售，我現在月薪跟你差沒多少，應該多幾千元而已吧！你想想，假如你是老闆，你請一個副理，給副理的薪水，卻在做廠長的事。你是老闆的話，會不會重用？」

「會。」

「這就是了。我有建廠經驗，更不用說帶人管理了，這都是小 CASE 而已。我把電子業那一套拿過來用在傳產，會嚇死一堆人，當然，老闆眼睛是雪亮的，他會覺得他賺到了。」

「啊，那你不會覺得委屈嗎？」Matt 設身處地轉換成自己想，這樣划得來嗎？

「不會啊！為何會委屈？」

「你不覺得自己應該可以拿更多？」

「我說我現在便宜，沒表示我會一直那麼低價，一年後我就會讓公司知道我很貴了。」

Matt 被周副理當下的語氣衝擊。這是多麼有自信的境界，如此對自己有把握，能把自己鋪的路完全掌握自己手中的人，他是第一次遇見，他不知道自己何時可以到周副理相同的境界？這要經歷過多少的歷練？多少的沉住氣？甚至多少的壓抑才有今天這樣的氣度跟遠見？Matt 深感自己的卑微及不足。

「先把履歷改一下，好了之後我再幫你看看，你再去試試現在市場的水溫如何？記得，千萬不要輕易的離職，尤其不要為了人離職，忍下來，讓公司，讓老闆，甚至讓那些挖洞給你跳的人有一種假象：你，非 TD 不可。這樣，到時候走人可就有一場好戲看了，那時候你想怎樣都可以。」

「啊？」Matt 有點不可置信的看著副理。

「相信我，很爽。」

23

敗將

　　陳總站在會議室的窗戶前，居臨 26F 的辦公室，從這角度看出去的視野非常的廣，視角所及大度山糢糊的稜線、高速公路南來北往的車潮，還有眼底腳下台灣大道的車水馬龍，眼前的一切似乎是那麼平常，卻又那麼遙不可及。時間是下午的 5 點 30 分，高速公路那一端的夕陽只剩一抹暗橘色的餘暉，在冬天的這時間點，夜幕即將壟罩整個台中市區。

　　陳總他一直在思考公司接下來的方向，整個上半年度柴油車完全沒訂單，這是他計畫性的策略，上半年他把所有的心力放在接下來的電池廠，也把高雄端的幹部一直往台中帶，他要把整個集團帶往另一個更高的層次，不再生產製作普眾的柴油車，陳總他看到未來將會是電動車的市場，而電動車的電池，將會是這市場的重心。

　　電池的生產勢在必行，但廠房的下落一直遲遲無法確定，中科的標準廠房還在排隊等候，這一等就不知道到何時？拖越久，對公司的發展就越不利。站在公司負責人的高度，一個企業應遵循的最根本原則就是賺取利潤，只有利潤才能對股東、對員工全方面的負責；而從賺取利潤的角度來看，公司就必須創造更多的收入，以及

降低非必要的成本。作為董事長，以企業發展為根本，帶領公司往對的方向走，一路上盡量得小心謹慎，把損失降到最低，另一方面又要求突破，多頭進行才能創造更多的收入來源。這樣的突破、創新就難免會做出錯誤的決策，這是在一種很困難、很矛盾的情況下去爭、去搶、去拚，在每一個方面都和其他大企業有相當大的差距，但，以一個企業領導者的身分，能不做嗎？

正當陳總一直思考公司內部的問題時，黃經理剛好走進來請教關於後續電池廠一事，陳總趁這機會跟黃經理聊一下關於他內心的疑惑，順便聽一下他的想法和做法。黃經理大概了解陳總的考慮的點後，不加思索的直接回答：裁員。

依據黃經理過往的經歷，裁員是最直接也是最快立竿見影的手段，但，實際上卻不是對公司最好的方法，BUT，WHO CARE？只要對自己有利的部分，黃經理不會輕易放過，經歷過這一段時間和老闆夫妻的磨合後，知道他們所 CARE 的點在哪，知道怎麼投其所好，順著老闆的意思，再加上自己的一些見解，很容易就可以說服老闆。

黃經理說：「TD 非慈善企業，TD 是一間以營利賺取利潤的民間企業，當然以利潤為首要目標考慮，首先要拋棄的，就是對公司最沒價值的第一線人員。」講的很現實，但這一段話其實是一直以來米蘭達在大家面前所強調的，黃經理知道這樣說絕對不會有事，甚至可以更鞏固自己在老闆心中的地位。

陳總聽到黃經理的建議，心裡有點震撼，黃經理竟然那麼直接的提出砍人的建議，完全不留情面，而這方法陳總自己不是沒想過，柴油車的生存已沒有實在的必要，那我留這些人做什麼？黃經理一

席話讓他原本埋藏在最內心的打算又被挖起，或許這才是一個企業生存下來的最必要條件，也或許目前沒有第二條路可以走了。

幾天後的早上 10 點，集團的幹部緊急被通知到台中集合，陳總召開緊急會議，所有課級以上管理階層都要到，大約有 10 來位參加這次秘密會議，為此，Matt 才知道整個裁員過程及原因。

這次恐怕會是 TD 史上規模最大的一次裁員，製造現場預計裁撤 10 人，間接部門各 20％人力，這樣的比例算起來，每部門大約 1 到 3 人會被裁撤。這是 Matt 第一次經歷的策略性人力調整，做的很絕，Matt 知道後，好像有什麼掛在心底，說不太出來。

業務的訂單不如預期，應該可以說是被競爭對手打垮，整個下半年完全沒有訂單，而且連明年的訂單也看不見，這一波的訂單空窗期史無前例的大，為此，人員的淘汰是不得不的做為，這是陳總對外的官方說法。

昨日的秘密會議是整個計畫啟動，隔日交出各部門的名單，再隔 2 至 3 天，HR 審核名單人選，最後面談。

沒有一個管理幹部敢為員工說話，米蘭達說明公司現在的處境，還有不得不做的原委，大家心裡也清楚，若此時出聲辯護的人，絕對會是下一波被裁的對象，為求自保，默不作聲是最好的態度。整個過程一直在檯面下進行、一氣呵成。

3 天後，所有部門的名單在下班前確定，陳總連最基層的員工名單都 REVIEW 過一次，這次的裁員是勢在必行。隔天下午 3 點開始陸續面談，第一波的是產線員工，在工廠的小會議室。

進來的人，製造部的林副理會先肯定他過去的成績及努力，接

著告知公司因業務訂單不如預期，人員的縮編是不得已的作法，然後再告知支付的賠償金金額，包括依年資計算的賠償薪資、預告工資、特休補休未休折算的日薪，最後再遞上解除勞動契約的通知書，讓他在上面簽名。

平均一個約 20 至 30 分鐘的時間。

被裁的員工事先完全不知情，等他們被叫到會議室的同時，代表他還剩 1 小時的時間可以整理所有屬於自己的隨身物品，之後就會被產線主管帶至大門離開，所有這一切流程都在高度保密的過程中進行。

即使 Matt 是部門的直接主管，他也只知道隔一天要面談的員工，裁員的名單是林副理開的，老闆也同意，說真的，還真不知道會殺到誰？而現在，拿著 Doris 給的最終名單，沒想到，坐在他前面位置的生管助理工程師──Joyce，竟然也在明天裁員的名單上。Matt 不知道今天要怎麼過，心情特別不好，依公司的規定，他不能透露一點點訊息給 Joyce 知道，只覺得心裡很悶。和 Joyce 朝夕相處一年多的同事，明天就要由 Matt 來開口解決她的去路，而她完全不知道，下班前，Joyce 還跟 Matt 抱怨公司怎麼可以那麼狠心，說砍就砍，完全不留情面，尤其在這即將歲末年節時期，Matt 也只能苦笑，不做任何反應。

買晚餐時，Matt 感到非常灰心，年節將近，便當店的老闆娘開口問 Matt：「快過年了，你們公司年終應該領好幾個月吧？」Matt 稍稍微笑搖頭，並沒有再多加解釋回答。

隔日一早，Joyce 比 Matt 還早到公司。Matt 看見 Joyce 後，

只能輕聲的道聲早安，就心虛的不敢再說一句話，安安靜靜的在座位吃自己的早餐，吃完早餐後，Matt 只是安安靜靜的坐在電腦前，假裝自己在忙公事，實際上只是盯著電腦，在 EXCEL 表上漫無目的的游移，腦袋卻放空的等待那一刻來臨。差不多 10 點左右，座機終於響了，來電的號碼是小會議室，此時的 Joyce 還在幫忙同事訂中午的便當。Matt 接起電話，告知對方稍等一下下，再 10 分鐘左右就會過去了。

Matt 等 Joyce 一忙完，他走到 Joyce 的座位旁，再跟她說去一下小會議室。Joyce 聽到了之後，「啊？」了一下，直覺地懷疑自己有沒有聽錯，眼睛睜大大的，用食指指著自己，站在一旁的 Matt 只是無言的點點頭。

Joyce 知道去會議室意味著什麼，那間會議室一直進進出出，每一個進去的人，出來後都直接收拾走人，只是她沒想到會是名單之一。Joyce 表現得很平靜，進會議室後，Matt 直接拉椅子在她旁邊坐下，而在他們對面的，就是副理跟 HR 的 Doris，打破沉默開口的人是 Doris。

「Joyce，我代表公司要跟你說聲抱歉，公司訂單的關係，在人力編制上需有些調整。」

Doris 解釋了一些關於公司政策面上的決定，還有對於選定她而說聲抱歉，反而製造部副理及 Matt 都沒說話，大家彼此之間都很熟了，也不用多說什麼，不到 5 分鐘的時間就結束了所有的談話，Joyce 很直接地在表格上簽名，絲毫不拖泥帶水，之後再由 Matt 陪著她走回辦公室收拾個人物品。7 年級的小女生，屬於她的辦公桌有非常多的小東西，Matt 特地到影印室拿了一個裝 A3 影印紙的

紙箱給她，讓她可以完整把自己的私人物品帶回家。Joyce 的表情明顯的非常失落，她感覺自己突然和公司一點牽連都沒有了，她在 TD 工作 3 年，可是就在前兩小時，她被 TD 拋棄，而且在接下來的 1 小時內，TD 將不再有她任何的痕跡。

Matt 看她蠻多東西，要她一個小女生抱著 A3 的紙盒搭公車實在有點不方便，他直接跟 Joyce 說：「我送妳回去吧。」

「你不先跟副理說一下嗎？」

「管它的，都什麼時候了！」

途中，路過一間銀行的門口，接近中午時分，有不少車子臨停在紅線上。

「我還沒這個時間點從這裡走過，從來沒有見過這銀行門口車水馬龍的樣子，在白天回家還真不習慣。」Joyce 看著眼前的景象有感而發的說。

Matt 知道這時候她的心裡很不好受，雖然她表現得很堅強，但有很大的可能，等 Matt 送她到家後，一轉身，Joyce 可能就會哭得唏哩嘩啦，就像今天裁掉的許多人一樣。

「不要想太多，被資遣，不是什麼大不了的事，這也不是什麼人生的汙點，我也曾被資遣過，我懂那種感覺，真的！」

「吼，你不用特別安慰我啦，我沒事。」

「怎可能沒事！我那時候被資遣時，還一度懷疑自己是不是很爛？爛到公司寧願花錢請你走人！」

「Matt，我真的沒事，相信我。但，我可能會難過一陣子吧！

所以，不用特別安慰我，到時候我哭得唏哩嘩啦時，我看你要怎麼辦？」

Matt 聽完 Joyce 的話後，就不再提關於資遣的事了。「假如你有經濟上的困難，再跟我說吧！至少我可以幫你度過短暫一陣子沒問題。」

「不用還嗎？」

「ㄟ，如果你還不出來，我是可以讓你一直欠著沒關係。」

「我開玩笑的啦，謝謝你，Matt。你真的很不像一個主管，很高興認識你！」

「不要亂想，先讓自己休息一陣子吧！」Matt 在離開之前，特地再跟 Joyce 叮嚀一下。

「Matt 相信我，有機會再見面的時候，我會跟現在不一樣的！」

聽到 Joyce 這樣一講，Matt 心裡踏實了不少，至少 Joyce 對自己是沒有抱著怨恨，這樣就夠了。

回公司的路上，Matt 特地放慢速度開車，他腦海裡一直在思考：不管你如何為公司賣命，當公司不需要你的時候，你曾經做的一切都不再有意義。

公司策略性人力調整的意思是說，老闆不是以你的業績考核為標準，完全是整體面的考量，換句話說，就是沒有一個依據來炒哪一個人，單憑老闆的喜惡。有好幾個領班，甚至資深員工也都那麼

走了，沒有任何商量餘地。這次裁員的重點：新來的員工，還有待了好多年的老技師。

Matt 不知道在這年近 40 歲被公司拋棄會有什麼感觸，他完全不敢想像。Matt 在 TD 一年多以來，親眼看到 TD 全面擴張，再到現在訂單全無的全況。是誰的錯？對基層員工來說，一定是公司領導者的錯！若上位者沒技術性棄單，電池廠投資，馬達自製，這些看似好的方向，都是可以賺大錢，但，為何會失敗？

他已經不想再去探索，只是覺得，老闆下錯決策、老闆犯下致命的錯誤，卻是由底下最普通的員工來承擔，這是 Matt 針對這次公司策略性人力調整得到的心得。Matt 太天真了，事情沒有想像中那麼簡單，內幕也沒有策略性人力調整那麼單純。員工和公司的關係，就是利益關係，千萬不要把老闆當作衣食父母，當然，這不是說工作就可以隨便、可以偷懶，工作就是要對得起公司。

就在廠端辦公室進行裁員動作時，同一時間，在台中辦公室還有另一個秘密會議繼續再進行：第 2 波裁員，而這波的對象竟然是管理階層。這個會議是由台中技術部發起，對象只有陳總、米蘭達、黃經理與陳經理，而 HR 及廠端製造部幹部均在南部會議室依昨日的會議名單持續在進行裁員的動作。

昨晚，秘密會議結束後，黃經理把陳經理叫自己座位旁，特別又私下討論。

「我們是不是趁這機會向上頭建議把 Matt 除掉？」

說話的是黃經理，他覺得此時的時間點非常的恰當，趁老闆在為人員成本問題困擾時，把這議題特別提出來，再加上近期 Matt

在 BOM 問題上一直與技術唱反調，若技巧性改一下說法，一定可以順勢而為的把 Matt 除掉。

陳經理知道黃 Sir 對 Matt 用意在哪，只是沒想到黃 Sir 竟然會趁這一次把他炒掉，難道電池廠外包已經有進度了？當然，黃 Sir 是他的老闆，他都開口提出了，作為下屬怎可能說不。只是他要怎麼配合自己的老闆來演這齣戲？

「黃 Sir，那你覺得我們要怎麼向老闆建議？」

「不可以找米蘭達，米蘭達不一定會動 Matt，要找就直接找陳總，從陳總下手。明天早上，趁他們會議空檔的期間，我們兩個直接去找陳總，然後你起個頭，後續就由我來接手補充，我相信陳總會聽我的，我就不相信陳總在權衡之下會不聽我的建議。」

黃經理勢在必行的樣子，電池廠的外包一定有某種程度的進度了。

隔天早上 10 點，陳經理與黃經理趁老闆開會的空檔一起進去找他們呈報，此時陳總坐在會議桌的最底端看公文，米蘭達一直盯著 NB 螢幕不知在忙些什麼。

「陳總，我們有些事想向你們稟報。」

「怎麼了？黃經理，你有什麼事要說的嗎？」

「我認為廠端的製造部間接人員太多，必須再縮減部分人員。」這次說話的是陳經理。

陳總聽到後，把頭從公文卷宗中抬起。「這會議不是昨天開完了嗎？還有什麼問題嗎？」

「昨日的名單是直接人員以及一些辦公室的人員，成本效益上降沒多少，我跟黃 Sir 都覺得還可以再考慮某些廠端的間接人員。」

「南部的工廠已經可以說是屬成熟的工廠，產線皆都已高度標準化，可以說技術門檻已降低許多，根本不需要那麼多專業的間接人員。尤其有些屬間接性質的幹部，現在產線沒動作，還有訂單這半年的空窗期，這些幕僚基本上佔了公司不少的成本，我們必須把這些性質的人選優先汰除，這些人替代性太高了，後面若是有訂單，隨時可以再從外面補人，這樣的銜接磨合期不會很長，而且進來的人可以馬上上手。」

「嗯，你認為有那些人？」

米蘭達很疑惑陳經理提的到底是什麼人？這樣的幕僚人員很廣，HR、採購、行政、倉管…這些都是他認定的幕僚。在米蘭達的認定中，間接人員是公司最大的資產，培養一個間接人員的成本，可以說是直接員工的 2 到 3 倍，更遑論主管幹部。

「這要看各單位主管認定，哪些是綁在產線上的間接人員？而這些人又是平常 KPI 較低的人，當然，還有些配合度比較不高，或對公司有負面觀感的，我們也可以藉這機會直接讓他走人。」

「…」

米蘭達還是保持沉默，站在會議桌前，雙手抱胸的思考，她心裡一直在篩選過濾她自己心裡的人員名單，但，完全沒有如陳經理說的人，她不懂，陳經理他是在暗示誰嗎？米蘭達眼睛直視著陳經理，她在等陳經理親口說出那位幹部名單。黃經理見勢不是辦法，直接打破沉默。

「這樣說好了，就我了解，在今年之前，製造是沒有生管這個職稱，所有的排程都由資材經理來主導，而資材經理當時的角色是業務兼資材，又可以 Cover 到產線的排程。這說明什麼？代表我們公司不用生管也可以。這一年來生管的所有的工作都是各單位區分出來加注在生管身上，這些工作我們就必須列出來檢討，是否可以再回歸到原單位？這不是增加其他單位的 Loading，只是把工作還回去而已。再來，哪些是有了生管之後新增的工作，這我們也拿出來檢討，看是要歸屬到哪個單位？或是否有存在的必要性？若沒這必要性，我們是否就趁這機會一併取消。」

　　米蘭達嚇一跳，怎麼黃經理會指名生管？對她來說，Matt 是個把製造部帶至另一個層面的角色，自從有了 Matt 後，製造部的產出有了報表呈現，每天的生產有了排程依據，再者，每個月的工時分析，讓上層知道產線都在做些什麼事，尤其那些異常跟加班的來龍去脈。況且，Matt 還是米蘭達心中電池廠資材的主力，她相信，在電池廠開始運作後，Matt 的專業一定會有所發揮。

　　「好，你說生管可以不必，那你覺得若把 Matt 轉調到電池廠或其他單位，是否對你們有所幫助？或對其他部門有幫助？」

　　米蘭達想試試黃經理的反應，到底他是單純對生管這職位有意見？還是他與 Matt 合作上有所衝突？對她來說，她不願看到自己下面的人對公事以外的事有所隔閡，若真的黃經理認為 Matt 該走，那米蘭達就真的必須認真思考 Matt 的去留了。

　　「電池廠在現階段尚不需生管，剛起步導入的階段會是以技術研發及測試為主，生管的介入會在量產階段，到時候才需要生管來整合物料及排程。」

幕僚的宿命

黃經理怕米蘭達提出先把 Matt 安排至電池廠學習的念頭，他立即再補充一個但書。

　　「若到時候真的需要一個生管了，我建議還是在台中找一個專業的生管人員會比較恰當，Matt 的建置是在高雄，他勢必無法轉調到台中上班，若是以出差的方式，這樣公司成本會增加不少。再來，這生管人員若由我們自己來找，在他還沒有高雄廠端那些老員工的陋習前，我們自己訓練，這樣的生管絕對是完全符合電池廠的要求會比較好。」

　　「至於 Matt 是否轉調其他單位，我認為不恰當，幾次的合作下來，他似乎都以自身的觀點在做事，無法用通盤的角度來考量，這樣跨部門合作，對各單位來說都是一個很大的阻礙，我建議米蘭達，你可以考慮 Matt 這個人是否要繼續留下來。而在我的部分，我是不需要。」

　　這一次黃經理親自動手，斬釘截鐵就是真的要把 Matt 拔除。在黃經理心裡，Matt 這個人對自己來說太重要了，他懂太多，又很主動，公司發展需要這類的人才有可能成功，尤其自己接下來計畫的外包廠。在 Matt 還沒被 TD 拉拔起來以前，他一定要把 Matt 拉過來，為自己以後做事方便，現階段讓 Matt 離開會對自己比較好。

　　米蘭達聽完黃經理的意思後，雙手抱胸，眼睛瞪大的一直盯看著黃經理，這是米蘭達常用的招式，通常心虛的人，眼睛對上後立即就會飄開，但，黃經理更非省油的燈，職場老油條的他早已訓練出在任何時刻皆可以處之泰然。

「好，你讓我再思考一下，我明天給你答案。」

米蘭達看了一下陳總，看他針對除掉 Matt 這點有沒有意見？陳總臉色沉重，在他心裡，Matt 不能說不重要，但，畢竟是在高雄，高雄工廠會是陸續棄守的一塊，但，若要把 Matt 調到台中，也不是不行，只是 Matt 自己本人也不一定能成行，陳總考慮了之後，暫時不表明自己的想法，但也沒也當面支持或反對黃經理的提議。

「目前我暫沒想法。」陳總跟米蘭達一樣，暫時沒有想要表達意見，更沒有要在當下就做出決定，這太輕率了。

就這樣，米蘭達當下跟黃經理承諾沒問題。「黃經理，你說的沒錯，若要再降成本，間接人員是一定要再刪減，但連續兩天的大動作，讓我跟陳總討論一下，好嗎？」

在會議室門外不小心聽到這消息的 Susan 簡直不相信自己的耳朵：Matt？她從來沒想過公司會把 Matt 開除，他是再怎麼輪都輪不到他的人。這間公司太誇張了，繼 Paul 沒原由的被資遣，現在換 Matt，公司到底在做什麼？Susan 打定主意一定要事先通知Matt。

而另一方面，黃經理一出會議室就立即聯絡廠端的 Doris，不管結果如何，他要把這消息洩露出去，不管怎樣，黃經理要讓 Matt 知道公司有意向將他資遣，讓 Matt 心中對公司有芥蒂。

「我可以問一下嗎？為什麼選 Matt？我再怎麼想，米蘭達都不可能會把 Matt 砍掉，是誰的主意呢？」Doris 問黃經理。

「這是公司的決策，細節部分，我就不方便再多說什麼了，先

告知你一下，沒意外，這幾天米蘭達就會通知你了。」

Doris 心想，這場會議完全沒通知 HR 參加，這中間一定有人在搞鬼，要不然不會沒知會 HR 情況下就決定了，Doris 立即 LINE 林副理，告知剛剛的狀況。

「怎麼辦？」

林副理也是一臉驚訝，這不只是砍掉 Matt 那麼簡單而已，他直覺認為是黃經理搞的鬼，說不定那隻手哪一天就伸到自己這裡來。

「我打算先告訴 Matt，讓他有心理準備。」Doris 擔心的提出自己的建議。

「我也覺得先告知 Matt 會比較好，我相信 Matt 一定可以明白這是誰的主意，我們也可以順便聽聽他的想法。」

這一晚，整個 TD 風雲變色，每個人心中都有一把尺，標準不一樣，對事情處理的方法更是不同，其中最危險的，就是 Matt，太年輕，在 TD 一路來，也太扶搖直上，可以說是一整個未爆彈，沒有人知道這顆未爆彈炸開後會是怎樣的光景？到時候又會波及到多少人？又會怎麼影響到 TD 的布局？這是黃經理沒考量到的地方。

黃經理一離開會議室，米蘭達一直在思考 Matt 的價值：一直以來，Matt 一直是自己在提拔，讓他頻繁的上台中，知道公司大局的走向，也不時的要他參與各大大小小的會議，希望他可以從中吸收，Matt 可以說是米蘭達心裡冀望的人選，要砍掉 Matt，現況根本不可能，真的得慎重考慮。到底黃經理跟 Matt 之間發生什麼

事？還是黃經理另有計畫，而這個計畫是米蘭達跟陳總都不知道，想到這，米蘭達直覺回憶起當初 Frank 是如何背叛自己，這是個很大的警訊。

陳總等辦公室的人員都離開了，只剩下他自己跟米蘭達。

「黃經理所提的那件事不要輕舉妄動，聽聽就好，我沒有要把 Matt 資遣。」陳總看米蘭達在一旁亂想，深怕她未經思考，又做出錯誤的決策。

「但這樣的話，你不怕得罪黃經理？以後他是電池廠的總經理，這一塊還是需要他的專業才行。」

「搞清楚，誰才是老大！」突然，陳總口氣嚴肅起來。「難道公司的人事布局還需要他來說得算嗎？」

「所以，我們暫時不動？」

「當然要動，黃經理說得不無道理，廠端的間接人員一定要再砍，要不然，我現場的技師都沒那麼多，我要那麼多間接人員做什麼？以後 TD 會是一個以電池廠為主的事業部，組車廠那一塊，要慢慢放掉，到時候我們需要的人，一定要精，不用多。我原本打算在過完年後再來動作，現在黃經理都這樣建議了，是可以順便動手。」米蘭達沒有接話，他要看看陳總在打什麼算盤？

「在製造，我會動兩個人，Matt 跟林副理。」

「一次砍掉兩個人？」米蘭達用不可置信的口氣問了陳總

「不，先砍掉林副理，之後再讓 Matt 來接林副理的位子。林副理的實力，這一年來，我們都看的出來他的程度到哪？若他下面

沒有 Matt 來輔佐他，幫他統整一些資料，我看他開會準被台中這群人盯得滿頭包。管理傳統的工廠，跟這一群技師打好裙帶關係，他很行，但，若我們的工廠的管理階層再不提升，整個集團的層次也就這樣而已，所以，把林副理拉下來，然後一段時間後，再把 Matt 升上去。」

米蘭達想不到陳總會這樣看待林副理，雖然林副理的實力落差 Matt 一大截，但對自己來說，林副理始終畢恭畢敬，就如同之前形容的，一頭勤奮的牛，工廠端是真的需要這樣的角色來耕耘，Matt 反而治不了那些野蠻人。

「那為何黃經理要 Reject Matt？我們反其道而行，會不會造成反效果？」

「要搞清楚，現在是誰當家！是誰說了算！」陳總有點生氣，怎一個公司的董事會讓一個部門牽著鼻子走？若現在不導正回來，未來整個公司的方向會亂了分寸！

「為何要 Reject Matt？若不是對黃經理本人有影響，不然就是黃經理在佈局什麼事情是我們不清楚的！」陳總沒有當面再次點出 Frank 的事，他也怕黃經理是第 2 個 Frank，難保這樣的事情不會再發生。

「我不能事事都如黃經理所願，這太 OVER，適時的挫挫他的銳氣，要不然，哪天爬到你頭上，到時候就來不及了。再來，你以為 Matt 在林副理底下可以多久？你以為一個課長的職稱可以讓他滿足？你越讓他來台中這群人接觸，他的野心就會越大，相對的，我相信他的能力也會跟著提升，到時候，TD 再開出多好的條件都

留不住他了，不如趁這一波推他一把，相信我，我們得到的，一定不只如此而已，我看好 Matt。」

米蘭達聽了，贊同陳總的意見，默默的點點頭，不發一語，心裡捫心自問：自己最近真的太偏向黃經理了，若再讓他牽著鼻子走下去，相同的戲碼一定會再發生。

「你要注意，為何是 Matt ？被淘汰的，往往不是最弱的人，反而有可能是最具威脅的人。我們反而要利用這一點來牽制整個組織，黃經理再怎麼說，都是我們外聘的經理人而已，絕不能讓他的氣焰壓過我們。」

隔天早上 10 點。

Matt 安靜無語地坐在 Doris 和林副理對面，等待他們兩個接下來對自己的審判，昨晚 Susan 才把她自己聽到的消息透露給 Matt，對於今天人資跟副理找自己來會議室的用意，他心裡早已一清二楚了。

這是一個很諷刺的畫面，因為昨天的自己是坐在林副理的位置來對現場的員工轉達官方說法，現在相隔不到 24 小時，整個情勢 180 度大轉變。Matt 在想：昨日那些被我資遣的員工，若知道我也跟他們一樣，他們應該會捧腹大笑吧！

現在 Matt 自己卻想聽聽他們兩個對自己會怎說？是否對於自己有另外一套說詞？Matt 等了一會，見 Doris 沒有要說話的意思，便接著說：「沒關係，我已經聽到風聲了，看你們被交待要說些什麼，儘管說沒關係，我知道這不是你們兩個的意思，你可以把米蘭

達和陳總要求你們轉達的說出來。我也想知道他們兩個對我有什麼意見？」

「Matt，目前我還沒收到米蘭達和陳總的指示，所以我也不知道該說些什麼，今天找你來，是要事先跟你告知有這樣的風聲傳出來，想讓你有心理準備。說實話，我也不知道為何要砍你？這是昨天在台中他們開的臨時會議，連 HR 都沒被告知，昨天的會議內容發生什麼事？我跟林副理都不知道。真的很不好意思，我沒辦法跟你說背後的內幕，真的很抱歉。」

「還是你有什麼需要幫忙的地方，你儘管說出來沒關係，我跟副理都可以幫你。昨晚我已請我朋友幫忙注意他們公司有無適合你的職缺，若有，我願意幫你轉介到我朋友那邊去。」

「Doris，這跟你沒關係，根本不是你的錯，你不用覺得自責。其實，我也一直在想哪一天公司會不會這樣對我？我早有心理準備，只是沒想到那一天比我預期的來的快。副理、Doris，既然你們沒有話要說，那我也沒話好說了。」Matt 知道此時說再多都無意義，而且再去追根究柢去找原因也無法改變自己被裁員的事實，那倒不如就好聚好散。

「我還沒收到通知，我跟副理真的只是想讓你事先知道，這是我們目前唯一能做到的事」Doris 說。

「那這樣好了，我有個提議。」Doris 跟副理聽到後立即愣住，Matt 也不等他們問，直接說：「如果要資遣我，那不如我自己離職呢？」

Doris 聽到後立即用非常誠懇的語氣告知 Matt。「這對你不

公平，我不會這麼做，而且我計畫要幫你爭取到額外 1 個月月薪的賠償金，我覺得這對你比較好。」

林副理也緊接著說。「Matt，我知道你是個負責的人，會有這樣的結果都不是我們所樂見的。我覺得這樣高於一般員工的遣散金是對你的一種補償，而且文件上會註明公司營運不佳而技術性裁員，這對你的能力完全沒有扣分，完全歸咎於公司自身因素，這筆補償金可以解釋為公司對你這段時間以來的貢獻酬謝。你再考慮看看，我跟 Doris 真的是為你好。」

說實話，副理及 Doris 為自己所提的賠償條件不能說沒有說服力，尤其對現在的 Matt 來說，這筆錢可是不無小補，甚至夠他 4 至 6 個月不用工作仍可自足。但，Matt 心裡很明白，他有他的考量堅持，雖然在這間公司他是敗軍之將，是一個被上層拋棄的卒子，就現實常理來而言，在實際面上，Matt 已經沒有更好的選擇餘地，可是他仍要堅持自己的剛剛脫口而出的決定。

Matt 不疾不徐地說：「副理，我就是考慮到我的下一步職涯規劃，我才決定自己提離職也不被資遣。當然，我有自己的條件，並不是平白無故自己提離職。我希望把這條件跟米蘭達說清楚，我相信她一定會同意的，畢竟她視錢如命，錢對她來說就是一切。」

「你的條件是什麼？你說說看，我不確定是否合乎規定。」說話的是 Doris，她原本是懊悔的神情，聽 Matt 這樣一說後，突然很好奇他葫蘆裡在賣什麼藥？

「把我和公司簽的工作契約非競爭性條款：離職一年內，我不能加入和 TD 有競爭關係的公司。這一條拿掉。」

「不可能，這米蘭達不可能同意。」

「不一定喔，若她覺得我是隨時可以裁撤的人，那代表我不具備任何關鍵性，不是嗎？再來，米蘭達可以指定我不可以去哪幾間，那我就不去就好，反正她現在關心的，就是跟公司在競爭的那幾家在台設廠的外商，其他的傳統車廠，她根本沒放在眼裡，你幫我問問看，她一定 OK 的。」

Doris 開始有些緊張了，她已經想到更遠可能發生的一些事，她輕聲地告訴 Matt。「Matt，即使 TD 資遣你，你也不應該加入 TD 的競爭對手啊。」

Matt 微笑的說：「Doris，我看過合約了，上面是寫自己主動離職，被資遣的話，就不在此限。若 TD 把我開除了，我當然可以到任何公司去上班，當然也可以到競爭對手那裡，當然，我不會違反我和公司簽過的保密協定。我不想我離開 TD 後，就要離開這產業重新開始，所以，我寧可不要 TD 給我的任何補償金，我寧願自己提離職，前提是把那條限制作廢取消。」

Doris 面有難色，她不知道自己是否要把 Matt 要求告訴米蘭達，而且米蘭達聽了之後說不定會大怒。但，若不問，直接強制跟 Matt 說不行，Matt 他一定也無所謂，畢竟太多車體廠是未照政府法令在走，她想查也查不到。整個不安的表情毫無保留的在 Doris 臉上呈現出來，眉頭皺了起來，Matt 知道這是 Doris 在緊張思考的動作，但他仍然微笑的等待他所要的答案，對 Matt 來說，不管如何，Matt 給人的感覺就是提離職定了，也擺明會去相同產業，TD 有本事就來告他，現在就差是走的很和善，還是大家不歡而散。

突然，Doris 想到另一種解決之道，臉上表情又柔和了許多，甚至露出微笑的說：「Matt，不管如何，我還是很肯定你的工作能力及負責任的態度，實際上，我們是不想失去你，要不然，我跟你副理再去向米蘭達說情，說服她不要裁你，就當作今天這件事沒發生過，你覺得如何？我們可以出來跟米蘭達擔保你的為人及工作能力。」

　　Matt 聽了，輕輕地搖頭，在心底無聲地笑了起來。

　　「Doris，謝謝你。但，公司對我的傷害已經造成了，再怎麼撫平，心裡還是會留下疙瘩，若要我留下來，我想，我寧願離開，從我昨天得知訊息，到今天進會議那一刻，我對這間公司早已經失望透頂了。」

　　Doris 聽了 Matt 的話，露出了失望的神情。

　　「看來我已經無法再留住你了，Matt，現在事情尚未確定，說不定只是空穴來風的小道消息而已，到現在我都還沒接到通知，這不是很奇怪嗎？給我一些時間，我和副理現在可以打給米蘭達表明我們兩個的想法，在事情都還沒確定之前，都還有轉圜的餘地。」

　　「其實，我也累了，若可以，我打算今天就簽離職單，若公司原本就要資遣我，我想應該也不用提前告知或任何交接程序了吧？」

　　「是不用，其實你也不用管那條保密協定，這一條君子協定，科技業比較有限制，傳產，很難。」Doris 有氣無力地回答。

　　Matt 明白，自己根本不是什麼勝利者，他自己也付出慘痛的代價，昨晚想了好久，Matt 自己氣不過，他沒辦法忍受讓別人看

不起自己，昨晚他就決定轉由自己提離職，並附帶那樣的條件，只是希望有可能在將來可以換來一些些縹緲的機會而已，實際上的他，下一份工作在哪根本不知道，而且有很大的可能根本不會再踏入相同產業，回到電子業、傳產加工業也說不定。

而且 Matt 也打算若米蘭達不同意自己的條件的話，還是會自行離職，除了爭一口氣外，他要讓公司搞不清楚自己在私下搞什麼小動作。

「米蘭達現在在台北開會，下午就會來高雄，到現在為止都還沒有正式通知我，說不定真的是假消息而已。」Doris 還不死心。

「Doris，謝謝你。我想這消息來源應該不會假了，為何我昨晚有人通知我，你不也有人通知你才知道的嗎？代表這消息來源非常可靠，我可不想再待在這邊被羞辱。」

Doris 知道自己再多說什麼都沒用了。「好吧，若是真的，希望你後面的工作一切順利，更謝謝你這段時間的付出，站在同事的立場，我想當面向你說：你真的很好！你能力超強，不管組織能力，文書能力，甚至邏輯能力都無話可說，我相信不管你到哪裡，都可以馬上再撐起一片天的，加油，Matt，很高興認識你。」

Matt 知道這幾句話是 Doris 自己心裡的話，Matt 自己很清楚自己目前的所作所為，他心裡一直有個聲音在告誡著自己：「下台後的背影是最重要的！」他要離開的挺直身軀，他不要像落水狗一樣被打著離開，完全就賭那一口氣。

「那我先回座位整理私人物品，到時候被通知，也不用那麼急迫。」

回到座位的 Matt，其實也沒啥好收拾的，Matt 自己的東西不多，前幾天公司在砍人時，他已經差不多都把私人物品帶回家，現在手上只拿一個裝 A4 報表紙的箱子，可以說用單手提就可以了，甚至連箱子都不必。把電腦裡的私人資料清空後，Matt 坐在自己的位置上放空，突然心裡放鬆許多，原來，他並不是沒事做，是有好多事沒有時間去做，現在有了。不要再說他還年輕，他有滿腔的熱情跟體力，這樣的說法或許對出社會不久的畢業生才有可能受騙。曾經職場明爭暗鬥的生活，練就他一身強悍、睿智又細密的個性，沒想到，在他往上爬的過程中，會突然出現這莫名的轉折點，這不是他的計畫。吸一個大大的深呼吸，他也累了。房貸怎麼辦？未來的職涯怎麼辦？這是多餘的擔心，他知道自己不會坐以待斃，Matt 自己心中有個底線。

　　大約 30 分鐘後，Doris 直接到辦公室找 Matt，並把離職申請單交給他。

　　Matt 二話不說就把離職申請單簽了，他現在只想趕緊離開這裡，離開這個把自己拋棄的鳥地方。走出大門，跟警衛點個頭表示告別，就直接走到自己的車位。平平淡淡地來，也就平平淡淡地離開吧。他現在的目標：屏東，自己的家鄉。

　　下午，米蘭達跟陳總一進到工廠，立即打分機給 Doris。「Doris，你跟 Matt 過來會議室一下，我有事找你們兩個。」

　　「好，我馬上過去。」Doris 心想：終於，到了宣判 Matt 死刑的時候。

一進會議室，米蘭達正埋首於待簽核的卷宗裡，完全沒注意到 Doris 已經進來。

「米蘭達。」Doris 胸前抱著人員離職的紅色卷宗。

「來，Doris，你坐。」

沒看到 Matt，米蘭達也沒很訝異，以為 Matt 正在忙，等會就過來了。「公司最近裁員的動作很大，但，沒辦法，一個企業組織越做越大時，有時候，這個動作是必要的。尤其我們公司正在轉型，我要讓你跟 Matt 知道接下來的方向跟佈局。」

米蘭達大概跟 Doris 說明一下公司的概況後，有點語重心長的告訴她。「還是不免要提醒你一下，公司正在發展，未來會如何？老實講，沒有人知道。但，方向是確定的，我們欠缺的，就是人才的培育，會特別找你跟 Matt 過來談，代表的是公司對你們兩個的看重。最近公司裁員的動作很大，人心難免會浮動，一定會有一些耳語會出來，你們千萬不能自亂陣腳，知道嗎？」

「還有，Doris，我計畫要讓 Matt Handle 起整個製造部，他進來也差不多快兩年了吧？」

「沒有，米蘭達，Matt 他才進來一年多而已。」Doris 回答得很心虛。

「喔，我怎感覺認識他很久了，不錯，代表 Matt 他有抓到我要的重點。不管怎樣，高雄這邊我打算讓 Matt 負起全責，你懂我的意思吧？」

Doris 突然感到一陣頭昏眼花，愣在那裡，怎資訊落差那麼大？

米蘭達接著說。「林副理這邊我另有規劃，我跟陳總討論過了，雖然 Matt 資歷不長，但每次我要求的地方，Matt 都可以在期限內達成，我們認為 Matt 是個很有潛力的經理，甚至是個廠長。當然我們對你們兩個的期望不只如此，除了高雄的廠端，我們更希望台中電池廠的發展，也可以看到你和 Matt 能參與其中，好嗎？」

Doris 的臉色越來越難看了，Matt？所以，昨晚的訊息是假的？那為何 Matt 也知道？到底是誰通知他的？ Doris 不自覺的皺了眉頭。

「怎麼了嗎？」米蘭達看 Doris 一臉疑惑。

「米蘭達…」Doris 低下頭，根本不敢直視米蘭達，話說得有氣無力。「Matt 早上提離職了，現在已經離開公司。」

Matt 在果園的門口扛著從市場買回來的肥料，手機在褲子口袋裡響了許久，他還在想：該不會又是 TD 打來的電話吧？自從 Matt 離職後，TD 一天打了好多通電話給他，他一概不接 TD 的來電，而且直接封鎖了所有關於 TD 的 LINE，對他來說，離職了，同事不會變成朋友，一群以自身利益集合的團體怎可能變成生活中的朋友呢？鬼扯的笑話，尤其又是一間背叛自己的公司。

下午兩點，冬日的太陽沒有夏天的酷熱，反而多點慵懶的氣氛，Matt 走進自己家裡的農園，那是位於他們村裡靠近聯外道路的一座檳榔園，從 TD 離職後，平時他都會跟父母都會來這裡忙著屬於

自己的農活。

「爸、媽，這肥料要放哪裡？」Matt 在門口大喊。

「隨便放，都可以。」說話的是 Matt 的媽媽。「到底有沒有公司打電話給你去面試啊？」

「沒。不要每天都問這件事，好不好？」Matt 每天聽母親這樣照三餐問工作的事感到厭煩了。

「怎麼可能沒有！你到底有沒有投履歷出去啊？還是我再去拜託村長，看附近的工業區有沒有欠人？」

「我不要，村長上次找的都是守衛，要不然就是作業員，我才不要。」

Matt 好久沒回家了，這一次他打算再待一陣子，不那麼急著找工作，再說，工作這幾年來，也存了些錢，經濟上，目前還算過得去。

好不容易把 3 大袋的肥料搬完，口袋裡又傳來手機的震動。他慢條斯理地把手機掏出來看來電的號碼，是個完全陌生的號碼，04 的區碼，應該是台中的電話，Matt 還是猜不出這電話的主人到底是誰？

他隨手按下接聽鍵。「你好。」

對方。「請問是黃先生嗎？」

Matt 簡單的回應。「是，請問您哪位？」

對方。「黃先生，您好，我是 ADG 的郭小姐，請問您有空嗎？方便說話嗎？」

Matt 滿懷疑惑的問：「不好意思，妳應該找錯人囉，我不認識 ADG 的人，更沒投過 ADG 履歷，你要不要再查一下電話號碼是否正確？」

郭小姐微笑的說：「黃先生，我沒打錯，我是要找您沒錯的，你方便說話嗎？可以占用您 10 分鐘的時間嗎？」

Matt。「沒問題，妳有什麼事嗎？」

ADG 是一間新創的公司，辦公室設在台中，實際上，也就是黃經理口中的外包公司。

郭小姐大概表明一下自己的用意，然後煽動的說。「黃生生，依你之前在 TD 的背景，我覺得您非常適合我們 ADG 公司的這個職位，而且，你若進來我們 ADG，製造的頭就是您，您再也不用為了一些雞毛蒜皮的瑣事鬱悶，你可以完全照你的計畫做事。」

Matt 很佩服 ADG 的這位郭小姐，把自己的背景調查的那麼清楚，連自己在 TD 受了什麼委屈都調查的一清二楚。當然，Matt 不管說得如何，他還是先聽聽就好，自己都還沒決定好那麼快回職場，再說，ADG 是怎樣的一間公司，都還沒個底，根本不可能這樣貿然地答應，再說，自己是什麼樣的份量？Matt 很清楚，怎麼可能有一間他完全沒待過的公司對自己那麼好，擺明就是詐騙集團。

Matt 沒有當下給對方答案。「給我考慮一下，幾天之後再給妳答案吧。」

郭小姐說：「行，那我下星期的今天再打給您確認，可以嗎？」

「可以。」

「打擾了，黃先生。」

郭小姐也可以感受到 Matt 的敷衍，她也只想交差了事完成這次的邀約。看著 Matt 的履歷，她心想：這樣的背景，你在屌幾點的？老娘我在台中隨便找，少說也 20 來個以上，而且開的薪水還可以再低，你這位 Matt 先生最好就不要進來，去。

Matt 對 ADG 壓根摸不著邊，如果貿然的到一個全新行業，即使 Matt 再怎麼有出人的素質或過人的能力，也需要一長段的時間來累積跟學習，可以說是從零開始。所以，現在對 Matt 來說，他看重的是未來可以發揮長才的舞台，而不是職位，這個舞台是可以讓 Matt 將自己的本事發揮淋漓盡致的地方，也就是最大機會的地方，ADG，他還要再觀望看看。

「Lisa，如何？這位黃先生有意願來面試嗎？」Rita 看到 Lisa 掛上電話，立即湊過來問。

「課長，他戒心好重喔，一般人聽到我對職位的描述後，幾乎都會很感興趣，唯獨這位名叫 Matt 的人，好像事不關己，也不會積極把握這個機會，我是有跟他說下星期再約他一次，他也是一副無所謂的感覺，你們還確定要他？」

「當然。以後如果他有機會進來妳就會知道了，不，應該說一定要把他拉過來。」這一次換 Paul 出來幫腔了。

完／END

後記

　　我一直很想寫一本台灣版的《杜拉拉》（編按：指曾於中國大陸書市暢銷一時的職場小說「杜拉拉」系列），甚至是屬於台灣版的《目標》，這個志向沒有什麼特別原因，只是我單純認為台灣也應該有那麼一本代表性的、屬於此地大眾階層的職場小說；終於，我把這故事一路寫到了結尾，在結束那一當下，我心裡有甚至有一種意猶未盡的感覺，總覺得好像應該可以再補些什麼，或是可以再加些什麼，讓這一本小說再更完整，更引人入勝，還好，我緊急踩了煞車。

　　不管到哪，也不論哪一個行業，我們可以發現，那些所謂的職場紅人，即使已經有了上級的肯定，但平常的為人處事依然處處小心，不敢為此而自滿，雖然給人有種過分謹慎的感覺，但不可置疑的，這才是職場上長久生存之道，這是我多年後才明白，而恐怕也是我們最應該學習的地方。當然我相信，這麼說還是有很多人不恥這樣的做法，在心裡藐視這種卑微，因為多年前的我就是這樣，工作是為了理想，也是為了實現夢想的跳板，而看完這本小說的你，還是這樣覺得嗎？試著想想吧！

　　小說裡的 Matt 是個虛擬的角色，但讀者們可捫心自問，有幾個中階主管能做到像他一樣的多角思維？米蘭達跟陳總自也是我編造出來的人物，但在台灣職場，這樣的老闆不也俯拾皆是？黃經理

與 Paul 是典型的「社會勝利組」，但一碰到職場，那種互相勾稽與攻擊的戲碼卻每天上演。

如果職場上的明爭暗鬥已是默認的潛規則，那你還要得過且過，或是抱持那種不恥一顧的心態嗎？尤其，千萬不能自以為是地想在職場裡設一個界線：一邊是自己的期望，而另一邊則是心理的唾棄；職場真的沒有對錯，每一個人的標準跟目標不一樣，如果僅僅因為別人的做法和自己不同，就把他定位「牆頭草」，這樣反而會把自己越逼越極端。

小說的故事結束了，我不知道你看完了以後有怎樣的想法？或是從中能抓到些什麼樣的東西？早點理解其中的奧妙，我相信你一定可以找到屬於自己的生存法則，不論什麼狀況都能應對自如。

你說職場很複雜，我說職場很簡單；

你覺得這樣的職場很累，我說你根本過太爽；

你想要上班就單純只是上班，這沒有對或錯，每個人的選擇不同而已。

所謂的職場，說穿了，不過是一種對人情世故的理解，其實也不用急著要給予好壞的評斷。

讓我們共勉。

名詞解釋

1. 瓶頸：在製造業，一般都以瓶頸來表示整個製程中最薄弱的環節，也就是耗費最多產能的站別或機別。**33 頁**

2. 品管圈（QCC，Quality Control Circle）：由相同、相近或互補之工作場所的人們組成數人一圈的團體，強調領導、技術人員、員工三結合（又稱 QC 小組，一般由 6 至 10 人左右組成），經由全體合作、集思廣益，並活用品管七大手法（QC7 手法），來解決工作現場、管理、文化等方面所發生的問題及課題。（資訊來源：https://wiki.mbalib.com/zh-tw/ 品管圈）。**34 頁**

3. 計畫性生產（Build to Stock, BTS）：根據市場的需求預測，訂定需求計畫，規劃人員再據此排定生產計畫、生產排程、物料及產能計畫進行生產，所以其存貨成本最高，但是可以立即以完成品滿足客戶的需求。**35 頁**

4. 訂單式生產：接到訂單後才通知各種原物料供應商生產供貨、進料檢驗、製造組裝與包裝出貨。**35 頁**

5. 5S：整理（SEIRI）、整頓（SEITON）、清掃（SEISO）、清潔（SEIKETSU）、素養（SHITSUKE）。**36 頁**

6. HAND-CARRY：字面的翻譯為手提行李，但在業界，尤其以製造業為主，它可以形容「因為時效性的緊迫，有可能是訂單，也有可能是製程的原物料，必須經由人員搭飛機手提送至目的地」，這種情況尤其在兩岸工廠間已習以為常。**43 頁**

7. DATABASE：資料庫。在製造業常用 DADABASE 來替代標準作業程序或操作手冊等之依據。**52 頁**

8. 標準工時：在標準工作環境下，進行一道加工工序所需的人工時間。**53 頁**

9. Model：在一般製造業常用來表示一種模式或一種雛形。**60 頁**

10. ECN（Engineering Change Notice）工程變更通知書：文控中心

所發出的通知書，用來通知相關人員與單位，告知 BOM 表或是相關文件已經做了變更。**62 頁**

11. BOM（Bill Of Material）物料清單：細記錄一個項目所用到的所有下階材料及相關屬性，亦即，母件與所有子件的從屬關係、單位用量及其他屬性．在有些系統稱為材料表或配方料表。**62 頁**

12. ERP（Enterprise resource planning）企業資源規劃：建立在資訊技術基礎上的系統化管理思想，為企業決策層及員工提供決策運行手段的管理平台。**63 頁**

13. P.D.I（Pre-Delivery Inspection）交車前檢查：為組車業生產線的最後一道關卡。**71 頁**

14. Deadline：這個詞其實有很多意思，意指最後限期、也有截止的意義，但不管什麼工作，在業界，它在口語中的表述就是「完成這個工作的最後期限」。**76 頁**

15. SOP（Standard Operating Procedures）標準作業程序：將某一事件的標準操作步驟和要求以統一的格式描述出來，用來指導和規範日常的工作。**118 頁**

16. IPO（Initial Public Offerings）首次公開募股：通過證券交易所，公司首次將它的股票賣給一般公眾，私人公司通過這個過程會轉化為上市公司。**121 頁**

17. 價值流圖（Value Stream Mapping,VSM）：在精實生產系統（Lean Manufacturing）框架下的一種用來描述物流和信息流的形象化工具。**147 頁**

18. TPS：豐田式生產管理 (Toyota Production System，TPS) 由日本豐田汽車公司的副社長大野耐一創建，是豐田公司的一種獨具特色的現代化生產方式。**157 頁**

19. 限制理論（Theory of Constraints，TOC）：是由以色列學者伊利雅胡‧高德拉特所發展出來的一種全方面的管理哲學，主張一個複雜的系統隱含著簡單化。即使在任何時間，一個複雜的系統可能是由成千上萬人和一系列設備所組成。但是只有非常少的變數或只有一個，稱為限制，它會限制（或阻礙）此系統達到更高的目標。（資料來源：https://zh.wikipedia.org/wiki/ 限制理論） **169 頁**

20. 財務長（Chief Financial Officer，CFO）：又稱首席財務官、財務長、財務總監或最高財務官，尤其美式企業中，是一個企業集團或財閥中負責財務的最高執行人員。**233 頁**

21. 人資長：也稱人力資源總監（Chief Human Resources Officer，簡稱 CHO），是現代公司中最重要、最有價值的頂尖管理職位之一，CEO 的戰略伙伴、核心決策層的重要成員。**315 頁**

22. 資訊長（Chief Information Officer，CIO）：又常稱為資訊主管或資訊總監，是企業團體裡的高階主管職位之一，通常是負責對企業內部資訊系統和資訊資源規劃和整合的高級行政管理人員。**316 頁**

23. 行銷長（Chief Marketing Officer，CMO，亦作行銷總監）：為企業、組織中，專門負責行銷事務、具決策權責的高階管理人員。**316 頁**

24. 妥善率：指的是堪用的獨立設備集合起來與所有獨立設備的總量的比值，用來描述整體設備的堪用狀況。**387 頁**